Motorrad-Reparaturanleitung Band 5250

YAMAHA
FJR 1300
FJR 1300 A

ab Modelljahr 2001

In Zusammenarbeit
mit den Zeitschriften

MOTORRAD
Europas größte Motorradzeitschrift

PS
Das Sport-Motorrad Magazin

bucheli verlag

Impressum

ISBN 978-3-7168-2038-4

Motorrad-Reparaturanleitung
Band 5250

Redaktion und Gestaltung: Büro Schermer, 70469 Stuttgart
Texte: Rolf Iben, Thomas Mendle, F. J. Schermer, Mathias Baur (Elektronik)
Fotos: Sandra Hauber, F. J. Schermer, REISE MOTORRAD/ride on!
Zeichnungen: Hans A. Plast, Wolf Kurz,

Bilder aus den Archiven der Zeitschriften MOTORRAD, dem Yamaha-Pressearchiv sowie aus historischen Buch-, Bild- und Text-Archiven.

Ein ganz spezieller Dank geht an Yamaha Walz (Stuttgart, Möhringen), an Vater Edgar, Mutter Dora und die Söhne Steffen und Christoph Walz, die uns bei Zerlegung und Zusammenbau der YAMAHA FJR 1300 über alle Maßen geholfen haben. Der ganzen Familie Walz liegen alle Tipps betreffs der kleinen und großen Probleme im täglichen Umgang mit diesem Motorrad förmlich auf der Zunge und sie haben sie uns gerne gegeben, damit wir sie an die Leser weitergeben können. Ein weiteres Danke geht an Michael Funke, Chef der Testwerkstatt der Zeitschriften PS – Das Sport-Motorrad Magazin und MOTORRAD, für seine jederzeit unbürokratische Hilfe bei der Fotoaktion mit der Dauertestmaschine YAMAHA FJR 1300.

Satz: Stefanie Schenk
Lektorat: Rolf Iben
Druck und Bindung: KN Digital Printforce GmbH
Schockenriedstr. 37
D-70565 Stuttgart

Bucheli Verlags AG
CH-6304 Zug

Gewerbestraße 10
CH-6330 Cham
Postadresse:
Postfach 4161
CH-6304 Zug
Telefon: ++41 (0)41 741 77 55
Telefax: ++41 (0)41 741 71 15
www.bucheli-verlag.ch

2. Auflage 2010

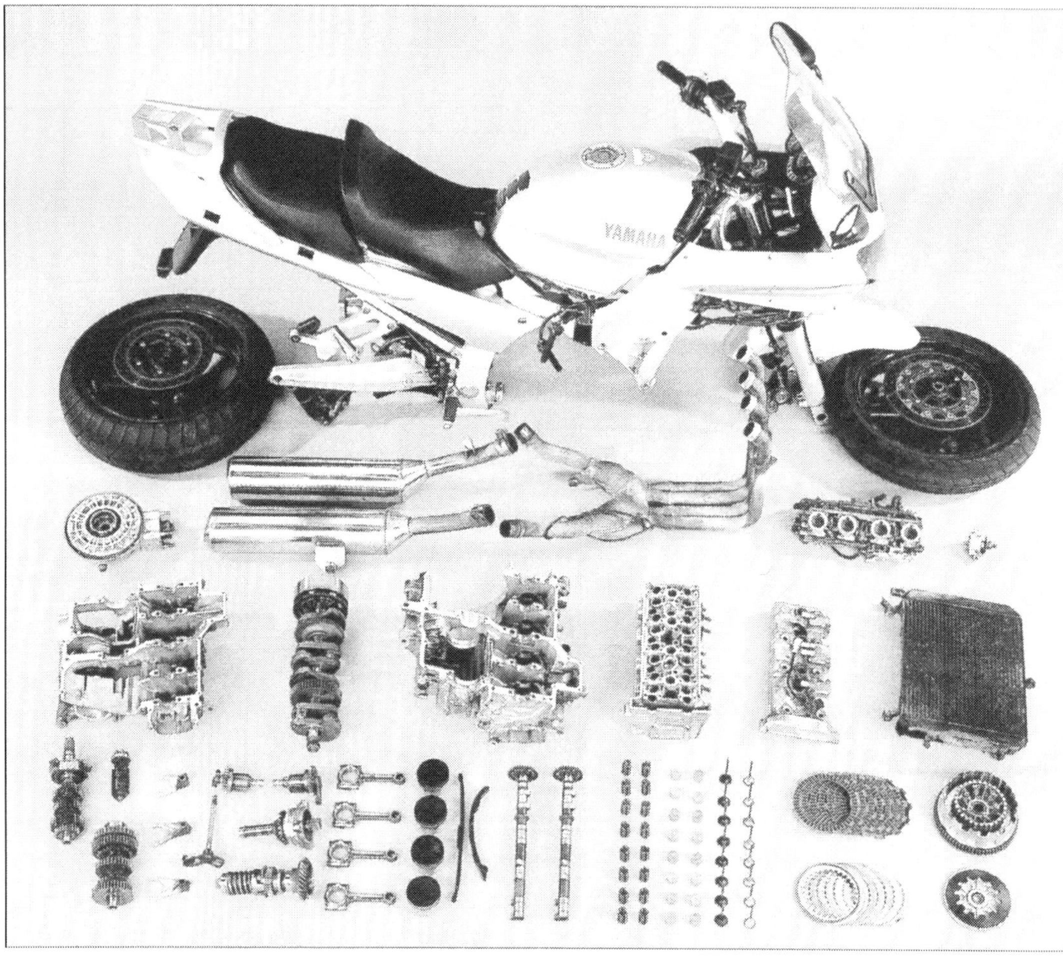

Dieses Bild zeigt die zerlegte Testmaschine YAMAHA FJR 1300, mit der die Zeitschrift MOTORRAD einen Langstreckentest über 100 000 km durchführte. In dieser Motorrad-Reparaturanleitung können Sie den Test nachlesen und erfahren, wie sich die Maschine geschlagen hat. Weiterhin finden Sie in diesem Buche alle Tipps und Tricks, die man wissen muss, um mit der YAMAHA FJR 1300 ebenfalls 100 000 km weit zu kommen – oder mehr.

Warum dieses Buch wichtig ist

Mit der YAMAHA FJR 1300 kam im Jahre 2001 ein kraftvollen Supersport-Tourer auf den Markt, der sich auf Anhieb in die Herzen der Mitglieder von vier Fraktionen fuhr, die unterschiedlicher gar nicht sein können, nämlich der Supersport-, Sport-, Touren- und Alltagsfahrer. Alle sind begeistert und fasziniert zugleich, wie seidig weich der FJR 1300 Motor hochdreht, wie mühelos er seine Leistung abgibt, wie leicht sich dieses Motorrad beherrschen lässt und welch tollen Komfort es bietet.

Die Yamaha-Marktstrategen hatte Ende der 90er-Jahre eine Lücke im großen Motorradangebot entdeckt und diese zu Beginn des neuen Jahrtausends mit der FJR 1300 exakt ausgefüllt: Mit maximalem Fahrkomfort kommt man schnell von A nach B, und dank der sportlichen Fahrwerksabstimmung lassen sich Kurven ohne Reue genießen. Zwei Jahre nach der Weltpräsentation kam die FJR 1300 A mit ABS (Anti-Blockier-System), und damit wurde dem Sicherheitsbedürfnis vieler Kunden Rechnung getragen.

Die Zeitschrift MOTORRAD brachte in der Ausgabe 23/2003 einen Test über 100 000 km der YAMAHA FJR 1300, in dem ihre Zuverlässigkeit unter Beweis gestellt wurde. Auf den Seiten 6 bis 13 haben wir diesen Langstreckentest abgedruckt; er ist eine gute Informationsquelle für alle, die dieses Buch gekauft haben und wissen wollen, was sie auf den nächsten zigtausend Kilometern zu erwarten haben. Für die Behebung der möglicherweise auftretenden Probleme bietet diese Motorrad-Reparaturanleitung eine gute Basis.

Diese Reparaturanleitung will mehr sein als nur ein Buch, das man nur dann zur Hand nimmt, wenn etwas kaputt ist. Dieses Buch will ganz besonders Anleitung für den Service zu Hause sein. Deswegen war schon bei der Kiellegung dieser Motorrad-Reparaturanleitung unser erstes Ziel, spezielle Tipps und Tricks, die man kennen sollte, um eine FJR 1300 möglichst zuverlässig am Laufen zu halten, in Bild und Text zu zeigen und verständlich zu erklären.

Mit der YAMAHA FJR 1300 kann man bequem, sicher und schnell reisen.

Auf die Zerlegung und den Zusammenbau des Motors inklusive Kurbelwelle, Getriebe und Kardanantrieb haben wir in diesem Buch bewusst verzichtet, weil eine Operation am offen Herzen der YAMAHA FJR 1300 den Umfang dieses Buches bei weitem sprengen würde. Alle bei Zerlegung und Zusammenbau des Motors zu berücksichtigenden Verschleißmaße und Drehmomentwerte sind jedoch in diesem Buch enthalten. Damit kann, wer sich mit japanischen Motoren auskennt, seinen Erfahrungsschatz anwenden. Für technische Laien gilt der gut gemeinte Ratschlag, dass Revisionen von Motor, Getriebe und Kardanantrieb den Yamaha-Händlern und -Spezialisten vorbehalten bleiben sollten, denn diese wurden in mehrtägigen Technik-Lehrgängen bei den Yamaha-Importeuren speziell geschult.

Wenn Sie sich dieses Buch gekauft haben, um Ihr Motorrad besser kennen zu lernen und zu erfahren, was in ihm steckt, ist das gut so. Dieses Buch kann Ihnen helfen, die komplexe Mechanik, die in einer YAMAHA FJR 1300 steckt, begreifen zu können und bietet gleichzeitig Lesestoff, der Ihnen hilft, Ihr Motorrad besser zu verstehen. Denn wir sind der festen Meinung, dass ein Fahrer, der sein Motorrad versteht, sorgsamer damit umgeht. Was hilft, Probleme entweder schon im Ansatz zu erkennen oder gar nicht erst auftreten zu lassen.

Der Spagat zwischen allgemein verständlicher Technik und stimmiger Anleitung zum Selbstschrauben bestimmt also den Inhalt dieses Buches. In diesem Sinne wünschen wir Ihnen, lieber Leser, viel Spaß bei der Lektüre. Wir hoffen, dass Sie keine Probleme mit Ihrer Maschine haben – und wenn, soll Ihnen dieses Buch helfen, diese rasch, effektiv und kostengünstig zu beseitigen.

Einige Grundsätze zu diesem Buch:

- Die Lektüre dieses Buches kann weder eine dreijährige Lehre zum Motorradmechaniker noch mehrjährige Praxis im Kraftfahrzeughandwerk ersetzen.
- Interessierte Laien sollten sich vor allem die Pflegetipps zu Herzen nehmen, denn gute Pflege erhält den Wert des geliebten Bikes und sorgt dafür, dass man sein Motorrad in allen Ecken und Winkeln besser kennen lernt.
- Die Anwendung der im Buch gezeigten Arbeitsschritte setzt einen gewissen Grundstock an Werkzeug voraus. Deswegen behandeln wir das Thema Werkzeug in einem extra Kapitel.
- Inhalte wie beispielsweise Ventile einstellen, Kupplung reparieren, Lenkung oder Radlager erneuern oder Arbeiten an der Bremsanlage sind Arbeiten, die eine gewisse Portion angelerntes Fachwissen erfordern.
- An sicherheitsrelevanten Baugruppen wie Radaufhängung und Bremse darf nur arbeiten, wer sein Handwerk wirklich beherrscht. Und das gilt eigentlich nur für ausgebildete Mechaniker. Für alle anderen heißt es: Geben Sie Ihr Motorrad in die Fachwerkstatt zum Yamaha-Händler, dort arbeiten ausgebildete Fachleute.

In diesem Sinne wünscht Ihnen das Redaktionsteam allzeit gute und pannenfreie Fahrt mit der YAMAHA FJR 1300!

Herzlichst, Ihr
F. J. Schermer

Wenn in diesem Buch von »Fahrern« die Rede ist, meinen wir natürlich auch die weiblichen Leser. Der leichteren Lesbarkeit halber beschränken wir uns jedoch auf die allgemeine (männliche) Form

Inhalt

Folgende Symbole verdienen im Laufe der Arbeiten besondere Beachtung:

Sichtprüfung:
Teil genau ansehen, besonders beachten

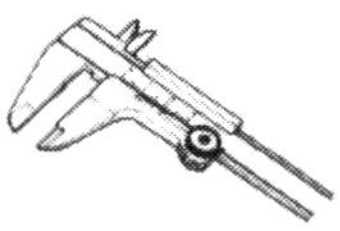

Messen:
Schublehre oder anderes Messwerkzeug nötig

Achtung:
Besondere Vorsicht geboten, Sicherheitshinweise beachten

Tipp:
Wertvoller Hinweis für einfacheres Schrauben

Folgende Symbole verdeutlichen den Schwierigkeitsgrad der Arbeiten:

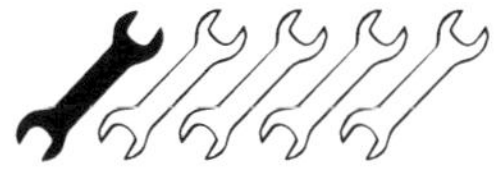

Ein Schlüssel:
Einfache Arbeit, erweitertes Bordwerkzeug reicht aus

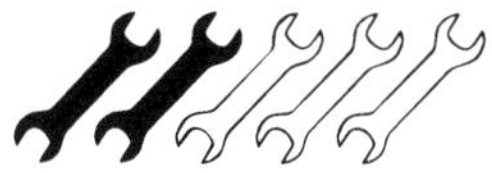

Zwei Schlüssel:
Anspruchsvolle Arbeit, extra Werkzeug notwendig

Drei Schlüssel:
Gutes Werkzeug und Spezialkenntnisse erforderlich

Vier Schlüssel:
Spezialwerkzeug und sehr gute handwerkliche Fertigkeit gefragt

Fünf Schlüssel:
Spezialwerkzeug und meisterliche Fertigkeiten notwendig: Fachwerkstatt!

100 000-Kilometer-Dauertest Yamaha FJR 1300

Orginalartikel aus MOTORAD 23/2003

MARATHON-

Lange Strecken mit hohem Durchschnittstempo zu bewältigen ist eine Spezialität der Yamaha FJR 1300. Aber wie sieht die Technik nach 100 000 Kilometern aus?

Von Guido Stüsser; Fotos: Bilski, fact, Jahn, Lengwenus, Sdun, Thomas

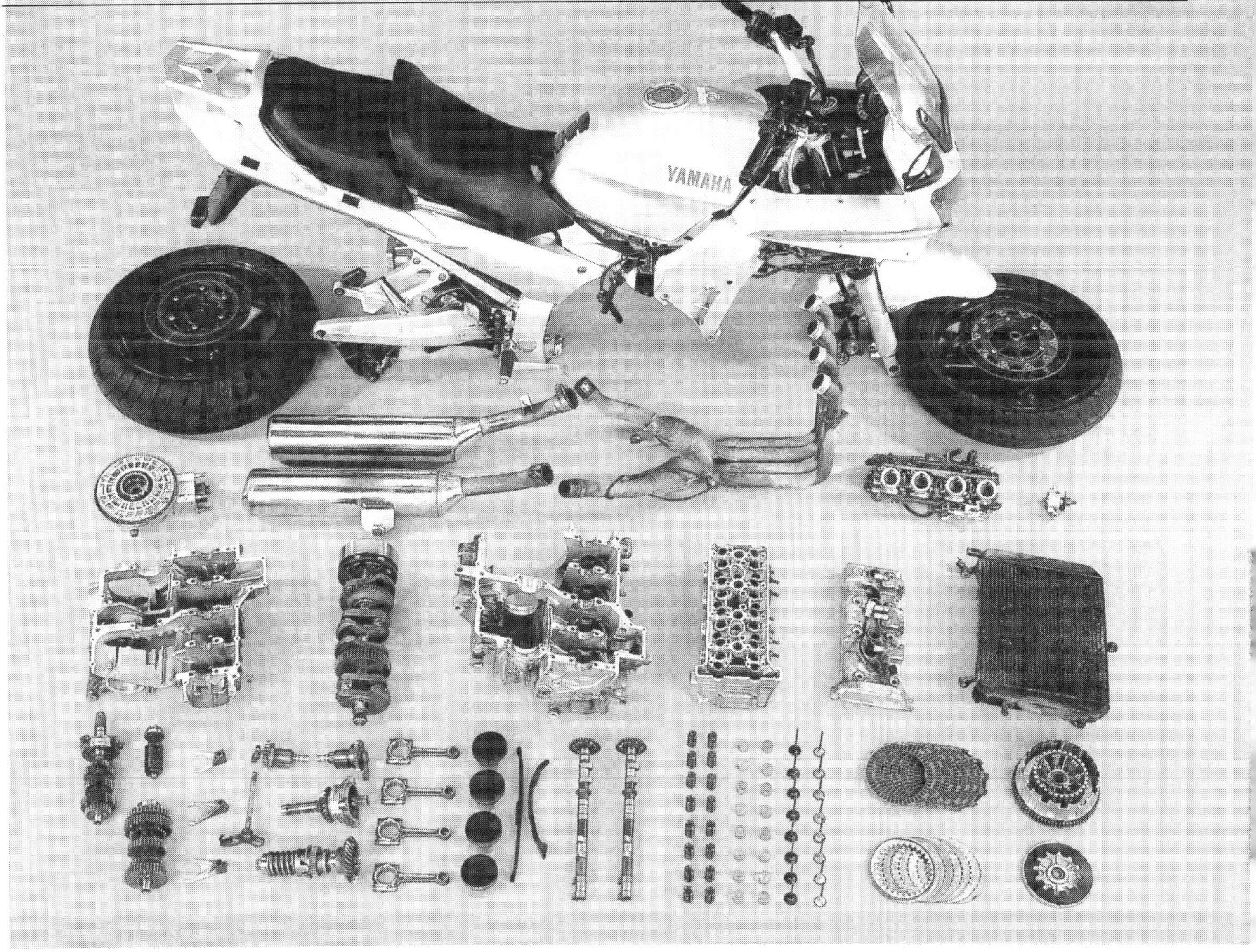

SPRINTER

Jetzt weiß ich, was dieses Lächeln auf dem Gesicht unseres Fuhrparkleiters Gerry zu bedeuten hatte, als er mir die Schlüssel der FJR 1300 in die Hand drückte. Jetzt, wo der Zeiger des Drehzahlmessers kurz vor dem roten Bereich steht, ich krampfhaft im Getriebe nach dem nicht vorhandenen sechsten Gang suche und sich mir das enorme Leistungspotenzial des Yamaha-Tourers erschließt, breitet sich auf meinem Gesicht ein ähnliches Lächeln aus. Eigentlich wollte ich nur ein Motorrad haben, mit dem ich relaxed Kilometer fressen kann, um von Stuttgart nach Köln zu fahren. Und nun das: Leicht geduckt hinter der hochgefahrenen Verkleidungsscheibe, habe ich den Hahn voll gespannt und

FJR-Dauertest

damit quasi die linke Spur der Autobahn für mich gepachtet.

Obwohl es meine rechte Hand ist, die das Tempo bestimmt, bin ich mir keiner Schuld bewusst. Die FJR hat mich auf die linke Spur verführt. Das stabile Fahrverhalten, aber vor allen Dingen das bärenstarke Triebwerk mit der kurzen Übersetzung machen die Autobahnbolzerei zum reinsten Vergnügen. Dabei verhilft der 25 Liter große Blechtank, der Magnettankrucksäcken sicheren Halt bietet, zu beachtlichen Reichweiten von über 500 Kilometern. Natürlich nicht ständig unter Volllast. Da kann der Verbrauch schnell mal in den zweistelligen Bereich klettern.

Im Durchschnitt begnügt sich die Dauertest-FJR mit 6,9 Litern Normalbenzin. Angesichts der zur Verfügung stehenden Leistung und dem hohen Gewicht von 270 Kilogramm vollgetankt ein akzeptabler Wert. Wer es ruhig angehen lässt, erlebt die 1300er-Yamaha sogar als Spritknauserer. Von Werten um die fünf Liter ist im Fahrtenbuch zu lesen. Dabei sorgen zwei Dreiwege-Katalysatoren und ein Sekundärluftsystem dafür, dass die Umwelt nicht mehr als nötig belastet wird.

Zwiespältig sind die Meinungen über den in der Höhe verstellbaren Windschutz. Kleinere Fahrer freuen sich bei hochgefahrener Scheibe über einen guten Schutz, doch bei höherer Geschwindigkeit ermüdet eine Sogwirkung den Schulterbereich. Für großgewachsene Menschen ist es ratsam, den Windschild bei mittleren Tempi und aufrechter Sitzposition auf der Autobahn in der unteren Stellung zu lassen. So liegt der Helm zwar voll im Fahrtwind, was aber immer noch angenehmer ist als die lauten Verwirbelungen, welche die hochgefahrene Scheibe verursacht. Lästig bei längeren Touren mit gleich bleibender Geschwindigkeit sind die feinen Vibrationen in den Lenkerhälften bei 6500 Umdrehungen, die eingeschlafene Hände verursachen.

Alles andere als einschläfernd ist das Fahrwerk der FJR. Mit einer straffen Einstellung (voll vorgespanntes Federbein, Zugstufe acht Klicks geöffnet, die 48er-Telegabel bis auf zwei Ringe vorgespannt, Zug- und Druckstufe jeweils zehn Klicks geöffnet) wedelt sie behände über kurvige Sträßchen der Eifel, auf denen ich die restlichen Kilometer nach Köln zurücklege. Lediglich die bei sportlicher Fahrweise früh aufsetzenden Nippel an den Fußrasten mahnen beim Kurvenräubern zur Vorsicht. Besonders bemerkenswert ist das unverändert direkte und präzise Fahrverhalten, obwohl der Kilometerzähler kurz vor der magischen 100 000er-Marke steht, die die Yamaha vom MOTORRAD-Dauertest-Stress erlöst.

100 000 Kilometer, die für den Tourer nicht nur durch den hohen Vollgasanteil auf der Autobahn eine besondere Bewährungsprobe darstellten. Abgesehen von zwei kleinen Unfallschäden, die bei 43 000 und bei 82 000 Kilometern zu unplanmäßigen Werkstattaufenthalten führten, waren kurz vor Testende noch zwei nicht vorgesehene Boxenstopps fällig. Ein lautes Heulen im Antriebsstrang kündigte bei 76 000 Kilometern ein defektes Wälz-

YAMAHA FJR 1300

Die FJR 1300 überzeugt auch nach 100 000 Kilometern mit ihrem kraftvollen Motor und dem stabilen Fahrwerk. Nach 2360 verkauften FJR im ersten Jahr sank die Zahl 2002 auf 1744 Stück. Bis Ende August dieses Jahres stieg die Zahl auf 2500, wovon 2228 mit ABS ausgeliefert wurden

Die Kolben sind maßhaltig, am Feuersteg sind aber deutliche Reibspuren sichtbar. Leistungseinbußen waren bei der Abschlussmessung nicht festzustellen

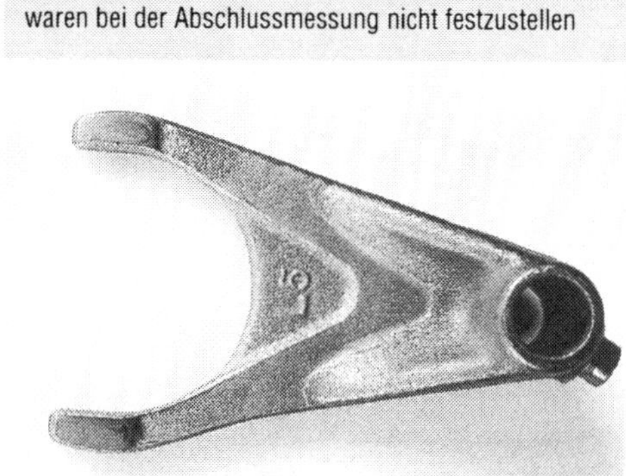

Die Schaltgabeln sind in fast neuwertigem Zustand. Nur leichte Druckspuren trotz der hohen Belastung, der sie ausgesetzt waren

lager des Hinterachsritzels an, welches auf Garantie gewechselt wurde.

Der zweite Schaden betraf die Elektrik. Gewöhnlich sorgen die hellen Multireflektorscheinwerfer für Licht im Dunkeln. Nicht so jedoch bei 92 555 Kilometern, als die komplette Beleuchtung ausgefallen ist und gleichzeitig noch die Benzinpumpe ihren Dienst versagte, was den FJR-Fahrer zum Umstieg auf öffentliche Verkehrsmittel zwang. Mittels eines neuen Kabelstrangs war der Elektronikdefekt rasch behoben. Auch für diese Reparatur übernahm Yamaha die Kosten.

Fast eine Lappalie war die verzogene hintere Bremsscheibe, die die Werkstatt nach 39 464 auf Garantie tauschte. Ebenso als normal gilt das Erneuern der Kupplung bei Kilometerstand 83 550. Der Wechsel von Lamellen, Stahlscheiben und Federn schlug mit 304,30 Euro zu Buche. Als kleiner Schönheitsfehler können die zu Testende einseitig abgenutzten hinteren Bremsbeläge verbucht werden. Durch einen Montagefehler lag ein Belag ständig an der Scheibe an. Mehr als ein Schön-

Auf der Landstraße mutiert die FJR zum Kurvenräuber

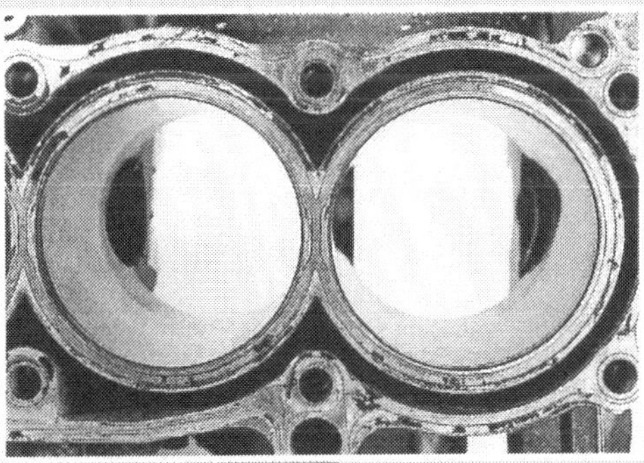

An den Laufflächen der Zylinder gibt es nichts zu beanstanden. Allerdings hat sich der erste Zylinder oval verformt und an Kompression verloren

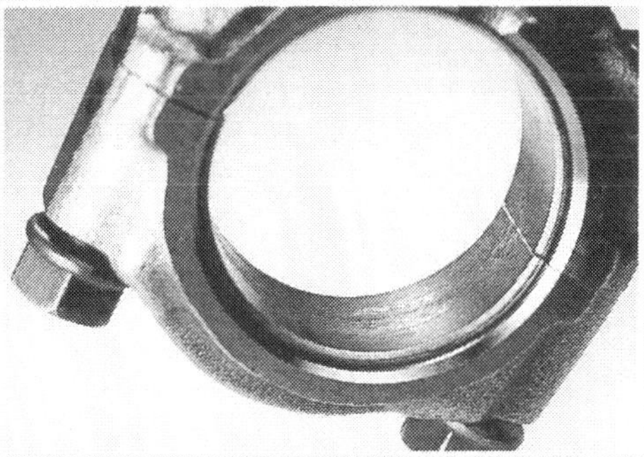

Sämtliche Pleuel- und Hauptlager sind maßhaltig. Das Pleuellager des dritten Zylinders zeigt jedoch starke Riefen und Laufspuren

Innen- und Außenrotor der Ölpumpe sind in gutem Zustand. Nur die Anlaufflächen weisen leichte Riefen auf

Wie die Schaltgabeln präsentiert sich auch die Kupplungsnabe der FJR in sehr gutem Zustand und ziemlich unbeeindruckt von der hohen Laufleistung

Das Sicherungsblech am Getriebeausgang ist gebrochen, die Mutter lose. Die Verzahnung von Kegelrad und Vorgelegewelle ist ausgeschlagen

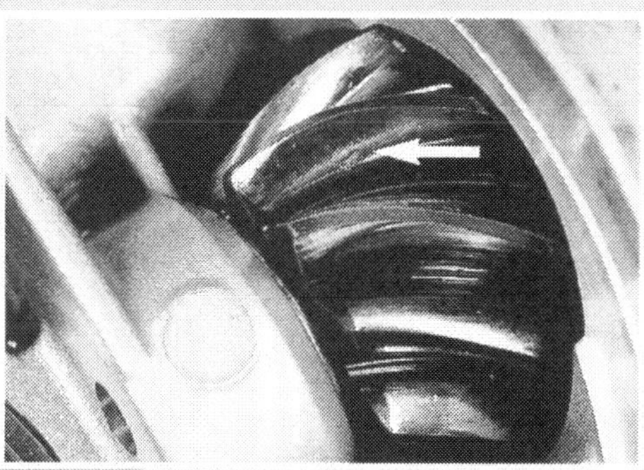

Pitting an einer Zahnflanke des Ritzels des Hinterradantriebes. Da es jedoch nur an einer Flanke auftrat, scheint ein Fremdkörper die Ursache zu sein

1 Test 100 000 km

FJR-Dauertest

heitsfehler waren anfangs die undichten Wellendichtringe des Kardans. Nach einer Umrüstaktion war das Problem, von dem übrigens die Dauertestmaschine nicht betroffen war, behoben.

Ansonsten spulte die FJR 1300 ihr Marathonprogramm absolut zuverlässig und zum Teil unter widrigsten Bedingungen ab. Kälte, Nässe und sogar Schnee steckte sie locker weg. Dafür kann es für den Yamaha-Treiber bei schönstem Sommerwetter im Stop-and-go-Verkehr unangenehm werden. Rahmen und Tank heizen sich bei hohen Außentemperaturen und mangelndem Fahrtwind dermaßen auf, dass im Fahrtenbuch sogar von einem „Eierkocher" die Rede ist. Ein Ärgernis, das vom großen, gekapselten Vierzylindermotor ausgeht und von der mächtigen Rahmenkonstruktion, die die Wärme weiterleitet, begünstigt wird.

Die Stunde der Wahrheit schlägt für die FJR beim Zerlegetermin. Nun wird schonungslos offen gelegt, wie es in ihrem Innersten aussieht. Beim Auseinanderbauen des Getriebes die erste Entdeckung: Die Mutter, die das Kegelrad auf der Vorgelegewelle fixiert, sitzt nur noch lose auf dem Gewinde, und das dazugehörige Sicherungsblech fällt uns in zwei Teilen entgegen. Die Verzahnung des Kegelrads und der Vorgelegewelle ist ausgeschlagen. Laut Yamaha hat wahrscheinlich die Verschraubung ihre Vorspannung verloren, wodurch das Sicherungsblech samt Verzahnung zerstört wurde.

Obwohl der Prüfstand nach 100000 Kilometern sogar ein Plus von zwei PS attestierte, mahnte das Kompressionsdiagramm zur genaueren Betrachtung der Zylinder. Der erste Zylinder meldete einen Druckverlust von vier bar. Das Vermessen des Zylinders bringt die Ursache ans Tageslicht. Die Laufbahn hat sich oval um ein Zehntel verformt. Im Toleranzbereich wären fünf Hundertstel. Da die Lauffläche des betroffenen Zylinders und Kolbens aber sonst keine besonderen Spuren aufwies und auch kein erhöhter Ölverbrauch zu registrieren war, wäre der Motor mit diesem Phänomen vermutlich noch eine ganze Weile problemlos weitergelaufen. So ist allerdings ein neues Motorgehäuse fällig. Die Pleuellager liegen noch innerhalb der Betriebstoleranz, doch insbesondere das dritte zeigt eine starke Riefe sowie Verschleißspuren. Nicht Besorgnis erregend, aber mit einem Ausbruch an einer Zahnflanke zeigt sich das Ritzel des Kardans. Es scheint, als hätte sich ein Fremdkörper eingearbeitet.

Davon abgesehen präsentieren sich die Innereien der FJR in hervorragendem Zustand. Besonders dem Getriebe, der Ölpumpe sowie Kupplungskorb und -nabe sind die 100000 Kilometer nicht anzusehen. Und so gut wie von innen präsen-

BILANZ NACH 100 000 KILOMETERN

KOMPRESSION

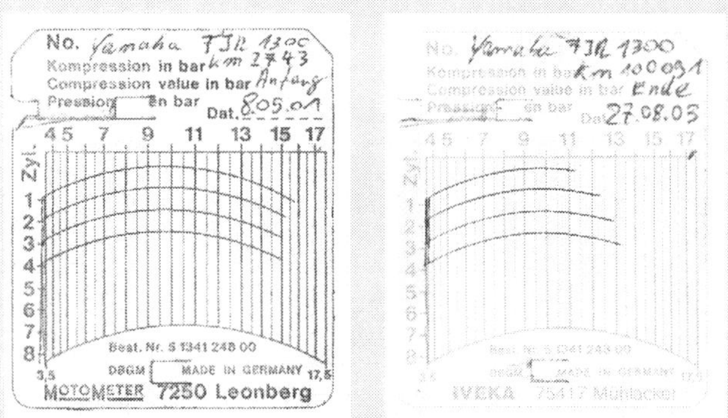

Bei der Abschlussmessung geht dem ersten Zylinder, der sich oval verformt hat, langsam die Puste aus. Ihm fehlen vier bar Kompressionsdruck

LEISTUNG

Gut im Futter: Am Ende drückt die FJR mit 135 PS sogar noch zwei PS mehr als bei der Eingangsmessung

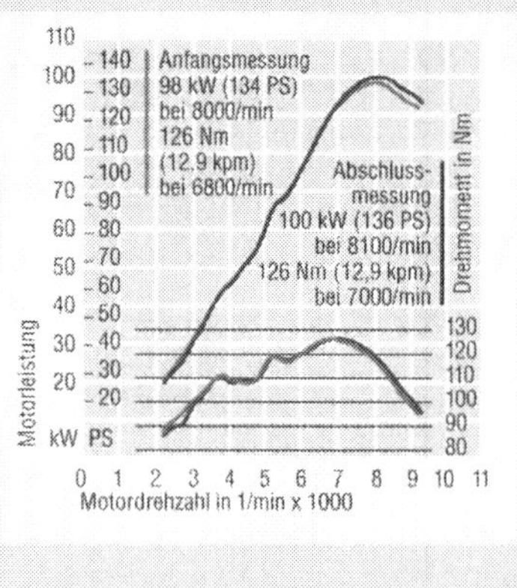

VERSCHLEISS

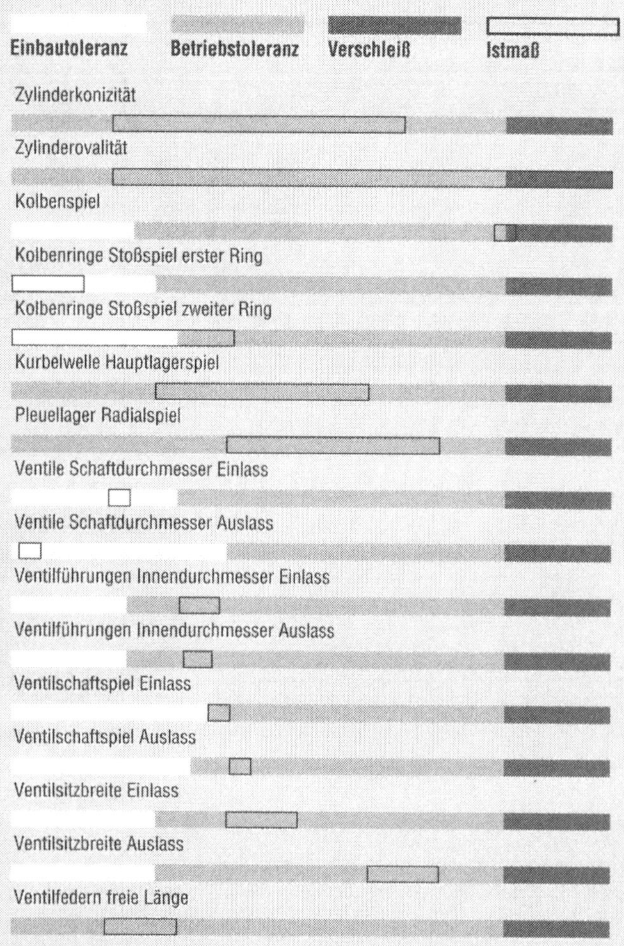

REIFENEMPFEHLUNG

Der serienmäßig montierte Metzeler ME Z4 mit der Sonderkennung U vorne und J hinten ist für die FJR 1300 nur bedingt empfehlenswert. Der hohen Lebensdauer von über 15000 Kilometern auf dem Vorderrad und bis zu gut 10 000 Kilometern hinten stehen ein träges Handling und nur mäßiger Grip gegenüber. Dafür bleibt der ME Z4 mit seinem Null-Grad-Stahlgürtel selbst mit hoher Laufleistung bei Topspeed sehr stabil. Auch wellige Fahrbahnen können die FJR nicht aus der Ruhe bringen. Ein Reifen für alle, die viele Kilometer auf der Autobahn zurücklegen und sich auf Serpentinen zurückhalten können.

Die Reifen beeinflussen das Fahrverhalten der FJR massiv

Eine Empfehlung ist der Bridgestone BT 020 in N-Spezifikation vorne und hinten. Diese Reifenpaarung kommt zwar nicht an die Laufleistung des ME Z4 heran, verleiht der FJR aber deutlich mehr Handlichkeit. Neben seinem geringen Aufstellmoment überzeugt der BT 020 mit hoher Lenkpräzision. Er folgt exakt dem einmal eingeschlagenen Kurs. Auf hohem Niveau liegt auch die Haftung, sowohl auf trockener wie auf nasser Fahrbahn. Ein perfekter Reifen zum Kurvenräubern. Wichtig ist beim Bridgestone die N-Spezifikation. Der normale BT 020 ist ebenfalls freigegeben, er neigt mit zunehmender Laufleistung und voller Beladung jedoch zu Shimmy.
Durchweg positive Resonanz erhielt der Dunlop D 205. Angefangen von einer guten Laufleistung von 8600 Kilometern auf dem Hinterrad über ein neutrales Fahrverhalten bis hin zum sehr guten Geradeauslauf sammelt der Dunlop Pluspunkte. Auch bei hoher Laufleistung verliert der D 205 nichts von seinem neutralen Fahrverhalten. Der Grip ist für tourenmäßiges Fahren befriedigend, für sportliche Fahrweise allerdings gerade noch ausreichend. Einziger Wermutstropfen des Dunlop ist das hohe Aufstellmoment beim Bremsen.

Ein unglückliche Kombination ist die FJR mit Michelin-Reifen. Egal, ob Macadam 100 X oder Pilot Road, die positiven Eindrücke halten sich in Grenzen. Während den Pilot Road zumindest eine hohe Stabilität im Hochgeschwindigkeitsbereich auszeichnet, wirkt der Macadam 100 X eher kippelig und unpräzise, was sich mit zunehmender Laufleistung nochmals verschlimmert. Besonders beim Einlenken macht dieser Michelin eine saubere Linienwahl schwierig. Handling und Zielgenauigkeit sind sowohl beim 100 X als auch beim Pilot Road nur Durchschnitt. Leichte Besserung brachte eine Erhöhung des Luftdrucks im Vorderrad auf 2,6 bar. Der Pilot Road überzeugt zumindest mit einem breiten Grenzbereich bei nasser Fahrbahn.
Von der Konstruktion ist der Pirelli MTR 23/24 dem Metzeler ME Z4 sehr ähnlich, unterscheidet sich im Fahrverhalten und in der Laufleistung aber deutlich. Viel handlicher und mit präzisem Einlenkverhalten erreicht der Pirelli fast das Bridgestone-Niveau, stellt sich beim Bremsen in Schräglage jedoch auf. Abgesehen von der niedrigeren Laufleistung ist der Pirelli gegenüber dem ME Z4 die bessere Wahl.
Insgesamt sei angemerkt, dass die FJR sehr sensibel auf Reifenveränderungen reagiert.

KOSTEN

Betriebskosten auf 100 000 Kilometer	
35,4 l Öl à 9,83 Euro	347,98 Euro
5 Ölfilter à 9,70 Euro	48,50 Euro
4 Luftfilter à 33,76 Euro	135,04 Euro
16 Zündkerzen	95,42 Euro
Bremsbeläge vorn/hinten	192,27 Euro
Kupplungsscheiben	304,30 Euro
0,9 l Bremsflüssigkeit	12,49 Euro
1,8 l Kardanöl	114,83 Euro
Kleinteile/Dichtungen	94,88 Euro
Inspektionen und Reparaturen	1710,91 Euro
Reifen (inkl. Montage, Wuchten und Entsorgen)	6734,00 Euro
Kraftstoff	7207,20 Euro
Gesamtkosten	**16 997,82 Euro**
Anschaffungskosten	13 590,00 Euro
Wertverlust	5690,00 Euro
Schätzpreis (Händlerverkaufspreis)	7900,00 Euro
Kosten pro Kilometer (ohne Wertverlust)	**0,17 Euro**
Kosten pro Kilometer (mit Wertverlust)	**0,23 Euro**

WARTUNG + REPARATUREN

	km-Stand
Reifen hinten neu Metzeler ME Z4	8458
Reifen vorne neu Metzeler ME Z4	10 828
Reifen vorne u. hinten neu Metzeler ME Z4	19 562
Reifen hinten neu Metzeler ME Z4	26 542
Reifen vorne neu Metzeler ME Z4	29 566
Reifen hinten neu Metzeler ME Z4	33 163
Bremsscheibe hinten neu	39 464
Reifen hinten neu Metzeler ME Z4	40 184
Reifen vorne u. hinten neu, Bridgestone BT 020	46 571
Reifen vorne u. hinten neu, Continental Force Max	54 412
Reifen vorne u. hinten neu, Dunlop D 205	57 730
Reifen vorne u. hinten neu, Michelin Pilot Road	66 365
Bremsbeläge vorne neu	71 923
Reifen hinten neu, Michelin Pilot Road	72 338
Reifen vorne u. hinten neu Pirelli MTR 23/24	79 386
Stand,- Abblendlicht- und Bremslichtbirne erneuert	82 097
Wälzlager Ritzel erneuert	82 946
Kupplung erneuert	83 550
Reifen vorne u. hinten neu Pirelli Diablo	84 500
Bremslichtbirne erneuert	90 196
Reifen vorne u. hinten neu, Michelin Macadam 100 X	90 413
Elektrikdefekt (Kabelschaden) behoben	92 555
Reifen hinten neu, Michelin Macadam 100 X	96 130

FAHRLEISTUNGEN

Anfangs-/Abschlussmessung		2644 km	100 000 km
Höchstgeschwindigkeit	km/h	250	250
Beschleunigung			
0–100 km/h	sek	3,0	3,0
0–140 km/h	sek	4,9	4,9
0–200 km/h	sek	9,9	9,7
Durchzug			
60-100 km/h	sek	4,0	4,0
100-140 km/h	sek	3,9	3,9
140-180 km/h	sek	4,5	4,2
Durchschnittlicher Kraftstoffverbrauch über 100 000 km			
Kraftstoff (Normal)	l/100 km		6,9
Motoröl	l/1000 km		nicht messbar

ZUSTAND

Zylinderkopf: Sechs Ausslassventile leicht undicht, Nockenwellen, Tassenstößel und Ventilführungen sind in sehr gutem Zustand.

Zylinder: Sämtliche Zylinder zeigen geringen Verschleiß, wobei der erste Zylinder oval verzogen ist.

Kurbeltrieb: Der Kurbeltrieb befindet sich in gutem Zustand.

Kraftübertragung: Während die Kupplungslamellen bei 80 000 Kilometern gewechselt wurden, befinden sich Kupplungsnabe und Korb gemessen an der Laufleistung in gutem Zustand. Die Verzahnung von Vorgelegewelle und Kegelrad waren ausgeschlagen.

Fahrwerk: Das Fahrwerk zeigt keinerlei Auffälligkeiten.

FJR-Dauertest

tiert sich der Tourer auch von außen. Von mangelhafter Lackqualität, wie sie von mehreren Lesern moniert wird, kann bei der Langstrecken-Testmaschine nicht die Rede sein. Obwohl Tausende von Kilometern mit komplettem Gepäck wie Tankrucksack, Koffern und Gepäckrolle hinter ihr liegen, zeigt sich der Lack in erstaunlich gutem Zustand. Ebenso bescheinigt ein Experte bei einer Begutachtung im Rahmen eines Qualitätstests der Yamaha einen sehr hohen Standard. Schwierigkeiten bei der Lackierung der Koffer in Form von Staubpartikeleinschlüssen sind Yamaha dagegen bekannt. Entsprechende Koffer mit Lackmängeln werden anstandslos umgetauscht.

Die Bilanz nach 100 000 Kilometern ist also insgesamt positiv. Sieht man mal

Yamaha nimmt Stellung . . .

Karl-Heinz Vetter (ganz links) und Ralf Keller von Yamaha begutachten mit MOTORRAD-Techniker Waldemar Schwarz (rechts) den Motor

. . . zu der von MOTORRAD-Lesern beanstandeten Lackierung von Tank und Koffern. (Bei dem Testmotorrad waren in dieser Hinsicht keine Beanstandungen festzustellen.)
Die Umstellung auf umweltfreundliche, wasserlösliche Lacke brachte eine Einbuße der Lackhärte mit sich, eine Änderung ist nicht möglich. Bei den Koffern sind Qualitätsschwankungen der Lackierung bekannt. Mangelhaft lackierte Koffer werden ausgetauscht.

. . . zum geringen Koffervolumen.
Zusätzlich zu den Koffern hat Yamaha ab Mai 2003 die Verwendung eines Topcase freigegeben, das weiteres Stauvolumen bietet.

. . . zu der heißen Abluft des Motors, die bei höheren Temperaturen für den Fahrer ausgesprochen lästig ist.
Die heiße Abluft ist ein Problem des großen, gekapselten Motors. Bedingt durch die Rahmenbauart und die Vollverkleidung ist eine effektivere Wärmeabfuhr nicht möglich. Allerdings erhielt die Tankunterseite ab dem Modell 2002 eine Wärmedämmung.

. . . zu undichten Wellendichtringen am Kardanantrieb.
Nach der Umrüstung auf geänderte Wellendichtringe ist dieses Problem behoben.

. . . zu der ausgeschlagenen Verzahnung des Kegelrads der vorderen Kardanumlenkung.
Die Ursache ist unklar. Wahrscheinlich hat die Verschraubung ihre Vorspannung verloren, wodurch das Sicherungsblech samt Verzahnung beschädigt wurde.

. . . zum defekten Wälzlager der Ritzellagerung bei Kilometerstand 83 000.
In diesem Punkt sind uns keine weiteren Probleme bekannt.

. . . zu den störenden Vibrationen ab 6000/min, der kurzen Gesamtübersetzung beziehungsweise dem fehlenden sechsten Gang, der groben ABS-Regelung und der vor allem in den unteren Gängen hakigen Schaltung.
Alle diese Beanstandungen werden an die Produktplaner kommuniziert. Bei der aktuellen Modellgeneration sind in dieser Hinsicht keine Änderungen zu erwarten.

. . . zum oval verformten ersten Zylinder.
Die Ursache hierfür ist unklar und bislang ein Einzelfall. Fakt ist, dass die Prüfstandsmessungen keine Leistungseinbußen zeigten und auch kein erhöhter Ölverbrauch festgestellt wurde. Man kann also davon ausgehen, dass der Motor seinen Dienst noch viele 1000 Kilometer weiter klaglos geleistet hätte.

Auch unter widrigsten Bedingungen spulte die FJR das Testprogramm ab. Da kamen schon mal Reifenwärmer zum Einsatz, um die Gummis für die Bremsmessung auf Betriebstemperatur zu halten

vom verzogenen ersten Zylinder und der verschlissenen Vorgelegewelle im Getriebe samt Kegelrad ab. Der kraftvolle Tourer überzeugt mit hervorragenden Langstreckenqualitäten, einem hohen Qualitätsstandard und abseits der Autobahn mit einem tollen Handling.

Entsprechend gut verkaufte sich die Yamaha FJR 1300. Bis Ende August dieses Jahres wurden 2500 Stück ausgeliefert. Erfreulich für die Käufer sind die langen Inspektionsintervalle von 10 000 Kilometern. Wünschenswert für das Nachfolge-Modell wäre jedoch ein als Overdrive ausgelegter sechster Gang zur Drehzahlminderung beim Dahingleiten auf der Autobahn. Allerdings hätte ich dann keine Ausrede mehr, wenn ich das nächste Mal mit einer FJR die linke Spur belagere. Ich würde ja den beruhigend wirkenden Overdrive finden. ■

LESERERFAHRUNGEN

Kaufentscheidung für Andreas Keilhauer war das ABS

Klaus Ahrens hat schon 35 000 Kilometer abgespult

Kurt Waxmann ist von der FJR vollkommen begeistert

Meine FJR ist nun ein Jahr alt und hat schon gut 20 000 Kilometer auf dem Buckel. Kaufentscheidend waren folgende Gründe: der Kardanantrieb, der Katalysator und die Reisetauglichkeit mit zwei Personen und Gepäck. Kaufhilfe waren natürlich auch die vielen guten Testberichte in der Fachpresse. Ich bin das Motorrad den ganzen Winter hindurch gefahren und benutze es ansonsten nicht nur zur täglichen Fahrt zur Arbeit, sondern auch an Wochenenden für größere und kleinere Touren. Der Kraftstoffverbrauch pendelte sich bei 5,9 Litern auf 100 Kilometer ein.

Bei längeren Touren ist die verstellbare Scheibe eine nicht zu verachtende Erleichterung, hält sie doch das Visier auch bei Schmuddelwetter relativ sauber. Nervend sind lediglich die feinen Vibrationen, die einem bei Dauergeschwindigkeiten von 130 km/h die Hände einschlafen lassen.

Als Kritik sei angeführt, dass die Lackqualität bei Yamaha wohl arg gelitten hat. Meine Yamaha XS 750 von 1978 sieht da zum Teil besser aus. An den Seitenteilen, an denen die Unterschenkel reiben, ist ein Handteller großes Stück Lack abgescheuert. Und am Tank beim Knieschluss ist die Lackierung ebenfalls schon recht in Mitleidenschaft gezogen. Hier hilft nur häufiges Polieren. Schade!

Ohne Fehl und Tadel ist die Bremsanlage. Wirkung und Dosierung sind – trotz der 270 Kilogramm – so gut, dass ich ein ABS nicht vermisse.
Joachim Schiebelhut, Rödermark

Es ist schon meine zweite FJR 1300, mit der ich seit Mai 2001 nun zirka 35 000 Kilometer zurückgelegt habe. Absolut begeistert bin ich von Motorleistung, Handling, Straßenlage und der Tourentauglichkeit. Minuspunkte sind die früh aufsetzenden Fußrasten, der fehlende sechste Gang und die Spiegel, in denen man nicht sehr viel sieht. Die FJR wird das Motorrad sein, das ich die nächsten Jahre fahren werde, es sei denn, das neue Modell wird mit einem sechsten Gang angeboten, dann gibt's eine Neue.
Klaus Ahrens, von der Saar

Mit der Anfang März 2003 zugelassen FJR 1300 habe ich mittlerweile 10 000 Kilometer zurückgelegt. Kaufauslöser waren das ABS und der nahezu wartungsfreie Kardanantrieb.

Durch die relativ aufrechte, entspannte Sitzposition fühle ich mich mit meinen 1,86 Meter richtig wohl. Da passt von der Ergonomie wirklich alles. Überrascht war ich von Anfang an von der Handlichkeit trotz des hohen Gewichts. Für viel Fahrspaß sorgt außerdem der durchzugsstarke Motor. Das ist natürlich auch ein Ergebnis der relativ kurzen Übersetzung. Nur auf Autobahnen wünscht man sich einen drehzahlsenkenden sechsten Gang.
Der Durchschnittsverbrauch liegt bei zirka 5,7 Litern.

Nach knapp 7000 Kilometern wechselte ich von der Erstbereifung Metzeler ME Z4 auf den neuen Bridgestone BT 020 R mit der Spezifikation U. Diesen Reifen konnte ich bereits bei Temperaturen um die null Grad, Schneefall und Nässe bewegen und wurde bisher nur durch das bei Beladung auftretende Shimmy enttäuscht. Mit dem BT 020 erscheint mir die FJR eine Spur handlicher.

Negativ fiel mir besonders bei hohen Außentemperaturen die starke Hitzeentwicklung beziehungsweise die heiße Abluft auf, von der die Oberschenkel direkt angeströmt werden. Auch die Lackqualität lässt zu wünschen übrig, vor allem beim Übergang von Sitzbank (verdeckt) und Tank und dort, wo die Knie am Tank aufliegen, sind sehr unschöne Kratzer zu sehen. Insekten hinterließen auch schon Spuren im Lack, die selbst durch Polieren nicht zu entfernen waren.

Dennoch würde ich mir die FJR wieder kaufen, da sie in meinen Augen ein sehr guter Allrounder ist, der sowohl auf kurvigen Landstraßen als auch auf Autobahnen viel Spaß macht und dabei auch die nötige Portion Bequemlichkeit mitbringt.
Andreas Keilhauer, Pastetten

Auch nach über zwei Jahren und zirka 15 000 Kilometern begeistert mich meine FJR immer wieder. Ob ausgedehnte Touren oder kurze sportliche Einsätze, sie macht einfach alles mit. Der Motor samt Kardan ist ein Paradebeispiel an Laufkultur. Die Bremsen (ohne ABS) beherrschen das hohe Gewicht sehr gut.

Der fünfte Gang dreht derart leicht an den roten Bereich (250 km/h), dass eine FJR mit einem sechsten Gang vermutlich fast zu dem „300-km/h-Club" gehören würde.
Kurt Waxmann, Dreieich

Das serienmäßige Bordwerkzeug

Werkzeug

In diesem Kapitel: Das serienmäßige Bordwerkzeug · Das bessere Bordwerkzeug · Front- und Heckständer · Hebebühne und Werkzeugwagen · Yamaha-Spezialwerkzeug.

Vom Bordwerkzeug bis zum Spezialwerkzeug

Wer sich entschlossen hat, an seiner Maschine selbst Hand anzulegen, um kleinere bis größere Wartungsarbeiten in Eigenregie auszuführen, braucht gutes Werkzeug. Wir nennen hier die wichtigsten Teile. Auf die Reifenmontage und die dazu benötigten Werkzeuge wird in diesem Buch nicht eingegangen, denn ohne Profiausrüstung ist es de facto nicht möglich, Schlauchlosreifen zu wechseln.

Das serienmäßige Bordwerkzeug

Bild 1 ganz rechts: Eine durchaus sinnvolle Anhäufung nötiger Werkzeugteile für die Hobby-Werkstatt. Teilebezeichnungen siehe nächste Seite unten.

Bild 2 rechts: Das serienmäßige Bordwerkzeug ist nicht besonders gut. Die Abdeckkappen dienen zum Verschließen der Kofferhalterungen in der Heckverkleidung.

Bild 3 unten: Digitaler Messschieber (A), Mikrometer oder Bügelmessschraube (B), Fühlerlehren (C), Druckverlust-Tester (D).

Das Bordwerkzeug im Fach unter der Sitzbank ist am untersten Minimum jeglicher Werkzeugwürde. Zur Not zu akzeptieren ist der Zündkerzenschlüssel. Eine echte Lachnummer ist die »Zange«. Sie besteht aus zwei gestanzten Blechteilen, verbunden mit einer Schraube samt Mutter und sieht so zum Fürchten aus, dass sie noch nicht einmal von Fred Feuerstein für sein Steinzeitmobil verwendet worden wäre. Schenken Sie die Zange Ihrem Lieblingsfeind, damit er sich bei der ersten Benutzung der Zange ordentlich in die Finger zwickt.

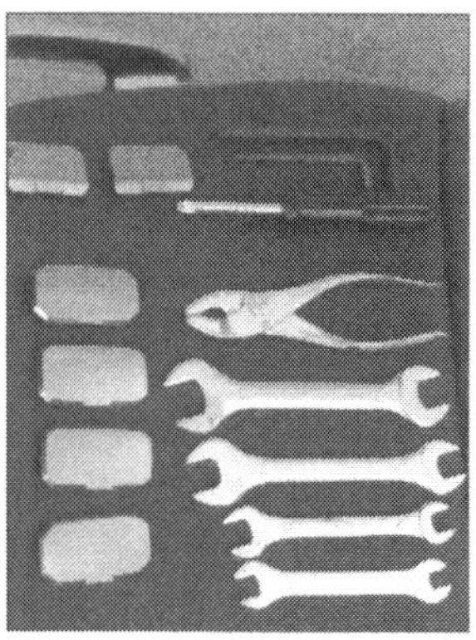

Fazit ist, dass das Bordwerkzeug möglichst rasch durch ordentliche Teile ersetzt werden sollte. Wenn man unterwegs eine Panne hat und z. B. die Räder ausbauen muss, steht man mit dem Bordwerkzeug ziemlich verloren da.

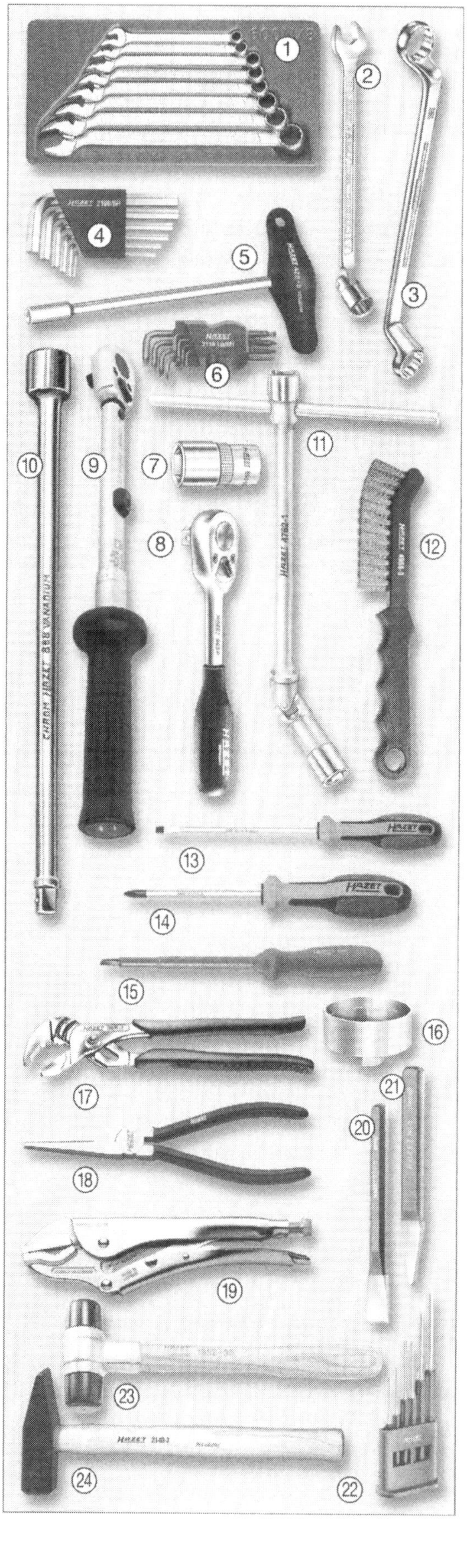

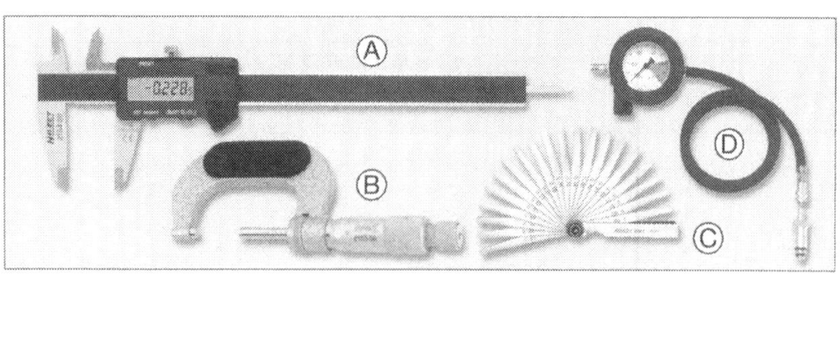

Tipp: Unbedingt immer dabei haben sollte man auch ein Pannenhilfeset für Schlauchlosreifen vom Hersteller »TIP TOP«. Damit lassen sich Reifendefekte bis vier Millimeter Durchmesser rasch reparieren. Bei BMW-Motorrädern ist dieser TIP TOP-Pannenhilfesatz serienmäßig im Bordwerkzeug – Sie können dieses also beim BMW-Händler kaufen.

Das bessere Bordwerkzeug

Ersetzen Sie das serienmäßige Bordwerkzeug durch folgende Teile:

- Maul-Steckschlüssel 8 mm, 10 mm, 12 mm, 13 mm, 14 mm, 17 mm
- Inbusschlüssel 4 mm, 5 mm, 6 mm, 8 mm mit Kugelsechskant auf der langen Seite
- Schraubenzieher mit Flachklinge 5 mm und Kreuzschlitzklinge
- Elektriker-Schraubenzieher
- Innnsechskantnuss 19 mm und 14 mm für Vorder- und Hinterradachse mit passendem Querknauf

Die meisten Schraubenköpfe und Muttern an der YAMAHA FJR 1300 an Fahrwerk und Motor sind sehr fein und leicht und verlangen nach bestem Präzisionswerkzeug. So haben die meisten M6-Schrauben keinen 10er-Kopf wie ein Maschinenbau-Normteil, sondern nur 8 mm, und die M8-Schrauben nur einen 12er-Kopf statt eines 13er-Normkopfes.

Zudem sind die Sechskantköpfe vieler Schrauben oben abgerundet und zusätzlich noch von oben nach unten angefast. Dies deswegen, damit bei der Fahrzeugmontage im Werk die Werkzeuge (»Nüsse«) an den Pressluftschraubern besser über den Kopf rutschen. Um diese Schrauben sicher öffnen und anziehen zu können, braucht man Präzisions-Sechskantnüsse, die satt an allen sechs Kanten des Schraubenkopfes anliegen.

Oder man sehe sich nur einmal die aus Alu bestehenden Deckelschrauben an den Gabelstandrohren an, die zum Wechseln des Gabelöls ausgedreht werden müssen. An die Einstellschrauben der Federvorspannung gelangt man nur mit einem Gabelschlüssel, weil für eine Stecknuss der Lenker im Wege ist. Der sorgfältige Mechaniker geht nur mit exakt passenden Werkzeugen dran. Vermurkste Schrauben und Muttern oder gar hässliche Kratzer im Umfeld von Schraubverbindungen, die von abgerutschten, weil nicht passenden Schlüsseln herrühren, sind ganz schlimm anzusehen. Ganz zu schweigen von den Verletzungen, die sich ein Mechaniker zuziehen kann, wenn er mit schlechtem Werkzeug arbeitet.

Das erweiterte Bordwerkzeug für die Werkstatt zuhause sollte folgendes umfassen:

- Nusskasten von 8 mm bis 27 mm
- Querknauf mit passendem Vierkantantrieb
- kleine Flachspitzange
- Wasserpumpenzange
- Reifendruckprüfer: Bitte verwenden Sie KEIN Plastikteil aus dem Baumarkt, sondern ein Präzisionsmessgerät. Das beste Druckmessgerät, das wir kennen und in unserer Werkstatt täglich verwenden, stammt vom deutschen Hersteller

Das bessere Bordwerkzeug

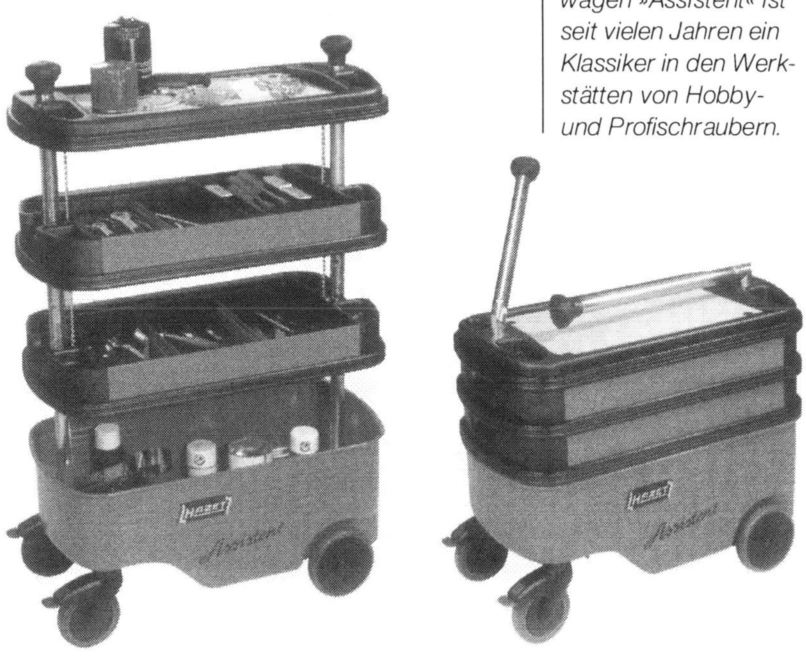

Bild 4: Der fahr- und faltbare Werkstattwagen »Assistent« ist seit vielen Jahren ein Klassiker in den Werkstätten von Hobby- und Profischraubern.

Teilebezeichnungen in Bild 1 links: Satz Ring-Maulschlüssel (1), Maul-Steckschlüssel (2), Doppelringschlüssel (3), Satz Inbusschlüssel (4), Sechskant-Steckschlüssel mit Querknauf (5), Satz Torx-Schlüssel (6), Steckschlüsselnuss mit Innensechskant (7), Umschaltknarre (8), Drehmomentschlüssel (9), Verlängerung (10), Zündkerzenschlüssel (11), Bremssattelbürste mit Messingborsten (12), Schlitz-Schraubenzieher (13), Kreuzschlitz-Schraubenzieher (14), Elektriker-Schraubenzieher (15), Ölfilterschlüssel (16), Universalzange (17), Flachzange (18), Gripzange (19), Flachmeißel (20), Kreuzmeißel (21), Satz Splinttreiber (22), Kunststoffhammer (23), Schlosserhammer (24).

Front- und Heckständer

Flaig und hat ein stabiles Alugehäuse. Erhältlich ist es unter anderem bei mobil-tech (*www.mobil-tech.de*) oder in gut sortierten Motorradzubehörläden sowie bei Motorradhändlern.

Auf die bei verschiedenen Arbeiten nötigen Werkzeuge gehen wir im Text der entsprechenden Artikel ein. In einer gut ausgerüsteten Heim-Bastlerwerkstatt sollten auch folgende Teile vorhanden sein:

- Fächer-Fühlerlehre von 0,05 bis 0,5 mm
- zwei Schlosserhämmer mit 100 Gramm und 250 Gramm sowie ein Kunststoffhammer
- Satz Durchschläge, auch »Splint-Austreiber« genannt
- Schublehre (»Messschieber«) Messbereich 0 bis 250 oder 300 mm
- Ölfilterschlüssel zum Wechseln des Ölfilters (gibt es für rund 10 Euro im Motorradzubehörhandel und beim Yamaha-Händler)

Tipp Für Spezialwerkzeuge, die beim Aus- und Einbau bzw. Zerlegen von Motor, Lenkung, Teleskopgabel und Schwinge benötigt werden, je nach Bedarf beim hilfsbereiten Yamaha-Händler nachfragen. Je nachdem, wie intensiv die Kundenbindung ist, verleiht der Händler gegen ein hinterlegtes Pfand und einen Obolus in die Trinkgeldkasse Teile seines Spezialwerkzeugs.

Benutzen können Sie den Zündkerzenschlüssel aus dem Bordwerkzeug. Bei der Betriebssicherheit der heutigen Zündkerzen braucht man den Zündkerzenschlüssel nur zur Inspektion alle 10000 km.

Empfehlenswert ist ein Drehmomentschlüssel. Dieser wird schon beim Radaus- und Einbau benötigt, denn sowohl die Achsmutter hinten, die in das linke Gabelstandrohr eingeschraubte Vorderradachse und die Befestigungsschrauben der Bremssättel verlangen nach exaktem Drehmoment (Hinterachsmutter 125 Nm, Vorderradachse 72 Nm, Bremssattel 40 Nm).

Hier noch die Ansage, dass der Begriff SW die Abkürzung ist für »Schlüsselweite«. SW 12 bedeutet also, dass dieser Schlüssel für einen Schraubenkopf oder eine Mutter mit 12 mm bestimmt ist, gemessen über die Mitte an zwei zueinander parallelen Flächen. M8-Schrauben oder Muttern brauchen einen 12er- (oder 13er-) Schlüssel; M6 einen 8er- (oder 10er-) Schlüssel. Und zu einem normgerecht als »Schraubendreher« bezeichneten Werkzeug sagen wir hier in dieser Motorrad-Reparaturanleitung »Schraubenzieher«. Das ist unter Motorradfahrern üblich, wenn auch nach DIN- oder ISO-Norm fachlich nicht ganz korrekt.

Front- und Heckständer

Die Verwendung von Wartungs- und Reparaturständern für Front und Heck, die es im Motorradzubehörhandel für kleines Geld zu kaufen gibt, ist bei der YAMAHA FJR 1300 nur für wenige Arbeiten notwendig, denn das Motorrad hat serienmäßig einen Mittelständer. Wenn Sie sich einen Frontständer zulegen wollen, suchen Sie sich einen aus, der exakt unter die Gabeltauchrohre passt und weder den ABS-Radsensor noch dessen Kabel einklemmt.

Zum Zeitpunkt der Drucklegung dieser Motorrad-Reparaturanleitung im Herbst 2003 gab es für die FJR 1300 im Handel keinen wirklich empfehlenswerten Frontständer. Ganz gut ist ein Werkstattkran, den es ab rund 300 Euro im Zubehörhandel zu kaufen gibt. Daran kann man die Maschine mit Riemen aufhängen, die um den Rahmen geschlungen werden.

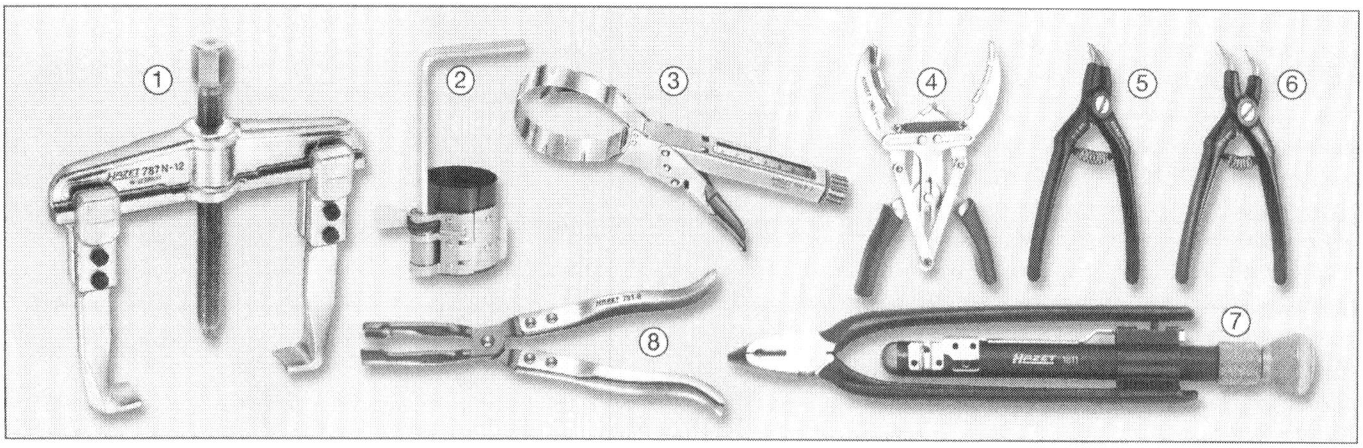

Bild 5: Werkzeuge für Motorenmechaniker: Zweiarmabzieher (1), Kolbenring-Spannband (2), Kolbenring-Spannzange (3), Kolbenringzange (4), Zange für Außensicherungsring (5), Zange für Innensicherungsring (6), Drahtwirbelzange (7), Ventilschaftdichtring-Abziehzange (8).

Hebebühne und Werkzeugwagen
Perfekt ist eine Motorradhebebühne. Sie erleichtert alle Schraubarbeiten an der Yamaha, denn man muss sich nicht bücken und kann die Maschine hydraulisch in die gewünschte Arbeitshöhe bringen. Schauen Sie mal bei *www.kern-stabi.de*, dort gibt es solche und weitere praktischen Dinge für die Werkstatt. Auch in den Shops der Versandhandelsketten wird man fündig.

Werkzeug muss nicht nur vorhanden, sondern auch auffindbar sein. Und weil es mit der Ordnung immer so eine Sache ist, empfehlen wir, das am meisten benötigte Werkzeug im falt- und fahrbaren Hazet-Werkzeugwagen »Assistent« aufzubewahren. Dieser ist innen größer, als er von außen aussieht. Das Grundmaß des »Assistent« beträgt 725 mm x 398 mm, aufgezogen ist er etwas mehr als einen Meter hoch, zusammengeschoben kaum noch die Hälfte.

Tipp: Kaufen Sie in einem Haushaltswarengeschäft (z. B. bei IKEA) Besteckablagen für Schubladenkästen. Die gibt es in verschiedenen Unterteilungen, sie sind billig, leicht und praktisch und eignen sich ganz hervorragend als Schrauben- und Kleinteileablage.

Achtung: Kaufen Sie Ihr Motorradwerkzeug nicht im Baumarkt an der Ecke, auch wenn das Sonderangebot noch so verlockend ist. Das in den meisten Baumärkten angebotene Werk-Zeug ist eher schlecht als recht, in vielen Fällen sogar gefährlich, weil bruchgefährdet. Ein Blick ins Internet rentiert sich bei der Werkzeugrecherche immer. Wenn Sie Wert auf echtes Qualitätswerkzeug legen, schauen Sie zuerst bei *www.hazet.de* vorbei. Hazet ist einer der bekanntesten deutschen Hersteller von Kraftfahrzeug-Qualitätswerkzeug.

Yamaha-Spezialwerkzeug

Wer denkt, er könne eine tiefgreifende Motor- oder Kardanreparatur zu Hause selbst machen und dabei viel Geld sparen, wird schnell an seine Grenzen kommen, wenn er 1.) nicht über entsprechendes Fachwerkzeug verfügt und 2.) nicht die speziellen Kenntnisse hat, also Erfahrung im Zerlegen und Zusammenbauen von Motoren und Getrieben. Unbedingt erforderlich beim Zerlegen und Zusammenbauen des Antriebsstrangs der FJR 1300 sind Erfahrungen mit bauähnlichen Yamaha-Triebwerken wie zum Beispiel XJ 900, XS 750/850/1100 und V-max.

Für die YAMAHA FJR 1300 werden teilweise sehr außergewöhnliche Spezialwerkzeuge benötigt. Man kann diese beim Yamaha-Händler kaufen, aber sie sind teuer. Versierte Mechaniker können sich einen Teil der Werkzeuge selbst herstellen. Die im Rahmen dieses Textes gezeigten Abbildungen können dabei helfen.

Yamaha-Spezialwerkzeug für den Motor

Ölfilterschlüssel (1): Wurde weiter vorne schon besprochen. Er wird benötigt zum Aus- und Eindrehen des Ölfilters. *Ersatzteilnummer: 90890-01426*

Öldruck-Manometer mit Adapter (2): Wird benötigt zur Messung des Motoröldrucks.
Ersatzteilnummern:
- Manometer *90890-03153*
- Öldruckadapter B *90890-03124*

Kühlerverschlussdeckel-Prüfgerät mit Adapter (3): Wird benötigt zum Prüfen des Kühlerverschlussdeckel-Öffnungsdrucks.
Ersatzteilnummern:
- Prüfgerät *90890-01325*
- Adapter *90890-01352*

Kompressionsdruckprüfer mit Adapter (4): Wird benötigt zur Messung der Zylinderkompression.
Ersatzteilnummern:
- Manometer *90890-03081*
- Adapter *90890-04136*

Kraftstoffdruck-Adapter (5): Wird benötigt zum Messen des Kraftstoffdrucks.
Ersatzteilnummer: 90890-03176

Druck-/Unterdruck-Messuhrensatz (6): Wird benötigt bei der Überprüfung des Motors auf Druckverlust.
Ersatzteilnummer: 90890-06756

Synchrontester/Synchronuhr (7): Wird benötigt zur Synchronisierung der Drosselklappengehäuse.
Ersatzteilnummer: 90890-03094

CO-Adapter (8): Wird benötigt zur Kontrolle der CO-Menge bei der Abgasmessung.
Ersatzteilnummer: 90890-03134

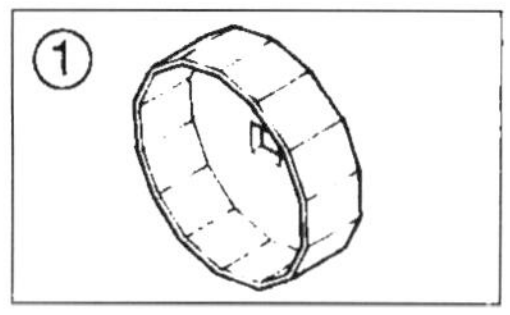
①
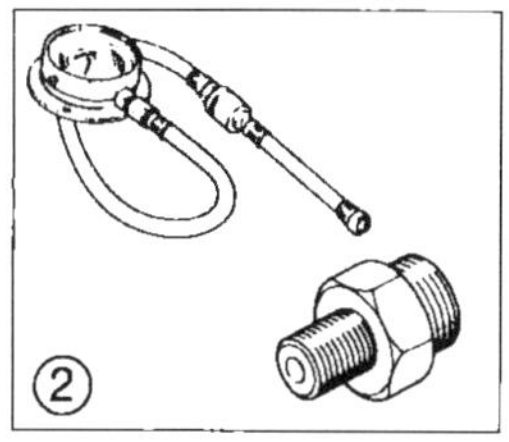
②
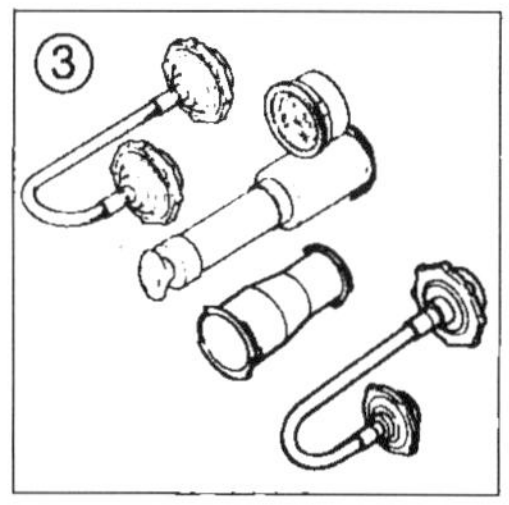
③
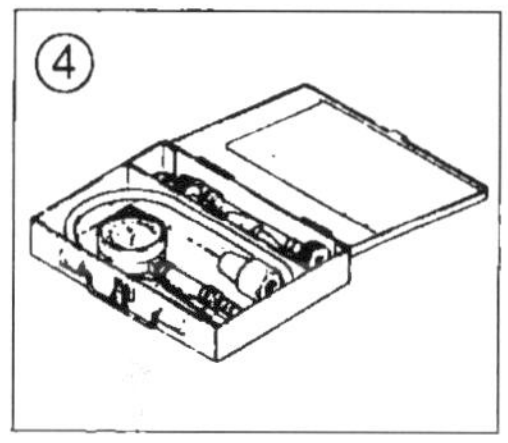
④
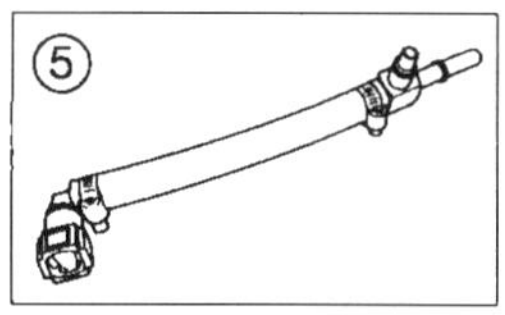
⑤
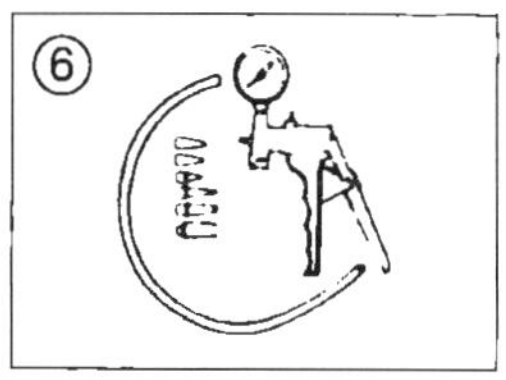
⑥
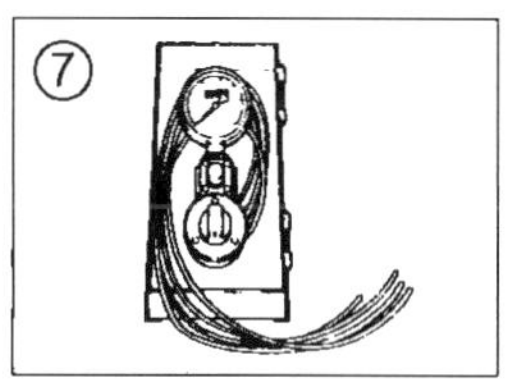
⑦
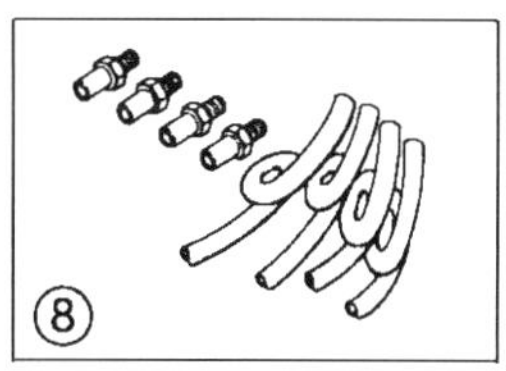
⑧

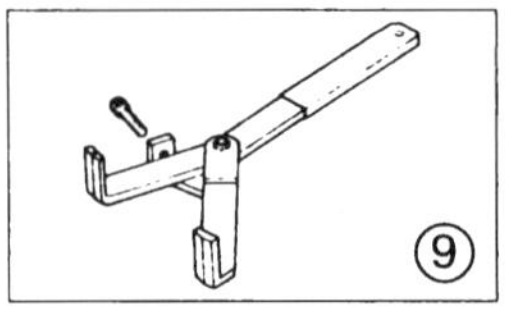

Kupplungshalter (9): Wird benötigt zum Gegenhalten der Kupplung beim Lösen und Festziehen der Kupplungsnabenmutter.
Ersatzteilnummer: 90890-04086

Lagereintreiber (10): Wird benötigt zum Einbau von Lagern und z. B. der Wasserpumpendichtung.
Ersatzteilnummern:
- Lagereintreiber *90890-04058*
- Montierer/Dichtring-Einbauhülse *90890-04078*

Polradabzieher (11): Wird benötigt zur Demontage des Lichtmaschinenrotors.
Ersatzteilnummer: 90890-01362

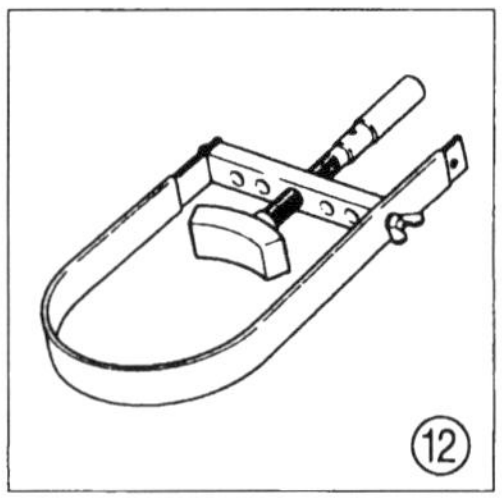

Rotorhalter (12): Wird benötigt zum Halten des Lichtmaschinenrotors, wenn folgende Schrauben gelöst oder festgezogen werden: Zentrale Halteschraube des Rotors, Schraube der Starterkupplung und des Impulsgeberrotors.
Ersatzteilnummer: 90890-01701

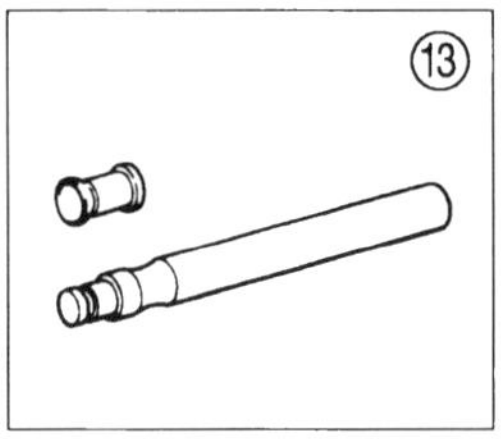

Ventildrehstab (13): Wird benötigt zum Aus- und Einbau des Ventilstößels, zum Beispiel auch beim Einstellen des Ventilspiels durch Einlegen anderer Ventileinstellplättchen.
Ersatzteilnummer: 90890-04101

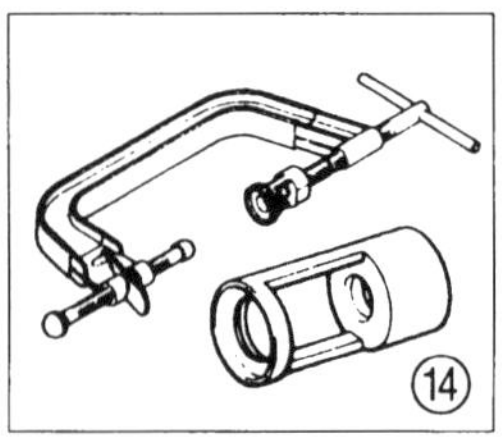

Ventilfederspanner mit Adapter (14): Wird benötigt zum Aus- und Einbau der Ventile und Ventilfedern.
Ersatzteilnummern:
- Ventilfederspanner *90890-04019*
- Adaptervorsatz *90890-04108*

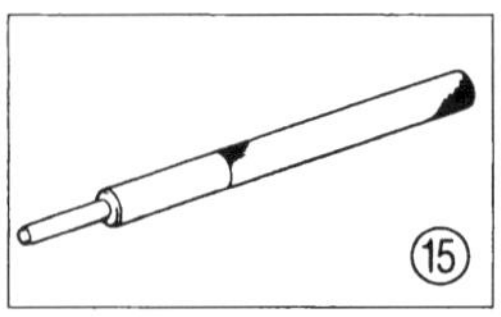

Ventilführungstreiber 5 mm (15): Wird benötigt zum Aus- und Einbau der Ventilführungen.
Ersatzteilnummer: 90890-04097

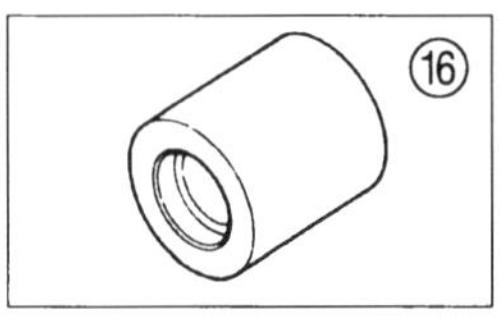

Ventilführungs-Einbauhülse (16): Wird benötigt zum Einbau der Ventilführungen.
Ersatzteilnummer: 90890-04098

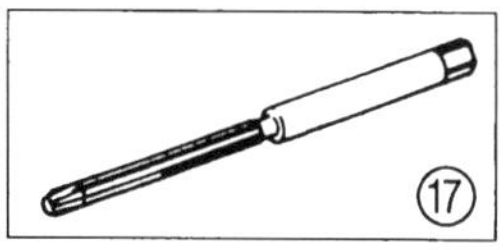

Ventilführungs-Reibahle (17): Wird benötigt zum Ausreiben neuer Ventilführungen.
Ersatzteilnummer: 90890-04099

Scheibenhalter (18): Wird benötigt zum Gegenhalten des Nockenwellen-Zahnrads, wenn dessen Halteschrauben gelöst oder festgezogen werden müssen.
Ersatzteilnummer: 90890-01235

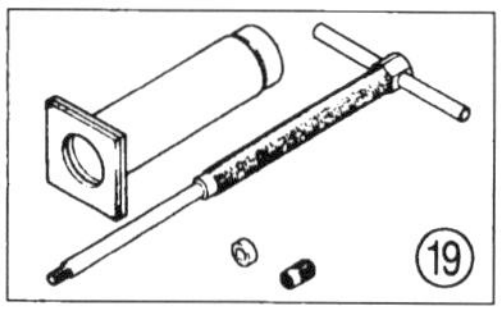

Kolbenbolzen-Abzieher (19): Wird benötigt zum Ausziehen des Kolbenbolzens.
Ersatzteilnummer: 90890-01304

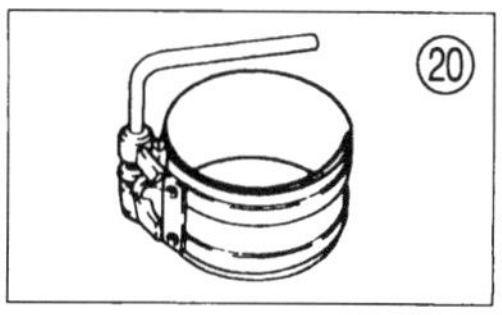

Kolbenring-Spannband (20): Wird benötigt zum Vorspannen der Kolbenringe beim Einbau.
Ersatzteilnummer: 90890-05158

Yamaha-Spezialwerkzeuge für Getriebe und Kardanantrieb

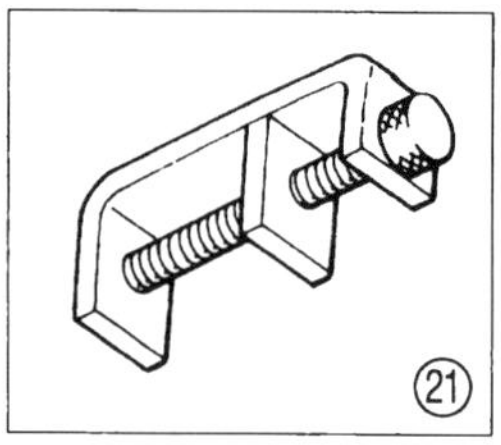

Ruckdämpfer-Federspanner (21): Wird benötigt zum Aus- und Einbau der Feder im Ruckdämpfer der Getriebeabtriebswelle an der ersten Kegelrad-Umlenkung.
Ersatzteilnummer: 90890-04090

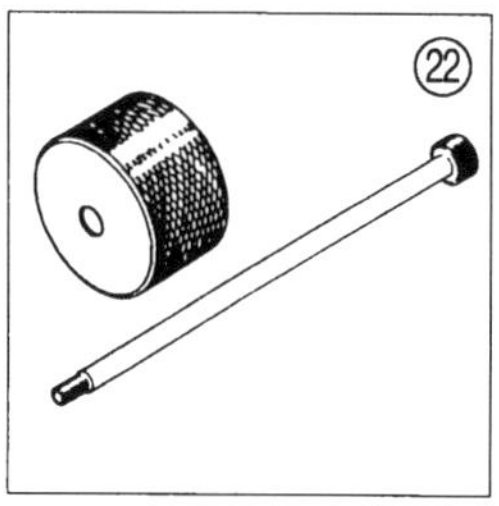

Schlagabzieher (22): Lange Schraube mit einem runden Gewicht, das zum Ausschlagen bestimmter Bauteile der Getriebe-Eingangswelle benötigt wird.
Ersatzteilnummern:
- Schraube *90890-01083*
- Gewicht *90890-01084*

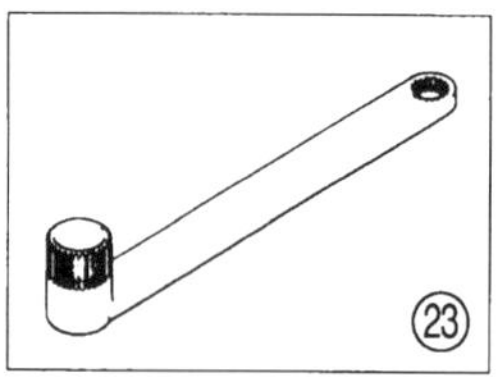

Zahnkupplungs-Werkzeug (23): Wird benötigt zur Demontage und Montage der Sicherungsmutter der Zahnkupplungsmutter.
Ersatzteilnummer: 90890-01229

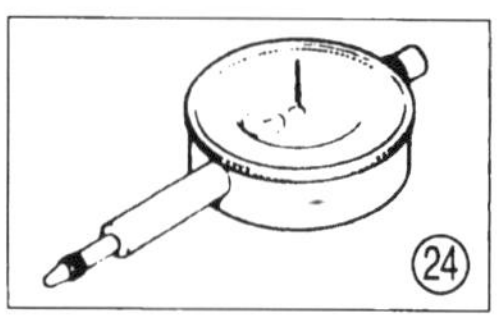

Messuhr (24): Wird benötigt zum Messen des Zahnflankenspiels in Umlenkgetriebe und Kardanantrieb.
Ersatzteilnummer: 90890-03097

Zahnflankenspiel-Messhilfswerkzeug (25): Wird benötigt zur Messung des Zahnflankenspiels im Umlenkgetriebe am Getriebeausgang. Es besteht aus einer Schlauchschelle mit angeschweißtem, abgewinkeltem Messstab.
Ersatzteilnummer: 90890-01467

Lagerhalter-Schlüssel (26): Wird benötigt zum Aus- und Einbau des Lagerhalters der Umlenkgetriebe-Antriebswelle.
Ersatzteilnummer: 90890-04057

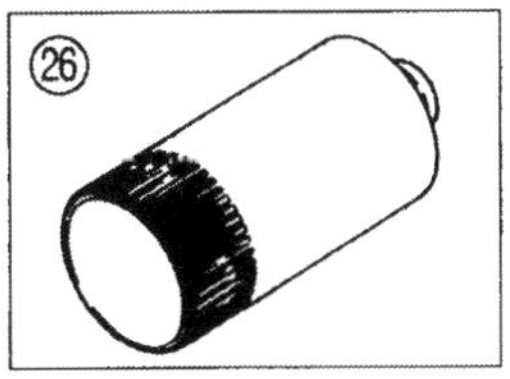

Lagerhalter-Schlüssel (27): Wird benötigt zum Aus- und Einbau des Lagerhalters der Umlenkgetriebe-Abtriebswelle.
Ersatzteilnummer: 90890-04140

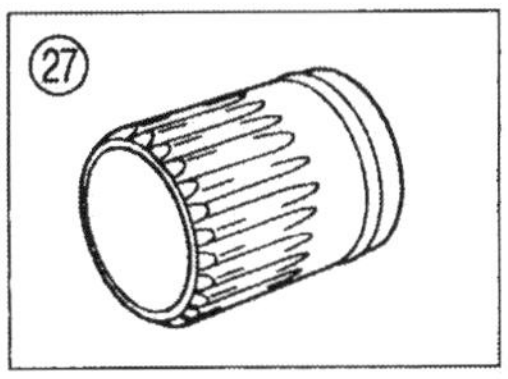

Lagerhalter-Schlüssel (28): Wird benötigt zum Aus- und Einbau des Lagergehäuses im Hinterachsantrieb.
Ersatzteilnummer: 90890-04050

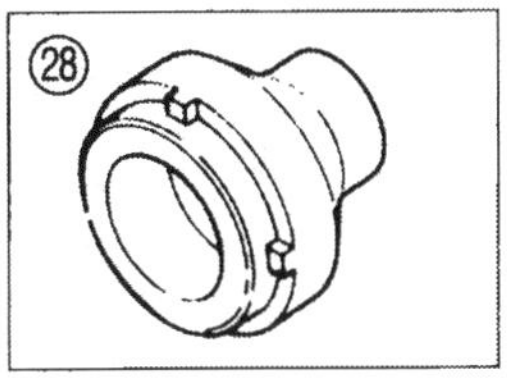

Zahnflankenspiel-Messhilfswerkzeug (29): Wird benötigt zur Messung des Zahnflankenspiels im Hinterachsantrieb. Es besteht aus einer Schlauchschelle mit angeschweißtem Messstab.
Ersatzteilnummer: 90890-01230

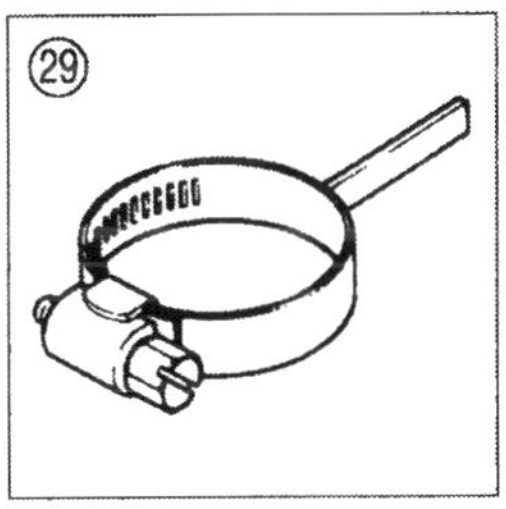

Achsschlüssel (30): Wird benötigt zum Lösen und Festziehen der Abstands-Gewindebuchse beim Motoraus- und Einbau .
Ersatzteilnummer: 90890-01471

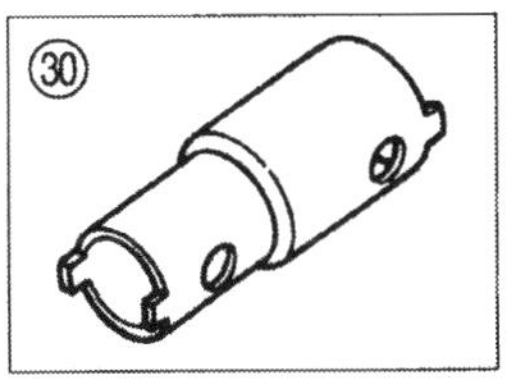

Yamaha-Spezialwerkzeuge für das Fahrwerk

Hakenschlüssel (31): Wird benötigt zum Lösen und Anziehen der Lenkkopfmuttern und Einstellen des Lagerspiels.
Ersatzteilnummer: 90890-01403

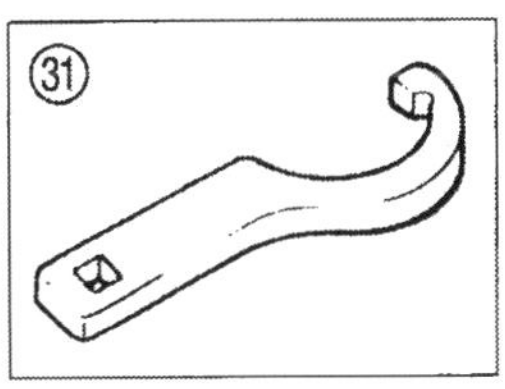

Gabeldichtring-Treiber (32): Wird benötigt zum Einbau von Gleitbuchsen, Dichtringen und Staubmanschetten bei Zerlegung bzw. Zusammenbau der Telegabel.
Ersatzteilnummer: 90890-01442

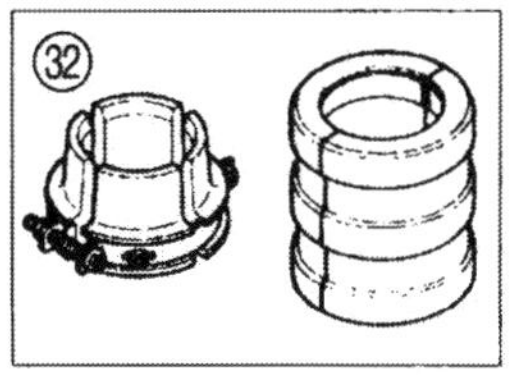

Dämpferrohrhalter (33): Wird benötigt beim Zerlegen und Zusammenbauen der Telegabel zum Gegenhalten des Dämpferrohres, wenn die Dämpferrohr-Schraube gelöst oder festgezogen wird.
Ersatzteilnummer: 90890-01447

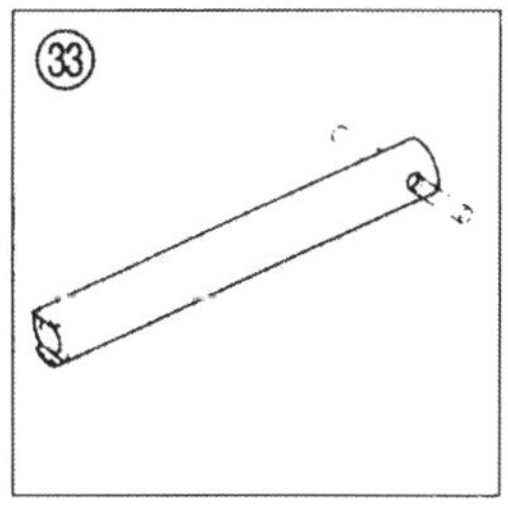

Yamaha-Spezialwerkzeug für die Elektrik

Taschen-Multimeter (34): Zur Überprüfung der elektrischen Anlage und elektrischer Bauteile auf Stromdurchgang und Messung der Motoröltemperatur.
Ersatzteilnummern:

- Elektromultimeter *90890-03112*
- Temperaturmultimeter *90890-03132*

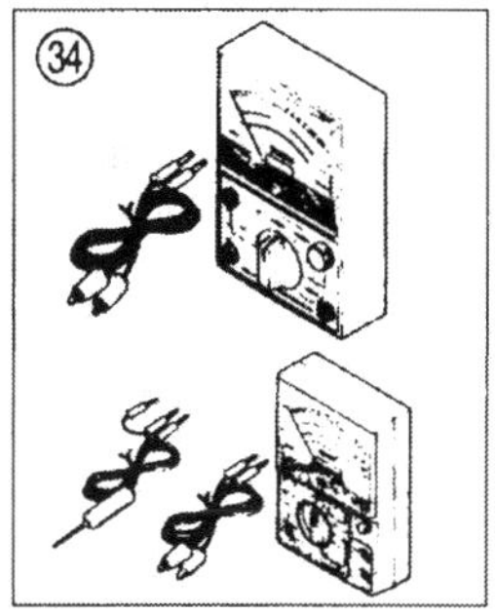

Stroboskoplampe (35): Wird benötigt zur Überprüfung (»Abblitzen«) des Zündzeitpunkts.
Ersatzteilnummer: 90890-03141

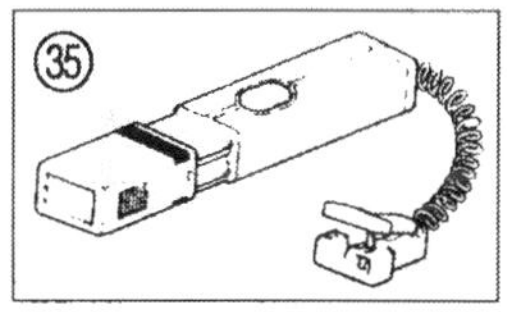

Diagnosedrehzahlmesser (36): Wird benötigt zur exakten Messung der Motordrehzahl bei verschiedenen Prüf- und Einstellarbeiten.
Ersatzteilnummer: 90890-06760

Zündfunkenstrecken-Tester (37): Wird benötigt zur Messung der Zündfunkenstrecke bei der Überprüfung der Zündanlage.
Ersatzteilnummer: 90890-06754

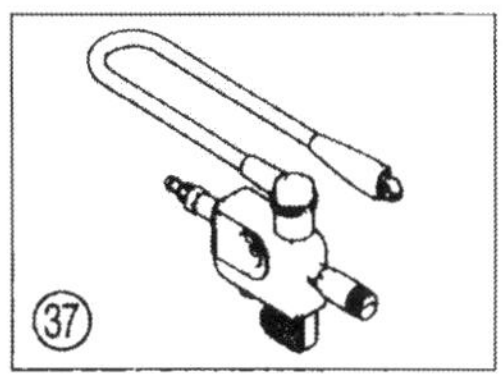

Yamaha-Werkstatt-Hilfsmittel

Yamaha-Dichtmasse Nr. 1215 (38): Diese spezielle Klebedichtmasse wird benötigt für die Trennpassflächen am Kurbelgehäuse und für Motorgehäusedeckel.
Ersatzteilnummer: 90890-85505

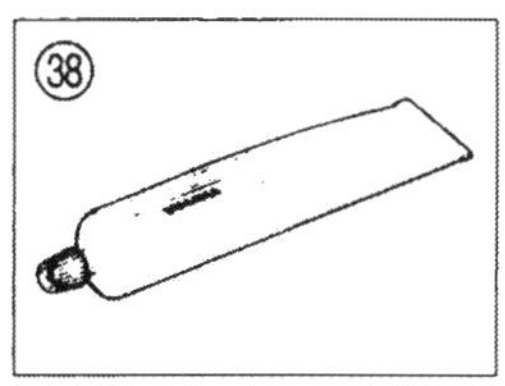

Nummern und Aufkleber

Einstellungen und Pflege

In diesem Kapitel: Nummern und Aufkleber am Motorrad · Sitzbank abnehmen/aufsetzen · Hand- und Fußhebel einstellen · Hinterrad-Bremslichtschalter einstellen · Hand- und Fußhebel ab- und anbauen · Verkleidung ab- und anbauen · Verkleidungsscheibe ab- und anbauen · Waschen, pflegen, polieren, überwintern · Koffer pflegen · Inbetriebnahme nach der Winterpause.

Bild 1: Das Typenschild ist rechts am Lenkkopf angebracht.

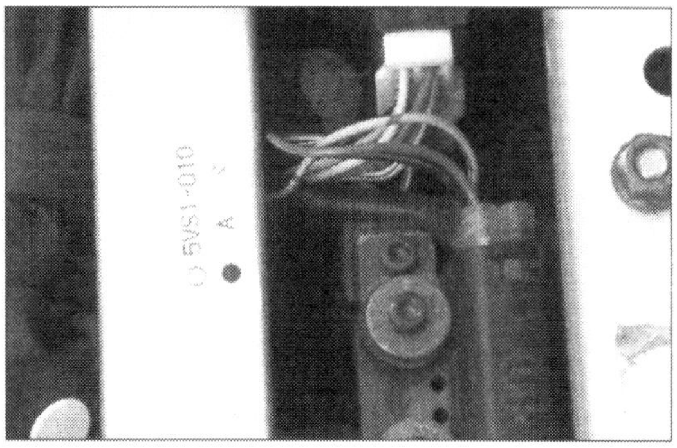

Bild 2: Der Modellcode-Aufkleber unter dem Fahrersitz gibt Aufschluss über Modell, Länderversion und Fahrzeugfarbe.

Bild 3: Wichtige Reifeninformationen kleben rechts auf der Hinterradschwinge.

Nummern und Aufkleber

Fahrgestellnummer

Die wichtigste Nummer zur Identifikation der Maschine ist die Fahrgestellnummer. Diese ist bei der FJR 1300 rechts am Lenkkopf angebracht. Sie muss mit der Nummer im Fahrzeugbrief und im Fahrzeugschein übereinstimmen.

Im Schein ist vor der Fahrgestellnummer (»Fahrzeug-Ident-Nr.«) die Typenbezeichnung eingetragen. Dabei steht RP04 für das Modelljahr 2001 und 2002, RP08 für das Modelljahr 2003. Die Begriffe »Modelljahr« und »Baujahr« sind ähnlich, aber nicht gleichbedeutend.

Aus der Zeile »Tag der ersten Zulassung« im Kraftfahrzeugschein (Zeile 32) geht das Baujahr nicht zwingend hervor. Es kann ein Motorrad im Dezember 2001 produziert, aber erst 14 Monate später im Januar 2003 zum ersten Mal zugelassen worden sein. Die zweijährige Garantie gilt ab dem Datum, an dem das Fahrzeug beim Händler gekauft und zum ersten Mal vom Käufer gefahren wurde. Im Falle eines Garantie- oder Kulanzschadens ist es unerheblich, ob das Fahrzeug beim Datum des Kaufs zugelassen oder mit einem roten Nummernschild gefahren und erst später »richtig« zugelassen wurde.

Motornummer

Die Motornummer ist an der Rückseite des Motorblocks eingeschlagen. Sie ist nicht identisch mit der Fahrgestellnummer, hat keine zulassungsrechtliche Bedeutung und ist auch weder im Kraftfahrzeugbrief noch im Fahrzeugschein vermerkt. Dennoch ist zu empfehlen, sie für eigene Zwecke zu notieren. Ebenfalls sollte die Motornummer bei einem Verkauf des Fahrzeugs oder bei einem Gebrauchtkauf im Kaufvertrag festgehalten werden.

Wenn Sie Ersatzteile für Ihre FJR 1300 kaufen, legen Sie beim Yamaha-Händler immer den Kraftfahrzeugschein vor. Ist die Maschine abgemeldet, nehmen Sie den Kraftfahrzeugbrief mit oder notieren sich vor dem Gang zum Händler die Fahrgestellnummer.

Modellcode-Aufkleber

Auf dem Rahmen unter dem Fahrersitz ist der Modellcode angebracht. Er identifiziert das Modell und ist für die Bestellung von Ersatzteilen wichtig.

Reifenaufkleber
Rechts auf der Hinterradschwinge ist der Aufkleber »Reifen« angebracht. Darauf vermerkt sind die zum Zeitpunkt der Markteinführung des Modells zugelassenen Reifen. Alle bei Redaktionsschluss dieser Motorrad-Reparaturanleitung im Herbst 2003 zugelassene Reifen für die FJR finden Sie im Kapitel »Reifen«.

Wenn Sie Ihr Motorrad mit Zubehörteilen wie einem anderen Auspuff oder einem anderen Windschild bestücken möchten und es im öffentlichen Straßenverkehr weiter bewegen wollen, achten Sie darauf, dass die gewünschten Teile auch eine Allgemeine Betriebs-Erlaubnis (ABE) für die YAMAHA FJR 1300 haben. Beachten Sie die den Zubehörteilen beigefügten Anbauanleitungen und führen Sie die ABE-Bescheinigungen immer mit.

Falls Sie mit der FJR 1300 mit zwei Personen und Gepäck in Urlaub fahren wollen, planen Sie Ihr Urlaubsgepäck entsprechend, damit die Maschine nicht überladen wird. Die maximale Zuladung beträgt für das 2003er-Modell mit ABS 194 kg, für die Modelle 2001 und 2002 sind es dagegen immerhin 208 kg.

Einstellungen und Pflege

Die YAMAHA FJR 1300 ist ein sehr komfortables, reichhaltig ausgestattetes Motorrad, auf dem sich Tourenfahrer samt Sozius ausgesprochen wohl fühlen können. Sitz, Hand- und Fußhebel lassen sich nach den persönlichen Bedürfnissen und anatomischen Gegebenheiten von Fahrer und Beifahrer perfekt einstellen. Wie dies funktioniert, wird hier erklärt. Weiterhin werden in diesem Kapitel der Ab- und Anbau von Rückspiegel und Verkleidung sowie das Thema »Waschen und Pflegen« behandelt.

Die FJR 1300 ist mit einem Listenpreis von rund 15 000 Euro ein besonders hochwertiges Fahrzeug, das man richtig pflegen sollte, um nicht nur Sicherheit und Funktion, sondern auch den Wert des Fahrzeuges und die Freude daran lange zu erhalten. Und: Je perfekter Sitzposition und Hebellage zum Fahrer passen, desto wohler fühlt sich dieser auf der Maschine, und desto besser kann er sich aufs Fahren und den Verkehr konzentrieren. Aus diesem Grund ist richtiges Sitzen und perfekter Kontakt zu den Bedienelementen der Maschine ein wichtiger Punkt bei der Betrachtung der Fahr- und Verkehrssicherheit.

Sitzbank abnehmen und aufsetzen
1. Zündschlüssel in Sitzbankschloss an der linken Fahrzeugseite vor dem Beifahrer-Fußrastenträger einstecken, leicht nach links drehen, Fahrersitz wird entriegelt.
2. Fahrersitz nach oben abnehmen.
3. Soziussitz leicht nach vorn ziehen und nach oben abnehmen.
4. Beim Wiedereinbau zuerst den Soziussitz so aufsetzen, dass dessen Aufnahme in das Gegenstück hinten am Rahmenheck passt. Die vorderen Passstifte greifen in die entsprechenden Löcher der Sitzhalterung.
5. Fahrersitz mit der Zunge nach vorne in die Halterung unter dem Tank einführen und Sitz nach dem Aufsetzen hinten nach unten drücken, bis er hörbar einrastet.

Einstellung der Handhebel prüfen
1. Maschine aufbocken.
2. In Fahrposition aufsitzen, die offenen Hände umfassen den Lenker locker, Zeige-, Mittel- und

Reifenaufkleber

Sitzbank ab- und anbauen

Einstellung der Handhebel prüfen

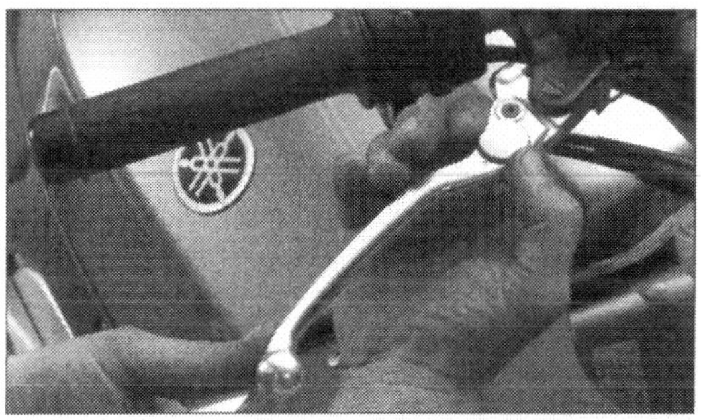

Bild 4: Das Handhebel-Einstellrad lässt sich drehen, wenn der Hebel gegen die Federkraft vom Lenker weg gezogen wird.

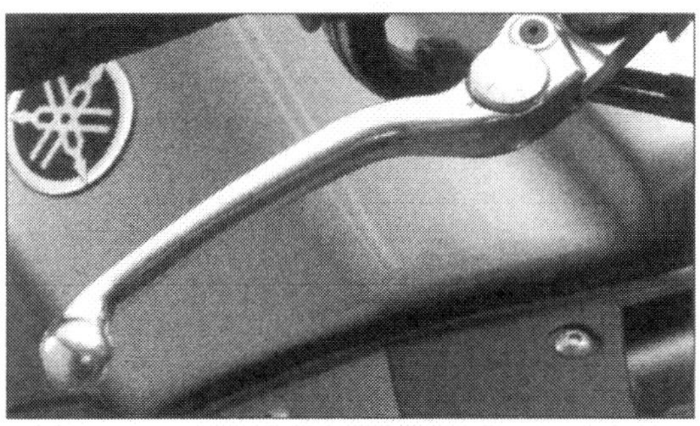

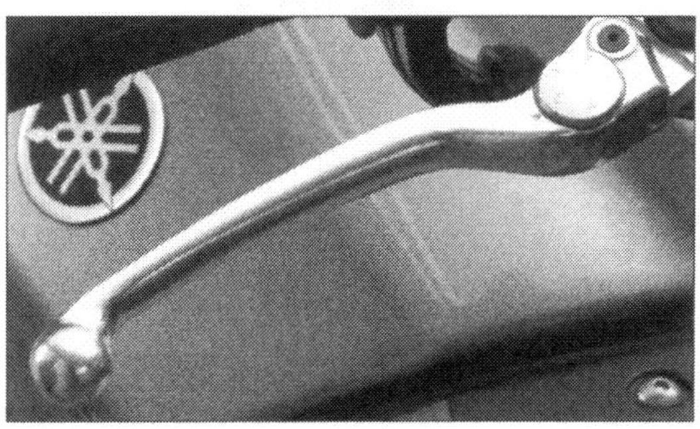

Bilder 5 und 6: Einstellung »1« bedeutet großen, Einstellung »5« kleinen Abstand des Handhebels zum Lenker. Es kann durchaus vorkommen, dass bei Kupplungshebelposition »5« das Ende des Kupplungshebels am Lenkergriff ansteht und deswegen die Kupplung nicht mehr komplett ausrückt. Dann kracht das Getriebe und der Leerlauf lässt sich nur noch schwer einlegen. Abhilfe schafft nur eine Verstellung auf Position »4« oder »3«.

Handhebel einstellen, ab- und anbauen

Fußhebel und Fußbremshebel einstellen

Ringfinger liegen auf Kupplungs- bzw. Bremshebel auf.

3. Die gedachte Linie durch Unterarm, Handgelenk, Lenker zu den Fingerspitzen soll möglichst gerade sein. Wenn die Hebel so stehen, dass die Linie im Handgelenk nach oben abgeknickt ist, stehen die Handhebel zu hoch. Ist die Linie nach unten abgebogen, stehen die Handhebel zu tief. Beides ist zum entspannten Fahren wenig geeignet.

Bild 7: Korrekt eingestellter Handhebel. Die gedachte Linie durch Unteram, Handgelenk und Fingern läuft über den Lenker und ist nahezu gerade.

Bild 8: Zu hoch eingestellter Handhebel. Die Finger müssen zum Erreichen des Kupplungshebels zu weit angehoben werden.

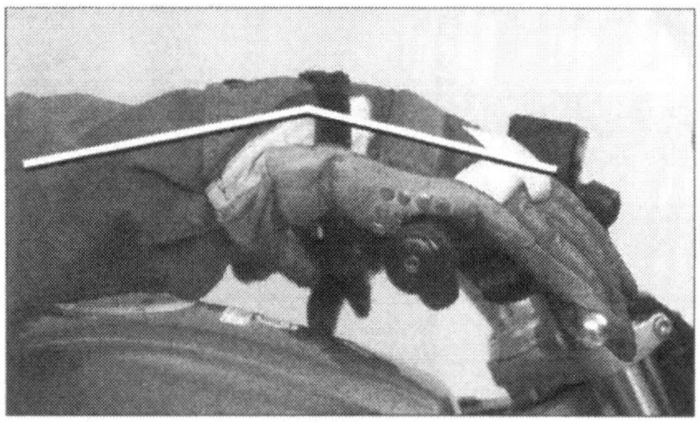

Bild 9: Zu tief eingestellter Handhebel. Mit der Zeit schmerzt das Handgelenk.

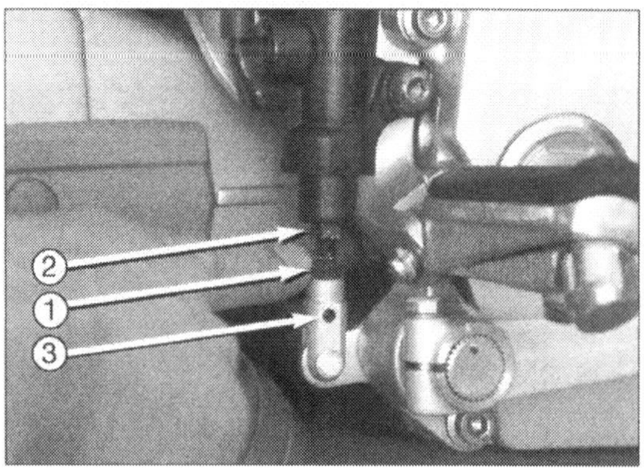

Bild 10: Zum Verstellen des Bremspedals Kontermutter (1) der Kolbendruckstange lösen, dann Einstellschraube (2) verdrehen. Die Gewindestange muss in der Bohrung (3) immer zu sehen sein, darf also nicht zu weit ausgedreht werden.

Handhebel einstellen

1. M6-Befestigungsschrauben der Halbschalen-Gegenstücke am Handbrems- und Kupplungszylinder lockern und Hebel in richtige Position drehen.

2. Befestigungsschrauben mit 10 Nm anziehen. Obere Schraube zuerst anziehen, bis Halbschale anliegt, dann untere Schraube, dann obere Schraube nachziehen. Wenn die Halbschalen abgenommen waren, diese so ansetzen, dass Pfeile und Beschriftung »UP« nach oben zeigen.

3. Nachprüfen, ob rechter und linker Hebel gleich eingestellt sind.

Brems- und Kupplungshebel sind jeweils mit einem Einstellrad versehen, mit dem der Abstand zum Lenker in fünf Stufen eingestellt werden kann. Wenn Sie große Hände haben, stellen Sie den Hebel auf einen großen (1), bei kleinen auf einen kurzen Abstand (5) ein.

1. Hebel am äußeren Ende anpacken und gegen die Federkraft der Einstellfeder nach vorne vom Lenker weg ziehen.

2. Abstand durch Drehen am Einstellrad einstellen: Stellung »1« an der am Hebel eingeprägten Pfeilmarkierung bedeutet großen, »5« kleinen Abstand.

3. Hebel loslassen und prüfen, ob das Einstellrad mit der Fläche am Druckbolzen satt anliegt.

Handhebel ab- und anbauen

1. Brems- und Kupplungshebel sind mit je einer Schraube befestigt, die gleichzeitig als Drehachse fungiert. Sie wird entfernt, indem man zuerst die 10er-Mutter an der Unterseite ausdreht und dann die Schraube mit einem großen Schraubenzieher ausdreht.

2. Beim Anbau muss der Bolzen von Brems- bzw. Kupplungspumpe genau passend in die dafür vorgesehene Öffnung am Hebel eingesteckt werden, sonst lässt sich die Hebelachse nicht richtig einschieben. Etwas Fett dran geben.

3. Schraube handfest eindrehen, dann Mutter von unten festziehen.

Fußhebel einstellen

Fußbrems- und Schalthebel sind werksseitig so eingestellt, dass sie für die meisten Fahrer gut passen. Wer sie jedoch an seine eigene Fußstellung anpassen möchte, kann dies leicht selbst machen.

Fußbremshebel einstellen

Der Abstand zwischen der Oberkante der Fahrerfußraste und der Oberkante des Bremshebels sollte 42 mm betragen. Ist der Abstand größer oder kleiner, muss er richtig eingestellt werden.

1. Kontermutter (1 in Bild 10) lösen.
2. Vorgeschriebene Position des Bremspedals durch Ein- oder Ausdrehen der Druckstangen-Einstellschraube (2) mit einem 10er-Gabelschlüssel einstellen.
3. Achtung: Die Gewindestange muss so weit in das untere Gewinde eingedreht sein, dass sie durch die Öffnung (3) zu sehen ist.
4. Kontermutter mit 16 Nm festziehen.
5. Bremse überprüfen: Sie darf nicht schleifen! Sollte sie dies tun, Funktion der Bremsanlage kontrollieren (siehe Kapitel »Bremsen«).

Achtung: Nach Abschluss der Einstellarbeiten prüfen, ob das Bremslicht richtig funktioniert: Bei halb gedrücktem Pedal muss die Lampe leuchten.

Bremslichtschalter einstellen
1. Die zwei Inbus-Halteschrauben des rechten Fußrastenträgers (1 in Bild 11) ausdrehen, diesen abnehmen und samt Bremspumpe leicht nach außen drehen, bis der Bremslichtschalter zugänglich ist.
2. Bremslicht-Schaltergehäuse (1 in Bild 12) festhalten und Kunststoff-Einstellmutter (2) nach rechts oder links verdrehen, bis der Einschaltpunkt erreicht ist. Der Schalter soll das Bremslicht einschalten, kurz bevor die Bremsebeläge an der Scheibe anliegen.
3. Fußrastenträger anschrauben mit 28 Nm.

Fußbremshebel ab- und anbauen
Muss der Fußbremshebel ausgetauscht oder aus anderen Gründen abgebaut werden, Klemmschraube mit 10er-Nuss ausdrehen und Hebel abziehen. Beim Wiedereinbau darauf achten, dass die Markierungen an Hebel und Achse fluchten!

Schalthebel einstellen
1. Obere und untere Kontermutter des Schaltgestänges lösen. Achtung: Die untere Mutter hat ein Linksgewinde!
2. Schalthebel durch Verdrehen der Schaltstange justieren. Dazu einen 10er-Gabelschlüssel oben am Zweikant der Schaltstange ansetzen.
3. Die Einkerbung am Schalthebel muss zwischen den beiden Markierungen an der Fußrasten-Trägerplatte liegen.
4. Kontermuttern handfest anziehen.

Schalthebel ab- und anbauen
Etwas aufwändiger als der Bremshebel ist der Schalthebel abzubauen.
1. Linke Fußrastenträgerplatte abschrauben. Dazu die zwei 6er-Inbusschrauben oben, die zwei 8er unten sowie die Torxschraube T50 links ausdrehen.
2. Beim Abnehmen der Trägerplatte Seitenständer festhalten, da dieser von den beiden unteren

Bremslichtschalter, Fußbremshebel und Schalthebel einstellen, ab- und anbauen

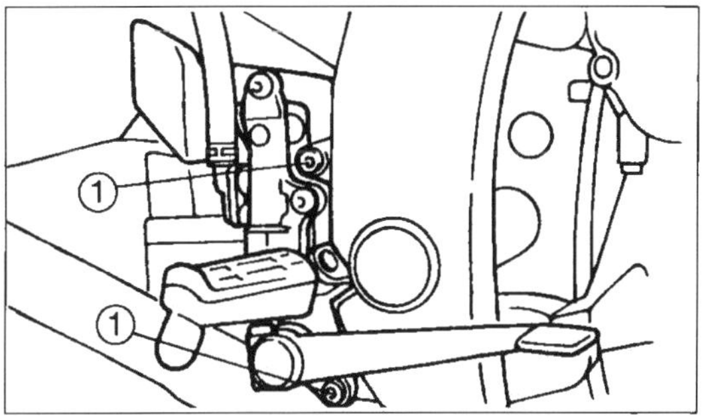

Bild 11: Die beiden Inbusschrauben (1) lösen, dann kann der rechte Fußrastenträger samt Bremspumpe abgenommen werden.

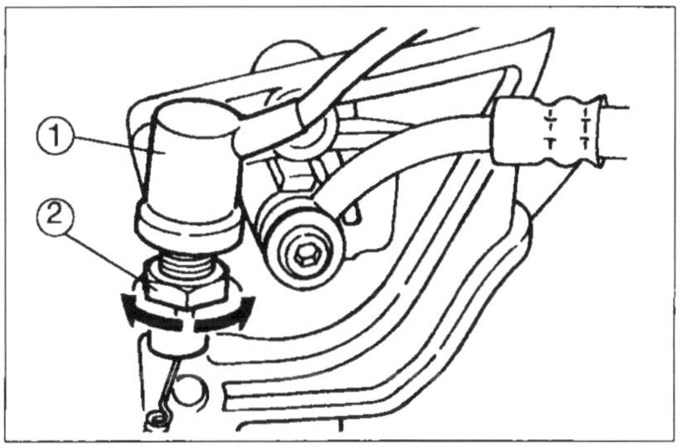

Bild 12: Zum Einstellen des Bremslichtschalters (1) Gehäuse festhalten und Einstellmutter (2) in die gewünschte Richtung drehen.

Bild 13: Zur Einstellung des Schalthebels obere und untere (Linksgewinde!) Kontermuttern lösen, dann das Schaltgestänge am Zweikant in die gewünschte Richtung drehen.

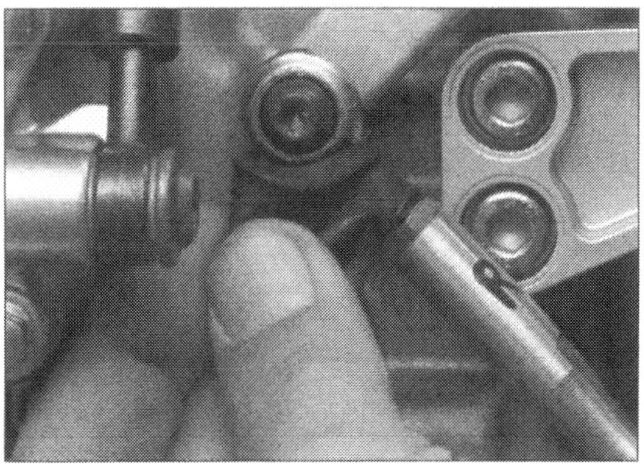

Bild 14: Eine Gummikappe schützt den oberen Kugelkopf des Schaltgestänges vor Verschmutzung.

Verkleidung ab- und anbauen

Inbusschrauben gehalten wird und dann nur noch am Kabel des Seitenständerschalters hängt.

3. Der Schalthebel ist mit einer Inbus-Bundschraube innen an der Trägerplatte befestigt. Diese ausdrehen und Hebel von der Platte lösen.

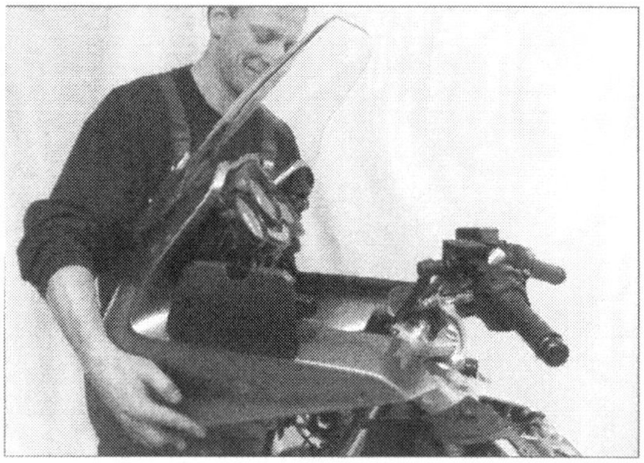

Bild 15: Die Frontverkleidung kann als Ganzes abgenommen werden.

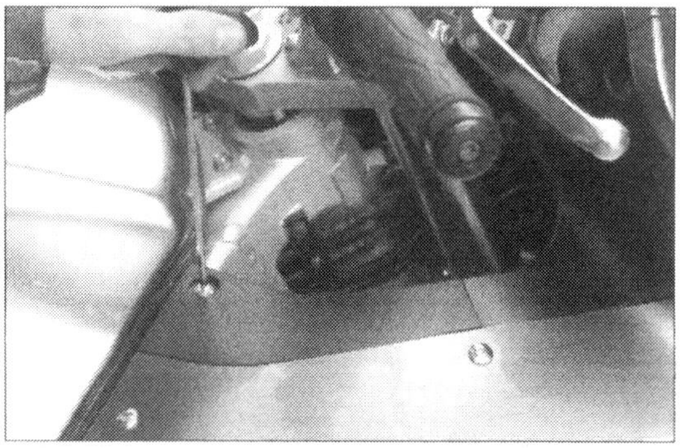

Bild 16: Die rechte Innenverkleidung ist mit drei Inbusschrauben befestigt.

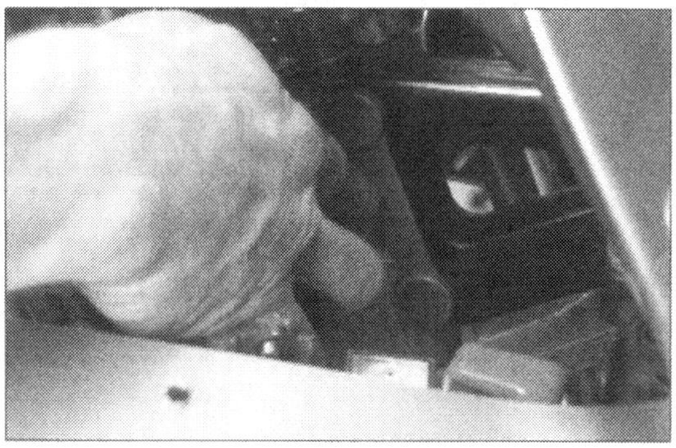

Bild 17: Zwei Bolzen und eine Mutter (siehe Bild 24) halten die vordere Verkleidungshalterung am Rahmen.

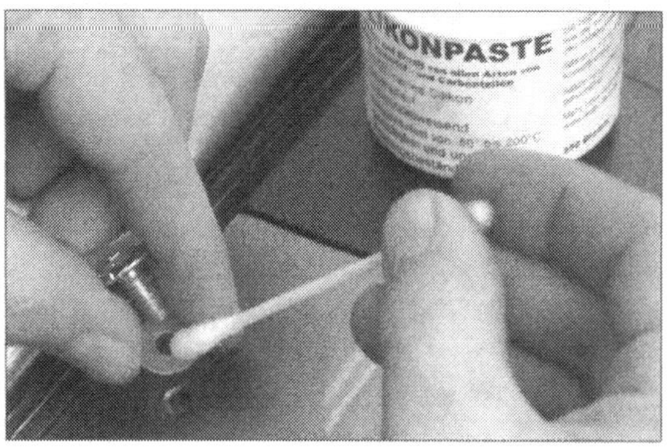

Bild 18: Auf den lackierten Flächen der Verkleidung haben die Schrauben Unterlegscheiben, die beim Anbau mit Silikonpaste geschmiert werden sollten.

4. Schaltstange vom unteren Kugelkopf abschrauben (Linksgewinde!) und den Schalthebel abnehmen. Nicht versuchen, den Kugelkopf abzumontieren, dieser ist fester Bestandteil des Schalthebels.

5. Zusammenbau in umgekehrter Reihenfolge.

⚠ **Achtung:** Schalthebel-Halteschraube (22 Nm) gut mit Loctite mittelfest sichern, ein unbeabsichtigtes Lockern oder gar Herausfallen der Schraube wäre fatal, da sie in unmittelbarer Nähe des Kardangelenks der Antriebswelle sitzt und diese möglicherweise blockieren könnte.

6. Anzugsdrehmomente der Halteschrauben der Fußrasten-Trägerplatte:

8er-Inbusschrauben oben .... 28 Nm
10er-Inbusschrauben unten .... 63 Nm
Torxschraube T50 links .... 49 Nm

Verkleidung ab- und wieder anbauen

Die Verkleidung der YAMAHA FJR 1300 besteht aus der eigentlichen Außenverkleidung, die in Fahrzeugfarbe lackiert ist, und einem schwarzem Kunststoff-Innenteil. Die Außenschale ist aus mehreren Teilen zusammengesetzt, wovon die beiden Seitenteile rechts und links sowie die Bugverkleidung die größten sind. Befestigt sind sie meist mit Schrauben, deren Muttern in die gegenüberliegenden Teile eingearbeitet bzw. daran befestigt sind (so genannte »Karosserie-Blechmuttern«), sowie mit Kunststoff-Steckclips oder »Schnellverschluss-Plastikschrauben«.

Es ist bei der Montage der Verkleidung nicht ganz einfach, nur unter Zuhilfenahme normaler Mechanikerlogik die verschieden langen Schrauben und die in Form und Größe unterschiedlichen Clips wieder am richtigen Platz anzusetzen. Deswegen speziell für weniger geübte Mechaniker dieser Ratschlag: Legen Sie Schraube um Schraube auf sauberer Unterlage ab, besorgen Sie sich einen Ablagekasten mit verschieden

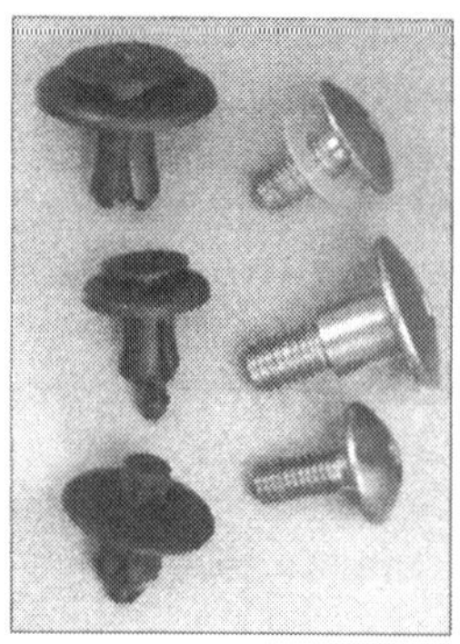

Bilder 19 und 20 ganz rechts: Mit solchen Schrauben und Clips wird die Verkleidung gehalten.

großen Einsätzen und prägen Sie sich die herauszudrehenden Schrauben samt der zugehörigen Muttern und Gewindeöffnungen gut ein.

Tipp: Kaufen Sie in einem Haushaltswarengeschäft (z. B. bei IKEA) Besteckablagen für Schubladen. Die gibt es in verschiedenen Unterteilungen, sind billig, leicht und praktisch und eignen sich deswegen ganz hervorragend als Schrauben- und Kleinteileablage.

Innenverkleidung abbauen

1. Die drei Inbus-Bundschrauben und zwei Schnellverschluss-Clips der unteren linken Innenverkleidung ausdrehen. Vorsicht: Befestigungsschrauben der lackierten Verkleidungsteile sind mit Unterlegscheiben versehen – diese nicht verlieren!
2. Verkleidungsteil mit dem Warnblinkschalter vorsichtig herausnehmen, Stecker abziehen.
3. Die zwei Schrauben des zweiten linken Verkleidungsinnenteils sowie den Schnellverschluss unterhalb der Instrumententafel ausdrehen, Verkleidungsteil abnehmen.
4. Rechte Seite: Vorgehensweise wie links. Zuerst die drei Inbusschrauben der unteren Abdeckung entfernen, diese abziehen, dann obere Abdeckung abnehmen: Sie ist mit zwei Schrauben sowie einem Clip in der Fahrzeugmitte unterhalb der Instrumententafel befestigt.
5. Sind die schwarzen Kunststoff-Abdeckungen entfernt und an einem sicheren Ort abgelegt, gelangt man rechts an Batterie und Hauptsicherungen sowie links an den Sicherungskasten und die Kühlmittel-Einfüllöffnung.
6. Nun können die Rückspiegel abgeschraubt werden. Sie sind mit je zwei Muttern auf Stehbolzen an der Verkleidung befestigt.
7. Montage in umgekehrter Reifenfolge der Demontage.

Außenverkleidung ab- und anbauen

1. Inbus-Bundschrauben der Verkleidungsseitenteile sowie des Verkleidungsbugs ausdrehen, Schnellverschlussclips auf der Verkleidungsunterseite oberhalb des Schutzbleches herausnehmen.
2. Verkleidungsbug abnehmen.
3. Vor dem Abziehen der Seitenverkleidungen Blinkerstecker trennen.
4. Verkleidungsteile abnehmen und so ablegen, dass sie nicht versehentlich beschädigt werden können (dicker Ballen alter Lappen).
5. Die Frontverkleidung ist mit zwei Bolzen (Bild 17) sowie einer Schraube (Bild 24) vor dem Lenkkopf am Rahmen befestigt. Zum Abnehmen die beiden 10er-Muttern mit 14er-Schlüssel abdrehen und die Bolzen nach rechts herausziehen, Schraube ausdrehen. Damit das komplette Cockpit dabei nicht herunterfällt, ist dessen Haltestrebe zusätzlich am Rahmen eingehängt. Die drei Stecker des Nebenkabelbaums trennen, Frontverkleidung nach vorne abnehmen.

Verkleidungsscheibe ab- und anbauen

Die verstellbare Windschutzscheibe ist mit sieben Kunststoff-Kreuzschlitzschrauben befestigt. Diese lösen und erst die obere Halterung, dann die Scheibe vom Träger abnehmen. Behutsam ab-

Innen- und Außenverkleidung ab- und anbauen

Verkleidunggsscheibe ab- und anbauen

Bild 21: Die Rückspiegel sind mit Stehbolzen und zwei Muttern an der Verkleidung befestigt.

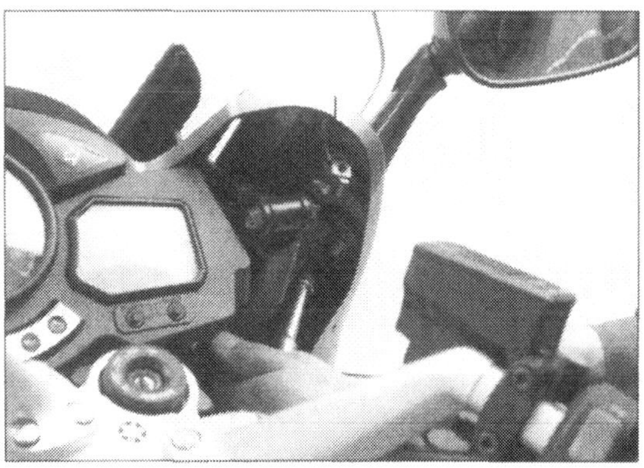

Bild 22: Die untere Spiegelbefestigungsmutter wird am besten mit einer Nuss mit Verlängerung gelöst.

Bild 23: Diese drei Stecker des Nebenkabelbaums müssen getrennt werden, damit der Verkleidungsbug abgenommen werden kann.

Tipps für Demontage- und Montagearbeiten der Verkleidung

legen, damit sie nicht zerkratzt wird, und am besten in eine alte Decke einwickeln. Beim Wiederanbau die Schrauben gefühlvoll handfest anziehen, sonst reißen sie ab oder die Scheibe springt.

Tipp: Wer sich daran stört, dass die Windschutzscheibe jedes Mal in ihre Ausgangsposition zurückfährt, wenn die Zündung ausgeschaltet wird, kann dieses abstellen. Dazu muss der Stecker für den Stellantrieb abgezogen werden (Bild 24). Dieser sitzt unterhalb der Multifunktionsanzeige. Das abgezogene Steckerteil mit der Drahtschleife gut aufbewahren!

Tipps für Demontage- und Montagearbeiten an der Verkleidung

■ Merken Sie sich gut, wie Sie die Verkleidungsteile abgebaut haben. Sie werden in umgekehrter Reihenfolge wieder angesetzt.
■ Legen Sie die Verkleidungsteile auf einem Ballen sauberer Lappen ab (holen Sie dazu ruhig Mutters Bettzeug) oder hängen Sie die Teile an großen S-Haken an die Wand.
■ Platzieren Sie abgeschraubte Verkleidungsteile außerhalb Ihres unmittelbaren Arbeitsplatzes. Man tritt beim Schrauben an der Maschine rasch auf ein am Boden liegendes Teil. Im Extremfall bricht es, garantiert zerkratzt es.
■ Merken Sie sich, welche Schraube, welcher Clip aus welchem Loch kam und setzen Sie diese beim Zusammenbau auch exakt dort wieder ein.
■ Merken Sie sich, welche Schraube in welcher Länge an welcher Stelle saß.
■ Passen Sie auf die Unterlegscheiben aus Kunststoff auf, die unter vielen Schraubenköpfen sitzen. Sie schützen den Lack der Einschraubstelle.
■ Schrauben Sie immer mit exakt passenden Werkzeugen – wenn Sie einen popeligen Billigschlüssel nehmen, sind die schönen Innensechskantschrauben gleich vermurkst. Wer will das schon bei einem solch hochwertigen Motorrad?

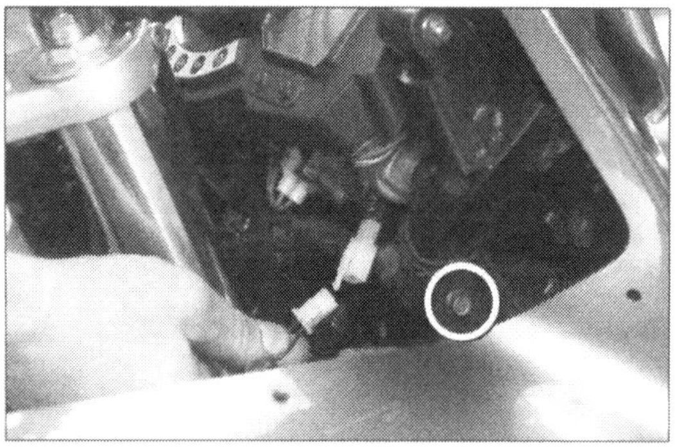

Bild 24: Wird dieser Stecker getrennt, bleibt die Windschutzscheibe beim Ausschalten der Zündung in der eingestellten Position und fährt nicht in die Ausgangslage zurück. Im Kreis: Verkleidungs-Befestigungsschraube.

Bild 25: Die Kreuzschlitz-Kunststoffschrauben der Windschutzscheibe nur handfest anziehen. Werden sie zu fest angezogen, besteht die Gefahr, dass die Scheibe einen Sprung bekommt.

Weitere Tipps zur Verkleidung

■ Wenn Sie denken, Sie hätten alle Schrauben ausgedreht und das verdammte Verkleidungsteil will immer noch nicht von selbst abgehen, ziehen und zerren Sie nicht mit Gewalt daran herum. Die einzelnen Verkleidungsteile sind mit Zapfen und Nuten teilweise sehr trickreich ineinander gesteckt (speziell die seitlichen Heckverkleidungsteile!), das erhöht die Stabilität des Gesamtsystems.
■ Wenn Sie Gewalt anwenden, können die Zapfen abreißen. Beim Zusammenbau klafft an dieser Stelle dann ein Spalt, die Verkleidung wird nicht mehr richtig zusammengehalten und reißt an dieser Stelle weiter ein.
■ Wenn es hängt, sehen Sie sich die Hängstelle genau an. Sie werden sehen, dass man nur mit ein wenig Verdrehen des ganzen Teiles den Zapfen aus seiner Haltenut bekommt.
■ Bei der Montage im Werk werden die Verkleidungsschrauben »trocken« eingeschraubt, also ohne Öl. Wenn die Maschine ein paar Jahre auf dem Buckel hat und die Verkleidung einige Monate lang nicht abgebaut war, können die Schrauben korrodiert sein. Gönnen Sie den Verkleidungsschrauben beim Wiedereinschrauben ein paar Tropfen Öl.
■ Achten Sie beim Zusammenbau der Verkleidung darauf, dass Sie keine Kabel, Stecker oder Bowdenzüge einklemmen. Wenn dem so sein sollte, nehmen Sie das Verkleidungsteil wieder ab und verlegen die Kabel, Stecker oder Bowdenzüge sauber und klemmfrei.
■ Die Verkleidungsteile müssen ohne Schrauben wie von selbst an den Schraubstellen anliegen, erst dann Schrauben eindrehen.
■ Wenn es irgendwo klemmen sollte, nicht denken, dass sich der Spalt mit der Schraube von selbst zusammenzieht – vorher knallt die Verkleidung und dann wird es richtig teuer.

Waschen, pflegen, überwintern

Waschen, pflegen, überwintern

Die YAMAHA FJR 1300 mit ihren großen Lackflächen verlangt nach guter Wäsche mit milden Waschmitteln, weichen Schwämmen und Lappen. Das Motorrad wäscht man am besten in kaltem Zustand. Wenn bei warmem Motor gewaschen wird, kann es sein, dass sich Waschmittelreste in dic heißen Oberflächen (Auspuffkrümmer und Topf) einbrennen. Die Flecken wieder zu entfernen kann recht mühselig werden.

Achtung: Das Motorrad darf nur an Orten mit Ölabscheider gewaschen werden (Tankstelle, Waschanlage), da sonst ölhaltiges Abwasser in die Kanalisation gelangt. Einige Gemeinden behandeln dies sogar als Straftat!

Waschen

Ein großer Eimer mit warmem Wasser, in das ein Schuss mildes Reinigungsmittel gegeben wurde, dazu ein weicher Schwamm genügen für die kleine wie große Wäsche. Ob Sie die in Zubehör-Fachgeschäften angebotenen speziellen Motorradreiniger verwenden oder das Geschirrspülmittel von Mutters Spülstein nehmen, ist Ihre Sache.

In jedem Fall: Nicht zu viel Reiniger verwenden! Nach der Warmwasserwäsche mit reichlich Wasser aus dem Schlauch nachspritzen. Wer Spezial-Motorradreiniger verwendet, sollte darauf achten, dass Reste des Mittels restlos abgespült werden, da dieses recht aggressiv ist und Lack und andere Kunststoffteile angreifen kann. Das Motorrad nicht bei direkter Sonneneinstrahlung waschen, sonst verdunstet das Waschwasser zu schnell und die Waschmittelreste hinterlassen auf dem Lack hässliche Flecken und Schlieren.

Tipp: Motorrad immer von oben nach unten waschen, die weniger verschmutzten Teile zuerst! Halten Sie Waschwasser fern von allen elektrischen Anschlüssen und sorgen Sie dafür, dass die Schalter an Lenker und im Armaturenbrett nicht nass werden. Dies gilt auch für die Anschlüsse der Elektrik, den Bowdenzügen von Gasgriff und Drosselklappen.

Achtung: Motorrad niemals mit dem Dampfstrahler reinigen! Dampf- und Wasserstrahlen aus Hochdruckreinigern dringen überall dorthin, wo sie nicht hin sollen, wie z. B. in elektrische Steckkontakte, Schalter, Radlager, Gehäuseteile, Bremszangen. Dort richten Wasser und Reinigungsmittel große Schäden an!

■ Vor allen anderen Tätigkeiten immer zuerst die großen Verkleidungsflächen nach der Klarwasser-Nachwäsche mit weichem Tuch (Waschleder) abtrocknen.

■ Für die Front der Verkleidung, die Gläser der Frontlampen, die Vorderkanten der Verkleidungsseitenteile, die Windschutzscheibe, die Gabelstand- und Tauchrohre sowie das vordere Schutzblech gilt: Angetrocknete Insektenreste mit reichlich Wasser einweichen und abwaschen. Nicht versuchen, den Schmodder mit harten Gegenständen abzukratzen!

■ Wenn mit heißem Wasser, Reiniger und Putzlappen (sowie den eh schon angebrochenen Fingernägeln) gar nichts mehr geht, hilft nur noch Glasreiniger. Reichlich davon auf einen Massagewaschlappen gegeben (Handschuh mit unterschiedlich rauen Seiten, zu finden bei Mutters Badeutensilien) und feste gerubbelt, leistet auch die hartnäckigste Fliegenleiche auf die Dauer keinen Widerstand.

■ Gehen Sie nicht mit Benzin oder anderen Lösungsmitteln an Lackteile und Metalloberflächen! Erstens ist das Zeug giftig und zweitens brennen sich Lösungsmittel in die Oberflächen ein.

Tipp: Wenn der Auspuff stark verschmutzt ist und womöglich irgendwelche Kunststoffreste von Schuhsohlen, Bekleidungs- oder Zubehörteilen angebacken sind, können Sie die Edelstahloberfläche vorsichtig mit Topfreinigern bearbeiten, also verseiften feinen Stahlwollekissen. Stahlwolle schäumen lassen und nicht zu stark aufdrücken, sonst gibt's Kratzer! Auch hartnäckige Teerflecke lassen sich damit von den Auspuffkrümmern entfernen.

Achtung: Nach dem Waschen der Räder diese mit reichlich klarem Wasser abspülen, damit alle glitschigen Waschwasserzusätze von den Reifen und Bremsscheiben abgespült werden. Sonst kann es sein, dass rutschige Reifen in der ersten Kurve für Überraschungen sorgen können und die Bremsscheiben mit einem Schmierfilm überzogen sind, was der Bremsleistung nicht förderlich ist.

Polieren, Lackschäden ausbessern

Koffern pflegen

Winterbetrieb

Überwintern

Polieren, Lackschäden ausbessern

Nach dem Trocknen der Maschine bleiben häufig Wasserflecken auf Lack-, Chrom- und anderen Teilen zurück. Diese lassen sich mit einem weichen Tuch wegpolieren. Um diese Oberflächen zum Glänzen zu bringen oder stumpf gewordenen Lack aufzufrischen, halten Yamaha-Händler und Zubehörindustrie reichlich Hilfsmittel wie Pflegesprays, Chrom- oder Lackpolitur bereit.

Koffer pflegen

Die im Gegensatz zur Verkleidung nicht durchgefärbten, sondern in Fahrzeugfarbe lackierten Koffer werden wie die übrigen Lackflächen gereinigt und gepflegt. Sollte der Lack durch Steinschlag, Schrammen oder Umfaller stärker in Mitleidenschaft gezogen worden sein, kann man diesen mit Lackstiften ausbessern, die beim Yamaha-Händler genau passend zur Fahrzeugfarbe zu haben sind. Vom Yamaha-Lacklieferanten RH Motorradlacke in Twistringen gibt es auch Sprühdosen und größere Gebinde im passenden Farbton. Das aktuelle Händlerverzeichnis ist unter *www.motorradlack.de* zu finden.

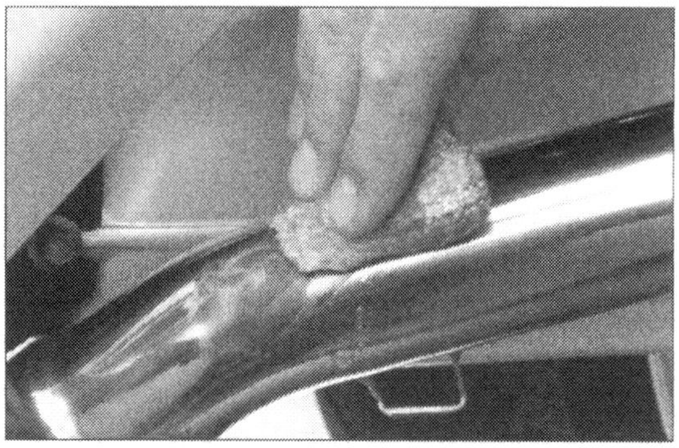

Bild 26: Hartnäckig am Auspuff angebackene Verkrustungen von verbrannten Stiefelabsätzen lassen sich mit verseiften Stahlwollkissen (Topfreinigern) entfernen.

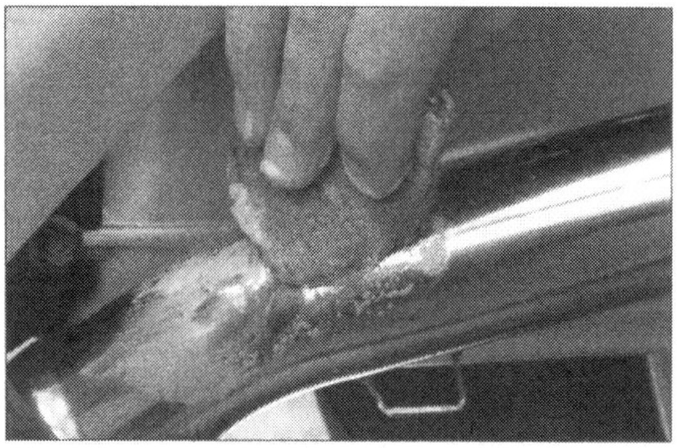

Bild 27: Stahlwollekissen gut anfeuchten, schäumen lassen und Verkrustung vorsichtig abreiben.

Bild 28: Nach der schonenden Entfernung des Flecks sieht der Edelstahlauspuff wieder aus wie neu.

Gelegentlich benötigt der Schließmechanismus der Koffer etwas Pflege, da er Fahrtwind und Feuchtigkeit frei ausgesetzt ist. Er bleibt leichtgängig, wenn man das Gelenk der Arretierungslasche ab und zu mit Silikonpaste schmiert. Der Schließzylinder freut sich über einen Spritzer speziellen Schlosspflegeöls (kein Universalöl verwenden, das verklebt mit der Zeit).

Winterbetrieb

Nach jeder Winterfahrt das Motorrad mit kaltem Wasser abspülen und mit weichem Lappen nachtrocknen. Kein heißes Wasser verwenden, denn dieses verstärkt die korrodierende Wirkung des Streusalzes.

Überwintern

Wer ein Saisonkennzeichen an seiner YAMAHA FJR 1300 hat, braucht die Maschine nicht extra abzumelden, darf aber in bestimmten Monaten (meist zwischen 31. Oktober und 1. März) nicht am öffentlichen Straßenverkehr teilnehmen. Darunter fällt auch das Abstellen der Maschine auf der Straße während der Stilllegemonate. Also: Ab mit ihr in eine gut gelüftete Garage oder in einen möglichst trockenen Hofraum.

Vor der Winterpause sind einige Vorbereitungen zu treffen, damit der Winterschlaf der Maschine nicht schadet und sie im Frühjahr wieder richtig gut läuft.

1. Motor noch mal ordentlich heiß fahren.
2. Tank randvoll machen.
3. Reifen gut aufpumpen: vorne 3,0, hinten bis zu 3,5 bar.
4. Zügig zum Winterabstellplatz fahren und Motor abstellen.
5. Batterie ausbauen (siehe Kapitel Batterie und Lichtmaschine).
6. Gelenkstellen von Bremshebel, Kupplungshebel, Haupt- und Seitenständer mit Sprühöl einsprühen (z. B. Castrol 4-in-1-Spray).
7. Blanke und verchromte Teile (Auspuff kalt werden lassen!) dünn mit säurefreiem Fett (Vaseline) einreiben.
8. Motorrad auf Mittelständer aufbocken.
9. Lenkschloss sperren.
10. Batterie an ein spezielles Batterie-Frischhaltegerät anhängen.

Ganz penible Fahrzeugbesitzer wechseln vor der Überwinterung noch einmal das Öl. Folgende Vorgehensweise hat sich bewährt: Wenn der Ölwechsel vor der Überwinterung länger als drei Monate oder mehr als 5000 km zurückliegt, lassen Sie das Öl und auch gleich den Filter wechseln. Mutige setzen sich auch 7000 km als Grenze. Und wenn Sie Ihr Motorrad vor der Winterpause zum Ölwechsel geben, lassen Sie auch gleich eine komplette Inspektion machen. Dann können Sie im Frühjahr gleich durchstarten (zum Saisonstart sind sämtliche Werkstätten grundsätzlich überlastet!).

Tipp: Motorrad-Abdeckhauben werden gerne verwendet, um die Maschine darunter überwintern zu lassen. Wenn Sie sich eine kaufen, dann nehmen Sie eine, die...

- ...groß genug ist für die FJR 1300.
- ...nicht aus reiner Plastikfolie besteht, denn durch darunter auftretendes Kondenswasser fängt das gute Stück gern an zu rosten. Eine gute Abdeckplane besteht aus zwei Gewebelagen mit Lüftungsschlitzen.
- ...unten Ösen hat, in die die Haken von Gepäckgummis eingehängt werden können, damit die Plane gesichert ist, also nicht beim ersten Windstoß abhebt und davon fliegt.
- ...mit einem kleinen Vorhängeschloss gesichert werden kann, denn Abdeckplanen werden gerne geklaut.

Was Sie noch tun können: Alle paar Tage Vorder- und Hinterrad einige Male durchdrehen und in eine andere Ruheposition bringen. Das verhindert ein Festkleben der Bremsbeläge an den Bremsscheiben bzw. die Bildung von unschönen Kontaktflecken an der Bremsscheibe.

Tipp: In verschiedenen Veröffentlichungen zum Thema »Richtig überwintern« wird darauf hingewiesen, dass die Maschine über längere Zeit so abgestellt werden soll, dass beide Räder frei in der Luft hängen, also keinen Bodenkontakt haben. Dieser Tipp ist überholt – er stammt noch aus der Zeit, als die damals üblichen Diagonalreifen mit Schlauch rasch ihre Luft verloren und bei längerem Stillstand einen »Standplatten« bekamen.

Letzter Tipp zur Wintervorsorge

Besorgen Sie sich eine Flasche Kraftstoffsystemreiniger wie beispielsweise »Fuel Guard«. Das ist zwar nicht ungiftig, aber wirkungsvoll, wenn es zur letzten Tankfüllung einfach in den Tank gekippt wird. »Fuel Guard» verhindert jeglichen Ansatz von Rost im Tank und sorgt dafür, dass beim ersten Start nach der langen Winterpause die Benzinleitungen und Einspritzventile nicht mit Benzinrückständen zugebacken sind. Und falls doch, weil Sie vergessen haben, den Reiniger vor der Überwinterung einzufüllen, kippen Sie ihn vor der ersten Fahrt rein. Es reinigt blitzschnell die Benzinleitungen. Es wirkt wirklich Wunder, wir haben es selbst ausprobiert (erhältlich bei *www.mobil-tech.de* und im einschlägigen Fachhandel).

Inbetriebnahme nach der Winterpause

1. Motorrad abdecken, Fettschicht von den blanken Metallteilen mit weichem Lappen abwischen (kein Benzin oder ähnliche Lösungsmittel verwenden!)
2. Betriebsbereite, gut geladene Batterie einbauen, Polanschlüsse mit säurefreiem Fett (»Polfett«) dick einschmieren.
3. Reifenluftdruck prüfen und ggf. korrigieren: Vorderrad 2,5 bar, Hinterrad 2,9 bar.
4. Sicherheitskontrollen: Licht einschalten, Fernlicht/Abblendlicht, Rücklicht, Bremslicht und Blinker prüfen.
5. Motor sanft warm fahren. Darauf achten, dass alle Funktionen in Ordnung sind: Öldruck, ABS-System, Federung und Dämpfung, Bremsleistung.
6. Motor nicht zu lange im Standgas laufen lassen, sondern nach spätestens drei Minuten losfahren.

Tipp: Im Frühjahr muss sich nicht nur die aus der Winterpause entmottete Maschine, sondern auch der Fahrer wieder langsam an das Motorradfahren gewöhnen. Üben Sie vor allem das Bremsen, am besten auf einem großen, leeren Parkplatz (sonntags beim Supermarkt). Besser noch: Sie buchen ein Frühjahrs-Sicherheitstraining.

Gute Fahrt in die neue Saison!

Tipp zur Wintervorsorge

Inbetriebnahme nach der Winterpause

Fuel Guard

Bild 29: Das Wundermittel, das beim Überwintern Rost im Tank und knochenharte Ablagerungen in den Einspritzdüsen verhindert, sollte vor dem Überwintern der letzten Tankfüllung zugegeben werden.

Garantiezeit

Wartungs- und Inspektionen

Schmier- und Schraubstellen

Wartung und Inspektionen

In diesem Kapitel: Wartungs- und Inspektionsintervalle · Garantiezeit · Tabelle Wartung und Inspektionsintervalle · Querverweise auf die entsprechenden Korrespondenzkapitel · Regelmäßige Kontrollen und Kommentare zu den einzelnen Wartungs- und Inspektionspunkten · Schmier- und Schraubstellen · Motoröl und Ölwechsel · Bremsen · Seitenständerschalter prüfen · Kühlflüssigkeit prüfen · Federung und Dämpfung vorne und hinten einstellen · Sportliche Fahrwerkseinstellung · Gaszugsspiel einstellen · Gaszug wechseln · Leerlaufdrehzahl einstellen · Luftfilter ausbauen, reinigen, einbauen · Kompression prüfen und Ergebnisse werten.

Wartungs- und Inspektionsintervalle

Garantiezeit

Wenn das Motorrad neu gekauft wurde, ist es innerhalb der 2-jährigen Garantiezeit grundsätzlich zu empfehlen, die allfälligen Inspektionen beim Yamaha-Vertragshändler machen zu lassen. Denn der zweijährige Garantieanspruch wird nur dann erhalten, wenn ab dem Datum der Erstzulassung zwei Jahre lang alle vorgeschriebenen Inspektionen beim autorisierten Yamaha-Händler durchgeführt und im Serviceheft abgestempelt wurden.

Dabei ist es wichtig zu wissen, dass die Garantiezeit an dem Tag beginnt, an dem das Motorrad zum ersten Mal zugelassen gefahren wurde. Will heißen: Auch wenn die Maschine mit einer roten Nummer vom Händler zur Garage des neuen Besitzers gefahren und erst Monate später mit einem »richtigen Nummernschild« zugelassen wurde, gilt für den Beginn der Garantiezeit der Tag, an dem die Maschine mit dem Probefahrtkennzeichen gefahren wurde – denn auch dies ist eine spezielle Art der Zulassung zum öffentlichen Straßenverkehr.

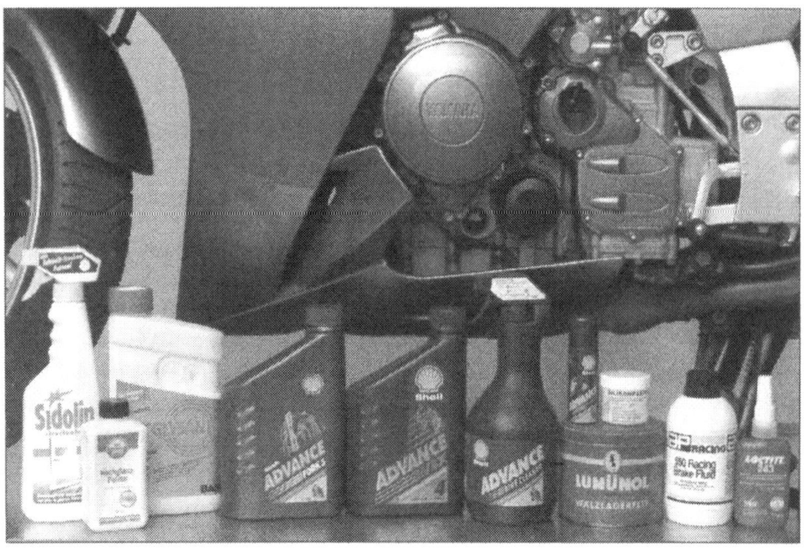

Bild 1: Für Wartung und Pflege wird eine ganze Menge an Mittel und Mittelchen benötigt. Im Bild eine kleine Auswahl: Fenster- und Visierreiniger für die Verkleidungsscheibe und hartnäckige Fliegenleichen auf der Maschine, Lackpolitur, Kühlmittel, Motorenöl, spezieller Motorradreiniger und Fette, Bremsflüssigkeit und Schraubenkleber.

Wartung und Inspektionen

In der Tabelle auf der rechten Seiten haben wir die von Yamaha für die FJR 1300 offiziell vorgeschriebenen Prüf-, Einstell- und Wartungsarbeiten abgedruckt. Wird eine Jahresfahrleistung von 10000 Kilometer nicht erreicht, muss die YAMAHA FJR 1300 einmal im Jahr zur Inspektion. Dabei werden die Arbeiten vorgezogen, die laut Plan eigentlich erst beim nächsten Inspektionstermin fällig wären.

Mit 10 000 km hat die YAMAHA FJR 1300 sehr weit gestreckte Wartungsintervalle. Vor Erreichen dieser Laufleistung muss die Maschine jedoch schon mindestens einmal in der Werkstatt gewesen oder von Ihnen selbst mit dem Werkzeug angefasst worden sein, denn die Reifen halten nicht so lange durch. Die meisten YAMAHA FJR 1300 rollen auf Metzeler oder Bridgestone vom Band, aber egal welche Marke: bei rund 6000 km ist die Profiltiefe auf 2 mm geschrumpft und neue Pneus werden fällig.

Ob Sie dann Ihre Maschine in die Werkstatt fahren oder die Räder selbst ausbauen und zum Reifenwechsel bringen, ist letztlich egal – bei einem Reifenwechsel ist auch immer ein Check der Bremsen angesagt. Wenn die Räder ohnehin ausgebaut sind, können auch die Bremsklötze nachgesehen und die Schächte in den Bremszangen gereinigt werden. Siehe dazu Kapitel »Reifen«, Kapitel »Räder aus- und einbauen« sowie Kapitel »Bremsen«.

Schmier- und Schraubstellen

Viele der beweglichen Teile an der YAMAHA FJR 1300 müssen regelmäßig mit geeignetem Schmiermittel gepflegt (»abgeschmiert«) werden, damit Leichtgängigkeit und lange Lebensdauer gewährleistet werden. Das Abschmieren und die gelegentliche Pflege aller beweglichen Teile dient in erster Linie dazu, Schmutz und Wasser von ihnen fern zu halten, um Rost vorzubeugen.

Wartungs- und Inspektionsintervalle Yamaha FJR 1300, FJR 1300 A(1)

Baugruppe / Intervall	bei 1000 km	bei 10 000 km	bei 20 000 km	bei 30 000 km	bei 40 000 km	siehe Kapitel
Motor und Antrieb						
Motoröl	Wechseln	Wechseln	Wechseln	Wechseln	Wechseln	12
Ölfilter	Wechseln	–	Wechseln	–	Wechseln	12
Ventilspiel	–	–	–	–	Prüfen ggf. einstellen	13
Zündkerzen	–	Reinigen ggf. einstellen	Erneuern	Reinigen ggf. einstellen	Erneuern	11
Luftfiltereinsatz (2)	–	Reinigen	Erneuern	Reinigen	Erneuern	4
Kraftstoffleitung	–	Prüfen	Prüfen	Prüfen	Prüfen	10
Leerlaufdrehzahl	Prüfen ggf. einstellen	Prüfen ggf. einstellen	Prüfen ggf. einstellen	Prüfen ggf. einstellen	Prüfen ggf. einstellen	4
Synchronisierung der Drosselklappen	Prüfen ggf. einstellen	Prüfen ggf. einstellen	Prüfen ggf. einstellen	Prüfen ggf. einstellen	Prüfen ggf. einstellen	10
Kühlsystem (3)	Prüfen	Prüfen	Prüfen	Prüfen	Prüfen	16
Hinterachsöl (4)	Wechseln	Wechseln	Wechseln	Wechseln	Wechseln	12
Kupplung (5)	Prüfen	Prüfen	Prüfen	Prüfen	Prüfen	14
Auspuffanlage (6)	Prüfen	–	–	–	–	17
Fahrwerk						
Festsitz wichtiger Schraubverbindungen	–	Prüfen ggf. nachziehen	Prüfen ggf. nachziehen	Prüfen ggf. nachziehen	Prüfen ggf. nachziehen	26
Telegabel (7)	–	Prüfen	Prüfen	Prüfen	Prüfen	18
Federbein (8)	–	Prüfen	Prüfen	Prüfen	Prüfen	19
Umlenkhebel (9)	–	Prüfen	Schmieren	Prüfen	Schmieren	19
Schwingenlager (10)	–	Prüfen	Prüfen	Prüfen	Prüfen	19
Lenkkopflager (11)	Prüfen	Prüfen	Schmieren	Prüfen	Schmieren	18
Räder und Bremsen						
Reifen (12)	–	Prüfen	Prüfen	Prüfen	Prüfen	5
Reifenluftdruck (13)	Prüfen	Prüfen	Prüfen	Prüfen	Prüfen	5
Räder (14)	–	Prüfen	Prüfen	Prüfen	Prüfen	6
Bremsen (15)	Prüfen	Prüfen	Prüfen	Prüfen	Prüfen	7
Bremslichtschalter	Prüfen	Prüfen	Prüfen	Prüfen	Prüfen	3
Ausstattung						
Haupt- und Seitenständer	–	Prüfen und schmieren	Prüfen und schmieren	Prüfen und schmieren	Prüfen und schmieren	4
Seitenständerschalter	Prüfen	Prüfen	Prüfen	Prüfen	Prüfen	3/4
Gasgriff und Gaszug	–	Schmieren	Schmieren	Schmieren	Schmieren	4
Beleuchtung, Warn-/Kontrollleuchten	Prüfen ggf. einstellen	Prüfen ggf. einstellen	Prüfen ggf. einstellen	Prüfen ggf. einstellen	Prüfen ggf. einstellen	8
Regelmäßige Überprüfung auf Verkehrs- und Funktionssicherheit						
Reifen, Reifenluftdruck, Räder	✗	✗	✗	✗	✗	5/6
Kupplungsbetätigung	✗	✗	✗	✗	✗	14
Schaltung	✗	✗	✗	✗	✗	14
Hand- und Fußbremse	✗	✗	✗	✗	✗	7
Lenkung	✗	✗	✗	✗	✗	18
Beleuchtungs- und Signalanlage	✗	✗	✗	✗	✗	8
Warn- und Kontrollleuchten, Instrumente	✗	✗	✗	✗	✗	8

(1) Diese Liste gibt eine Orientierung für die Prüf- und Einstellintervalle der Yamaha-Modelle FJR 1300 und FJR 1300 A. Wenn im laufenden Jahr die entsprechenden Kilometerstände nicht erreicht werden, muss eine Jahresinspektion durchgeführt werden. Ab dem Kilometerstand 50 000 werden die Wartungsintervalle ab 10 000 km wiederholt.

(2) Bei Fahrten in übermäßig feuchten und staubigen Gebieten muss der Luftfiltereinsatz häufiger gereinigt bzw. erneuert werden.

(3) Kühlflüssigkeitsstand kontrollieren, ggf. auffüllen. Alle Leitungen und Schlauchanschlüsse auf Dichtheit überprüfen. Wechsel der Kühlflüssigkeit alle 3 Jahre.

(4) Bei jeder Inspektion und jedem Ölwechsel den Hinterachsantrieb auf Dichtheit überprüfen.

(5) Kupplung auf einwandfreie Funktion prüfen. Kupplungsflüssigkeit kontrollieren, ggf. nachfüllen. Hydraulische Anlage auf Dichtheit überprüfen.

(6) Schlauchschelle von Schalldämpfer an Auspuffkrümmer auf festen Sitz prüfen, ggf. nachziehen.

(7) Telegabel überprüfen auf einwandfreie Funktion, Dichtheit und Beschädigung der Oberflächen der Standrohre.

(8) Federbein überprüfen auf einwandfreie Funktion, Dichtheit und Beschädigung der Federn und der Oberfläche der Dämpferstange.

(9) Umlenkhebel und Zugstreben auf einwandfreie Form und Funktion überprüfen. Lager des Umlenkhebels und der Zugstreben alle 20 000 km mit Lithiumseifenfett schmieren.

(10) Auf Funktion, Leichtgängigkeit und Spiel kontrollieren. Alle 50 000 km mit Lithiumseifenfett schmieren.

(11) Auf Funktion, Leichtgängigkeit und Spiel kontrollieren. Alle 20 000 km mit Lithiumseifenfett schmieren.

(12) Beide Reifen auf Beschädigung prüfen, Profiltiefe kontrollieren: Gesetzlich erlaubt sind 1,6 mm. Wir empfehlen ab einer Profiltiefe von 2,0 mm die Reifen zu erneuern.

(13) Luftdruck kontrollieren ggf. aufpumpen: Vorne 2,5 bar für alle Betriebszustände. Hinten 2,5 bar bis zu einer Zuladung von nicht mehr als 90 kg bzw. hinten 2,9 bar ab einer Zuladung von 90 kg oder bei Solo-Hochgeschwindigkeitsfahrt.

(14) Auf Schlag (Rundlauf) und Beschädigung überprüfen. Radlager auf Schwergängigkeit und Beschädigung überprüfen.

(15) Funktion der Bremsen prüfen, Bremsflüssigkeit kontrollieren, ggf. auffüllen, alle 2 Jahre wechseln. Alle Anschlüsse der hydraulischen Anlage auf Dichtheit überprüfen. Bremsbeläge spätestens bei Erreichen der Mindestdicke erneuern. Bremsschläuche auf Rissbildung und Beschädigung überprüfen, spätestens alle 4 Jahre erneuern.

Schmier- und Schraubstellen

Natürlich kann an den zueinander beweglichen Aluminiumteilen, wie z. B. den Gelenken von Kupplungs- und Bremshebel, keine Korrosion entstehen. Wenn diese Gelenk- und Kontaktstellen jedoch nicht regelmäßig gepflegt werden, gibt es im Laufe der Zeit auch dort Korrosion, womit sich Schwergängigkeit einstellt. Speziell diese Bauteile liegen bei Fahrt nahezu ungeschützt im Luftstrom, und wenn das Motorrad im Freien abgestellt ist, lagert sich Umgebungsdreck aus der Luft darauf ab.

Dies gilt auch für andere Gelenkstellen, die außerhalb der Verkleidung angebracht sind, wie Fußrasten, Brems- und Schalthebel etc. Wenn Sie diesen Stellen ab und zu einen guten Schuss Allzweck-Ölspray geben, sollten Sie nach dem Sprühen nicht gleich alle Ölüberschüsse abwischen, die neben die eigentlichen Schmierstellen gelangt sind, sondern diese einfach dort lassen (sofern Sie nicht auf den Reifen oder die Bremsscheiben gesprüht haben!). Ein dünner Ölfilm bindet Staub und Schmutz, und dieser lässt sich bei der nächsten Fahrzeugwäsche besser abputzen, ohne dass die teils empfindlichen Oberflächen (Lack, Chrom, Alu natur, Alu mit Klarlack) zerkratzt werden. Vor allem, wenn das Motorrad durch Regen gefahren wird, schützt das Allzweck-Ölspray davor, dass die Nässe in jede Ritze kriecht. Und nach einer Regenfahrt wirkt aufgesprühtes Öl sichtbar wasserverdrängend.

Auf die wichtigsten Schmierstellen wird nachstehend hingewiesen. Verwenden Sie bei der regelmäßigen Pflege ein Allzweck-Ölspray wie z. B. Shell Advance oder Ölspray Castrol 4-in-1. Bei Zerlegung und Wiederzusammenbau von Gelenkstellen diese mit handelsüblichem Kraftfahrzeug-Schmierfett satt einfetten.

Nach Regenfahrten jeder Schmierstelle einen Schuss Öl spendieren. Leichter Lauf und Schmierstellen ohne Korrosionsrückstände werden es Ihnen danken.

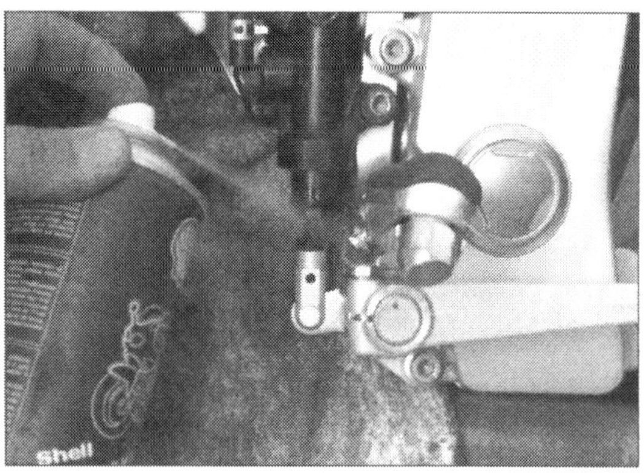

Bild 2: Gelegentliches Einsprühen aller Gelenkstellen mit Ölspray hält diese leichtgängig und verhindert Korrosion.

Auch der Einstellmechanismus der Feder am Kopf des Federbeines verträgt ab und zu ein wenig Öl. Dies ist besonders bei den FJR 1300 des ersten Modelljahres wichtig, denn deren Federbein ist oben nicht gekapselt.

Achtung: Schmieren Sie keinesfalls die Gaszüge! Versuchen Sie nicht, irgendwelche Schmiermittel in die Züge einzubringen! Die serienmäßigen Bowdenzüge sind mit einem speziellen Teflonmaterial beschichtet, was zum leichten Lauf auf Dauer völlig genügt. Jede Art von Öl, das in die Bowdenzüge eingespritzt wird, kann dazu führen, dass die Teflonbeschichtung der Züge aufquillt und deren Freigängigkeit einschränkt. Dies kann bis zum völligen Festsitz des Zuges führen!

Achtung: Schmieren Sie auch keine der Gelenkstellen an den Drosselklappen mit Fett, Öl oder Ölspray! Das Schmiermittel kann durch die Hitze festbacken und die Beweglichkeit der Achsen und Wellen beeinträchtigen – dies kann bis zum Festgehen führen! Halten Sie jede Art von Schmiermittel oder Ölspray fern von allen Sensoren und elektrischen Steckverbindungen.

Tipp: Es ist überdies zu empfehlen, ab und zu die Schrauben an der Verkleidung nachzuziehen. Diese sind Spezialteile (Bundschrauben mit abgerundeten Köpfen und Innensechskant) und als Yamaha-Originalersatzteile doch recht teuer.

Bei jedem Rad-Aus- und -Einbau müssen folgende Stellen mit frischem Wälzlagerfett eingeschmiert werden:
- Dichtringe (Simmerringe) der Vorderradlager
- Dichtringe der Hinterradlager und der Hinterrad-Mitnehmernabe

Alle 10 000 km (oder einmal im Jahr) müssen folgende Gelenkstellen gereinigt und frisch geschmiert werden, entweder mit leichtem Fett oder Lithiumfett (Wälzlagerfett):
- Innenfläche des Gasdrehgriffs zum Lenker hin (leichtes Fett, z. B. Molybdänsulfid oder entsprechendes Ölspray)
- Klappmechanismus und Scharniere von Haupt- und Seitenständer sowie die Lagerstellen

der Ständerfedern; gelegentliches Schmieren mit Ölspray genügt.

- Gelenkschraube und Kontaktflächen von Kupplungs- und Bremshebel mit Hebelabstands-Einsteller; Ölspray genügt.
- Gelenkbolzen der Fahrerfußrasten und des Fußbremshebels; Ölspray genügt.

Laut Wartungsplan müssen alle 20000 km (oder alle zwei Jahre) einige wichtige Teile am Fahrwerk gereinigt und mit frischem Fett geschmiert werden. Von Yamaha wird dazu Lithiumfett empfohlen, also spezielles Wälzlagerfett (z. B. Shell RETINAX):

- Lager im Lenkkopf
- Schwingenlager
- Lager im Federbein-Umlenkhebel und der Zugstangen

Wie die Gelenke zerlegt, geschmiert und wieder zusammengebaut werden, entnehmen Sie bitte den entsprechenden Kapiteln.

Bei den allfälligen Inspektionen müssen auch verschiedene Schrauben auf Festsitz kontrolliert werden. Dazu gehören speziell die Befestigungsschrauben und Muttern der Bremsanlage, der Radaufhängung, des Rahmens und der Motoraufhängung.

Motoröl und Ölwechsel

Ein Ölwechsel bei jeder Inspektion bzw. jeder Jahresinspektion ist Pflicht. Motoröl leidet sowohl unter dem Alter als auch unter der Kilometerleistung, die es schmier- und kühltechnisch im Motor zu bewältigen hat. Sie werden feststellen, dass neues Öl dem Motor nicht nur gut tut, weil man als Fahrer bei der ersten Fahrt nach dem Ölwechsel das Gefühl hat, dass dieser sich wieder müheloser bewegt und flotter hochdreht, sondern das Triebwerk mit neuem Öl auch mechanisch leiser geworden ist. Frisches Öl dämpft die mechanischen Geräusche erheblich besser als altes.

Welches Öl Sie Ihrer YAMAHA FJR 1300 in den Motor geben, ist vielfach Glaubenssache und wird im Kapitel »Schmiersystem« ausführlich beschrieben. In diesem Kapitel finden Sie auch die entsprechende Anleitung zum Ölwechsel selbst machen.

Bremsen

Womit wir bei einem wichtigen Thema sind: Über Wartung und Reparatur der Bremsanlage finden Sie in diesem Buch all das, was Sie bei entsprechender mechanischer Eignung selbst erledigen können. Also z. B. Bremse auf Funktion prüfen, Stand der Bremsflüssigkeit kontrollieren und ergänzen, Bremszangen abbauen, Beläge wechseln sowie Bremszangen und Bremspumpen zerlegen, prüfen, mit neuen Manschetten bestücken und zusammenbauen – eine Reparatur des ABS-Systems dagegen nicht.

Die Bremsanlage der YAMAHA FJR 1300 A ist dank ABS sehr sicher und wirkungsvoll und auch überaus zuverlässig. Bei einem eventuell auftretenden Fehler im ABS-System muss die FJR 1300 A in eine Yamaha-Fachwerkstatt. Zur Überprüfung, Wartung und Reparatur der Bremsanlage sind die Fachkenntnisse der speziell von Yamaha geschulten Mechaniker unverzichtbar.

Nur eine gut und regelmäßig gewartete Bremse kann ihre Höchstleistung jederzeit zur Verfügung stellen. Deswegen bitten wir alle nicht zum Kraftfahrzeugmechaniker ausgebildeten Leser, die Bremsanlage ausschließlich in der Yamaha-Motorradwerkstatt überprüfen und ggf. reparieren zu lassen und den Verzicht von ABS-Reparaturtipps in dieser Motorrad-Reparaturanleitung zu akzeptieren.

Seitenständerschalter prüfen

Der Seitenständerschalter sollte regelmäßig auf Funktion geprüft werden. Er sitzt links unten vor dem Seitenständer. An dieser Stelle ist er Dreck und Nässe nahezu ungeschützt ausgesetzt. Wenn er nicht mehr richtig funktioniert, ist die Gefahr gegeben, dass er entweder das Starten des Motors verhindert (siehe dazu auch Kapitel »Zündanlage«) oder, im anderen Extremfall, ein Wegfahren der Maschine mit ausgeklapptem Seitenständer ermöglicht – und das kann ziemlich gefährlich sein.

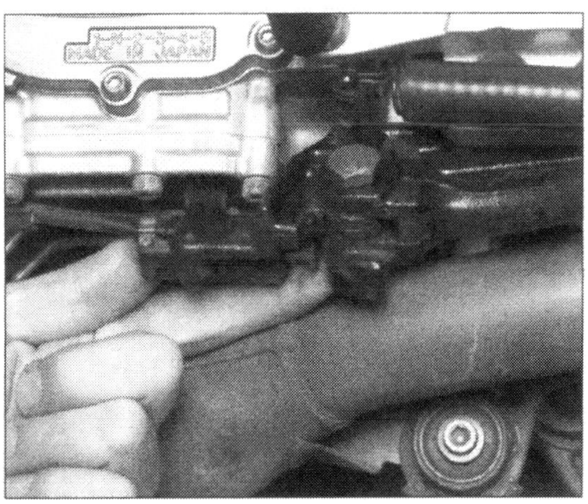

Bild 3: Der Seitenständerschalter muss jederzeit freigängig sein, sonst kann es zu Anlass- oder Zündstörungen kommen.

Motoröl und Ölwechsel

Bremsen

Seitenständerschalter prüfen

Kühlflüssigkeit prüfen

Von der Konstruktion des Schalters her ist letzteres nur dann möglich, wenn er sich an seinen Befestigungspunkten gelockert hat und zum Beispiel die Schrauben lose oder gar ausgedreht, also verloren gegangen sind und der Kontaktstift somit dauerhaft ausgefahren bleibt. Deswegen die Befestigungspunkte des Seitenständerschalters regelmäßig prüfen.

Der Seitenständerschalter wird folgendermaßen auf einwandfreie Funktion geprüft:

- Motor mit ausgeklapptem Seitenständer und eingelegtem Leerlauf starten.
- Kupplung ziehen, Gang einlegen: Motor muss ausgehen.

Umkehrprobe:

- Motor mit eingeklapptem Seitenständer und eingelegtem Leerlauf starten.
- Kupplung ziehen, Gang einlegen.
- Kupplung gezogen halten, Seitenständer ausklappen: Motor muss ausgehen.

Hat der Seitenständerschalter diese Tests bestanden, ist er mechanisch und elektrisch in Ordnung. Siehe dazu auch an entsprechenden Text »Fehlersuche in der Zündanlage« in Kapitel »Zündanlage«.

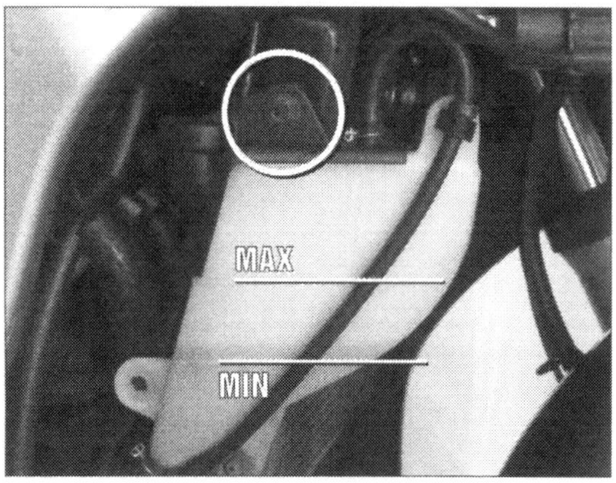

Bild 4: Der Ausgleichsbehälter des Motorkühlmittels sitzt rechts neben dem Kühler. Der Stand des Kühlmittels soll sich immer zwischen MIN und MAX befinden.

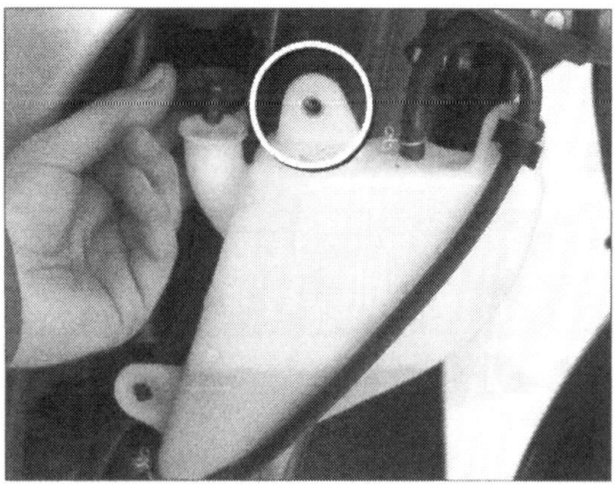

Bild 5: Zum Abnehmen des Gummideckels der Einfüllöffnung muss der Sicherungsdeckel abgenommen werden, dazu die Halteschraube ausdrehen (Kreis).

Kühlflüssigkeit prüfen

Der Ausgleichsbehälter des Kühlsystems findet sich hinter der rechten Seitenverkleidung im Bereich des Blinkers: Blickt man in den oberen Verkleidungsschlitz, sieht man den Sicherungsdeckel des Behälterverschlusses; blickt man in den unteren Verkleidungsschlitz, sieht man den Pegelstand des Kühlmittels: Er muss stets zwischen der oberen Markierungslinie »F« (voll) und der unteren »L« (leer) stehen.

Wenn der Pegelstand der Kühlflüssigkeit unter die untere Markierungslinie abgesunken ist, stimmt etwas nicht: Entweder ist die Kühlflüssigkeit schon zu lange drin und ein Teil davon ist verdunstet oder das Kühlsystem hat ein Leck.

Bevor aber der komplette Kühlkreislauf umgekrempelt wird, zuerst einmal den Ausgleichsbehälter bis nahe der oberen Linie mit Kühlflüssigkeit auffüllen und weiterfahren. Beobachten, wo das Zeug bleibt. Bitte beachten Sie, dass der Stand der Kühlflüssigkeit im Ausgleichbehälter bei heißem Motor etwas höher ist als bei kaltem.

Zum Einfüllen des Kühlmittels muss die 6er-Schraube ausgedreht werden, die den Deckel des Ausgleichsbehälters sichert. Der Deckel des Behälters ist nur eingesteckt.

⚠ **Achtung:** Kühlerdeckel nicht bei heißem Motor öffnen, denn das heiße Kühlmittel steht unter Druck!

Falls Sie unterwegs an Ihrer Maschine Kühlmittelverlust feststellen und Kühlmittel kaufen und auffüllen müssen, achten Sie darauf, dass es für Aluminiummotoren und -kühler geeignet ist. Kühlmittel für PKW-Motoren ist nicht unbedingt brauchbar, denn diese sind meistens aus Grauguss und haben Stahlkühler, was anderes Kühlmittel erfordert.

Tipp: Falls nur eine kleine Menge Kühlmittel fehlt, können Sie auch nur reines Wasser ohne zusätzlichen Frostschutz auffüllen. Füllen Sie aber niemals Leitungswasser ein, denn das ist kalkhaltig, sondern verwenden Sie ausschließlich destilliertes Wasser. Mehr zum Thema »Kühlkreislauf und Kühlmittel« erfahren Sie in Kapitel »Kühlsystem«.

Federung und Dämpfung einstellen

Telegabel

Federvorspannung: Bei der Telegabel der YAMAHA FJR 1300 kann die Federvorspannung stufenlos an je einem Sechskantstopfen (wir nennen diese »Federeinsteller«) oben auf dem Gabelbein eingestellt werden. Der totale Einstellbereich des Federeinstellers von ganz aus- bis ganz eingedreht beträgt 15 Millimeter. Zum Verdrehen der Federeinsteller muss ein 17er-Gabelschlüssel am Sechskant der Federeinsteller angesezt werden. Weil die Lenker direkt über den Federeinstellern verlaufen, kann man keine Sechskantnuss ansetzen, was besser wäre als die Betätigung mit dem Gabelschlüssel. Deswegen unser Tipp: Verwenden Sie zum Verdrehen der Federeinsteller einen möglichst neuen Gabelschlüssel und geben Sie etwas hartes Fett oder ein Stück Isolierband an das Sechskant, damit wird ein Zerkratzen des Federeinstellers weitgehend vermieden.

Dämpfung: Die Zug- und Druckstufendämpfung, also die Aus- und Einfederdämpfkraft, sind getrennt voneinander einstellbar:

- Die Zugstufe (Ausfeder-Dämpfkraft) wird an den oberen Einstellschrauben eingestellt. Der gesamte Einstellbereich beträgt 42 Klicks.
- Die Druckstufe (Einfeder-Dämpfkraft) wird an den unteren Einstellschrauben eingestellt. Der gesamte Einstellbereich beträgt 24 Klicks.
- Jede Veränderung der Einstellung notieren, das hilft bei der Analyse des Fahrverhaltens.

Dämpferzugstufe: Die Einsteller der Zugstufen-Dämpfkraft sitzen oben auf den Federeinstellern der Telegabelbeine. Sie können dank eines aufgeschraubten kleinen Handrads ohne Werkzeug verstellt werden:

- Verdrehen nach rechts im Uhrzeigersinn in Richtung »H« wie »hard« (hart) verstärkt die Ausfeder-Dämpfkraft, die Gabel federt langsamer aus.
- Verdrehen nach links entgegen dem Uhrzeigersinn in Richtung »S« wie »soft« (weich) vermindert die Ausfeder-Dämpfkraft, die Gabel federt schneller aus.

Dämpferdruckstufe: Die Dämpferdruckstufe bestimmt die Einfedergeschwindigkeit der Telegabel, sie unterstützt quasi die Gabeltragfeder beim Einfedern. Die Einsteller der Druckstufen-Dämpfkraft sitzen hinten an den Gabeltauchrohren unterhalb der unteren Halterung der Bremszangen.

Zum Betätigen der Einstellschraube ist ein passender Schraubenzieher mit 8 bis 10 mm Klingenbreite nötig, der satt in den Schlitz der Einstellschraube passt:

- Verdrehen nach rechts (im Uhrzeigersinn) verstärkt die Einfeder-Dämpfkraft, die Gabel federt langsamer ein.
- Verdrehen nach links (entgegen dem Uhrzeigersinn) vermindert die Ausfeder-Dämpfkraft, die Gabel federt schneller ein.

Achtung: Den Sockel des unteren Einstellers weder lockern noch herausschrauben, sonst tritt Dämpferöl aus!

Federvorspannung, Dämpfer-Zug- und -Druckstufe sind an beiden Gabelholmen unbedingt gleich einzustellen. Zug- und Druckstufendämpfung in kleinen Schritten von jeweils einem Klick verstellen und die Wirkung im Fahrbetrieb testen. Eine neue persönliche Basiseinstellung sollte immer von der härtesten Position aus geschehen, also immer bei »ganz eingedreht«.

Federvorspannung einstellen

Zur Änderung der Federvorspannung wird der Federeinsteller, der an seiner Außenseite 6 feine,

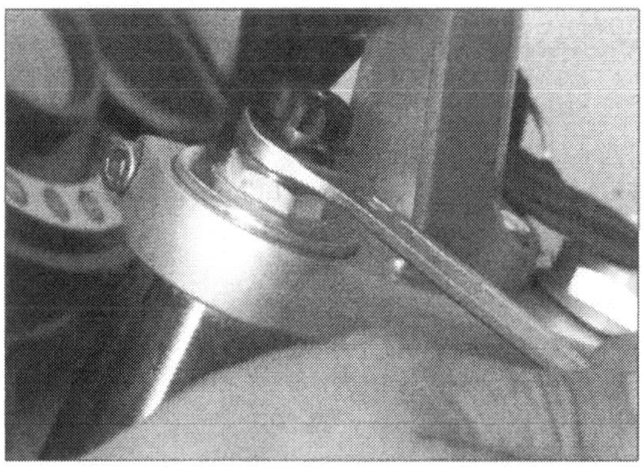

Bild 6: Mit einem 17er-Schlüssel wird der Federeinsteller ein- oder ausgedreht und damit die Gabeltragfeder mehr oder weniger vorgespannt.

Bild 7 ganz links: Federeinsteller ganz ausgedreht, es sind sechs feine, umlaufende Nuten (»Einstellringe«) zu sehen.

Bild 8: Federeinsteller ganz eingedreht, es ist kein Ring zu sehen.

Federung und Dämpfung einstellen

Telegabel

Federvorsannung einstellen

Dämpfung einstellen

Zug- und Druckstufe verstellen

umlaufende Positionsnuten (»Kerben« oder »Ringe«) aufweist, im Uhrzeiger- oder Gegenuhrzeigersinn gedreht, um die Vorspannung zu erhöhen oder zu verringern.

■ Stufe 0 ist ganz eingedreht, es ist kein Ring mehr zu sehen, ergibt die maximale (»härteste«) Federvorspannung.

■ Stufe 3 ist die Standardeinstellung für Solo- oder Soziusbetrieb, es sind drei Ringe zu sehen.

■ Stufe 6 ist ganz ausgedreht, ergibt die geringste (»weichste«) Federvorspannung, es sind sechs Ringe zu sehen.

Bild 9: Einstellrad der Zugstufendämpfung: Nach rechts drehen macht die Dämpfung härter (»straffer«), nach links drehen macht sie weicher. Standardeinstellung ist 12 Klicks offen, ausgehend von ganz eingedrehter Position.

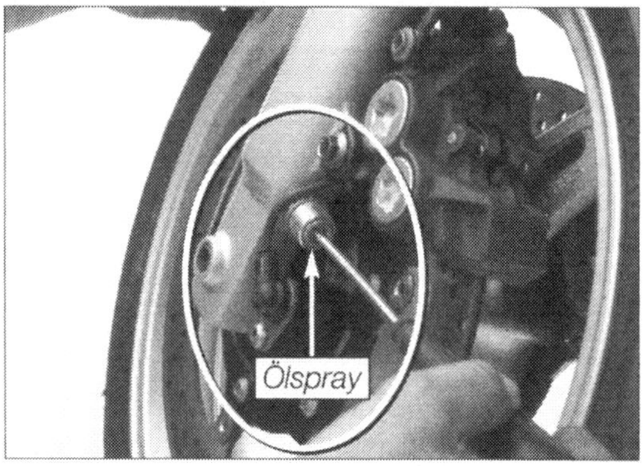

Bild 10: Unten am Gabeltauchrohr wird die Druckstufe eingestellt. Standardeinstellung ist 12 Klicks offen, ausgehend von der ganz eingedrehten Position. Gelegentlich etwas Ölspray an den Einsteller geben, damit der O-Ring nicht festbackt und beim nächsten Einstellversuch reißt – Ölverlust wäre die Folge.

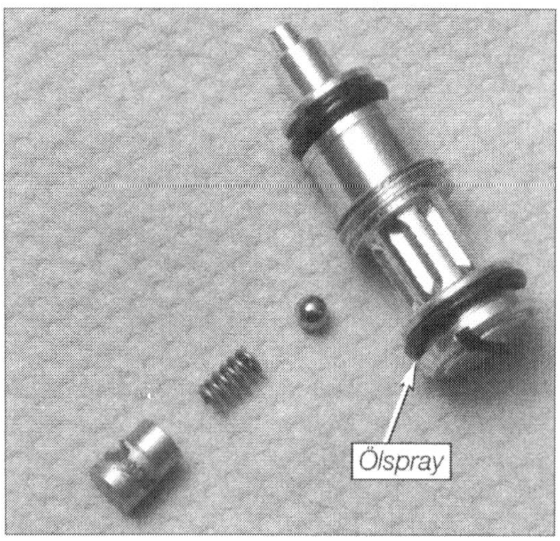

Bild 11: Ausgebautes Dämpferventil (»Dämpfkraftschraube«). Es ist aus Aluminium und darf nicht überdreht werden, sonst wird das feine Gewinde duch die federbelastete Stahlkugel beschädigt.

Dämpfung einstellen

Zugstufe Grundeinstellung: Dämpfkraft-Einstellschraube oben an der Telegabel im Uhrzeigersinn ganz eindrehen. Danach gegen den Uhrzeigersinn um 12 Klicks herausdrehen.

Zugstufe verstellen

■ Zugstufe soll härter werden (Ausfeder-Dämpfkraft soll zunehmen), das Vorderrad langsamer ausfedern: obere Dämpfkraftschraube um einen bis vier weitere Klicks in Richtung H nach rechts im Uhrzeigersinn drehen.

■ Zugstufe soll weicher werden (Ausfeder-Dämpfkraft soll schwächer werden), das Vorderrad schneller ausfedern: obere Dämpfkraftschraube um einen bis vier Klicks in Richtung S nach links gegen den Uhrzeigersinn drehen.

Für die Verstellung der Zugstufe gilt also:

■ Die Zugstufe wird härter (Ausfeder-Dämpfkraft nimmt zu), wenn die Dämpfkraft-Einstellschraube nach rechts im Uhrzeigersinn Klick für Klick gedreht wird. Die Gabel federt dann langsamer aus.

■ Die Zugstufe wird weicher (Ausfeder-Dämpfkraft wird schwächer), wenn die Dämpfkraft-Einstellschraube nach links in Richtung S entgegen des Uhrzeigersinns Klick für Klick gedreht wird. Die Gabel federt dann schneller aus.

Grundeinstellung der Druckstufe

Dämpfkraft-Einstellschraube unten an der Telegabel im Uhrzeigersinn ganz eindrehen. Danach gegen den Uhrzeigersinn um 12 Umdrehungen herausdrehen.

Druckstufe verstellen

■ Druckstufe (Einfeder-Dämpfkraft) soll härter werden: untere Dämpfkraftschraube um zwei Klicks hineindrehen.

■ Druckstufe soll weicher werden: untere Dämpfkraftschraube um zwei Klicks herausdrehen.

Für die Verstellung der Druckstufe gilt also:

■ Hineindrehen der Schraube im Uhrzeigersinn: Einfeder-Dämpfkraft nimmt zu, Gabel federt langsamer ein (»Druckstufe wird härter«).

Resultat: Telegabel wird straffer, Motorrad lässt sich direkter in Kurven einlenken, das Feedback vom Vorderradreifen nimmt zu, der Fahrkomfort allerdings nimmt ab. Eine härtere Druckstufendämpfung ist zu empfehlen, wenn entweder solo auf der Rennstrecke oder zu zweit mit Gepäck auf Passstraßen gefahren wird.

■ Herausdrehen der Schraube entgegen dem Uhrzeigersinn: Einfeder-Dämpfkraft wird

schwächer, Gabel federt schneller ein (»Druckstufe wird weicher«).
Resultat: Telegabel wird weicher, bietet mehr Komfort auf schlechten Straßen, aber auch bei sportliche Fahrweise etwas weniger Stabilität und Feedback vom Vorderradreifen.
■ Um seine eigene Einstellung zu finden, verändert man in Schritten von jeweils zwei Klicks »auf« oder »zu«. Zwei Klicks deswegen, weil eine Veränderung von einem Klick kaum zu spüren ist. Eine neue Einstellung wird zweckmäßigerweise von der härtesten Position »ganz eingedreht« vorgenommen.

Hinterradfederung einstellen

Die YAMAHA FJR 1300 ist hinten mit einem gekapselten Federbein ausgestattet, das oben am Rahmen verschraubt ist (Festlager) und unten über Umlenkhebel (Loslager) betätigt wird: Ein geschmiedeter Aluhebel führt vom Rahmen über die Lagerung der beiden Stahlzugstreben, die ihrerseits an der Schwinge befestigt sind, zur Anlenkung des Federbeins. Durch diese Konstruktion wird im Feder- und Dämpfungsbereich eine Progression erreicht, was bedeutet, dass je weiter das Hinterrad einfedert, desto stärker werden Feder und Dämpfung überproportional zusammengedrückt.

Federvorspannung und Dämpferzugstufe sind getrennt voneinander einstellbar. Die Einstellung der Federvorspannung erfolgt sehr einfach und komfortabel an einem Handhebel, der links unter der vom Hauptrahmen nach schräg oben führenden Vierkantrohrstrebe des Heckrahmens beweglich gelagert ist. Über zwei Seilzüge wird die im Federbein eingebaute obere, kürzere Feder gegen die untere, längere Feder vorgespannt, so dass auf »HARD« nur die untere lange, härtere Feder wirkt.

Die Federvorspannung kann nur in zwei Stellungen justiert werden:
■ »SOFT« ist die Standardeinstellung für Solofahrten, der Verstellhebel zeigt dabei nach hinten;
■ »HARD« ist die Standardeinstellung für Solofahrten mit Gepäck oder mit Sozius, der Verstellhebel zeigt dabei nach vorne.
■ Die Zugstufen-Dämpfkraft kann man an einem Einstellrad, das unten am Federbein auf der Dämpferstangen sitzt, in 40 Klicks einstellen, von denen jedoch nur knapp 20 Klicks spürbar wirkungsvoll sind.
■ Die Standardeinstellung beträgt 12 Klicks, gezählt wird immer von der Einstellung aus «ganz zugedreht«. Dies bedeutet: Der Einstellring wird zuerst ganz nach rechts, also im Uhrzeigersinn, gegen den Anschlag gedreht und von dieser Position aus 12 Klicks nach links, also gegen den Uhrzeigersinn, gedreht. Damit wird das Dämpferventil im Inneren des Federbeines entsprechend geöffnet.
■ Jede Veränderung der Einstellung notieren, das hilft bei der Analyse des Fahrverhaltens.

Sportliche Fahrwerkseinstellung

Für sportliches Solofahren und gemäßigten Soziusbetrieb gleichermaßen empfiehlt sich folgende Fahrwerkseinstellung.

Telegabel:
■ Federeinsteller der Telegabel auf Stufe 2 drehen, dann sind also 2 Ringe zu sehen.

Hinterradfederung einstellen

Sportliche Fahrwerkseinstellung

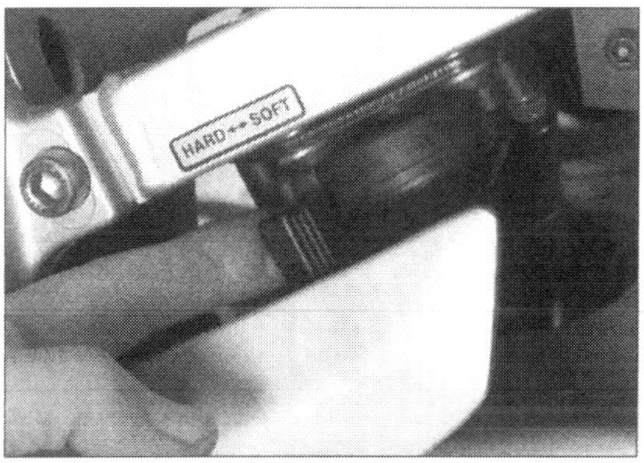

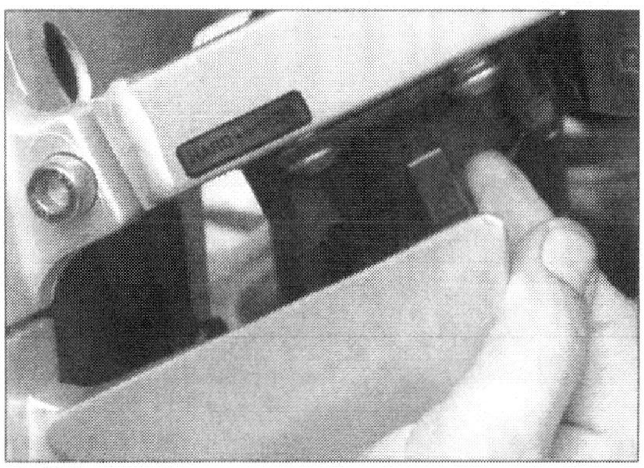

Bild 12 und 13: Das hintere Federbein lässt sich in zwei Positionen einstellen: SOFT ist für Solofahrten, HARD ist sowohl für Beladung von mehr als 90 kg als auch für Solo-Hochgeschwindigkeitsfahrten. Das Federbein ist mit zwei Federn bestückt. Über den Hebel und zwei Seilzüge schaltet man die obere, kurze und weiche Feder entweder ein (auf Stellung SOFT) oder setzt sie auf HARD außer Funktion, dann wirkt nur die untere, lange und harte Feder.

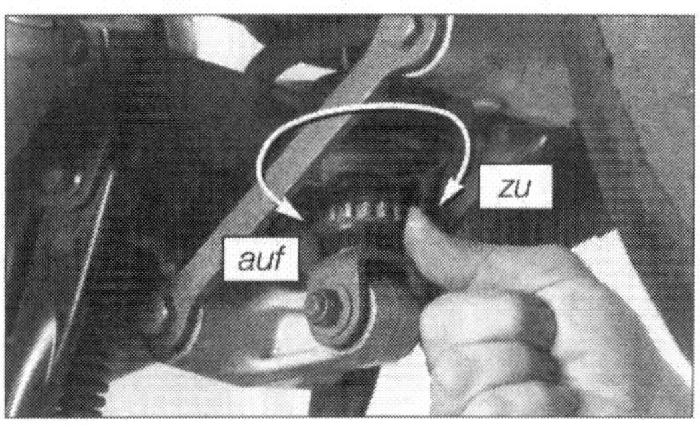

Bild 14: Am Einstellrad unten auf der Dämpferstange wird die Zugstufendämpfung eingestellt. Standardeinstellung: 10 Klicks ausgedreht (Richtung AUF), ausgehend von ganz nach rechts zugedreht (ZU).

Sichtprüfung Messen

Hinterradfederung prüfen

■ Dämpferzugstufe oben auf der Telegabel von maximal eingedrehter Position »ganz zu« um 8 Klicks aufdrehen.
■ Dämpferdruckstufe unten an der Telegabel von maximal eingedrehter Position »ganz zu« um 12 Klicks entgegen dem Uhrzeigersinn aufdrehen.

Hinterradfederung:
■ Federvorspannhebel auf »HARD« stellen, er zeigt dann nach vorne.
■ Zugstufen-Einstellrad unten am Federbein rechtsum ganz zudrehen und von dort aus auf Klick 5 einstellen.

Diese pauschale Empfehlung kann von Maschine zu Maschine etwas variieren, denn jede Telegabel und jedes Federbein haben ihre eigenen Toleranzen und reagieren in Nuancen verschieden. Deswegen sollte man sich zum Finden seiner persönlichen Einstellung Zeit nehmen und diese regelrecht erfahren.

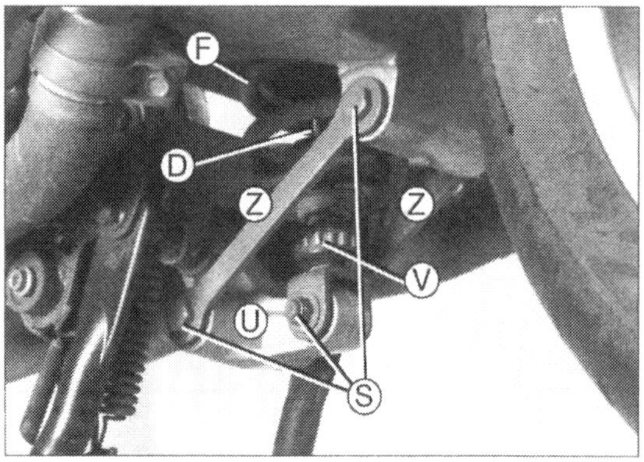

Bild 15: Sichtkontrolle des hinteren Federbeins samt Umlenkung: Zugstangen (Z) und Umlenkhebel (U) unbeschädigt? Schraubverbindungen (S) fest?, Feder (F) und Dämpferstange (D) unbeschädigt und trocken, Anschlaggummi komplett vorhanden? Verstellring (V) der Dämpferzugstufe leichtgängig und ohne ausgelaufenes Öl?

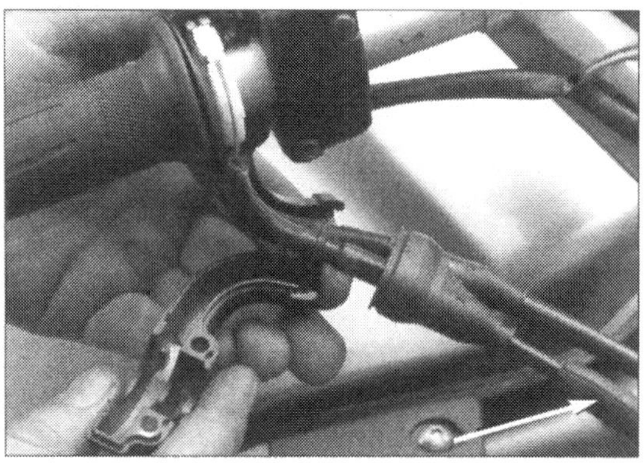

Bild 16: Bei jeder Inspektion den Gasgriff an seiner Lauffläche auf dem Lenker sowie die Nut der Gasseil-Umlenkung etwas schmieren. Der Gaszug-Spieleinsteller sitzt unter der Gummitülle des Öffnergaszugs (Pfeil).

Bild 17: Reißt ein Gaszug, muss zum Einbau des neuen Zuges der Tank angehoben werden. Die beiden Gaszüge für »öffnen« und »schließen« exakt verlegen und in die Widerlager der Drosselklappe und den Zughalter einsetzen (Kreis).

Wer eine direkte Lenkung und damit eine gute Rückmeldung des Vorderradreifens bevorzugt, sollte gezielt mit der Druckstufeneinstellung arbeiten:
■ Eine härtere Druckstufeneinstellung durch weiteres Eindrehen der Druckstufen-Einstellschraube um weitere zwei bis vier Klicks macht die Gabelfederung härter und erleichtert das zügige Einlenken der Maschine in enge Kurven. Die damit einhergehende geringfügige Verschlechterung des Federungskomforts kann verschmerzt werden.

Hinterradfederung prüfen
Sichtkontrolle des Federbeines, der Umlenkhebel und der Zugstangen:
■ Dichtringe, Staubkappen und das Einstellrad der Dämpfung dürfen keine Undichtheiten zeigen, es darf kein Öl auslaufen. Die Außenflächen der Dämpferstange dürfen keine Riefen und Kratzer aufweisen.
■ Federn und Federkappe dürfen weder verformt noch gebrochen sein, der Gummipuffer am unteren Ende der Dämpferstange darf nicht gerissen oder verformt sein.
■ Die Schwinge darf kein seitliches Spiel haben.
■ Die Zugstreben und der Umlenkhebel dürfen nicht verformt, eingerissen oder lose sein.
■ Alle Befestigungen auf festen Sitz prüfen und darauf achten, dass sie weder beschädigt noch verzogen sind.
■ Wenn defekte Teile entdeckt werden, diese erneuern.

Wirkung der Hinterradfederung und -Dämpfung durch mehrmaliges Einfedern prüfen.
1. Das Motorrad muss senkrecht frei stehen, darf also weder auf Seitenständer noch Hauptständer abgestellt sein. Der Fahrer steht dabei mit gespreizten Beinen über der Maschine und lässt sein Körpergewicht immer wieder in den Sitz fallen.
■ Wer fit ist im Umgang mit seiner Maschine, stellt sich dahinter, nimmt das Motorrad vom Seitenständer, stellt es senkrecht und drückt mit beiden Händen wippend auf das Ende der Sitzbankverkleidung.
2. Dabei zeigt sich auch, ob sich die Schwinge frei bewegen kann oder in ihrer Beweglichkeit behindert ist, etwa durch ein festgegangenes

Lager im Schwingenlager, beschädigte oder falsch montierte Umlenkhebel oder defekte Lagerstellen in der Federbeinanlenkung.

3. Einfedern geht bei einwandfreiem Dämpfer und damit korrekter Dämpferwirkung schneller als Ausfedern. Das Heck darf nicht nachschwingen.

Gaszugspiel einstellen

Der Gasgriff muss einen Leerweg von 3 bis 5 mm haben, gemessen am äußeren Umfang des Gasgriffgummis zum Gasgriffgehäuse. Der Leerweg wird am Gaszugeinsteller eingestellt, der im vorne verlegten Öffnergaszug integriert ist. Voraussetzung für eine Einstellung am Gaszugeinsteller ist, dass die beiden Gaszüge für »auf« und »zu« korrekt am Drosselklappengehäuse montiert sind und die CO-Einstellung stimmt.

1. Obere Gummitülle zurückschieben.

2. Kontermutter zwei Umdrehungen lösen.

3. Einsteller entsprechend aus- oder eindrehen, Kontermutter wieder festziehen.

4. Gummitülle über den Einsteller schieben. Vorher leicht mit Allzweckölspray einsprühen, dann lässt sich das Gummi leichter überschieben und in Position bringen.

Gaszug wechseln

Es kann durchaus einmal vorkommen, dass einer der beiden Gaszüge reißt. Meist ist es der Öffnergaszug, denn dieser wird am stärkten belastet. Ein Zug reißt nicht plötzlich schlagartig ab, sondern man spürt rechtzeitig vorher, wie sich der Gasgriff einige Zeit vor dem endgültigen Reißen des Innenzugs schwerer betätigen lässt und man in der rechten Hand spürt, wie etwas reibt. Auch wird der Leerweg des Gasgriffs immer länger und lässt sich nicht mehr korrekt einstellen.

Neuen Gaszug einbauen

1. Zuerst die alten Züge ausbauen. Dazu den Tank abnehmen und die Kontermuttern der Seilzugführungen am unteren Zugwiderlager am Drosselklappengehäuse lösen. Zug samt Nippel aus der Seilzugrolle aushängen.

2. Gaszüge nach vorne ausziehen. Dabei darauf achten, wie die beiden Züge verlegt sind. Beim Einbau beachten: Der Zug mit dem schwarzen Führungsrohr ist der Öffnerzug, der mit dem silbernen der Schließerzug.

3. Gaszüge durch die am Rahmen befestigte Führungsöse ziehen und darauf achten, dass der Öffnerzug über dem Schließerzug geführt wird.

4. Gaszüge rechts am Lenkkopf vorbei in weitem Bogen nach oben zum Gasgriff führen. Jetzt die Gummitülle zurückziegen, die über beide Gaszüge und den Ausgang des Gasgriffs gestülpt ist. Bei älteren Maschinen klebt der Gummi gerne fest, deswegen ein wenig Ölspray in die Gummitülle einspritzen.

5. Gasgriff öffnen, alte Gaszüge aushängen, neue Züge einhängen und etwas Fett (Shell RETINAX) in die Zugführungsnuten geben. Darauf achten, dass die Züge sauber in ihren Führungsnuten liegen. Auch die Seilzugnut in der unteren Seilzugrolle am Drosselklappengehäuse mit etwas Fett schmieren.

6. Gasgriffschale aufsetzen, obere Schraube zuerst fest anziehen, dann untere, dann obere nachziehen. Ganz zum Schluss das Gaszugspiel einstellen wie weiter vorne im Text beschrieben.

Gaszugspiel einstellen

Gaszug wechseln

Neuen Gaszug einbauen

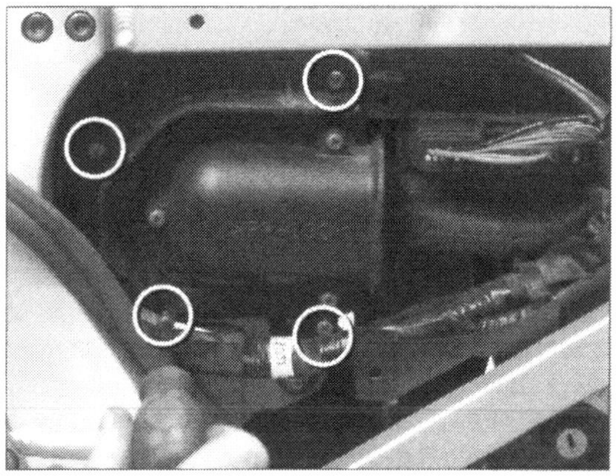

Bild 18: Zum Ausbau des Luftfilters die vier Halteschrauben (Kreise) des Luftfilterdeckels ausdrehen und den Deckel abnehmen.

Bild 19: Der Trockenluftfilter ist passgenau in das Luftfiltergehäuse eingesetzt und hat auf der Rückseite einen Sitzbund. Auf korrekten Sitz beim Einbau achten.

Bild 20: Mit Druckluft losen Dreck und Staub aus dem Filter blasen. Alle 20 000 km sollte man dem Motor ein neues Filterelement gönnen, das optimiert Leistung, Verbrauch und Lebensdauer.

Leerlaufdrehzahl einstellen

Luftfilter aus- und einbauen, reinigen

Leerlaufdrehzahl einstellen
Die Leerlaufdrehzahl soll 1000 bis 1100 Umdrehungen pro Minute betragen. Zum Einstellen des Leerlaufes muss der Motor warm gefahren sein. Die Leerlauf-Einstellschraube findet sich oberhalb des Kupplungsdeckels rechts unterm Rahmenunterzug, sie ist bequem von außen zugänglich.

- Die Leerlaufdrehzahl wird höher, wenn die Schraube rechts herum gedreht wird,
- Die Leerlaufdrehzahl wird niedriger, wenn die Schraube links herum gedreht wird.

Lässt sich der Leerlauf nicht mehr korrekt einstellen bzw. schwankt er ungleichmäßig, ist es entweder Zeit für eine Inspektion: Ventile müssen eingestellt werden, Zündkerzen sind abgebrannt, etc. Oder es liegt ein Defekt vor wie Falschluftansaugung, Ventile undicht, Ventilsteuerzeiten stimmen nicht wegen loser oder stark gelängter Steuerkette, etc.

Luftfilter

Das Luftfilterelement hat großen Enfluss auf die Leistungsabgabe. Es soll alle 10000 km gereinigt und alle 20000 km erneuert werden. Bei Fahrten durch staubige Gebiete muss es öfter gesäubert werden. Tuning- und Leistungsexperten verwenden gerne Nachrüst-Luftfilter (z.B. von K&N), die einen höheren Luftdurchsatz ermöglichen (erhältlich im Motorradzubehörhandel).

Achtung: Betrieb ohne Luftfilterkasten oder Luftfilterelement oder mit gerissenem bzw. andersartig beschädigtem Luftfilterkasten oder Luftfilterelement führt zu besonders schnellem Triebwerksverschleiß. Deshalb darauf achten, dass der Luftfilter immer in gutem Zustand ist.

Luftfilter ausbauen
Zum Ausbau des Luftfilters muss links das kleine Verkleidungsteil abgebaut werden, das sich von der Sitzbankverkleidung nach vorne bis unter den Tank hinzieht.

- Schrauben mit 4er-Inbusschlüssel ausdrehen.
- Plastikclips: Stift in der Mitte leicht eindrücken, Clip entspannt sich und kann herausgezogen werden.
- Kreuzschlitzclips: Mit Kreuzschlitz-Schraubenzieher um 1/8-Drehung aufdrehen, Clip entspannt sich und kann herausgezogen werden.

Mit dem Kreuzschlitz-Schraubenzieher die Schrauben ausdrehen, mit denen der Deckel auf dem Luftfilterkastens befestigt ist, Deckel abnehmen. Luftfilter vorsichtig herausziehen, dass weder seine Schaumstoffanlagen (die kleben gerne an der Gehäusewand fest) noch der äußere Drahtgittermantel beschädigt werden.

Luftfilter reinigen
Wenn der Luftfilter normal verschmutzt ist, kann er mit Pressluft vorsichtig von außen nach innen ausgeblasen werden. Nicht von der Innenseite nach außen blasen, sonst drückt die Druckluft den Schmutz noch weiter in die Poren des Filterpapieres hinein. Dadurch wird der Weg der Ansaugluft gehemmt, Leistungsmangel ist die Folge. Besser ist es, bei starker Verschmutzung ein neues (originales) Luftfilterelement einzubauen. Das schont den Motor, sichert die Leistung und hält den Spritverbrauch niedrig.

Luftfilter einbauen
Luftfilterelement einsetzen. Dabei darauf achten, dass das Filter an der Rückwand des Gehäuses auf der Formrippe sitzt. Gehäusedeckel aufsetzen. Auf korrekten Sitz des Filterelements und des Gehäusedeckels achten. Schrauben eindrehen und handfest anziehen.Seitenverkleidung anbringen:

- Plastikclips mit Kreuzschlitzkopf entspannt in die Bohrungen einsetzen und um 1/8-Drehung festziehen, Clip spannt sich.
- Innenstift der Plastikclips zum Kopf hin durchdrücken, Clip einsetzen und Stift so weit eindrücken, bis er mit dem Kopf bündig ist.
- Schrauben mit 4er-Inbusschlüssel eindrehen und handfest anziehen.

Kompression prüfen

Es gibt von Yamaha weder eine km- noch Jahres-Vorschrift, wann die Kompression überprüft werden muss. Mit einer solchen Prüfung kann festgestellt werden, ob eine Motorrevision notwendig wird. Der Kompressionsdruck lässt Rückschlüsse auf den Zustand von Zylinder, Kolben, Ventilsitze und Zylinderkopfdichtung zu.

Folgende Voraussetzungen müssen bei einer Kompressionsmessung erfüllt sein:

- Zylinderkopfmuttern richtig angezogen
- Ventilspiel korrekt
- Motor betriebswarm
- Batterie voll geladen

Eine Kompressionsmessung wird folgendermaßen durchgeführt:

1. Alle Zündkerzen herausdrehen.

2. Zündkabel an Masse legen, damit sichergestellt ist, dass kein Funke überspringen kann, wenn der Motor mit herausgedrehten Zündkerzen mit dem Elektrostarter durchgedreht wird, (Brandgefahr!).
3. Kompressionsmessgerät mit dem entsprechenden Adapter an eine Zündkerzenöffnung anschließen.
4. Gasgriff voll öffnen und den Motor mit dem Elektrostarter so lange durchdrehen lassen, bis die Anzeige des Kompressionsmessers nicht weiter steigt, das ist normalerweise nach etwa 10 Sekunden der Fall. Bei den anderen Zylindern ebenso vorgehen.

Kompressionsdruck-Sollwerte

Die von Yamaha angegebenen Kompressionsdruck-Sollwerte betragen:

- guter Motorzustand .... 17,9 bar
- normaler Motorzustand........................ 16,0 bar
- schlechter Motorzustand .... 13,9 bar

Zu hoher Kompressionsdruck

Es kann auch ein zu hoher Kompressionsdruck von mehr als 17,9 bar gemessen werden. Dies deutet auf Ölkohleablagerungen an Ventilteller, Zylinderkopf (Brennraum) und Kolbenboden hin. Man kann dann entweder den Zylinderkopf demontieren und die Ölkohleablagerungen entfernen, was sehr aufwändig ist.

Oder man wählt die einfachere Methode: Im Fachhandel gibt es flüssige Brennraumreiniger, die dem Kraftstoff in hoher Dosierung beigemengt werden. Damit wird der Motor einige Minuten hochtourig betrieben. Die Ölkohleablagerungen lösen sich in kürzester Zeit vollständig auf und verschwinden, Ventilteller, Brennräume und Kolbenböden werden wieder metallisch sauber.

Zu niedriger Kompressionsdruck

Ein zu geringer Kompressionsdruck bedeutet schlechten Motorzustand und gibt Hinweise auf undichte Ventile, zu enges Ventilspiel, undichte Zylinderkopfdichtung, verschlissene Kolben, Kolbenringe oder Zylinder.

Der Motor muss überholt werden, wenn ...

- ... in einem Zylinder der Minimumwert unterschritten wird, wenn also 13,9 bar oder weniger gemessen werden
- ... der Druckunterschied zwischen den Zylindern höher ist als die maximal erlaubte Differenz von 1,0 bar

Wird eine zu niedrige Kompression gemessen, kann die Fehlerquelle mit folgenden Arbeitsschritten eingekreist werden:
1. Ein paar Spritzer Motoröl durch das Kerzenloch des betreffenden Zylinders möglichst gleichmäßig auf die Zylinderwand geben. Nicht zuviel Öl, sonst leidet der Katalysator!
2. Den Motor mit dem Elektrostarter bei geschlossenem Gasgriff einige Umdrehungen durchdrehen, damit sich das Öl gleichmäßig verteilt.
3. Den Kompressionstest wiederholen: Gasgriff voll öffnen und den Motor mit dem Elektrostarter so lange durchdrehen lassen, bis die Anzeige des Kompressionsmessers nicht weiter steigt (normalerweise nach etwa 10 Sekunden).

- Wenn höhere Messwerte als bei der vorangegangenen Messung angezeigt werden, lässt dies auf verschlissene Kolben, Kolbenringe und Zylinderlaufbahn schließen.
- Ein gleicher oder nur unwesentlich abweichender Messwert weist auf einen verschlissenen Zylinderkopf hin und speziell auf nicht mehr dichte Ventilsitze, verbogene Ventile oder verschlissener Ventilteller.

Tipp: Erfahrungen aus Fachwerkstätten lassen es wahrscheinlich erscheinen, dass der Fall »verschlissene Ventilsitze« als erstes eintritt, und zwar in der Regel (wenn man dafür überhaupt eine Regel aufstellen kann) erst nach einer Laufleistung von weit über 100 000 km.

Die Ein- und Auslassventile stellen natürlich nicht schlagartig ihren Dienst ein, sondern es werden lediglich die Verschleißgrenzen für Sitzbreite und Führungsspiel erreicht. Ausgeschlagene Ventilführungen machen sich durch deutliche Rauchzeichen aus dem Auspuff bemerkbar, die Abgase sind bläulich verfärbt und riechen streng nach verbranntem Öl.

Wenn der Motor »Öl zieht«, sieht man es auch schon, bevor man einen Kompressionstest durchgeführt hat, nämlich am Ende des Auspufftopfes. Bei einem innerlich ölundichten Motor bilden sich dort trockene Ölschlieren, die sich auf der Unterseite des Auspufftopfes nach unten ziehen und mit der Zeit regelrecht festbacken.

Kompression prüfen

Reifen für die FJR 1300

In diesem Kapitel: Alle Reifen für die FJR 1300 · Serienmäßige Reifengrößen · Der richtige Reifenluftdruck · Adressen der Reifenhersteller und Reifenimporteure in Deutschland, Österreich und der Schweiz.

Reifen

Serienmäßig ist die Yamaha mit Reifen des Typs Metzeler ME Z4 oder Bridgestone BT 020 Radial N ausgerüstet. Eine Umbereifung kann sinnvoll sein, wenn der Fahrer die speziellen Eigenschaften anderer Reifentypen kennt, etwa optimale Haftung ohne Rücksicht auf das Verschleißverhalten. Auch für Touren, wo höhere Laufleistung gefragt ist, können sich andere als die Erstausrüstungsreifen besser eignen.

Alle bei Redaktionsschluss dieser Motorrad-Reparaturanleitung (Herbst 2003) verfügbaren Reifen werden nachstehend dargestellt. Wenn Sie andere als die in den Fahrzeugpapieren eingetragene Reifenmarken und -typen montieren wollen, kontaktieren Sie zuerst den Hersteller bzw. Importeur der Reifen und fragen nach Freigaben und Verfügbarkeit. Aktuellen Freigaben sind auch auf den Internetseiten der Hersteller abzurufen.

Luftdruck

Achten Sie immer auf korrekten Luftdruck. Er sollte alle zwei Wochen mit einem Präzisionsmessgerät überprüft werden und beträgt bei kalten Reifen:

- Vorderrad:
  2,5 bar (alle Fahrzustände)
- Hinterrad:
  2,5 bar (bis 90 kg Zuladung)
  2,9 bar (90 kg bis zulässige Höchstzuladung bzw. bei hohen Geschwindigkeiten)

Die gesetzliche Mindestprofiltiefe beträgt 1,6 mm. Wir empfehlen, schon bei 2,5 bis 2 mm neue Reifen aufzuziehen.

Serienmäßige Reifengrößen

- Vorderrad 120/70 ZR 17 M/C (58W)
- Hinterrad 180/55 ZR 17 M/C (73W)

In der Bildtabelle auf diesen Seiten haben wir alle geeigneten Straßenreifen der Reifenmarken von Bridgestone bis Pirelli aufgelistet. Vor einem Kauf neuer Reifen versichern Sie sich bitte, ob die gewünschten Reifentypen eine Freigabe für Ihr Motorrad haben. Wichtig: Einige der Reifen müssen eine Sonderkennung tragen. Mit der Standardvariante kann die Betriebserlaubnis des Motorrades erlöschen. Nähere Auskunft gibt es beim Reifenhändler. Bei allen nicht serienmäßigen Bereifungen muss die Unbedenklichkeitsbescheinigung mitgeführt werden.

Bild 1: Schräglagen, bis die Funken sprühen, wie hier beim Metzeler-Reifentest auf der Teststrecke Boxberg.

Avon

- **Cooper-Avon Reifen Deutschland GmbH**
  Hans-Böckler-Str. 4 · D-64823 Groß-Umstadt
  www.avon-motorradreifen.de
- **Autoplus GmbH**
  Richard-Strauss-Str. 14 · A-1232 Wien
  www.avonmotorcycle.com
- **Cooper Avon (Suisse) S.A.**
  Hagackerstasse. 12 · CH-8953 Dietikon
  www.avontyres.com

Bridgestone

- **Bridgestone Deutschland GmbH**
  Du-Pont-Str. 1 · D-61352 Bad Homburg v.d.H.
  www.bridgestone.de
- **Bridgestone Austria GmbH**
  Laxenburgerstraße 252 · A-1232 Wien
  www.bridgestone.at
- **Bridgestone Schweiz**
  Limmatpark, Pfadackerstrasse 6
  CH-8957 Spreitenbach
  www.bridgestone.ch

Continental

- **Continental AG,** Abt. Motorradreifen
  Büttnerstraße 25 · D-30165 Hannover
  www.continental.de

Dunlop

- **Dunlop GmbH & Co. KG**
  Dunlopstraße 2 · D-63450 Hanau
  www.dunlop.de
- **Goodyear Dunlop Tires Austria GmbH**
  Richard-Strauss-Straße 19 · A-1230 Wien
  www.dunlop.at
- **Goodyear Dunlop Tires Suisse SA**
  Industriestrasse 21 · CH-8604 Hegnau
  www.dunlop.ch

Metzeler

- **Pirelli Deutschland AG**
  Gneisenaustraße 15 · D-80992 München
  www.metzelermoto.de
- **Metzeler Motorradreifen**
  Salzburger Straße 196 · A-4600 Wels
- **Hostettler AG Pneuservice**
  Haldenmattstrasse 3 · CH-6210 Sursee
  www.hostettler.com

Michelin

- **Michelin Reifenwerke KGaA**
  Michelinstraße 4 · D-76185 Karlsruhe
  www.michelin-motorrad.de
- **Michelin Verkaufsgesellschaft**
  Wiegelestraße 10 · A-1231 Wien
- **SA des Pneumatiques Michelin**
  Route Jo Siffert 36 · CH-1762 Givisiez

Pirelli

- **Pirelli Deutschland AG**
  Gneisenaustraße 15 · D-80992 München
  www.pirellimoto.de
- **Pirelli Austria**
  Salzburger Straße 196 · A-4600 Wels
- **Hostettler AG Pneuservice**
  Haldenmattstrasse 3 · CH-6210 Sursee
  www.hostettler.com

Bridgestone

vorne: BT 020 F Radial N*
hinten: BT 020 R Radial N*
* Erstausrüstung

Bridgestone

vorne: BT 020 F Radial
hinten: BT 020 R Radial U

Bridgestone

vorne: BT 012 F Radial E
hinten: BT 012 R Radial

Bridgestone

vorne: BT 010 F Radial
hinten: BT 010 R Radial

Continental

vorne: ContiForce Max
hinten: ContiForce Max

Dunlop

vorne: Sportmax Touring D205 F
hinten: Sportmax Touring D205

Dunlop

vorne: Sportmax D207 F
hinten: Sportmax D207

Dunlop

vorne: Sportmax D207 F RR
hinten: Sportmax D207 RR

Dunlop

vorne: Sportmax D208 F
hinten: Sportmax D208

5 Reifen

Dunlop

vorne: Sportmax D220 F ST
hinten: Sportmax D220 ST

Metzeler

vorne: ME Z4 B Front* / ME Z4 J Front**
hinten: ME Z4 J*
* Erstausrüstung / ** Erstausrüstung für ABS-Versio

Michelin

vorne: Macadam 100 X B
hinten: Macadam 100 X

Michelin

vorne: Pilot Road
hinten: Pilot Road

Michelin

vorne: Pilot Sport
hinten: Pilot Sport

Pirelli

vorne: Dragon GTS MTR 23 B
hinten: Dragon GTS MTR 24

Metzeler

vorne: Sportec M-1
hinten: Sportec M-1
Freigabe nur mit Sondergutachten.

Für den Metzeler Sportec M-1 gibt es keine offizielle Herstellerfreigaben. Wer diesen Reifentyp (vorne und hinten Serien-Dimension oder hinten 190/50ZR17 (73W)) dennoch aufziehen möchte, wende sich an die Firma alpha Technik (Adresse siehe unten), die auch für die ME Z4-Paarung 120/70ZR17 (58W) und 190/50ZR17 (73W) Sondergutachten ausstellt. Dort sind Gutachten auch für Reifen anderer Hersteller erhältlich. Kostenpunkt Ende 2003: 60 Euro pro Gutachten.

Für den Metzeler Roadtec Z6 lag bei Redaktionsschluss dieser Motorrad-Reparaturanleitung im Herbst 2003 noch keine Freigabe für die Yamaha FJR 1300 vor. Laut Metzeler ist damit zum Beginn der Saison 2004 zu rechnen. Auch bei Avon wird an einer Reifenfreigabe für die FJR gearbeitet. Zum aktuellen Stand informieren Sie sich am besten im Internet.

alpha Technik GmbH
Äußere Salzburger Straße 201
83071 Stephanskirchen
www.alphatechnik.de

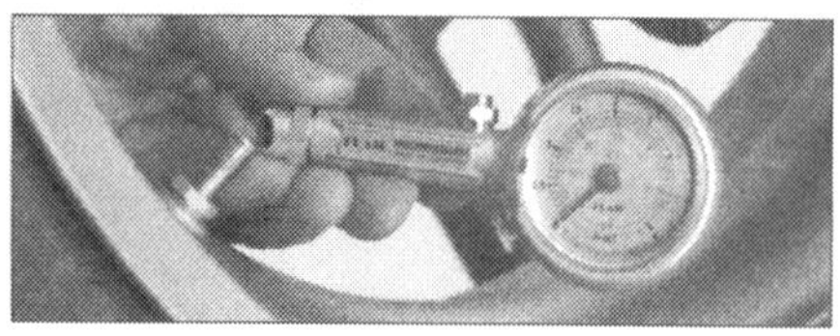

Bild 2: Flaig-Reifendruckprüfer.

44

Räder aus- und einbauen

In diesem Kapitel: Nötige Werkzeuge · Anzugsdrehmomente · Vorbereitung zum Radaus- und Einbau · Vorderrad aus- und einbauen · Hinterrad aus- und einbauen · Radachsen auf Schlag, Räder auf Rundlauf prüfen.

Nötige Werkzeuge

Wenn Sie die Räder aus- und wieder einbauen wollen, um diese zum Beispiel zum Erneuern der Reifen zum Yamaha-Händler oder zum Reifendienst zu bringen, versichern Sie sich, dass Sie die nötigen Werkzeuge bereit haben. Wir gehen deswegen so ausführlich auf dieses Thema ein, weil immer weder zu beobachten ist, dass beim Radaus- und Einbau oft sehr blauäugig vorgegangen wird.

Im Bordwerkzeug sind keine Werkzeuge enthalten, mit denen die Räder aus- und eingebaut werden können.

Werkzeuge zum Radaus- und Radeinbau

- Sechskant-Stecknuss 19 mm für Innensechskantkopf der Vorderradachse
- Sechskantnuss 27 mm für Hinterachsmutter
- Innensechskant-Schlüssel oder Stecknuss 14 mm für Hinterradachse
- Innensechskantschlüssel 5 mm
- Sechskantnuss/Ringschlüssel 12 mm

Tipp: Anstelle der 19er-Stecknuss zum Ausbau der Vorderradachse kann man sich zur Not auch mit einer Radmutter eines Autorades behelfen. Diese hat ein 19er-Sechskant und ist ca. 20 mm lang. Sie wird zusammen mit einem 19er-Ringschlüssel in die Vorderachse eingesteckt. Mit diesem »Kombischlüssel« lässt sich die Achse öffnen und ausdrehen. Nachteil: Das erforderliche Anzugsdrehmoment der Vorderachse von 72 Nm lässt sich mit dem handbetriebenen Ringschlüssel nur wenig exakt bemessen. Dieser Tipp gilt deswegen nur für den wirklichen Notfall unterwegs auf Tour.

Nötige Werkzeuge zum Radaus- und Radeinbau

Bild 1: Zum Ausbau des Vorderrads das Motorrad auf den Mittelständer stellen und das Heck nach unten verspannen, damit das Vorderrad frei kommt und sicher aus der Telegabel herausgenommen werden kann.

Sichtprüfung Messen

Anzugsdrehmomente

Vorbereitung zum Radaus- und Einbau

Bild 2: Lösen der Vorderachs-Klemmschraube mit einem 5er-Inbusschlüssel. Vorgeschriebenes Anzugsdrehmoment 22 Nm.

Bild 3: Wer keine 19er-Inbussnuss zur Verfügung hat, kann sich zum Öffnen der Vorderachse mit einer Auto-Radmutter behelfen.

Bild 4: Zuerst 19er-Ringschlüssel auf die Radmutter schieben und dann in den Innnensechskant-Kopf der Vorderachse einschieben.

Bild 5 rechts unten: Vor Radausbau ABS-Sensor ausbauen.

Bild 6 unten: Abgebaute Bremszangen mit Gepäckgummi nach außen weghängen.

Anzugsdrehmomente

Beim Anziehen von Schrauben, Muttern und Achsteilen müssen folgende Anzugs-Drehmomentwerte beachtet werden:

- Vorderachse M18 72 Nm
- Schraube M8 Achsklemmung in der Gabelfaust rechts 22 Nm

- Schraube M10 Bremssattel an Gabeltauchrohr 40 Nm
- Hinterradachsmutter M18 125 Nm
- Schraube M8 Achsklemmung Schwingenarm rechts 16 Nm
- Bundschraube M8 Bremsankerplatte hinten an Zugstrebe 20 Nm

Vorbereitung zum Radaus- und Einbau

Beim Radaus- und Einbau ist es notwendig, für besten Stand der Maschine zu sorgen. Die YAMAHA FJR 1300 hat zwar einen Mittelständer, aber darauf aufgebockt kommt das Vorderrad nicht frei, weil die Maschine kopflastig auf dem Mittelständer steht. Herkömmliche Montageständer können weder unter der unteren Gabelbrücke angesetzt werden (weil hier der Bremsleitungsverteiler sowie ein Verkleidungsteil sitzt und das Lenkkopfrohr unten nicht offen ist!) noch an den unteren Gabeltauchrohren (weil links der ABS-Sensor im Wege ist).

Wie man sich anders behelfen kann:

- Wer eine Hebebühne zur Verfügung hat, spannt mit Spanngurten das Heck so weit nach unten, dass das Vorderrad frei kommt (siehe Bild 1).
- Wer genügend Zeit hat, baut die beiden Verkleidungsseitenteile ab und unterbaut den Motor an der Ölwanne rechts und links mit Hölzern. NICHT an den Auspuffkrümmern oder unterm Auspuffsammler abstützen!
- Wer die beiden Gabelstandrohre unten mit Holzklötzen unterbauen möchte, sollte darauf achten, dass beide Holzklötze exakt gleich lang sind, sonst verschieben sich die Standrohre zueinander und die Vorderachse geht weder leicht raus noch rein.
- Wer einen Flaschenzug oder Werkstattkran zur Verfügung hat, hängt die Maschine daran auf: Vorne Riemen um den Lenkkopf schwingen, hinten am Gepäckträger befestigen. Achten Sie darauf, dass keine Kabel oder Züge gequetscht werden!
- Wer unterwegs eine Reifenpanne hat, kann sich damit helfen, dass der Beifahrer auf dem Soziussitz die aufgebockte Maschine hinten belastet. Er sollte ruhig sitzen bleiben...
- Wenn Sie die Maschine nur auf dem Mittelständer abstellen, niemals beide Räder gleichzeitig demontieren! Spezialisten unterbauen den Motorblock mit Holzklötzen und bauen dann beide Räder gleichzeitig aus – aber, wie gesagt, das sind »Spezialisten«.

Vorderrad aus- und einbauen

Achtung: Den Handbremshebel niemals betätigen, wenn die Bremszangen abgeschraubt sind! Sonst rutschen die Beläge in die Zange und man kann sie nicht mehr montieren.

Tipp: Lappen so dick um den Gasgriff wickeln, dass der Handbremshebel nicht bewegt werden kann. Dies verhindert, dass jemand bei abgebauten Bremssätteln am Bremshebel zieht und die Kolben aus den Führungen gedrückt werden.

1. Halteöse von Bremsschlauch und ABS-Kabel links über der Bremszange abschrauben und abnehmen.
2. Beide Bremssättel abschrauben. Nach rechts und links mit einem Gummispannband außerhalb der Räder weghängen.
3. ABS-Radsensor ausbauen: M8-Inbusschraube ausdrehen, Sensor vorsichtig herausziehen. NICHT am Kabel ziehen! Wenn das Kabel abreißt, muss ein neuer Sensor eingebaut werden, der kostet rund 180 Euro.
4. M8-Klemmschraube der rechten Achsfaust lösen, sie braucht nicht ausgedreht zu werden.
5. Achse ausschrauben und ausziehen. Dabei darauf achten, dass die rechts zwischen Gabelholm und Radlager eingesetzte Distanzbuchse nicht in den Dreck fällt – mit der Hand auffangen.
6. ABS-Trägerplatte abnehmen, Rad nach vorne herausnehmen.
■ Beim Modell ohne ABS: Distanzbuchse herausnehmen. Beim Einbau nicht vergessen!

Achtung: Das Rad unter keinen Umständen auf dem ABS-Zahnkranz ablegen!

Vorderradlager prüfen

Fingerprobe: Wenn die Lager spielfrei sind und ohne fühlbares Knacken und Rubbeln laufen, sind sie ok. Wenn sie beschädigt sind, ausbauen und wechseln.

Vorderrad einbauen

1. Achse vor dem Einbau säubern und etwas einfetten/einölen. Einen Finger voll Fett auf Achse und speziell das Gewinde geben.
2. Schrauben der Bremszangen reinigen, einen kleinen Tropfen Öl auf das Gewinde sowie die Anlagefläche des Schraubenkopfes geben.
3. Bremszangen mit Bremsenreiniger säubern.

Vorderrad aus- und einbauen

Bild 7: Das Achsdistanzstück (Kreis) ist in die ABS-Sensorhalteplatte fest eingesetzt. Vor Einbau alles gut reinigen.

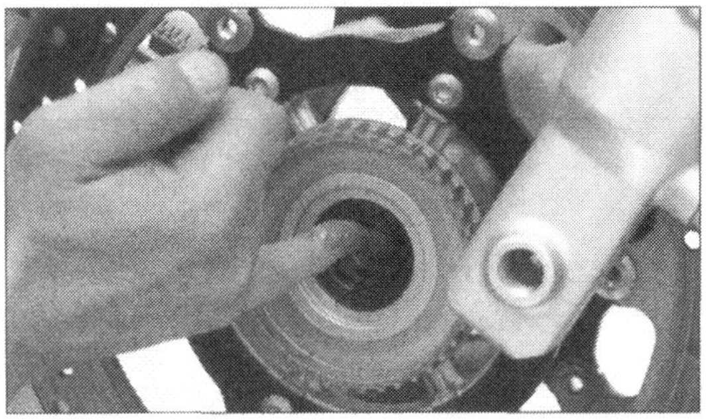

Bild 8: Etwas Fett in die Simmerringe der Radlager geben.

Bild 9: Achse vor dem Einbau reinigen und leicht mit Fett einschmieren.

Bild 10: Die Nut in der ABS-Sensorhalteplatte muss auf den Zapfen innen am linken Gabeltauchrohr ausgerichtet werden.

Bild 11: Korrekt eingebautes Vorderrad mit exakt verlegtem Kabel des ABS-Sensors (Pfeile).

Sichtprüfung

Messen

Vorderrad einbauen

Hinterrad ausbauen

Verschleißzustand der Bremsbeläge kontrollieren!
4. Wenn alles in Ordnung ist, einen Finger voll Fett in die Simmerringe schmieren.
5. Distanzbuchse rechts in den Simmerring einsetzen, ABS-Trägerplatte links aufsetzen, Rad in die Vordergabel einfädeln. Anheben, bis die Bohrungen von Gabelfäusten und Radlager fluchten.
6. Vorderachse von rechts in die untere Achsfaust einschieben, Achse in Distanzhülse und Radlager einschieben, Nut der ABS-Trägerplatte auf Zapfen innen am linken Gabeltauchrohr ausrichten, Vorderachse durchschieben und in das Gewinde in der linken Achsfaust eindrehen.
■ Beim Modell ohne ABS: Distanzbuchse einsetzen. Es ist die lange Buchse, sie gehört an die linke Seite; die kurze Buchse sitzt auf der rechten Seite.
7. Achse mit 72 Nm anziehen. Die Achsklemmschraube noch nicht festziehen!.
8. Bremszangen auf die Bremsscheiben fädeln, Schrauben mit 40Nm festziehen.
9. ABS-Sensor einbauen: Etwas Fett an den Kunststoffbund des Sensors geben, Sensor ganz in die Bohrung einstecken, Befestigungsschraube mit 20 Nm festziehen.
10. Motorrad vom Ständer nehmen, senkrecht stellen, Handbremshebel einige Male betätigen, damit sich die Bremsbeläge an die Scheibe anlegen und mit gezogener Vorderradbremse einige Male ein- und ausfedern: Dadurch setzen sich die Gabelbeine exakt auf die Vorderachse, die Gabelrohre sind dann nicht zueinander verspannt.
11. Erst jetzt die Klemmschraube an der rechten Gabelfaust endgültig mit 22 Nm anziehen. Halteöse des Bremsschlauchs und des ABS-Sensorkabels wieder anbringen. Anzugsdrehmoment der M6-Schraube 7 Nm.

Bild 12: Zum Ausbau des ABS-Sensors wird die M8-Schraube ausgedreht und der Sensor vorsichtig herausgezogen. Sensor immer an der Trägerplatte anfassen, NICHT am Sensorkabel ziehen!

Bild 13: Zum Ausbau des Hinterrads muss die Verschraubung des Bremsankers gelöst und abgenommen werden.

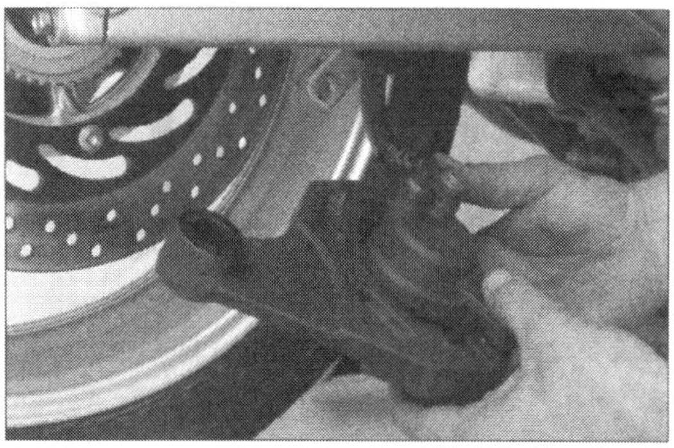

Bild 14: Beim Abbau des Bremsankers darauf achten, dass der Bremsschlauch weder geknickt noch verdreht wird.

Bild 15: Hinterachsmutter mit exakt passender 27er-Sechskantnuss öffnen. Beim Radeinbau wird die Mutter mit einem Drehmomentschlüssel mit 125 Nm festgezogen.

Hinterrad ausbauen

Wenn zum Hinterradausbau das Motorrad nur auf dem Mittelständer aufgebockt wird, den Ständer mit einem Spannriemen gegen das Vorderrad ziehen und damit absichern. So kann er nicht plötzlich wegklappen, wenn das Motorrad beim Radausbau oder Radeinbau aus Versehen von hinten etwas zu hart geschoben wird. Weil der Rückstrahler das freie Herausziehen des Rads etwas behindert, ein Stück Holz unter die Beine des Mittelständers unterlegen, das hebt das Heck etwas an. Wenn unterwegs kein Holz aufzutreiben ist, mit einem Helfer das Motorrad auf dem Mittelständer etwas kippen, wenn die Hinterachse ausgezogen ist und das Rad schon auf dem Boden steht.
1. Verbindungsschraube von Bremsankerplatte zu Zugstange ausschrauben.
2. ABS-Radsensor aus der Trägerplatte ausbauen: M8-Inbusschraube ausdrehen, Sensor vorsichtig herausziehen. NICHT am Kabel ziehen!
3. Achsmutter links lösen und abschrauben.

4. M8-Achsklemmschraube am Ende des rechten Schwingenholms lösen.
5. Achse nach rechts ausziehen. Das geht nicht so einfach, deswegen wird folgende Vorgehensweise empfohlen:
■ Mit einem Kunststoffhammer sanfte Schläge auf das Gewindeende der Achse geben.
■ Gleichzeitig am rechts in den Achskopf eingesteckten 14er-Inbusschlüssel die Achse hin- und herdrehen. Sie kommt dann Stück für Stück heraus und kann mit der bloßen Hand herausgezogen werden.

Achtung: Wenn die Achse fest sitzen sollte, nicht mit einem Eisenhammer darauf klopfen! Falls das Teil feststeckt, was bei einem älteren Motorrad vorkommen kann (Korrosion), nicht mit dem Kunststoffhammer wie ein Wilder auf die Achse dreschen, sondern Kriechöl (»Rostlöser«) auf die Stellen sprühen, wo die Achse durch das Kardangehäuse, die Achsaufnahme im rechten Schwingenende und die Bremsankerplatte Distanzstücke führt. Das Öl einige Minuten einwirken lassen und erneut versuchen.

6. ABS-Trägerplatte abnehmen, Rad nach rechts vom Antriebszapfen des Hinterachsantriebs abziehen und nach hinten herausziehen. Dabei das Rad etwas kippen, damit es unter dem Rückstrahler durchgezogen werden kann.
■ Beim Modell ohne ABS: Distanzbuchse herausnehmen. Beim Einbau nicht vergessen!

Achtung: Den Fußbremshebel niemals betätigen, wenn die Bremszange abgeschraubt ist! Sonst werden die Beläge zusammengedrückt und die Bremsscheibe passt beim Zusammenbau nicht in die Bremszange.

Hinterradlager prüfen
Fingerprobe: Wenn die Lager spielfrei sind und ohne fühlbares Knacken und Rubbeln laufen, sind sie ok. Wenn sie beschädigt sind, ausbauen und wechseln.

Hinterrad einbauen
Alle Bauteile reinigen. Die Hinterachse und besonders deren Gewindestück mit einer Messingbürste von Rost und sonstigem Schmutz befreien. Die Anlageflächen des Rades und des Hinterachsantriebs mit etwas Shell RETINAX einfetten. In die Lippen der Radsimmerringe etwas Wälzlagerfett geben. Mit Bremsenreiniger die Bremszange säubern und dabei den Verschleiß der Bremsbeläge kontrollieren.

1. Lange Distanzbuchse von innen in den Hinterachsantrieb einsetzen.
2. Rad einfädeln und nach links auf den Antriebszapfen des Kardans schieben. Rad mit leichtem Druck nach links gegen den Hinterachsantrieb in der Senkrechten halten.

Hinterradlager prüfen

Hinterrad einbauen

Bild 16: Das Rad muss zum Ausziehen aus der Schwinge etwas gekippt werden, damit der Reifen am Rückstrahler vorbei geht.

Bild 17: Zum besseren Ausfädeln des Hinterrads kann die Maschine auf dem Mittelständer etwas nach rechts unterbaut werden (Vorsicht, kippelig!).

Bild 18: Fingerprobe des Hinterradlagers: Wenn es leicht läuft und weder knackt noch rubbelt, ist das Lager in Ordnung.

Sichtprüfung Messen

Hinterrad einbauen

Bild 19: Ein wenig Hochdruckfett Shell RETINAX an die Verzahnung des Kardanmitnehmers geben.

Bild 20: Die Bundbuchse wird vor dem Einsetzen des Hinterrads in den Endantrieb eingeschoben.

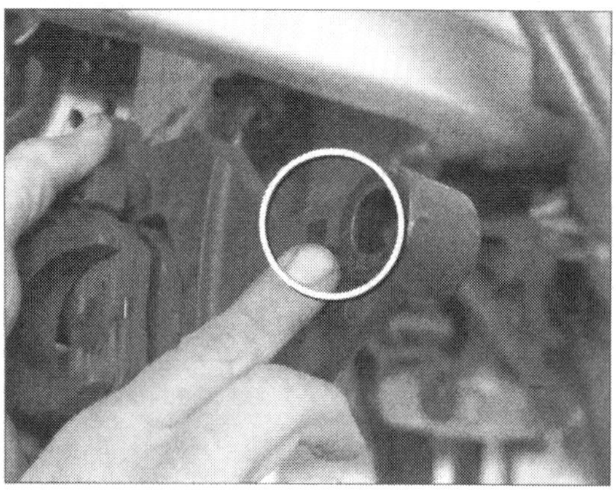

Bild 21/22: Diese Nut (Finger!) in der ABS-Sensorträgerplatte muss exakt auf das Widerlager an der Bremsankerplatte ausgerichtet werden. Achten Sie beim Einbau des Rades genau darauf, dass das Widerlager in der Nut in der ABS-Sensorträgerplatte sitzt und nicht verdreht oder verklemmt ist.

3. Achse von rechts einführen, bis sie knapp aus dem rechten Schwingenauge herausschaut.
4. ABS-Sensorträgerplatte aufsetzen, innerer Bund muss in Radlager-Simmerring eingeschoben werden.
■ Beim Modell ohne ABS: Distanzbuchse einsetzen.
5. Bremszange auf die Bremsscheibe schieben, Achsloch im Bund des Adapters sollte möglichst genau mit den Lagerbohrungen fluchten.
6. Unbedingt darauf achten, dass der Bremszangen-Adapter mit seinem Widerlager (das ist eine kleine, trapezförmige Erhebung auf der Innenseite der Bremsankerplatte oben neben dem Achsloch, siehe Bilder 20/21) exakt in die Nut der ABS-Radsensor-Trägerplatte eingesetzt wird.
7. Große Scheibe zwischen Schwingenholm und Achsbohrung der Bremsankerplatte einschieben, Achse ganz durchschieben. NICHT mit dem Hammer einklopfen, Achse muss sich mit Handkraft durchschieben lassen.
8. Bremsanker an Zugstange befestigen: Bundschraube und Mutter mit 20 Nm festziehen.
9. Achsmutter und Scheibe einfetten, Scheibe auflegen, Mutter aufdrehen, mit 14er-Inbusschlüssel die Achse von rechts gegenhalten, Achsmutter exakt passender Nuss auf 125 Nm anziehen.
10. Achsklemmschraube am rechten Schwingenholm mit 16 Nm festziehen.
11. ABS-Sensor einbauen: Etwas Fett an den Kunststoffbund des Sensors geben, Sensor ganz in seine Bohrung einschieben, Befestigungsschraube mit 20 Nm festziehen.
12. Bremsbeläge durch mehrmaliges Pumpen am Fußbremshebel an die Bremsscheibe anlegen.
13. Überschüssiges Fett abwischen.

⚠ **Achtung:** Nach jeder Radmontage nochmals alle Schrauben und Muttern auf Festsitz nachkontrollieren!

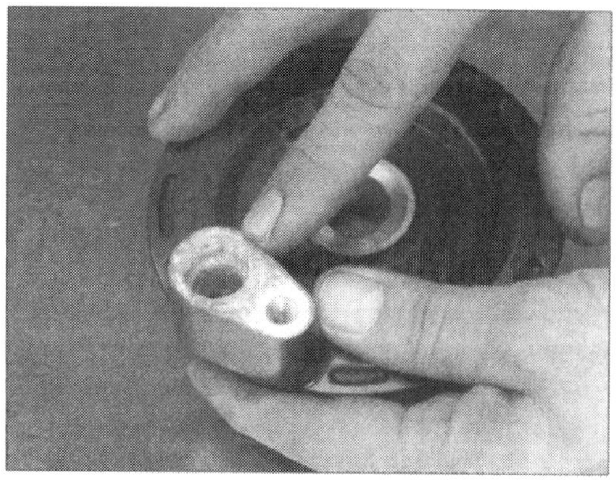

Bild 23 ganz rechts: Korrodierte Aufnahme des ABS-Sensors mit Messingbürste reinigen, Sensor mit etwas Fett einsetzen.

Vorder- und Hinterradachse prüfen und vermessen

1. Radachse darf keine Riefen, Kratzer oder Fressspuren haben.
2. Gewinde dürfen nicht beschädigt sein.
3. Radachse in Prismenblöcke legen und Achsschlag mit Messuhr feststellen.
■ Verschleißgrenze: 0,2 mm.
Bei Beschädigung oder Verzug Achse erneuern. Niemals versuchen, eine krumme Achse zu richten!

Vorder- und Hinterrad auf Rundlauf prüfen

Maximal zulässiger Höhenschlag 1,0 mm, maximal zulässiger Seitenschlag 0,5 mm. Taster der Messuhr auf die bearbeitete Innenseite anführen.
1. Rad an Zentrierständer befestigen.
■ Alternativ in eingebautem Zustand prüfen: Messuhr am Gabelholm befestigen oder Achse in einen Schraubstock spannen und den Messuhrhalter auf der Werkbank fixieren.
2. Seiten- und Höhenschlag mit Messuhr prüfen. Verschleißgrenze 1,0 mm bzw. 0,5 mm.

Achtung: Unrunde Räder nicht zu richten versuchen, sondern ersetzen!

Tipp: Wuchtung des Rades nach jedem Reifenwechsel prüfen. Die meisten Reifenhersteller markieren die leichteste Stelle des Reifens mit einem Farbpunkt. Dieser muss genau in Höhe des Ventils stehen, erst dann wird das Rad ausgewuchtet. Wenn die nötigen Wuchtgewichte 60 Gramm überschreiten, kann der Farbpunkt im Reifenwerk an der falschen Stelle aufgebracht worden sein. Folgendermaßen vorgehen:
■ Luft ablassen und Reifen auf der Felge um 180 Grad drehen.
■ Aufpumpen und Unwucht erneut messen.
■ Die Innenlaufringe der Radlager durch Fingerprobe auf einwandfreien und geräuschlosen Lauf prüfen.
■ Sichtprüfung: Außenlaufring muss fest in der Radnabe sitzen.
■ Die Simmerringe nicht nur auf festen Sitz prüfen, sondern ihre Dichtlippen müssen unbeschädigt sein. Beim Einbau etwas Fett in die Dichtlippen geben.

Bild 24: Hinterachsgewinde mit deutlichen Korrosionsspuren (Kreis). Gut reinigen, Unterlagscheibe und Mutter ebenso, beim Einbau etwas Fett dran geben. Die Hinterachsmutter ist selbstsichernd und kann mehrmals verwendet werden

Bild 25: Hinterachse beim Öffnen und Anziehen mit 14er-Inbusschlüssel gegenhalten.

Bild 26: Beim Modell FJR 1300 ohne ABS sitzt eine Distanzbuchse mit Bund zwischen Radlager und Bremszangen-Adapter. Außen ist eine deutlich schmalere Distanzscheibe eingesetzt.

Bild 27: Die Klemmschraube der Hinterachse am Ende des rechten Schwingenholms mit 16 Nm festziehen.

Vorder-/Hinterradachse prüfen und vermessen

Vorder-/Hinterrad auf Rundlauf prüfen

Bremsanlage

Regelmäßige Kontrollen

Bremsen

In diesem Kapitel: Regelmäßige Kontrollen · Basis- und Serviceinformationen zur Bremsanlage · Bremsbeläge kontrollieren · Bremsflüssigkeitsstand kontrollieren, nachfüllen · Vorder- und Hinterradbremsbeläge aus- und einbauen · Bremsflüssigkeit wechseln, Bremsanlage entlüften · Bremszangen abbauen, reinigen, anbauen · Bremszangen zerlegen und zusammenbauen · Bremspumpen und Kupplungspumpe zerlegen, prüfen, zusammenbauen · Bremsanlage prüfen und vermessen · Bremsscheiben prüfen und vermessen, ab- und anbauen, schleifen lassen · Anzugsdrehmomente der Bremsanlage · Wichtige Adressen zu Bremsen.

Bremsanlage

Man mag einem Motorrad kurzzeitig einen defekten Auspuff oder ein durchgebranntes Blinkerbirnchen zugestehen, doch beim Thema »Bremsen« gibt es keine Kompromisse: Die hundertprozentige Leistungsfähigkeit und Sicherheit der Bremsanlage muss auf jedem Meter Fahrstrecke zur Verfügung stehen.

Regelmäßige Kontrollen

■ Laut Wartungsplan findet eine Kontrolle der Bremsanlage auf Dichtheit der kompletten Anlage (Anschlüsse, Bremspumpen und Bremszangen) im Rahmen der ersten Inspektion bei 1000 km statt.

■ Danach sollen die Bremsbeläge bei den folgenden Inspektionen alle weitere 10 000 km überprüft werden.

■ In den aktiven Fahrmonaten über die Sommermonate hinweg sollten einmal pro Woche die Bremsbeläge und der Bremsflüssigkeitsstand durch eine Sichtprüfung kontrolliert werden.

■ Wenn neue Reifen aufgezogen und deswegen die Räder aus- und eingebaut werden, liegt es in der Natur der Sache, dass im Rahmen dieser Arbeit auch die Bremsbeläge überprüft und die Bremszangen gereinigt werden.

■ Der Bremsflüssigkeitsstand sollte durch kurze Blicke auf die Vorratsbehälter permanent kontrolliert werden; spätestens alle zwei Jahre muss die Bremsflüssigkeit gewechselt werden.

■ Die Bremsschläuche sind ebenfalls regelmäßig zu überprüfen. Bremsschläuche aus Gummi sollten spätestens nach vier Jahren erneuert werden. Wenn Stahlflexleitungen montiert sind, brauchen diese nicht erneuert zu werden.

■ Größere Belastungen wie häufige Gebirgstouren mit langen Passabfahrten erfordern noch häufigere Kontrollen der Bremsen. Gerprüft werden folgende Punkte: Bremsbeläge auf Dicke, Stand der Bremsflüssigkeit und Zustand der Bremsscheiben auf Verfärbung durch große Hitzebelastung.

■ Ganz besonders Passabfahrten mit zwei Personen und Gepäck belasten die Bremsanlage sehr. Ebenso Fahrten auf der Rennstrecke, wobei hier der Verschleiß der Bremsbeläge besonders hoch ist. Rennstreckenbetrieb erfordert eine Kontrolle der Bremsbeläge, des Bremsflüssigkeitsstandes und der Bremsscheiben nach jedem Fahrabschnitt.

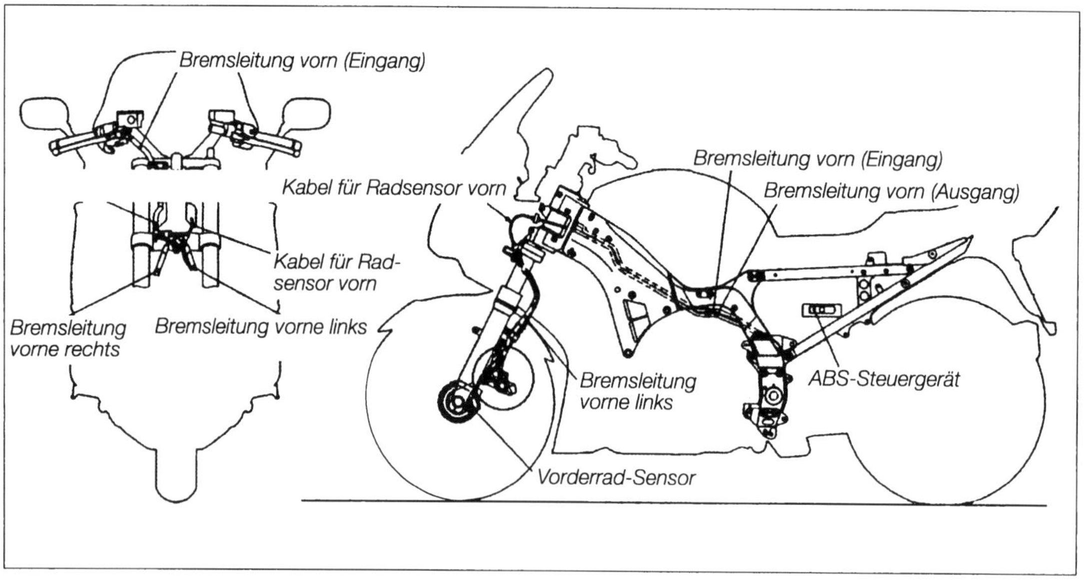

Bild 1: Verlegung der Bremshydraulikleitungen und der ABS-Kabel.

Tipp: Häufige Gebirgstouren mit vielen Passabfahrten oder Reisen in und durch besonders staubige Gebieten bedeuten extreme Belastungen für die Bremsen. Der Verschleiß der Bremsbeläge ist dabei außergewöhnlich hoch. Bevor Sie mit der YAMAHA FJR 1300 in den Jahresurlaub und auf Passtour gehen, machen Sie rechtzeitig vorher einen umfangreichen Check der Bremsanlage (bzw. in der Fachwerkstatt machen lassen). Dieser Tipp gilt auch, wenn Sie mit Ihrer Maschine an einem Fahrsicherheits- oder Rennstreckentraining teilnehmen.

Basisinformationen zur Bremsanlage

Die Bremsanlagen der YAMAHA FJR 1300 und der FJR 1300 A (das A steht für ABS) unterscheiden sich in einigen wesentlichen Punkten.

FJR 1300

- Vorne Doppelscheibenbremse mit 298 mm Scheibendurchmesser, Bremsscheiben gelocht und halbschwimmend über Hohlnieten (»Floater«) mit Wellenscheiben auf Adaptern aus Aluminium spielfrei gelagert, die wiederum über Schrauben mit der Radnabe verbunden sind.
- Dicke der Bremsscheiben 5 mm, Verschleißgrenze (minimal zulässige Dicke) 4,5 mm
- Vorne sind zwei Vierkolben-Bremszangen mit Kolben unterschiedlichen Durchmessers angebaut: Die auflaufenden Kolben in der Unterseite der Bremszange sind kleiner als die ablaufenden Kolben in der Oberseite: 30,2 und 27,0 mm.
- Die Bremszangen sind mit zwei M10-Schrauben mit den Bremszangenhaltern der Telegabel verschraubt.
- Der Durchmesser des Bremskolbens in der Handbremspumpe beträgt 14 bzw. 15 mm.
- Hinten ist eine gelochte Bremsscheibe mit 282 mm Durchmesser fest am Gussrad verschraubt, Dicke der Scheibe 6,0 mm, Verschleißmaß (minimal zulässige Dicke) 5,5 mm.
- Der Einkolben-Bremssattel ist seitlich verschiebbar mit dem Bremsanker verschraubt.

FJR 1300 A mit ABS

- Durchmesser der vorderen Bremsscheiben 320 mm
- Dicke der Bremsscheiben 4,5 mm, Verschleißgrenze (minimal zulässige Dicke) 4,0 mm
- Anti-Blockier-System mit Sensoren an Vorder- und Hinterrad und einer im rechten Rahmendreieck angebrachten Bremsdruck-Regeleinheit.

Basisinformationen zur Bremsanlage

Bild 2: Blick in den Hauptbremszylinder vorne.

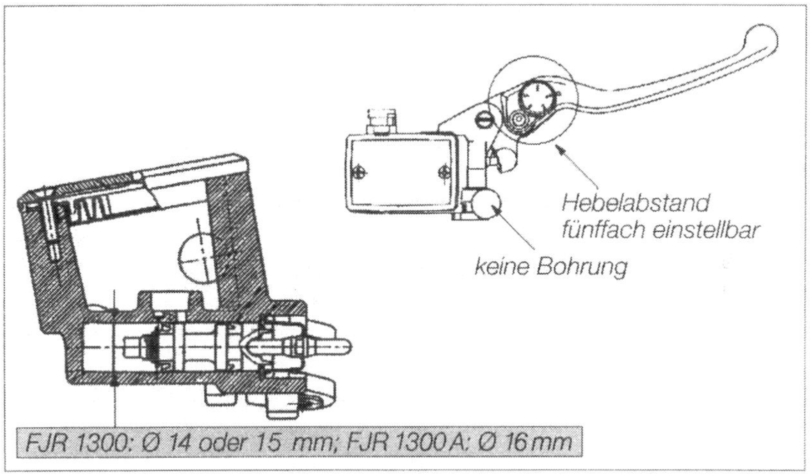

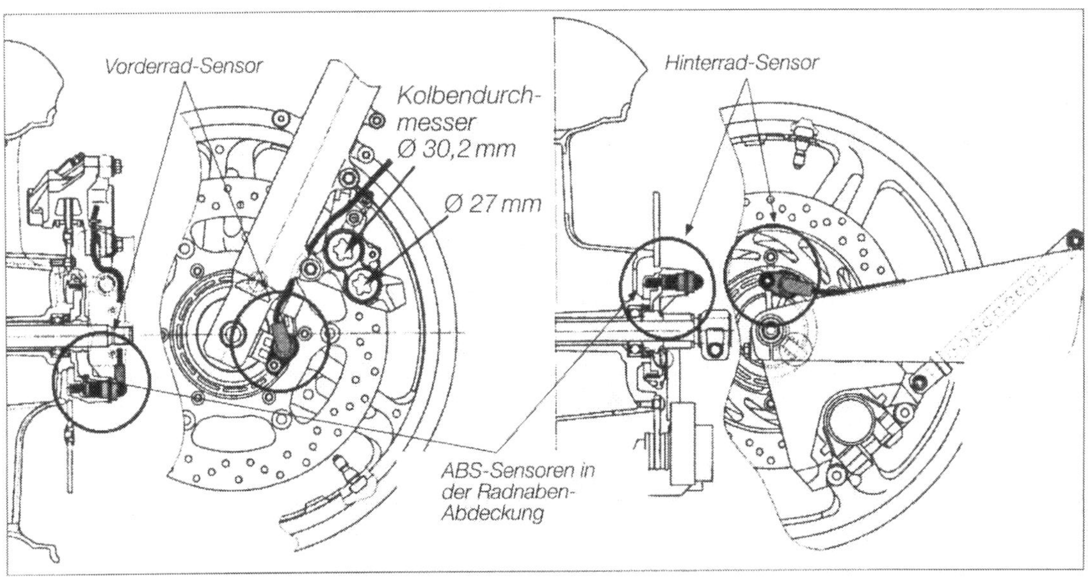

Bild 3: Lage der ABS-Impulsgeber an Vorder- und Hinterrad sowie Durchmesser der vorderen Bremskolben.

Serviceinformationen zur Bremsanlage

Bremsbeläge kontrollieren

Bremsflüssigkeit

Für die Bremsanlagen beider Modelle gilt:
■ Vorgeschriebene Qualität der Bremsflüssigkeit ist DOT 4
■ Wer eine höherwertige Bremsflüssigkeit in der Qualität DOT 5 verwenden möchte, diese nicht mit DOT 4 mischen!
■ Wenn DOT 5 verwendet werden soll, ist die Bremsanlage vorher komplett von DOT 4 zu entleeren, zu zerlegen und zu reinigen. Es wird dringend empfohlen, in Bremspumpen und Bremszangen neue Kolbenmanschetten und Dichtringe einzusetzen, denn einmal mit DOT 4 betriebene Bremsmanschetten können bei Kontakt mit DOT 5 aufquellen, was zum Festgehen der Bremskolben führen kann.
■ Die Halterung der Bremsbeläge ist bei Maschinen mit und ohne ABS gleich: Ein mit leichtem Festsitz durch die Bremszange und mit Lossitz durch die Bremsbeläge geschobener Haltestift fixiert die Bremsbeläge. Gesichert wird dieser Haltestift durch zwei Splinte, die innen im Schacht zwischen Bremszange und Bremsbelag in den Haltestift gesteckt werden.

Serviceinformationen zur Bremsanlage
■ Bremsscheiben und Bremsbeläge müssen jederzeit und an allen Stellen öl- und fettfrei sein.
■ Alte oder verschmutzte Bremsklötze haben eine reduzierte Bremswirkung. Bis zu einem gewissen Verschmutzungsgrad kann man sie reinigen.
■ In jedem Falle ist es besser, einen Satz Bremsbeläge, die man aufgrund ihres Abnutzungsgrades, des Alters der Maschine und deren Allgemeinzustand eher als »schlecht« einstuft, sicherheitshalber wegzuwerfen. Dazu gehören Bremsbeläge, die stark verschmutzt sind, schon lange nicht mehr gefahren wurden oder aus einer Unfallmaschine stammen.
■ Bremsbeläge müssen immer paarweise gewechselt werden. Ein Satz Bremsbeläge besteht aus zwei Stück pro Scheibe. »Ein Satz neuer Bremsbeläge für die Vorderradbremse« bedeutet demnach zwei Sätze, also vier Stück Bremsbeläge – die YAMAHA FJR 1300 hat ja vorne zwei Bremszangen.

⚠ **Achtung:** ■ Niemals unterschiedlich dicke Bremsbeläge oder solche von verschiedenen Herstellern in einer Zange verwenden!
■ Niemals einen neuen und einen alten Belag in eine Bremszange einsetzen!
■ Niemals an der vorderen Doppelscheibe einen Satz neue und einen Satz alte Bremsbeläge einsetzen!

■ Wenn Sie neue Bremsbeläge benötigen, greifen Sie zuerst zu Originalbelägen. Speziell die Beläge beim ABS-System der FJR 1300 A sind in ihrem Reibwert auf das ABS-System optimal abgestimmt.
■ Wenn Sie andere als die Original-Bremsbeläge oder die originalen Bremsscheiben verwenden wollen, fragen Sie dazu den Yamaha-Händler, der ist gewöhnlich gut informiert über den aktuellen Stand der Bremstechnik.

Bremsbeläge kontrollieren
Auch die beste Bremsanlage kann nur mit einwandfreier, gut gepflegter Scheibenoberfläche und ordentlichen Belägen richtig dosiert werden und gut zupacken. Wichtig ist die regelmäßige Kontrolle der Bremsbelagstärke. Man kann durch eine oberflächliche Sichtprüfung die Dicke des Belags schätzen, aber nicht genau feststellen. Dazu von oben an den Federblechen vorbei in die Bremszangen auf die obere Kante der Bremsbeläge schauen, die Nut in der Mitte des Bremsbelages muss zur Gänze vorhanden sein.

Bremsflüssigkeit

Für das Bremssystem der YAMAHA FJR 1300 ist Bremsflüssigkeit in der Qualität DOT 4 vorgeschrieben. Es kann auch eine höherwertige in der Qualität DOT 5 verwendet werden (siehe dazu auch entsprechenden Text weiter vorne in diesem Kapitel bei »Bremsflüssigkeit wechseln«). Keine Flüssigkeiten anderer Art verwenden oder dazumischen und nie ältere Bremsflüssigkeitsreste einfüllen.

Im Zweifelsfalle immer neue Bremsflüssigkeit aus einer neuen, ungeöffneten Dose benutzen. Bremsflüssigkeit verhält sich hygroskopisch, zieht also Wasser aus der Luft an. Damit sinkt der Siedepunkt. Keinesfalls dürfen Verunreinigungen, Schmutz oder Wasser in den Behälter gelangen. Bremsflüssigkeit gibt es in kleinen, preiswerten Gebinden. Wenn ein Wechsel der Bremsflüssigkeit ansteht, wird ungefähr ein halber Liter benötigt.

Bei Betätigung des Bremshebels wird vom Kolben im Hauptbremszylinder ein Druck auf die Bremsflüssigkeit aufgebaut, der von dieser auf die Kolben in den Radbremszylindern weitergegeben wird. Diese Kolben fahren aus ihren Bohrungen aus und pressen die Beläge gegen die sich drehenden Bremsscheiben. Dadurch wird eine Reibkraft aufgebaut, das Rad bremst ab.

Um den Betrag, den die Bremsklötze verschleißen, wandern die Kolben immer weiter aus ihren Bohrungen hinaus. Dementsprechend läuft Bremsflüssigkeit nach. Damit sinkt auch der Pegelstand im Flüssigkeitsbehälter. Daher muss der Bremsflüssigkeitsstand regelmäßig überprüft und ggf. ergänzt werden.

Bremsflüssigkeitsstand kontrollieren

1. Pegelstand in den Behältern für Vorderrad- und Hinterradbremse kontrollieren. Maschine soll dazu senkrecht stehen (am besten auf dem Mittelständer abstellen), die Behälter senk- und waagerecht.

2. Der Lenker muss ggf. etwas gedreht werden, damit der Vorderrad-Bremsflüssigkeitsbehälter auch wirklich waagerecht steht.

3. Falls sich der Pegel der Markierung MIN nähert, ist dies ein deutliches Indiz für abnehmende Bremsbelagstärke. Dicke der Bremsklötze kontrollieren!

Bremsflüssigkeit nachfüllen

Zum exakten Nachfüllen der Bremsflüssigkeit muss der Lenker etwas gedreht werden, damit der Vorratsbehälter waagerecht steht. Einen Putzlappen um den Bremsflüssigkeitsbehälter wickeln, bevor man den Deckel abschraubt, damit eventuell überschwappende Bremsflüssigkeit aufgesogen wird und nicht auf Lack-, Chrom- oder Aluteile gerät. Wenn man benachbarte Bauteile mit etwas Wasser besprüht, wird verhindert, dass eventuell herumspritzende Bremsflüssigkeit Schäden anrichtet.

1. Am vorderen Bremsflüssigkeitsbehälter die beiden Deckelschrauben lösen und ausdrehen. Am hinteren Behälter den Deckel abdrehen.

- Wenn sich der hintere Deckel bei angebautem Behälter nicht lösen lässt, weil er zu nah am Rahmen sitzt, die Halteschraube des Behälters (M6-Kreuzschlitzschraube) ausdrehen und den Behälter vorsichtig aus dem Rahmen nehmen. Darauf achten, dass der Schlauch, der nach unten zur Bremspumpe führt, nicht geknickt oder verdreht wird oder gar von seinen Anschlüssen rutscht!

2. Deckel abnehmen, Kunststoff-Stützscheibe und Gummimembran vorsichtig herausnehmen, damit keine Bremsflüssigkeit herumspritzt.

3. Bremsflüssigkeit bis zur oberen Markierung auffüllen:

- vorderer Behälter bis zur Oberkante des Schauglases
- hinterer Behälter bis zur Markierung UPPER.

4. Deckel, Kunststoff-Stützscheibe, Gummimembrane und Behälterrand mit sauberem, nicht fusselndem Lappen reinigen.

5. Membran behutsam einsetzen, Kunststoff-Stützscheibe aufsetzen, Deckel anbringen:

Bremsflüssigkeitsstand kontrollieren

Bremsflüssigkeit nachfüllen

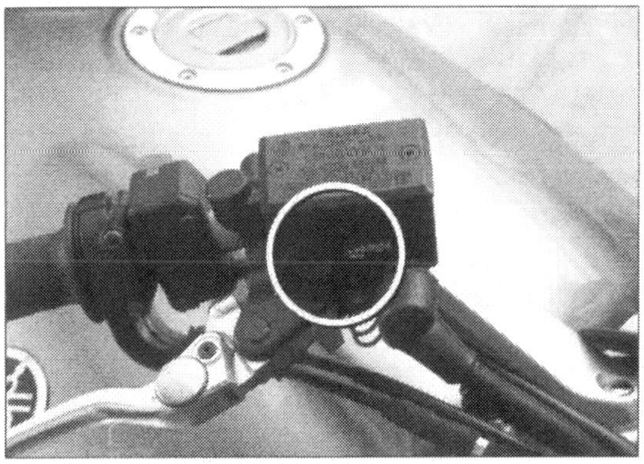

Bild 4: Der Stand der Bremsflüssigkeit lässt sich am Schauglas kontrollieren.

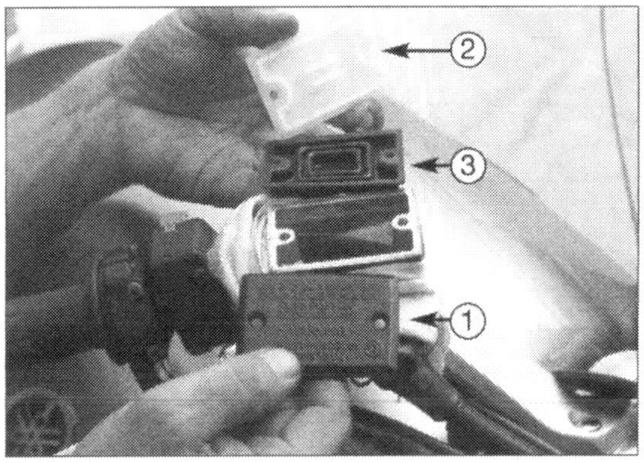

Bild 5: Offener Bremsflüssigkeitsbehälter mit Deckel (1), Stützplatte (2) und Manschette (3).

Bild 6: Den hinteren Bremsflüssigkeitsstand kann man dank des transparenten Behälters leicht von außen kontrollieren.

Bild 7: Zum Auffüllen mit Bremsflüssigkeit muss der Behälter abgeschraubt werden. Erst dann lässt sich der Deckel öffnen und die innere Manschette herausnehmen.

Bremsbeläge wechseln

Vorderrad-Bremsbeläge ausbauen

■ Beide Kreuzschlitz-Senkschrauben in den vorderen Behälter eindrehen und gut handfest anziehen.
■ Deckel auf den hinteren Behälter aufschrauben und handfest anziehen.
■ Wenn der hintere Behälter abgeschraubt war, mit der M6-Schraube befestigen, Schraube gut handfest anziehen. Beim Anziehen der Schraube Behälter halten, damit er sich nicht verdreht.
■ Bremsflüssigkeitsreste von Behältern und Umgebung mit reichlich Wasser abspülen.

Bremsbeläge

Bremsbeläge wechseln
Zum Wechseln der Bremsbeläge müssen die Bremszangen nicht abgebaut werden. Es ist je-

Bild 8: Die beiden Sicherungssplinte für den Bremsbelag-Haltestift sitzen im Schacht der Bremsbeläge.

Bild 9: Bremsbelag-Haltestift mit Durchschlag ausklopfen.

Bild 10: Die Belagfeder abnehmen und dann die Bremsbeläge herausziehen. Beim Einbau der Belagfeder beachten, dass sie mit dem Pfeil nach vorne eingesetzt wird.

doch zu empfehlen, denn wenn die Bremsbeläge abgenutzt sind und gewechselt werden müssen, hat die Bremszange eine gründliche Reinigung nötig. Dazu speziellen Bremsenreiniger verwenden.

⚠ **Achtung:** Bremsenreiniger ist meist in Spraydosen erhältlich und ziemlich aggressiv. Bei Benutzung darauf achten, dass die Werkstatträume gut gelüftet sind. Am besten im Freien verwenden. Nicht rauchen! Nicht auf die Haut, in die Augen oder Atemwege sprühen! Einatmen vermeiden!

Bei Einsatz von Bremsenreiniger alle Teile im Umkreis der einzusprühenden Bremszange mit Lappen großflächig abdecken. Bremsenreiniger sparsam und gezielt einsetzen, Sprühkopf direkt auf die zu reinigende Stelle richten und nicht länger als zwei Sekunden betätigen. Teile nach Einsprühen mit Bremsenreiniger sofort durchputzen. Dazu weiche, nicht fusselnde Lappen und eine ausgediente Zahnbürste verwenden, keinesfalls Öl oder Ölspray! Druckluft bei der Bremszange nur sehr sparsam und ganz gezielt einsetzen. Bremszange nicht mit harter Pressluft ausblasen!

Vorderrad-Bremsbeläge ausbauen
Bremsbeläge knapp vor (allerspätestens bei!) Erreichen der Verschleißgrenze und stets im Satz auswechseln. Die Maschine dazu sicher aufbocken, am besten auf den Mittelständer und etwas unterbauen, damit das Vorderrad frei kommt (siehe dazu auch Kapitel »Räder aus- und einbauen«).

1. Sicherungssplinte aus dem Bremsbelag-Haltestift herausziehen.
2. Bremsbelag-Haltesttift mit Splintdurchschlag ausschlagen: Splintdurchschlag sicher auf der Mitte des Haltestifts ansetzen und kurze, leichte Schläge mit dem Hammer darauf geben, Stift rutscht Stück für Stück heraus.
3. Dabei auch die Haltefeder nach unten eindrücken, Stift ganz herausziehen, Haltefeder abnehmen, Bremsbelag nach oben herausziehen.

⚠ **Achtung:** Bremshebel beim Ausbau von Belägen und Abbau des Sattels sowie bei ausgebautem Bremssattel bzw. entfernten Belägen nicht betätigen! Sonst fahren die Kolben ungehindert aus und müssen mühsam wieder in den Sattel gedrückt werden. Eventuell können sie sogar ganz aus ihren Zylindern im Sattel herausrutschen, das verursacht eine üble Bremsflüssigkeitssauerei!

Tipp: Wenn die Bremsbeläge aus der Zange herausgenommen sind und die Bremskolben noch in ihrer herausgefahrenen Position stehen, alle Bauteile der Bremszange reinigen. Erst danach die Bremskolben in ihre Bohrungen eindrücken, um Platz zu schaffen für die neuen Beläge.

Vorderrad-Bremsbeläge einbauen

1. Um Platz für die neuen (dicken) Beläge zu schaffen, die alten Bremsbeläge wieder in den Schacht einschieben, mit Handkraft gegen die Bremskolben drücken und damit die Bremskolben ganz zurückschieben.

Tipp Mit stumpfem Werkzeug, z. B. mit einem mit Pappe abgepolsterten Hartholz oder einem Hammerstil, können die Bremskolben bei abgebautem Sattel und herausgenommenen Bremsbelägen ganz in den Bremssattel zurückgedrückt werden, um Platz für die neuen Beläge zu schaffen.

Achtung: ■ Keine scharfkantigen Gegenstände wie Schraubenzieher oder Schraubenschlüssel in die Bremszangen einführen, die Kolbengleitflächen können dadurch zerkratzt werden!

■ Wenn neue Bremsbeläge eingesetzt und dazu die Bremskolben zurückgedrückt werden, steigt oben im Bremsflüssigkeitsbehälter der Flüssigkeitsstand. Deswegen den Bremsflüssigkeitsstand im Behälter im Auge behalten!

■ Nach jedem zurückgedrückten Bremskolben den Pegelstand prüfen. Steigt er bis zur Oberseite des Behälters, mit einer kleinen Spritze etwas Bremsflüssigkeit absaugen.

2. Bremsbeläge in die Zangen einschieben. Auf den Rückseiten der Belagträgerplatten müssen die gelochten Stahlscheibenplatten sicher aufgeklickt sein. Diese verhindern ein Quietschen der Bremsen und halten überdies Hitze von den Bremskolben und damit auch von der Bremsflüssigkeit fern.

3. Abdeckfeder ansetzen. Dabei auf Pfeil achten: Er muss nach vorne in Fahrtrichtung zeigen.

4. Bremsbelag-Haltestift durch die Bohrungen in der Bremszange, die Einbuchtung der Feder und die Bohrungen der Bremsbeläge durchstecken und ganz durchstecken, mit kleinem Dorn und kurzen Hammerschlägen nachhelfen.

5. Durch Pumpen am Bremshebel Druck im System aufbauen, bis die neuen Bremsbeläge

Vorderrad-Bremsbeläge einbauen

Bild 11: Bremsbeläge mit einer Spitzzange aus dem Schacht herausziehen.

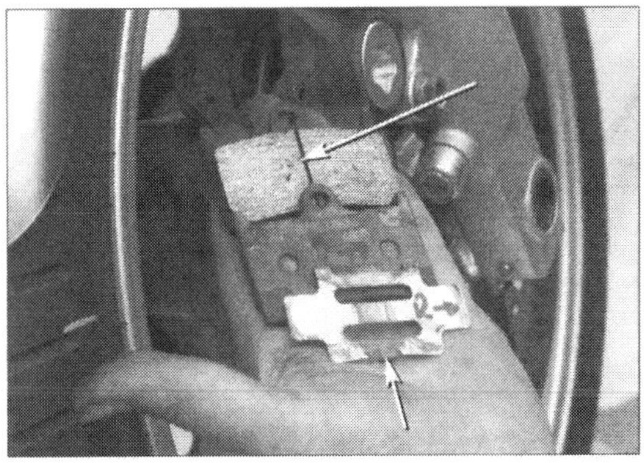

Bild 12: Ausgebaute Bremsbeläge genau kontrollieren. Sie dürfen keine ausgebrochenen Stellen haben. Die Verschleißnut (Pfeil) muss sichtbar und komplett vorhanden sein. Beim Einbau darauf achten, dass das Anti-Quietsch-Blech auf der Bremsbelag-Rückseite aufgeklickt ist.

Bild 13: Schrauben der hinteren Bremszange mit gutem Werkzeug öffnen. Beim Zusammenbau mit 26 Nm festziehen.

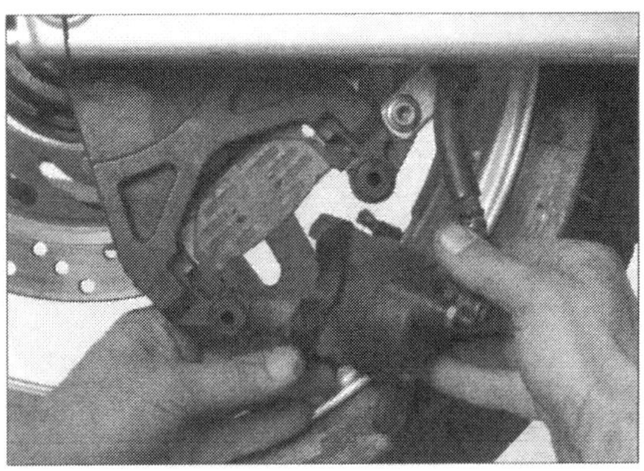

Bild 14: Die Bremszange lässt sich nach unten abnehmen, die Bremsbeläge bleiben im Halteausschnitt.

Hinterrad-Bremsbeläge aus- und einbauen

Bremsflüssigkeit wechseln

an der Scheibe anliegen. Bremsflüssigkeitsstand kontrollieren, ggf. nachfüllen!

■ Erst bei deutlich fühlbarem Druckpunkt ist die Bremse betriebsbereit!

Hinterrad-Bremsbeläge aus- und einbauen

Die hintere Bremszange ist mit nur einem Bremskolben ausgestattet. Die Bremsbeläge werden folgendermaßen gewechselt:

1. Beide Halteschrauben der Bremszange ausdrehen

2. Bremszangengehäuse nach unten abnehmen, die Bremsbeläge bleiben in ihrer Halterung sitzen, Bremsbeläge herausnehmen.

3. Alle Teile gut mit Bremsenreiniger reinigen und mit weichen, nicht fusselnden Lappen durchputzen: Halteausschnitt der Bremsbeläge im Bremsanker, die seitlich eingesteckten Haltefedern der Bremsbeläge, die Bremszange sowie die Bremsscheibe. Bremskolben ganz zurück in seine Bohrung drücken. Dabei den Bremsflüssigkeitsstand im Behälter im Auge behalten!

4. Neue Bremsbeläge an den Halteenden mit etwas Kupferpaste einschmieren und in den Halteausschnitt der Bremsankerplatte einsetzen. In die Faltenbälge, die über den Halte- bzw. Gewindebohrungen für die Bremszange sitzen, auch etwas Kupferpaste geben.

5. Bremszange von unten auf die Bremsbeläge schieben, bis die Bohrungen für die Befestigungsschrauben fluchten.

6. Halteschrauben mit Messingbürste reinigen, Gewinde und Bund mit etwas Kupferpaste einschmieren und mit 26 Nm festziehen.

7. Bremshebel ein paar Mal betätigen, bis die Bremsbeläge an der Scheibe anliegen. Bremsflüssigkeitsstand kontrollieren, ggf. nachfüllen!

■ Erst bei deutlich fühlbarem Druckpunkt ist die Bremse betriebsbereit!

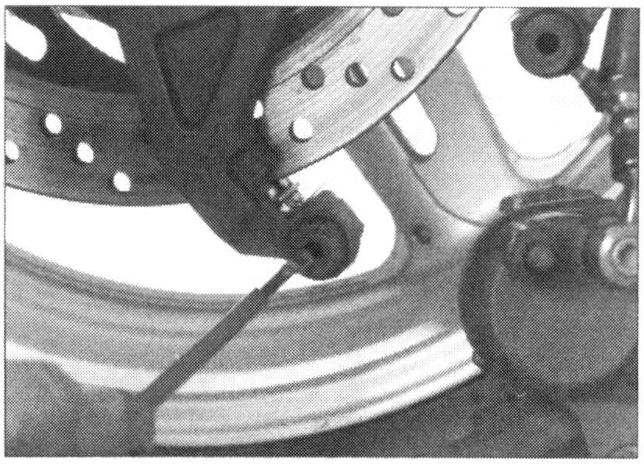

Bild 15: In die Gummimanschetten etwas Kupferpaste geben.

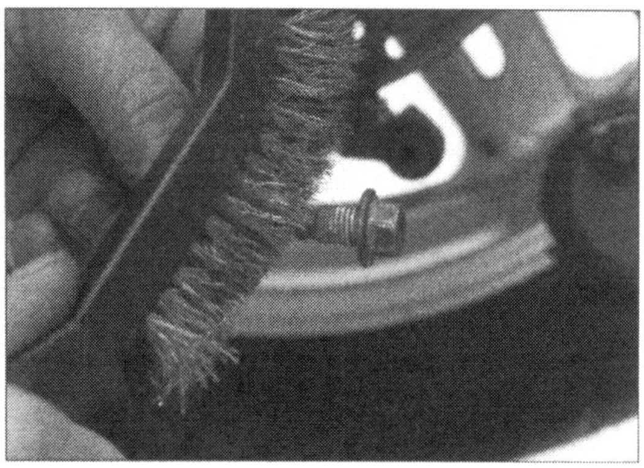

Bild 16: Gewinde der Stiftschraube vor dem Einschrauben mit einer Messingbürste säubern.

Bild 17: Auch der Bremsbelag-Haltestift der Vorderradbremse verlangt nach einer Säuberung mit der Messingbürste.

Bremsflüssigkeit wechseln

Alle 20 000 Kilometer (spätestens alle zwei Jahre!) sollte die Bremsflüssigkeit erneuert werden. Sie zieht im Laufe ihres Lebens Wasser und wird dadurch anfällig für »kochen« – es können sich bei Hitze in ihr regelrechte Dampfblasen bilden. Schnelle Fahrer oder Alpenpässe-auf-und-abfahrer wechseln die Bremsflüssigkeit alle 12 Monate, denn durch den ständigen Wechsel von Erhitzen und Abkühlen wird die Bremsflüssigkeit thermisch besonders stark belastet.

Je älter Bremsflüssigkeit wird, desto mehr Wasser nimmt sie aus der Luft auf. Ihre Temperaturstabilität sinkt, sie beginnt schon früh zu kochen. Es besteht die Gefahr, dass die Bremsen bei extremem Einsatz, etwa bei Passabfahrten oder Rennstreckenbetrieb, plötzlich versagen: Auftretende Dampfblasen verhindern dann, dass der vom Bremshebel aufgebaute Druck an die Bremskolben weitergegeben wird, der Bremshebel fällt regelrecht durch.

⚠ **Achtung:** Bremsflüssigkeit ist giftig. Hautkontakt vermeiden. Nicht in die Augen, nicht in die Atemwege, nicht auf die Schleimhäute kommen lassen. Nicht trinken! Immer nur geeignete Gefäße verwenden. Bremsflüssigkeit umweltgerecht beseitigen (bei einer Entsorgungsstelle abgeben).

Tipp: Im Motorrad-Zubehörhandel sowie im Kfz-Werkzeughandel gibt es Bremsentlüftungs- und Bremsflüssigkeits-Wechselwerkzeuge, mit denen man ohne Kontakt zur Bremsflüssigkeit und ohne Gefahr des Verschüttens die Bremsen entlüften bzw. Bremsflüssigkeit wechseln kann. Diese sind auch für den Hobbymechaniker sehr zu empfehlen. Wir erklären nachstehend die mit einfacheren Werkzeugen und Hilfsmittel durchzuführenden Arbeitsschritte zum Wechsel der Bremsflüssigkeit.

Bremsflüssigkeit wechseln, Bremsen entlüften

Achtung: Wenn der Deckel des Vorratsbehälters der Bremsflüssigkeit abgenommen und der Behälter offen ist, unbedingt darauf achten, dass kein Schmutz in den Behälter und damit in die Bremsflüssigkeit gelangt.

1. Deckel des Behälters samt Membran entfernen.
2. Alte Bremsflüssigkeit aus dem Behälter absaugen, z. B. mit einer Einwegspritze.
3. Frische Bremsflüssigkeit einfüllen.
4. Gummikappe am Entlüftungsnippel der Bremszange entfernen, einen Ringschlüssel auf das Sechskant des Entlüftungsnippels aufstecken und danach einen passenden durchsichtigen Schlauch, der in einem Auffanggefäß endet, über den Entlüftungsnippel stülpen.
■ Etwas Bremsflüssigkeit in das Auffanggefäß geben, Schlauchende muss in die Bremsflüssigkeit eintauchen.
■ Niveau der Bremsflüssigkeit im Auffanggefäßt muss etwas höher sein als der Entlüftungsnippel.
5. Bremshebel bzw. Bremspedal ein paar Mal anziehen/runterdrücken, bis Widerstand spürbar ist. Schön langsam pumpen und den Hebel/das Pedal zwischendurch immer einige Sekunden in Ruhestellung lassen, um zu gewährleisten, dass Bremsflüssigkeit luftfrei nachläuft.
6. Hebel/Pedal betätigen und am Widerstandspunkt gezogen/gedrückt halten.
7. Entlüftungsnippel 1/4 bis 1/3 Umdrehung öffnen, Hebel bzw. Bremspedal ganz durchziehen/durchdrücken, Ventil sofort wieder schließen.
8. Hebel langsam wieder loslassen. Einige Male pumpen, Hebel in Druckposition halten, das Ventil aufdrehen und wieder schließen.
Diese Vorgänge so lange wiederholen, bis aus dem Schlauch nur noch saubere Bremsflüssigkeit kommt. Dazwischen immer wieder nachsehen, ob der Vorratsbehälter noch genügend Bremsflüssigkeit enthält. Der Pegelstand sollte nicht unter die Minimum-Marke fallen. Rechtzeitig nachfüllen, damit keine Luft ins System gelangt.
9. Tritt am Entlüftungsschlauch nur noch frische Bremsflüssigkeit ohne Luftbläschen aus, den Bremshebel nochmals durchziehen/durchdrücken und gleichzeitig den Entlüftungsnippel zudrehen (6 Nm).
10. Abschließend Bremsflüssigkeitsstand nochmals prüfen und ggf. bis zur Markierung auffüllen.

Achtung: Bei sehr alter Bremsflüssigkeit können beim Pumpen darin enthaltene Verunreinigungen die Laufflächen von Bremspumpenzylinder oder Kolben beschädigen. Sicherer ist es, die Bremsflüssigkeit mit Hilfe von speziellen Bremsenentlüftungsgeräten herauszusaugen (im Fachhandel erhältlich).

Bremszangen und Bremspumpen

Es gibt von Yamaha keine exakten Verschleißmaßangaben für Bremszangen, Bremskolben, Hand- und Fußbremspumpe oder Kupplungshandpumpe. Arbeiten an den Radbremszangen sowie Bremspumpen setzen meisterliche Fähigkeiten und reichlich Motorraderfahrung voraus.

Bremsflüssigkeit wechseln, Bremsen entlüften

Bremszangen und Bremspumpen

Bild 18: Hier ist eine einfache Methode zum Entlüften der Bremse gezeigt mit durchsichtigem Schlauch und Glas.

Bremszangen ab- und anbauen

Wenn Sie Probleme mit der Bremsanlage haben, konsultieren Sie zuerst den Yamaha-Händler. Es gibt auch spezielle Bremsenfachbetriebe, bei denen man Bremspumpen und Bremszangen überholen lassen kann. Für ganz harte, fachlich versierte Selbstschrauber gibt es Dichtungskits. Fragen Sie dazu den Yamaha-Händler. Im Zweifelsfall sind neue Bremspumpen oder Bremszangen die bessere Empfehlung als zweifelhaft überholte Teile!

Bild 19: Befestigungsschrauben der vorderen Bremszangen mit 40 Nm festziehen.

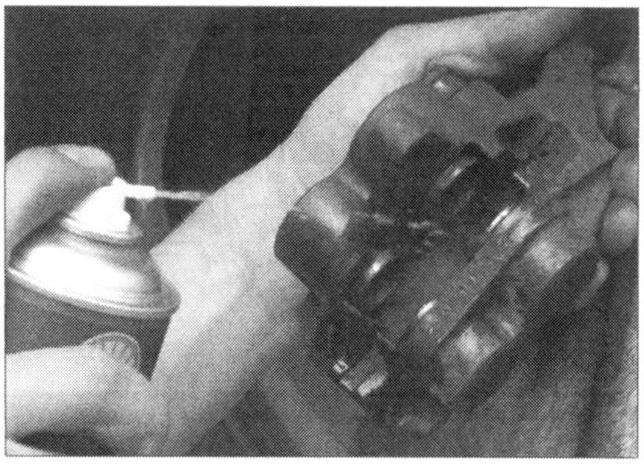

Bild 20: Säubern der Bremszange mit Bremsenreiniger.

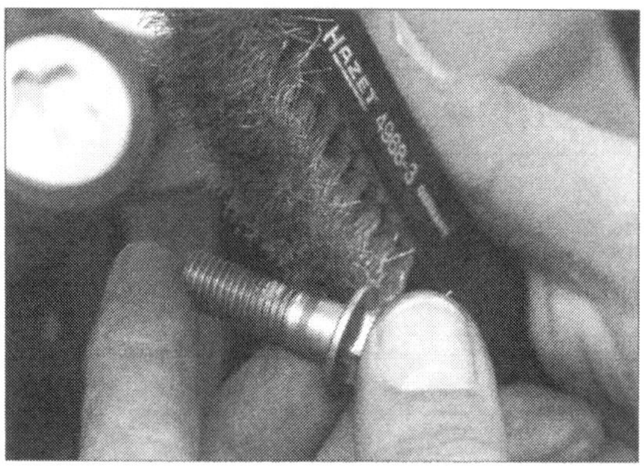

Bild 21: Vor Einschrauben der Bremszangen-Befestigungsschrauben deren Gewinde sauber putzen.

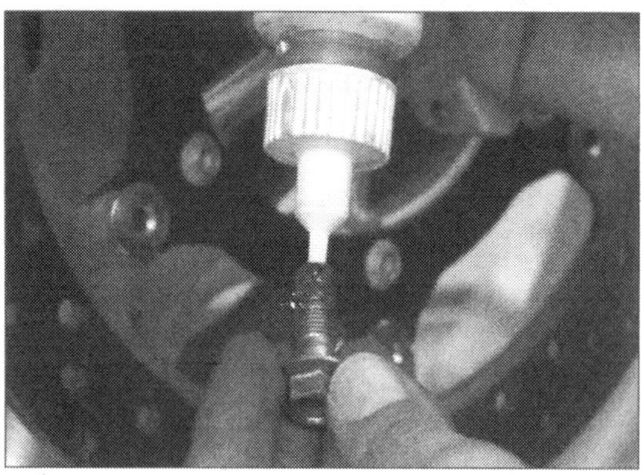

Bild 22: Sportfahrer kleben Bremszangen-Befestigungsschrauben mit Loctite »mittelfest« ein.

Yamaha empfiehlt, alle 40000 Kilometer die Bremszangen und Bremspumpen zu zerlegen, zu reinigen und mit neuen Manschetten und Dichtringen zu bestücken. Falls Dreck in die Bremsanlage gekommen ist, zum Beispiel bei einem Sturz, bei dem Teile der Bremsanlage zerstört wurden, muss die Bremse geöffnet und gereinigt werden.

Bei einem alten oder schlecht gewarteten Motorrad kann es vorkommen, dass die Bremskolben durch starke Verschmutzung oder langes Stillstehen der Maschine festsitzen, die Kolbendichtungen undicht sind, Dreck in der Bremsleitung steckt und dadurch die Bremse nicht mehr einwandfrei funktioniert. Beim Lösen aller Bremsschlauchanschlüsse und Zerlegen der Bremssättel und Bremspumpen reichlich frische Lappen bereithalten und unterlegen.

Bremszangen ab- und anbauen

Die vorderen Bremszangen müssen zum Radaus- und Einbau abgeschraubt werden, außerdem zum Zerlegen, wenn sie gereinigt und mit neuen Dichtmanschetten bestückt werden sollen.

Zum Abbau der vorderen Bremszangen unbedingt eine passende 12er-Sechskantnuss verwenden, keinen Gabelschlüssel! Zum Anbau das Gewinde der Befestigungsschrauben reinigen (Messingsbürste!), etwas einölen und mit 40 Nm festziehen.

Manche Mechaniker schwören auf das Einkleben der Bremszangen-Halteschrauben, wie das eigentlich nur an Supersport-Motorrädern üblich ist. Falls Sie dies auch tun wollen, verwenden Sie dazu Loctite »mittelfest« und geben Sie je einen Tropfen an die Gewinde der Schrauben.

Der An- und Abbau der hinteren Bremszange ist in diesem Kapitel weiter hinten im Text unter »Hinterradbremsbeläge wechseln« beschrieben.

Wenn die Hohlschraube, mit der der Bremsschlauch an der Zange befestigt ist, zwecks kompletter Abnahme der Bremszange abgeschraubt werden soll, öffnet man diese am besten schon dann, wenn die Bremszange an ihrer Halterung noch festgeschraubt ist.

Beim Anbringen der Bremsschläuche unbedingt neue Dichtringe verwenden und die Bremsschläuche so anbringen, dass sie ohne irgendwo anzustehen und ohne Knicke von ihrer Anschlussstelle wegführen.

Bremszangen zerlegen

Achtung: Niemals versuchen, die beiden großen blauen (ABS: silbernen) Verschlussstopfen in den vorderen Bremszangen auszudrehen! Das sind reine Verschlüsse von fertigungsbedingten Bohrungen, die im Werk dauerhaft dicht verschlossen wurden!

Die Anschlüsse der Bremsschläuche sind schon gelöst und abgenommen, die Bremszangen sind abgebaut und die Bremsbeläge sind schon ausgebaut (siehe weiter oben in diesem Kapitel).
1. Lappen über die Bremskolben legen, ein Stück Holz zwischen die Kolben legen, um ein Herausspringen der Kolben zu verhindern.
2. Druckluft in Bremsflüssigkeitsbohrung blasen, Kolben damit herausstoßen.

Achtung: Vorsicht beim Umgang mit Druckluft! Luftdruck vorsichtig dosieren, damit die Bremskolben nicht herausschießen! Finger aus dem Bremssattel nehmen, um Verletzungen zu vermeiden.

3. Staubdichtungen und Kolbendichtringe mit einem kleinen (stumpfen) Schraubenzieher eindrücken und heraushebeln. Die Ringe werden dabei meistens zerstört. Ausgebaute Kolben, Zylinderbohrungen und Dichtringnuten nicht beschädigen! Kolbendichtringe nicht wieder verwenden, Neuteile also rechtzeitig vor Beginn der Arbeiten besorgen! Kolben und Dichtriinge mit Montagepaste einsetzen.

Bremspumpe zerlegen
Wenn die Bremszangen zerlegt werden müssen, sollten auch die Bremspumpen zerlegt werden. Denn wenn Schmutz in die Bremsanlage gelangt ist, sitzt dieser auch in den Bremspumpen.

Bremszange und -pumpe zerlegen

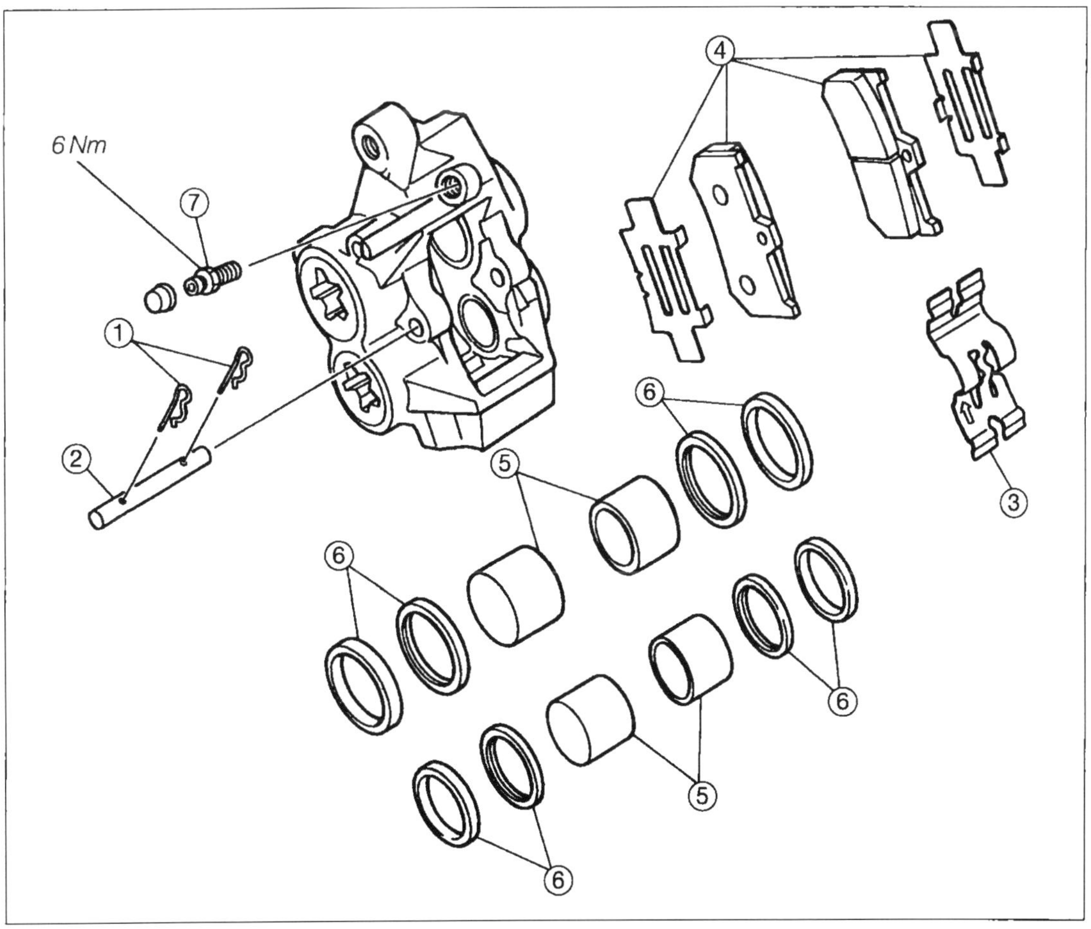

Bild 23: Vorderrad-Bremssattel: Sicherungssplint (1), Scheibenbremsbelag-Haltestift (2), Spreizfeder (3), Scheibenbremsbelag mit Anti-Quietsch-Blech (4), Bremskolben (5), Dichtringe und Manschetten (6), Entlüftungsschraube (7).

Bremsanlage prüfen und vermessen

1. Bremsflüssigkeit absaugen, Schlauchanschlüsse trennen, Bremshebel abschrauben.
■ Bei hinterer Bremspumpe Gelenkstift zwischen Druckstangen-Gabelkopf und Bremshebel ausbauen, Bremslichtkabel abziehen, Gehäusebefestigung lösen, Bremszylinder abnehmen.
2. Staubschutzbalg aus Bremszylinder vorsichtig herausziehen. Sicherungsring aus seiner Nut herausziehen, dabei den Kolben gegen die Feder drücken,
3. Kolben und Feder entnehmen.

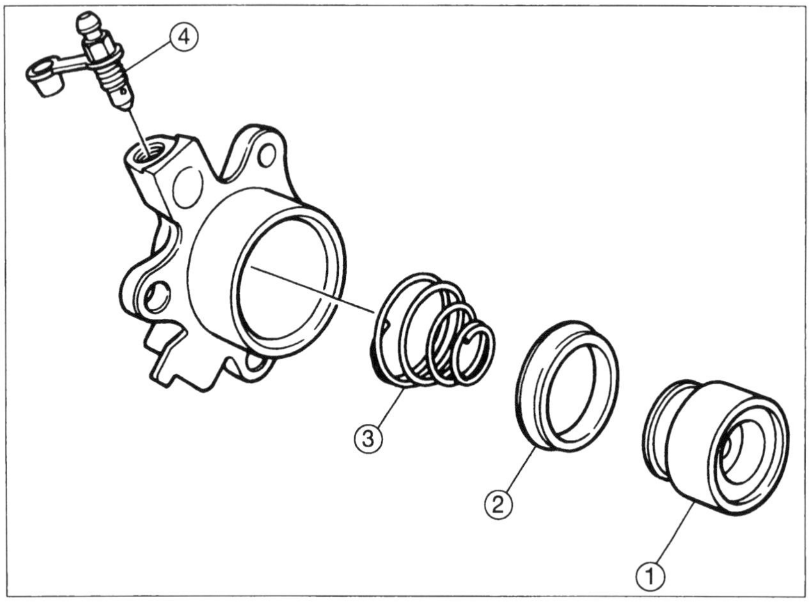

Bild 24 oben: Ähnlich einer Bremszange ist der Kupplungsnehmerzylinder aufgebaut. Druckkolben (1), Dichtring (2), Feder (3), Entlüftungsschraube (4).

Bremsanlage prüfen und vermessen

1. Bremsschläuche sorgfältig auf Risse, Knicke und Scheuerstellen überprüfen.
2. Verglaste, riefige und abgenutzte Bremsklötze reduzieren die Bremswirkung, deshalb wegwerfen und Neuteile einsetzen.
3. Bremsscheiben mit Bremsenreiniger reinigen, Dicke mit Schublehre oder Mikrometerschraube messen. Verschleißgrenzen:
■ Vorderradbremsscheibe ohne ABS 4,5 mm
■ Vorderradbremsscheibe mit ABS 4,0 mm
■ Hinterradbremsscheibe beider Modelle 5,5 mm
4. Verzug/Schlag der Bremsscheiben mit Messuhr ermitteln, maximal 0,2 mm.
5. Bremskolben und ihre zugehörigen Bohrungen dürfen keine Riefen, Kratzer, Rostnarben oder sonstige Beschädigungen aufweisen. Wenn doch, erneuern. Festsitzenden Dreck mit reichlich Bremsenreiniger und rauem Lappen abrubbeln.
■ Weder Bremskolben noch Kolbenbohrungen mit Schmirgelpapier bearbeiten!
■ Es gibt keine festen Verschleißmaße für die Bohrungen in den Bremszangen und Bremszylindern sowie deren Bremskolben. Wenn Präzisionsmessgeräte zur Verfügung stehen, kann man das Spiel zwischen Bremskolben (Außendurchmesser) und Gehäusebohrung (Innendurchmesser) messen. Anhaltswert: Das Spiel darf rund 1/10 mm betragen!
6. Dichtringe der Bremskolben und Dichtman-

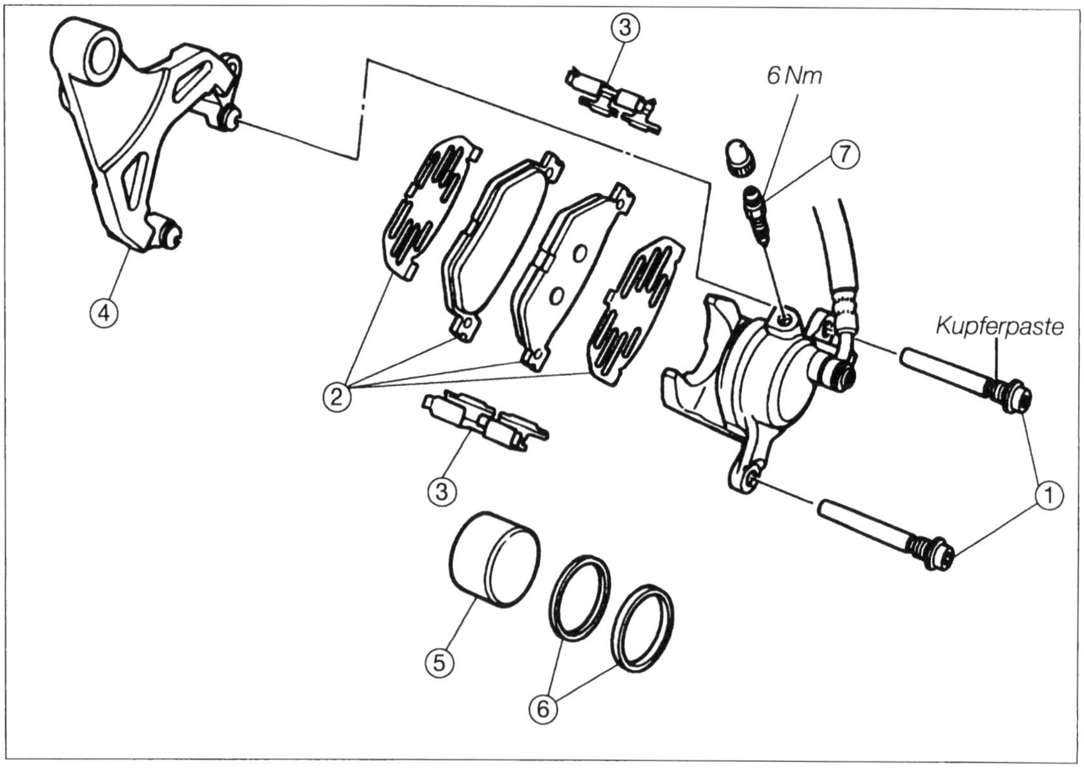

Bild 25 rechts: Schrauben (1) des Hinterrad-Bremssattels, Scheibenbremsbelag mit Beilagscheibe (2), Spreizfeder (3), Bremssattelhalterung, auch Ankerplatte genannt (4), Bremskolben (5), Dichtringe und Manschetten (6), Entlüftungsschraube (7).

schetten müssen in einwandfreiem Zustand sein, also »wie neu«. Im Zweifelsfalle erneuern.

Tipp: Falls Sie sich an einem unwirtlichen Ort dieser Welt aufhalten und dort eine Bremspumpe oder eine Bremszange zerlegen müssen, weil z. B. der Bremskolben nicht mehr gängig ist, und Sie feststellen, dass die Bremskolben riefig sind, aber keine Chance haben, an Neuteile für die Bremsanlage zu kommen, ziehen Sie die beschädigte Kolbenoberfläche mit feinstem Läppleinen unter Zugabe von reichlich Schleiföl (dünnes Motoröl geht auch) sorgfältig ab. Wenn Sie keine Ersatzteile haben und deswegen auch die Kolbendicht- und Staubringe ein weiteres Mal verbauen müssen, gehen Sie beim Zerlegen sehr sorgsam damit um. Wie gesagt: Diese Tipps gelten nur im Notfall!

Bremszange zusammenbauen

Umgekehrt zur Zerlegung. Speziell beachten:

- Einmal ausgebaut, müssen alle Dichtringe des Bremssattels durch neue ersetzt werden. Beim geringsten Zweifel am einwandfreien Zustand der Kolben müssen diese ausgetauscht werden.
- Sauberkeit der Dichtringnuten in allen Ecken kontrollieren, bevor die neuen Dichtringe eingesetzt werden!
- Dichtringe vor dem Einsetzen mit reinem Silikonfett oder spezieller Paste für Bremsmanschetten einschmieren.
- Dicht- und Staubringe sorgfältig in ihre Nuten einsetzen.
- Kolben so einbauen, dass ihre offene Seite nach außen zu den Bremsbelägen gerichtet ist.
- Vor Zusammenbau alle Teile des Hydrauliksystems mit sauberer Bremsflüssigkeit reinigen und anfeuchten.
- Bremskolben beim Einbau nicht verkanten. Ganz tief in ihre Sackbohrungen eindrücken.
- Dichtlippen der Dichtringe dürfen sich beim Einsetzen der Kolben nicht umwenden!

Bremspumpe zusammenbauen

1. Wenn in der Bremspumpe eine konische Feder eingebaut ist, muss sie mit dem großen Durchmesser nach innen weisend eingesetzt werden.

2. Kolbensatz in Pumpe eindrücken, Staubbalg einschieben, Sicherungsring einsetzen.

Bremszange und -pumpe zusammenbauen

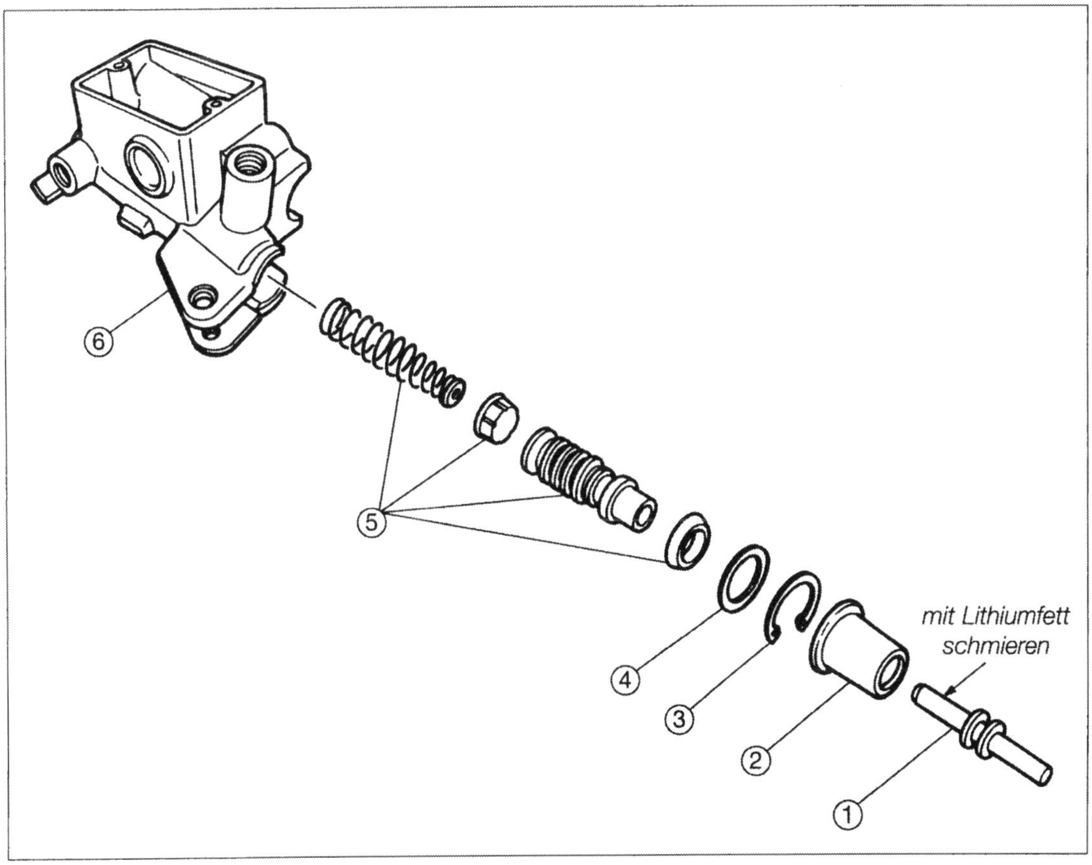

Bild 26: Kupplungs-Handpumpe zerlegt. Druckstange (1), Staubschutzmanschette (2), Sicherungsring (3), Beilagscheibe (4), Kolbensatz mit Feder (5), Kupplungsgeberzylinder (6).

Sichtprüfung Messen

Bremsscheiben kontrollieren

3. Pumpe am Lenker anbringen: Kontaktfläche (»Stoßfläche«) von Bremszylinder und Halteschale ist oben – Kennzeichnung „UP" beachten! Obere Spannschraube zuerst festziehen, dann untere (10 Nm). Bremshebel anbringen.
4. Bremsschlauchverbindungen (neue Dichtringe!) installieren. Ggf. Bremslichtschalter anbringen, Kabel für Bremslicht aufstecken.
Befüllen des Hydrauliksystems und Bremse entlüften siehe Text weiter vorne in diesem Kapitel.

Die geschilderten Arbeitsschritte für Zerlegung, Prüfung und Zusammenbau der Bremspumpen gelten auch für die Kupplungshandpumpe sowie für den Kupplungsdruckzylinder unten am Motor.

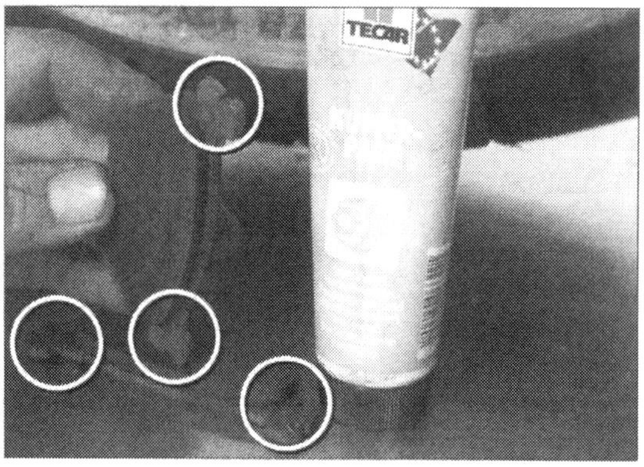

Bild 27: Etwas Kupferpaste an die Anlageflächen (Kreise) des Bremsbelagträgers an der Feder geben.

Bild 28: Dicke der Bremsscheiben messen. Die maximal zulässige Verschleißmaße sind je nach Modell verschieden. Die Bremsscheibe muss an allen Messpunkten möglichst gleich dick sein. Je geringer die Unterschiede, desto besser lässt sich die Bremse dosieren.

Bild 29: Wenn die Bremsscheiben abgebaut werden sollen, ist es zweckmäßig, die Schrauben bei noch eingebautem Rad zu öffnen. In die hinten offene Gewindebohrung etwas Bremsenreiniger geben, das löst den Schraubenkleber.

Bremsscheiben

Bremsscheiben kontrollieren

1. Der maximal zulässige Schlag der Bremsscheiben soll 0,2 mm nicht überschreiten. Sollten die Bremsscheiben »eiern«, was sich beim Bremsen am Hand- oder Fußbremshebel durch Pumpen bemerkbar macht, überprüfen Sie auch die Radlager. Möglicherweise liegt auch hier ein Defekt vor.
2. Die fliegend gelagerten Bremsscheiben müssen an allen Befestigungspunkten (also dort, wo die Hohlnieten, auch »Floater« genannt, die Verbindung zwischen Bremsscheibe und Radadapter übernehmen) gleichmäßig fest sein.
3. Verzug (Schlag) der Bremsscheiben mit Messuhr ermitteln. Er sollte möglichst nicht messbar sein. Dicke der Bremsscheiben mit Präzisions-Schublehre oder Mikrometer an mehreren Punkten messen. Die Verschleißgrenzen betragen:

- 4,5 mm bei der FJR 1300
- 4,0 mm bei den ABS-Bremsscheiben

4. Ältere Bremsscheiben haben Riefen, die man beim Drüberfahren mit dem Fingernagel spürt. Bis zu einer gewissen Tiefe ist das ganz normal. Wenn der Nagel von Riefe zu Riefe deutlich stolpert, ist die Bremsscheibe verschlissen.
5. Weisen die Bremsscheiben im Übergang zur Fläche, die nicht vom Bremsbelag berührt wird, also außen am Rand und innen zu den Befestigungsbohrungen hin, tiefe Riefen oder Absätze auf, ist es Zeit für neue Bremsscheiben.
6. Die Beurteilung, wann eine riefige Bremsscheibe ausgetauscht werden muss, erfordert Erfahrung. Deswegen muss man sich auf den Rat des Yamaha-Mechanikers verlassen.

Tipp: Riefige Bremsscheiben, die noch nicht ihre Minimaldicke erreicht haben, können nachgeschliffen werden. Solche Arbeiten erledigen Bremsen-Spezialbetriebe zum Preis von etwa 30 bis 50 Euro pro Bremsscheibe. Eine neue Originalbremsscheibe kostet etwa 150 bis 200 Euro, je nach Ausführung. Um rund die Hälfte billiger sind Nachrüstbremsscheiben von Anbietern wie etwa France Equipement oder Spiegler Bremstechnik (im Fachhandel erhältlich, nachsehen unter *www.FranceEquipement.de* oder *www.spiegler.de*). Bei diesen Marken gibt es auch passende Bremsbeläge mit ABE zu den Nachrüst-Bremsscheiben.

Bremsscheibe ab- und anbauen

Anzugsdrehmomente

Bremsscheibe ab- und anbauen

Wenn eine Bremsscheibe abgebaut werden soll, nehmen Sie bitte einen in die Inbus-Schraubenköpfe exakt passenden Schlüssel, denn die Befestigungsschrauben der Bremsscheiben sind eingeklebt und gehen entsprechend schwer heraus.

1. Radnabe in dem Bereich, wo die Bremsscheibenschrauben eingedreht sind, mit einem Föhn kurz und heftig erwärmen. Dadurch löst sich der Schraubenkleber, die Schrauben können leicht ausgedreht werden.

■ Oder: Auf der Rückseite der Radnabe sind die Gewindebohrungen offen. Hier Bremsenreiniger einsprühen und etwas ziehen lassen.

2. Die Schrauben beim Ausdrehen immer über Kreuz Schritt für Schritt öffnen, damit sich die Anlagefläche des Halterings nicht verzieht.

3. Wenn die Bremsscheiben vom Rad abgenommen sind, müssen die Anlageflächen der Bremsscheiben und die Schraubgewinde peinlichst von allen Rückständen der Schraubenkleber gesäubert werden. Einbaulage und Drehrichtung der Scheibe mit Filzstift markieren!

4. Wenn die Bremsscheiben wieder aufgesetzt (bzw. neue Bremsscheiben montiert) werden, diese auf den Bund des Rades aufsetzen, etwas hin und her drehen, Gewinde der Schrauben sparsam mit Loctite »mittelfest« bestreichen, eindrehen und kreuzweise in mindestens 5 Schritten auf das vorgeschriebene Drehmoment von 18 Nm anziehen.

5. Neue oder gebrauchte anmontierte Bremsscheiben vor dem Radeinbau peinlichst mit Bremsenreiniger säubern.

Anzugsdrehmomente der Bremsanlage

- Befestigungsschraube M10 Bremssattel vorne .... 40 Nm
- Befestigungsschraube M6 Bremsscheiben vorne und hinten .... 18 Nm
- Entlüftungsnippel M8 .... 6 Nm
- Hohlschraube M10 Bremsschlauchanschluss .... 30 Nm
- Befestigungsschraube M10 Bremssattel hinten .... 26 Nm
- Befestigungsschraube M8 Hauptbremszylinder hinten an Fußrastenhalterung rechts .... 18 Nm
- Befestigungsschraube M6 Bremsscheibe an Rad .... 18 Nm (Gewinde mit Loctite »mittelfest« bestreichen)

Wichtige Adressen zu Bremsen

■ **Bremsscheiben-Spezialschleiferei:**
Fa. Mycron Präzisionsschleiftechnik
Ivana Zana
Geirenbadstraße 12 · D-72574 Bad Urach

■ **Nachrüst-Bremsscheiben:**
France Equipement
Beinheimer Straße 25 · D-Rastatt-Wintersdorf
www.FranceEquipement.de

Nachrüst-Bremsscheiben, Zangen, Pumpen, Leitungen:
Spiegler Bremstechnik GmbH
Kunzenweg 16 · 79117 Freiburg
www.spiegler.de

■ **Brembo im Internet:** *www.brembo.com*
Auf dieser Website finden sich sehr interessante und lehrreiche Beiträge rund um das Bremsen und Bremsenbauteile.

ABS-System

Die ABS-Zentraleinheit bezieht ihre Daten von der Bordelektrik und von den beiden Radsensoren. Falls beim Betätigen der Bremse ein Rad (oder beide) an die Blockiergrenze geraten, wird der Bremsdruck geregelt. Bei einer Störung im ABS-System blinkt eine Lampe im Cockpit. Kontrollieren Sie die elektrischen Anschlüsse. Wenn das nichts hilft, bleibt nur der Weg in die Fachwerkstatt.

Bild 30: Die ABS-Regeleinheit ist im rechten Rahmendreieck untergebracht. Wenn daran ein Defekt auftreten sollte, ist dessen Behebung Aufgabe des Bremsenspezialisten in der Yamaha-Vertragswerkstatt.

Scheinwerfer-
einstellung prüfen
und korrigieren

Bild 1: Mit klassischen Rundinstrumenten und einer digitalen Multifunktionsanzeige ist das Cockpit der FJR 1300 bestückt. Die Warn- und Kontrolllampen sowie die Lampen für die Instrumentenbeleuchtung sind von der Rückseite zugänglich. Im Hohlraum unter dem Instrumentenbrett erreicht man die Frontlampen zum Lampenwechsel sowie die Einstellschrauben der Leuchtweiten-Einstellung.

Beleuchtung

In diesem Kapitel: Scheinwerfer einstellen · Lampen wechseln in Scheinwerfer, Rücklicht und Blinkern · Scheinwerfer ausbauen · Instrumentenbeleuchtung und Kontrolllampen.

Beleuchtung kontrollieren

Die Kontrolle der Beleuchtungs- und Signalanlage ist keine periodische Wartungsarbeit starr nach Wartungsplan, sondern gehört zu den sicherheitsrelevanten Tätigkeiten, die vom Fahrer regelmäßig leicht selbst erledigt werden können. Ein Check der Beleuchtung ist schnell gemacht, Aufwand und Nutzen stehen in günstiger Relation und bringen ein unverzichtbares Maß an Fahrsicherheit.

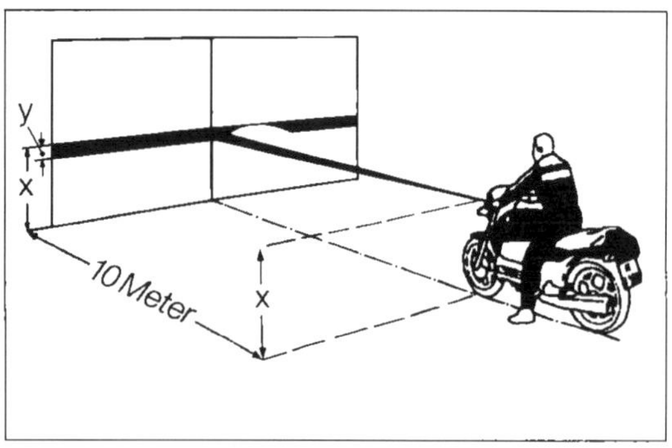

Bild 2: Schemazeichnung des Aufbaus zur Scheinwerfereinstellung. x = Mitte des Scheinwerfers, y = 10 cm.

Die YAMAHA FJR 1300 ist pro Scheinwerfer mit je einer Halogenlampe für Abblend-/Fernlicht bestückt, je einer Standlichtlampe sowie zwei Rück-/Bremslichtlampen und einer Glühlampe pro Blinker (»Fahrtrichtungsanzeiger«).

Scheinwerfereinstellung prüfen und korrigieren

Die Einstellung des Scheinwerfers bei korrektem Reifenluftdruck und der Federbeineinstellung vornehmen, mit der im normalen Straßenverkehr gefahren wird. Die Federbeineinstellung beeinflusst die Höhe des Hecks und damit die Leuchtweite. Wird ein anderes Federbein eingebaut, muss die Scheinwerfereinstellung neu justiert werden.

Besonders die Zuladung mit zwei Personen und großem Gepäck hat großen Einfluss auf die Leuchtweite, weil die Maschine hinten tiefer in die Feder sinkt als vorne. Vor einer Fahrt in den Urlaub sollte deswegen die Leuchtweite auf die Beladung eingestellt werden, damit eine Blendung des Gegenverkehrs vermieden wird.

1. Motorrad mit sitzendem Fahrer in 10 Metern Abstand vor einer Wand aufstellen. Der Boden sollte eben sein, die Maschine steht abgebockt auf den Rädern, der Fahrer hat sein Gewicht im Sitz und stützt sich mit den Füßen nur leicht auf dem Boden ab.

2. Abstand vom Boden bis zur Mitte des Scheinwerfers messen. Dieses Maß mit einem Kreidekreuz auf die Wand übertragen
3. Unter dieses Kreuz im Abstand von 10 cm ein weiteres Kreuz anzeichnen
4. Abblendlicht einschalten (Motor läuft).
5. Die Hell-/Dunkelgrenze soll in der Mitte des unteren Kreuzes beginnen, bis zur Höhe des oberen Kreuzes nach rechts ansteigen und dann wieder abfallen. Falls nicht, einstellen.

Scheinwerfer einstellen
Beide Scheinwerfer lassen sich einzeln vertikal und horizontal einstellen. An jedem Scheinwerfer sitzt eine Schraube für die Höheneinstellung (vertikale Leuchtweite) schräg unterhalb des Lampengehäuses in Richtung Fahrzeugaußenseite (Bild 5). Ab Modelljahr 2003 ist zur vertikalen Scheinwerfereinstellung an jedem Scheinwerfer ein Handrad eingebaut. Die Schrauben zur horizontalen Ausrichtung des Leuchtkegels sind oben am inneren Lampengehäuse zur Fahrzeugmitte hin angebracht.

Bei den Modellen 2001/02 schiebt man zur vertikalen Ausrichtung des rechten Scheinwerfers einen langen Kreuzschlitz-Schraubenzieher von der linken Seite her oberhalb der unteren Gabelbrücke nach rechts an die Einstellschraube. Die Schraube des linken Scheinwerfers ist von links ebenfalls mit Schraubenzieher oder 10er-Nuss zu erreichen.

- Schraube rechts herum drehen: Scheinwerfer wird niedriger eingestellt, Lichtkegel wird niedriger, Licht leuchtet weniger weit.
- Schraube links herum drehen: Scheinwerfer wird höher eingestellt, Lichtkegel wird höher, Licht leuchtet weiter.

Die Schrauben oben am linken und rechten Lampengehäuse für die horizontale Einstellung (Bild 5) sind am besten mit einer 10er-Nuss mit Verlängerung zu erreichen, die Innenverkleidung kann angebaut bleiben.

- Drehung der Schraube nach links verstellt den Lichtkegel nach rechts.
- Drehung der Schraube nach rechts verstellt den Lichtkegel nach links.

Lampen wechseln

Wenn Lampen ersetzt werden – und generell auch bei anderen Arbeiten an der Lichtanlage – müssen grundsätzlich Motor und Zündung ausgeschaltet sein! Wenn der ganze Scheinwerfer komplett ausgebaut wird (dazu ist das Verklei-

Scheinwerfer einstellen

Lampen wechseln

Bild 3: Zum Wechseln der Scheinwerferlampe zuerst den Stecker abziehen. Die Standlichtlampe steckt in der Fassung am äußeren Rand des Scheinwerfergehäuses (Kreis).

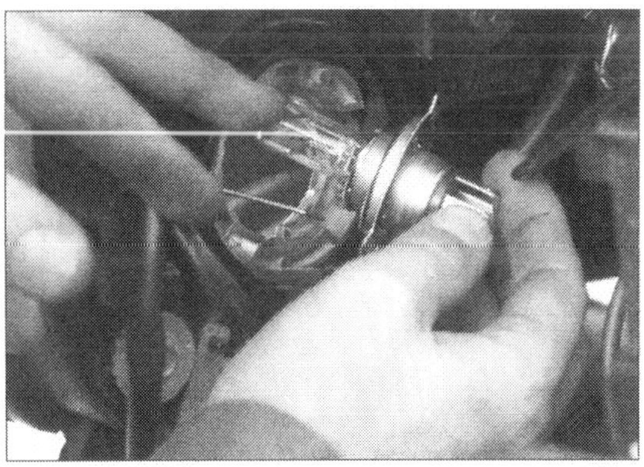
Bild 4: Glaskolben der Glühlampe nicht mit bloßen Fingern berühren!

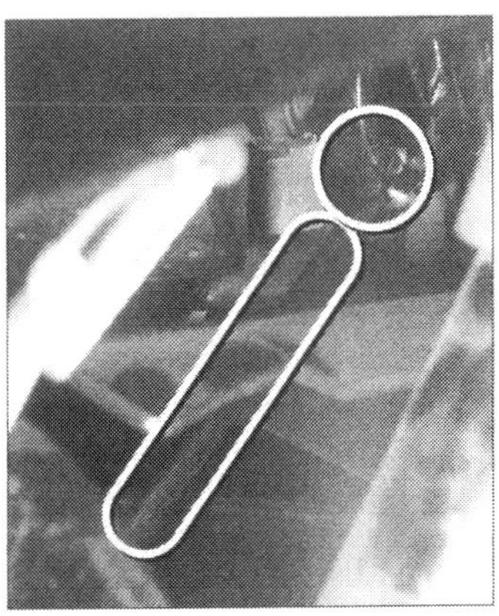
Bild 5 ganz links unten: Die rechte Schraube für die vertikale Einstellung des rechten Scheinwerfers (Kreis) erreicht man mit einem langen Kreuzschlitz-Schraubenzieher (Oval), der von links unter der Verkleidung eingeführt wird.

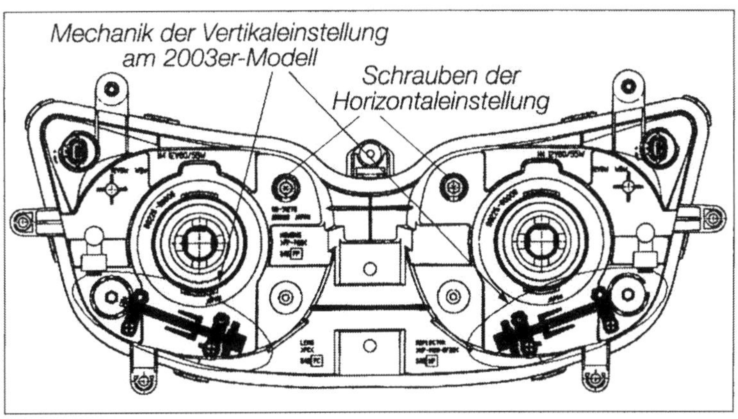

Bild 6 links: Lage der Scheinwerfer-Einstellschrauben hinten am Scheinwerfergehäuse (Pfeile). Ab Modelljahr 2003 lässt sich die Leuchtweite per Handrad regulieren.

Standlichtlampen wechseln

Scheinwerfer ausbauen

Blinklampen vorne wechseln

dungsoberteil komplett zu demoniteren), zusätzlich das Massekabel der Batterie abklemmen und mit Klebeband isolieren.

Die meisten Lampen (umgangssprachlich »Birnen« genannt) sitzen in so genannten Bajonett-

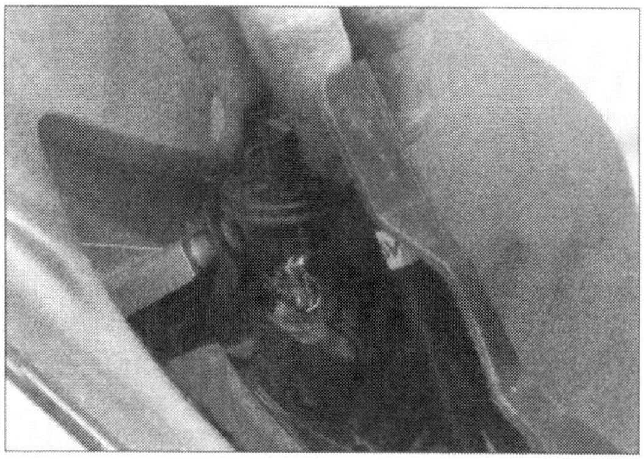

Bild 7: Zum Wechseln der vorderen Blinkerlampe muss die Innenverkleidung abgenommen werden.

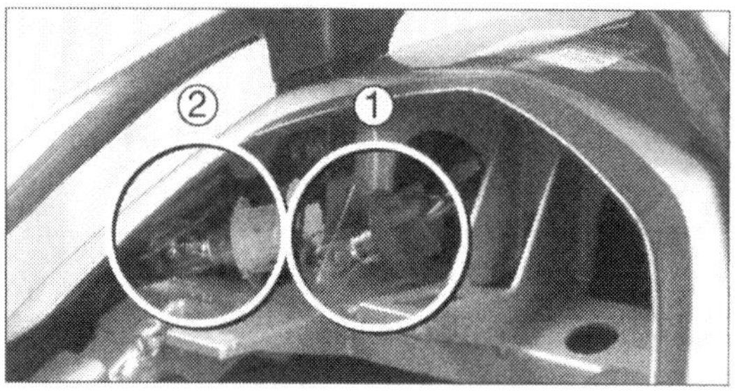

Bild 8: In der Heckverkleidung hinter dem Beifahrersitz verstecken sich die Rück-Bremslichtlampen (1) und Blinklampen (2).

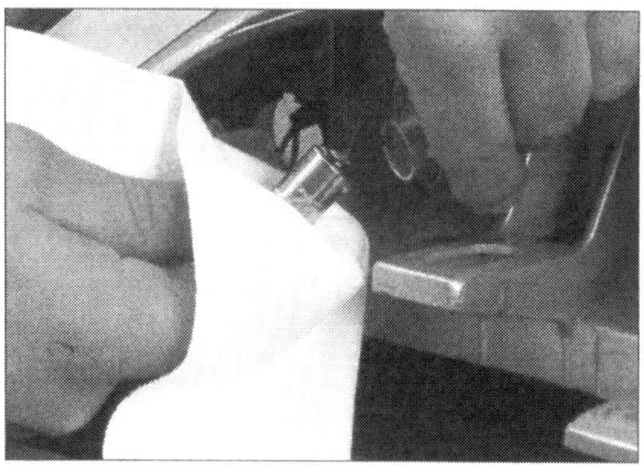

Bild 9: Beim Einsetzen einer neuen Glühlampe diese mit einem sauberen Tuch anfassen, in die Bajonettfassung eindrücken und einrasten lassen.

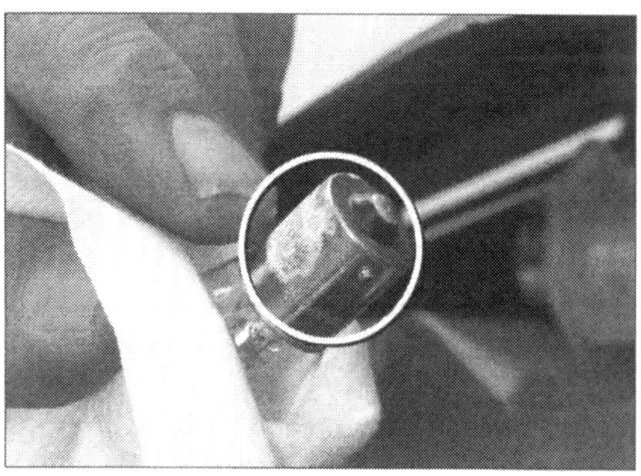

Bild 10: Wenn Lampen nicht brennen, kann es auch daran liegen, dass Fassung und Kontakt (Kreis) korrodiert sind. Korrosionsschicht mit feinstem Schleifpapier entfernen und mit Kontaktspray nachbehandeln.

fassungen. Zum Ausbau werden die Lampen leicht in die Fassung eingedrückt, bis die Haltenippel entriegelt sind, dann unter leichtem Druck nach links bis zum Anschlag gedreht und aus der Fassung herausgezogen.

Einsetzen der neuen Lampe in umgekehrter Reihenfolge. Hierbei beachten:
- Glaskörper einer neuen Lampe nicht mit bloßen Fingern anfassen! Sonst setzen sich Hautfette ab und brennen sich ins Glas ein, was Leuchtkraft und Lebensdauer mindert.
- Lampe immer nur mit einen sauberem Lappen in die Hand nehmen. Eventuellen Schmutz oder Fingerabdrücke mit Spiritus abwischen!

Scheinwerferlampe aus- und einbauen

1. Innenverkleidung abbauen (siehe Kapitel »Einstellungen und Pflege«).
2. Zuerst den Stecker und dann die Gummischutzkappe abziehen.
3. Sicherungsbügel durch gleichzeitiges Nieder- und Zusammendrücken aus der Arretierung ausklinken, defekte Lampe entnehmen.
- Einbau einer neuen Lampe 12 Volt, 55/60 Watt in umgekehrter Reihenfolge: Zapfen am Lampensockel müssen in die zugehörigen Nuten eingesetzt werden, auf sicheres Einrasten des Sicherungsbügels achten.

Standlichtlampen

Am äußersten oberen Ende jedes Scheinwerfers sitzt eine Standlichtlampe 12 Volt/5 Watt. Damit man vernünftig drankommt, die jeweilige Innenverkleidung entfernen.
1. Zum Wechseln die Fassung samt Stecker im Gegenuhrzeigersinn herausdrehen.
2. Defekte Lampe aus der Bajonettfassung herausziehen und durch eine neue ersetzen.
3. Fassung samt Stecker einsetzen und im Uhrzeigersinn festklicken.

Scheinwerfer ausbauen

Ist ein Austausch der gesamten Scheinwerfereinheit notwendig, weil etwa das Scheinwerferglas oder der Reflektor beschädigt ist, muss dazu die komplette Cockpitverkleidung abgenommen werden (siehe Kapitel »Einstellungen und Pflege«).

Blinklampen vorne

Während bei den ersten beiden Modelljahren abstehende Blinker verbaut wurden, deren Gläser auf der einen Seite mit einem Zapfen eingehakt und auf der anderen Seite mit einer

Schraube von außen befestigt sind, sind die Blinker seit dem Modeljahr 2003 in die Verkleidung integriert. Zum Austauschen einer defekten Blinkerlampe 12 Volt/21 Watt muss die untere Seitenverkleidung abgenommen werden.

1. Die drei Innenverkleidungs-Befestigungsschrauben sowie den Kunststoff-Schnellverschluss ausdrehen.
2. Innenverkleidung abnehmen.
3. Lampensockel etwas gegen den Uhrzeigersinn drehen und herausziehen.
4. Blinklampe wechseln.
5. Soll das Blinkerglas gewechselt werden, die Befestigungsschrauben ausdrehen und die ganze Einheit nach innen herausziehen.

Montage in umgekehrter Reihenfolge. Darauf achten, dass das Blinkerkabel nicht eingeklemmt und sauber hinter der Verkleidung geführt wird.

Rücklicht- und Blinklampen

Im Heckbürzel sind die beiden Blinklampen (12 Volt, 21 Watt) sowie zwei Brems- und Rücklichtlampen (12 Volt, 21/5 Watt) untergebracht. Um an die Steckfassung im jeweiligen Schacht zu gelangen, braucht man gelenkige Finger. Die Lampensockel sitzen ziemlich fest in ihrer Fassung. Deswegen nicht grob herumwerken, sonst kann es passieren, dass man die Kabel beschädigt.

1. Beifahrersitz abnehmen.
2. Fassung der defekten Lampe im Gegenuhrzeigersinn herausdrehen.
3. Lampe etwas in die Fassung eindrücken und im Gegenuhrzeigersinn herausdrehen. Einsetzen und Zusammenbau in umgekehrter Reihenfolge.

Instrumentenbeleuchtung

Die kleinen Lämpchen, die für die Instrumentenbeleuchtung und als Warnleuchten eingesetzt werden, gehen selten kaputt. Sollte doch einmal eines ausfallen, muss das Cockpit abgebaut (siehe Kapitel »Einstellungen und Pflege«) und die Armaturentafel geöffnet werden. Diese ist von unten mit 10 Blechschrauben verschraubt. Dort sind auch die Blinkerkontrollleuchten zugänglich.

Kontrolllampen in der Armaturentafel

Lampe 14 Volt/1,12 Watt für: Instrumentenbeleuchtung (4 Stück), Kontrollleuchten von Fernlicht und Leerlauf, Warnleuchten von Ölstand, Motorstörung und ABS (je 1 Stück)
Lampe 14 Volt/1,4 Watt für: Blinkerkontrollleuchten (2 Stück)

> **Tipp:** Wenn Sie an einer roten Ampel zufällig vor einem Schaufenster stehen und Ihr Spiegelbild darin betrachten, betätigen Sie abwechselnd die Hand- und Fußbremse und checken das Bremslicht.

Rücklicht- und Blinklampen

Instrumentenbeleuchtung

Lampen in der Armaturtafel

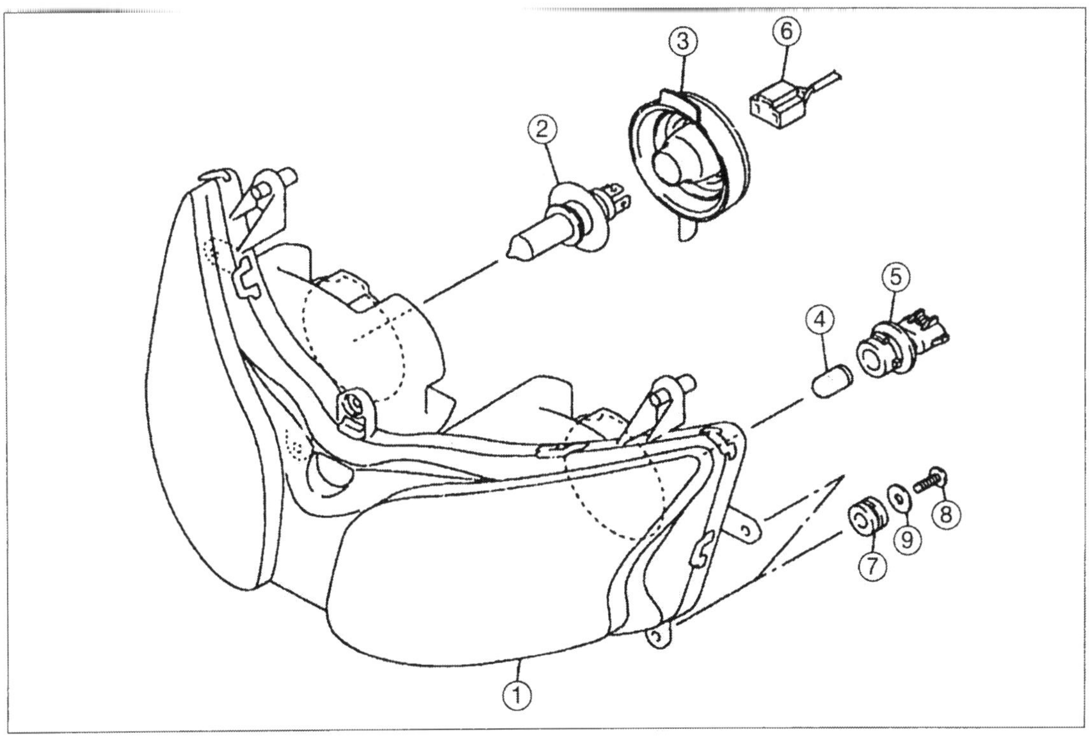

Bild 11: Scheinwerfer komplett (1), Glühlampe 12 Volt, 55/60 Watt (2), Gummikappe (3), Standlichtlampe 12 Volt, 5 Watt (4) mit Fassung (5), Scheinwerferkabel (6), vibrationshemmende Gummibuchse (7), selbstschneidende Schraube (8), Unterlegscheibe (9).

Batterie ausbauen

Batterie und Lichtmaschine

In diesem Kapitel: Batterie aus- und einbauen, prüfen, laden · Ladesystem prüfen: Kriechstrom, Ladespannung, Regler/Gleichrichter, Statorspule des Generators · Sicherungen wechseln.

Batterie

Die Batterie muss immer in bestem Zustand sein, damit sie auch bei kalter Witterung ausreichend Energie für den Startvorgang (Elektrostarter, Einspritzung und Zündung, elektrische Anlage) liefern kann. Die YAMAHA FJR 1300 ist mit einer wartungsfreien, versiegelten Batterie vom Typ GS GT14B-4 ausgestattet. »Versiegelung« bedeutet, dass man nicht versuchen sollte, die Batterie zu öffnen, denn der Batteriesäurestand kann und braucht nicht überprüft zu werden. Auch das Nachfüllen von destilliertem Wasser entfällt.

Bild 1: Die Batterie sitzt unter der rechten Innenverkleidung. Zum Ausbau die Schraube der Halterungslasche mit einem Inbusschlüssel lösen.

Bild 2: Die wartungsfreie Batterie der FJR ist sehr kompakt und benötigt weniger Platz als ein herkömmlicher Bleiakku.

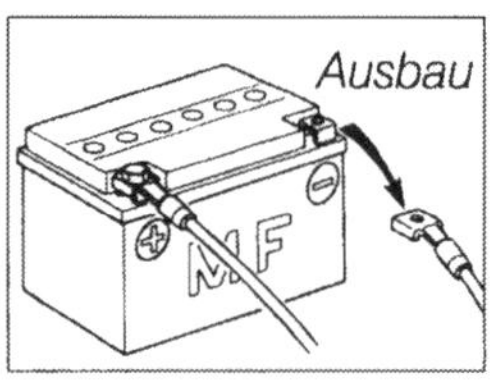

Bild 3: Zum Ausbau der Batterie den Minuspol als erstes abnehmen.

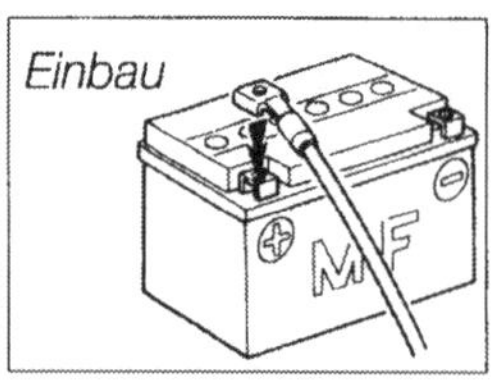

Bild 4: Beim Einbau der Batterie den Pluspol als erstes anklemmen.

Falls eine neue Batterie notwendig wird, kaufen Sie wieder eine wartungsfreie MF-Batterie, am besten eine originale. Eine solche wartungsfreie Batterie hat keinen Entlüftungsschlauch.

⚠ **Achtung:** Sollten Sie, aus welchem Grund auch immer, gezwungen sein, eine nicht wartungsfreie Bleibatterie einzubauen, wird ein Entlüftungsschlauch zwingend benötigt. Dieser muss knickfrei und im unteren Teil der Maschine so nach außerhalb der Verkleidung verlegt werden, dass die säurehaltigen Dämpfe der Batterie keinen Kontakt zu irgendwelchen Teilen der Maschine bekommen können, sonst entstehen irreparable Schäden.

In einer wartungsfreien Batterie entsteht kein Flüssigkeitsverlust, weil bei normaler Ladung nur Sauerstoff entsteht (im Gegensatz zu herkömmlichen Batterien, die auch Wasserstoff freisetzen). Dieser reagiert an der Minusplatte mit dem dort gebundenen Wasserstoff und verwandelt sich wieder in Wasser. So bleibt der Flüssigkeitsstand der Batterie immer konstant. Bei Überladung kann jedoch auch Wasserstoff entstehen.

Vorteil dieses Prinzips ist die bessere Ausnutzung des Raumes, denn es wird kein Sicherheitspolster an Ausdehnungsvolumen gebraucht. Eine solche Batterie baut kleiner, braucht weniger Raum und ist leichter. Zur Sicherheit ist ein Ventil eingebaut, das bei Überdruck öffnet und bei Erreichen des Normaldrucks wieder schließt. Zusätzlich befindet sich unter dem Deckel auf dem Sicherheitsventil ein Keramikfilter, der als Schutz gegen Entzündung oder Explosion dient.

Weiterer Vorteil des geschlossenen Batteriesystems ist die sofortige Verwendbarkeit einer neuen Batterie, die nach der Erstbefüllung nicht erst geladen werden muss.

Die Batterie der YAMAHA FJR 1300 muss geladen werden, wenn ihre Spannung unter 12,3 Volt liegt. Dies kann an der Batterie mit dem Spannungsmesser geprüft werden. Es ist aber auch schon am »müden« Elektrostarter zu spüren, wenn dieser den Motor nicht mehr richtig durchdreht.

Batterie ausbauen

1. Rechte Innenverkleidung entfernen: Inbusschrauben ausdrehen, Verkleidung abnehmen.
2. Zuerst Minuspol der Batterie abschrauben, dann den Pluspol, Batterie herausnehmen.

Batterie prüfen, laden und einbauen

Ladesystem überprüfen

Batterie prüfen

Die Spannung der Batterie kann mit einem Digitalmultimeter gemessen werden.

Ausreichend geladene Batterie:
- mehr als 12,8 Volt

Nicht ausreichend geladene Batterie:
- weniger als 12,8 Volt

Batterie laden

1. Batterie an Ladegerät anschließen: Zuerst Pluspol anklemmen, dann Minuspol.
2. Mit kleiner Ladespannung laden.
- Beim Laden der Batterie dürfen die auf der Batterie angegebenen Ladeströme und die Ladezeit nicht überschritten werden. Durch zu hohen Ladestrom und zu lange Ladezeit kann die Batterie beschädigt werden. Normalladung mit 0,9 Ampere, Ladezeit 5 bis 10 Stunden.
- Wenn an Ihrem Batterieladegerät die kleinste einzustellende Ladespannung 1 Ampere beträgt, können Sie die Batterie auch damit aufladen.

Achtung: Die wartungsfreie Batterie der FJR 1300 verträgt keine Schnellladung!

Tipp: Kaufen Sie sich ein Batterieladegerät speziell für Motorradbatterien, bei dem sich kleine Ladespannungen einstellen lassen. Noch besser ist ein so genanntes Batterie-Frischhaltegerät, an das der Akku über Winter dauerhaft angehangt bleibt und fortwährend im Wechsel geladen und wieder entladen wird. So bleibt die ausgebaute Batterie fit, und im Frühjahr kommt die Maschine sofort beim ersten Startversuch.

Achtung: Beim Laden der Batterie können aus der Batterie explosive Gase entweichen. Offenes Feuer, Funkenflug und Zigaretten in weitem Umkreis von der am Ladegerät hängenden Batterie fern halten. Für ausreichende Belüftung des Raumes sorgen, in dem die Batterie geladen wird!

Batterie einbauen

1. Nach dem Laden das Ladedatum auf der Batterie vermerken, Batterie in Batteriekasten einsetzen.
2. Zuerst Pluskabel an Batterie anschließen, dann Minuskabel, Kontakte mit Säureschutzfett fetten und Schutzkappen aufstecken. Innenverkleidung anbringen.

Ladesystem überprüfen

Wenn die Batterie nicht mehr richtig geladen wird, kann eine Störung im Ladesystem vorliegen. Zur Überprüfung des Systems ist es notwendig, die Frontverkleidung, den Kraftstofftank

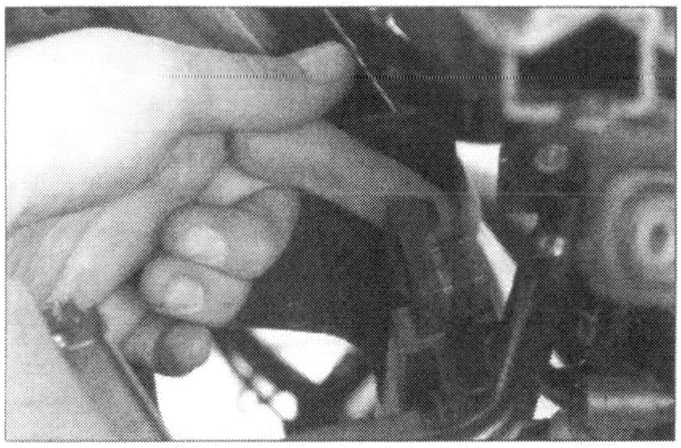

Bild 5: Die 50 Ampere-Hauptsicherung sitzt vorne an der Batteriehalterung.

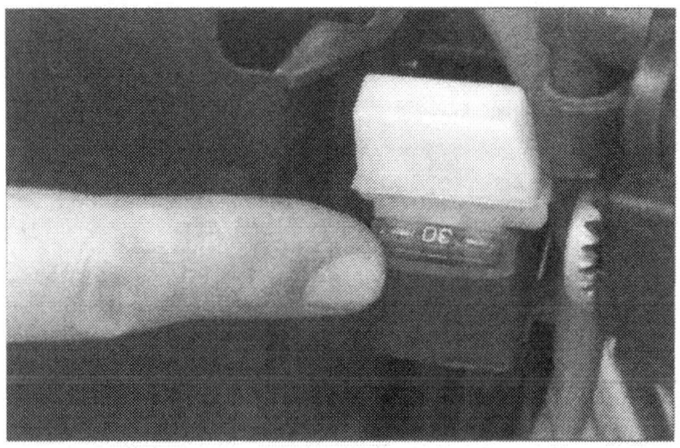

Bild 6: Die 30 Ampere-Sicherung an der vorderen Batteriehalterung sichert die ABS-Regeleinheit ab.

Bild 7: Auf dem Anlasserrelais steckt die 15 Ampere-Sicherung der Einspritzanlage, gegenüber eine Ersatzsicherung.

Bild 8: Der Sicherungskasten ist unter der linken Innenverkleidung montiert.

Kriechstrom der Batterie kontrollieren

Ladespannung prüfen

Regler/Gleichrichter überprüfen

sowie das Luftfiltergehäuse abzubauen. Bei den nachfolgend beschriebenen Überprüfungsschritten gehen wir davon aus, dass die Batterie in Ordnung ist. Zum Messen der verschiedenen Spannungs- und Widerstandswerte wird ein Digitalmultimeter benötigt.

Kriechstrom der Batterie kontrollieren

1. Bei ausgeschalteter Zündung das Massekabel vom Minuspol der Batterie abnehmen.

2. Messgerät auf Strommessung einstellen und an das abgenommene Massekabel und den Minuspol der Batterie anschließen.

3. Erst großen Messbereich einstellen, dann auf ein geeignetes Niveau herunterregeln.

4. Bei ausgeschalteter (!) Zündung auf Kriechstrom prüfen. Maximal zulässig 1,2 mA.

■ Wenn der Kriechstrom diesen Maximalwert überschreitet, ist womöglich ein Kurzschluss in Kabelbaum oder Zündschloss die Ursache.

■ Kurzschluss lokalisieren, indem man nacheinander alle Anschlüsse auf störungsfreien Stromdurchgang kontrolliert (Sache des Elektrofachmannes oder Elektronikspezialisten).

Ladespannung prüfen

Die Batterie muss zu diesem Prüfvorgang in gutem Zustand sein und mehr als 12,8 Volt liefern. Plus- und Minuskabel bleiben an die Batterie angeschlossen.

1. Motor starten und auf Betriebstemperatur bringen (ca. 70 bis 75 °C Öltemperatur).

2. Motor ausschalten, Multimeter auf Gleichspannungsmessung schalten und anschließen: Plusklemme auf Pluspol der Batterie, Minusklemme auf Minuspol.

3. Batteriespannung ablesen.

4. Motor starten, Fernlicht und Bremslicht einschalten (Bremse betätigen).

5. Motor auf 5000/min hochdrehen und die auf dem Multimeter angezeigte Spannung ablesen. Sie muss mindestens 14 Volt betragen, also größer sein als die Batteriespannung

6. Ergebnis werten:

■ Ist die Spannung größer als die Batteriespannung, ist die Ladespannung in Ordnung und damit auch die Lichtmaschine sowie der Regler/Gleichrichter.

■ Ist die Spannung kleiner als die Batteriespannung, können sowohl Lichtmaschine als auch Regler defekt sein.

■ Es kann auch ein Defekt in den Kabeln oder Steckerverbindungen vorliegen. Diese zuerst auf Bruch oder mangelhafte Kontakte (Korrosion) überprüfen!

Regler/Gleichrichter überprüfen

Der Regler/Gleichrichter (Lichtmaschinenregler) sitzt links unter der Seitenverkleidung. Das kleine Metallkästchen ist mit Kühlrippen versehen und etwa doppelt so groß wie eine Zigarettenschachtel.

1. Die linke Seitenverkleidung entfernen.

2. Folgende Stecker trennen:

■ den 3-poligen Stecker am Kabel, das von der Lichtmaschine aus dem Motor herausführt (unter der Seitenverkleidung über der linken Motor-Schwingenlagerung zu sehen).

■ den 4-poligen Stecker links hinten unter der Heckverkleidung, der mit dem von der Lichtmaschine herführenden Kabel verbunden ist.

3. Als erstes die Kontakte der Steckverbindungen auf lose Anschlüsse und Korrosion prüfen. Falls Fehler festgestellt werden:

■ Lockere Kontakte beseitigen, Kabel richtig befestigen (z. B. anlöten).

■ Korrosion beseitigen, indem die korrodierten Steckkontakte mit feinem Schmirgelpapier (Körnung 300) abgezogen werden).

4. Folgende Stellen durchmessen:

■ Batterieladekabel rot-weiß (+) und Masse (–): Batteriespannung sollte anliegen.

■ Ladespulenkabel Gelb und Gelb: 0,1 bis 1,0 Ohm (bei 20 °C).

■ Massekabel grün und Masse: Stromdurchgang sollte vorhanden sein.

5. Ergebnis werten: Sind alle Komponenten des Ladesystems in Ordnung und die Steckkontakte des Reglers und Gleichrichters nicht locker oder

Bild 9: Der Lichtmaschinenstator sitzt im Lichtmaschinendeckel und ist dort mit drei Schrauben befestigt (Kreise).

korrodiert, den Lichtmaschinenregler austauschen.

Statorspule des Generators kontrollieren

Zum Testen der Statorspule wird der Widerstand der Wicklungen gemessen. Dieser muss bei 20 °C zwischen 0,15 und 0,23 Ohm betragen. Zur Überprüfung kann der Stator eingebaut bleiben.

1. Lichtmaschinendeckel abnehmen (linke Motorseite).
2. Dreipolige Stator-Steckverbindung trennen.
3. Der Widerstand der Statorwicklungen wird zwischen den weißen Steckkontakten 1 und 2 bzw. 1 und 3 (Bild 10) gemessen.
Sollwert: 0,15 bis 0,23 Ohm bei 20 °C
4. Wenn die Messwerte außerhalb der Toleranz liegen oder wenn bei einem Kabel Stromdurchgang zur Fahrwerksmasse besteht, den Stator auswechseln.

Alternativ kann zur Überprüfung des Stators auch die von der Lichtmaschine abgegebene Spannung gemessen werden. Diese Methode wird von vielen Mechanikern bevorzugt, da sie genaueren Aufschluss über den tatsächlichen Zustand der Lichtmaschine gibt. Der Stator wird dazu nicht ausgebaut, sondern bleibt an seinem Platz.
1. Dreipolige Stator-Steckverbindung trennen.
2. Motor starten.
3. Spannung zwischen den weißen Kontakten 1, 2 und 3 der Stator-Steckverbindung und Masse messen (Bild 11). Am Messinstrument Wechselspannungsbereich einstellen!
4. Kurz Gas geben (maximal 3000 bis 4000/min).
5. Gemessener Wert muss an jedem der drei Kontakte mindestens 20 Volt Wechselspannung betragen.
6. Wird dieser Wert an einem oder mehreren Kontakten nicht erreicht, Stator auswechseln.

Statorspule aus- und einbauen

Der Stator sitzt innen im Lichtmaschinendeckel und ist dort mit drei Kreuzschlitzschrauben befestigt (Bild 9).
1. Zum Ausbau linke Seitenverkleidung abnehmen und Stecker des Kabels trennen.
2. Schrauben des Lichtmaschinendeckels ausschrauben und Deckel abnehmen. Merken, welche Schraube wo eingeschraubt war, denn sie sind unterschiedlich lang!
3. Halteschrauben des Stators ausdrehen, Stator herausnehmen, Statorsitz im Deckel gut reinigen, neuen Stator einsetzen und die Schrauben mit 10 Nm festziehen.
4. Gummidichtung des Statorkabelhalters mit Dichtmittel bestreichen und in die Nut einsetzen.
5. Passstifte in die Bohrungen einsetzen, neue Gehäusedeckeldichtung auflegen, Deckel sauber aufsetzen, Schrauben einstecken (auf Länge achten!) und ringsum über Kreuz zuerst handfest, dann mit 6 Nm anziehen. Alle Schrauben vor dem Eindrehen mit Loctite »mittelfest« bestreichen.

Sicherungen wechseln

Vor einem Sicherungswechsel die Zündung ausschalten. Defekte Sicherungen nicht reparieren (Brandgefahr!). Aus dem Sicherungskasten entnommene Reservesicherungen umgehend ersetzen. Nur Sicherungen mit der vorgeschriebenen Amperezahl verwenden!

Die Hauptsicherung (50 Ampere) sowie die Sicherung für die Einspritzanlage (15 Ampere) befindet sich unter der rechten Innenverkleidung (Bilder 5 und 7). Die übrigen Sicherungen sind in einem Kasten unter der linken Innenverkleidung untergebracht (Bild 8).

Im obersten Fach des Sicherungskastens sitzen (von links nach rechts) die Sicherungen für:
Scheinwerfer ....25 Ampere
Signalanlage ....15 Ampere
Zündung ....10 Ampere
Windschutzscheibenmotor ....2 Ampere
Kühlerlüfter ....15 Ampere
Tageskilometerzähler, Uhr, Wegfahrsperre
(Zusatzsicherung) ....10 Ampere
Im mittleren Fach steckt links die Sicherung für
die Warnblinkanlage ....7,5 Ampere
Im untersten Fach steckt links die ABS-
Sicherung (nur FJR 1300 A)...........7,5 Ampere
Unten in der Mitte: Standlicht..............10 Ampere
Die übrigen Sicherungen sind Ersatzsicherungen.

Statorspule des Generators kontrollieren

Statorspule aus- und einbauen

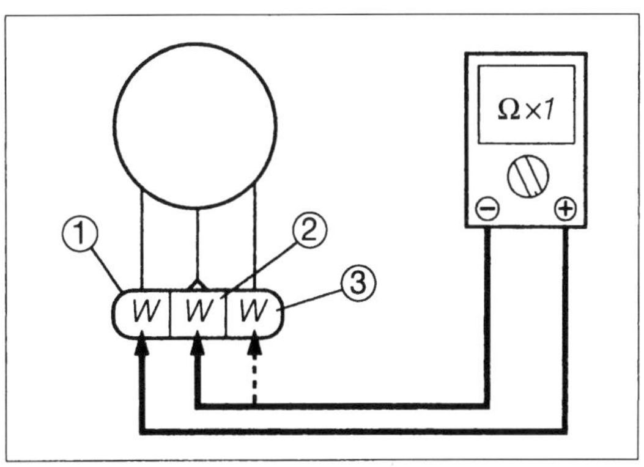

Bild 10: Nach Herstellervorschrift wird der Widerstand des Lichtmaschinenstators geprüft, um Defekten im Ladesystem auf die Spur zu kommen.

Einspritz- und Eigendiagnosesystem

Kraftstoffsystem und Einspritzung

In diesem Kapitel: Einspritzsystem · Eigendiagnosesystem · Störungsdaten aus dem Speicher auslesen, Fehlercodes, Diagnosecodes · Prüftabelle Systemkomponenten · Tank ab- und anbauen · Drosselklappengehäuse ab-, anbauen und synchronisieren · Druckregler aus- und einbauen · Einspritzdüsen aus- und einbauen · Kraftstoffdruck prüfen · Kraftstoffpumpe ausbauen, prüfen, einbauen · Einspritzventile überprüfen · Messen der Einzelkomponenten: Kraftstoffpumpe, Kurbelwellen-, Nockenwellenpositions- und Geschwindigkeits-Sensor, Kühlflüssigkeitstemperatur-Sensor, Lufteinlasstemperatur-, Ansaugdruck- und Luftdruck-Sensor.

Kraftstoffsystem

Einspritzsystem

Die YAMAHA FJR 1300 verfügt über eine elektronische Kraftstoff-Einspritzanlage, die aus einer Vielzahl von Daten die optimale Spritmenge pro Zylinder sowie den richtigen Zündzeitpunkt errechnet. Die notwendigen Daten, wie zum Beispiel Gasgriffstellung, Temperatur des Motorkühlmittels, Ansaugluftdruck, Kraftstoffdruck, Kurbelwellenstellung sowie die gefahrene Geschwindigkeit, bezieht das Motorsteuergerät von entsprechenden Sensoren. Der Kraftstoff gelangt über die Einspritzdüsen in die Zylinder. Das Steuersignal dazu kommt vom zentralen Steuergerät. Die elektronische Kraftstoffeinspritzung arbeitet sequenziell und für jeden Zylinder unabhängig, damit für jeden Arbeitstakt die optimale Kraftstoffmenge zum richtigen Zeitpunkt eingespritzt werden kann.

Das Steuergerät befindet sich unter der Sitzbank. Zu dessen Hauptfunktionen zählt die Eigendiagnose und Prüfung der einwandfreien Funktionsfähigkeit von Einspritzung und Zündung.

Eigendiagnosesystem

Kraftstoffeinspritz- und Zündanlage sind mit einem Ausfallsicherheitssystem ausgestattet, das gewährleistet, dass der Motor betriebsfähig bleibt, auch wenn eine Störung im System vorliegt. Wenn die Eigendiagnosefunktion feststellt, dass etwas nicht in Ordnung ist, läuft der Motor weiter. Statt der realen Werte der verschiedenen

Bild 1: Kraftstoff-Einspritzanlage.

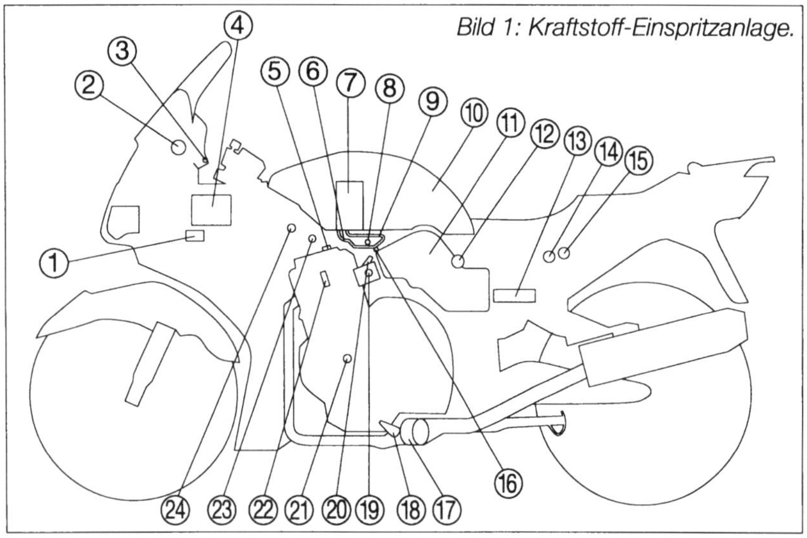

1 Zündspule
2 Relais der Kraftstoff-Einspritzanlage
3 Motorstörungs-Warnleuchte
4 Batterie
5 Nockenwellen-positions-Sensor
6 Kraftstoffrückfluss-Schlauch
7 Kraftstoffpumpe
8 Ansaugdruck-Sensor
9 Kraftstoffzufuhr-schlauch
10 Kraftstofftank
11 Luftfiltergehäuse
12 Lufteinlass-temperatur-Sensor
13 Steuergerät
14 Umkipp-Sensor
15 Luftdruck-Sensor
16 Druckregler
17 Katalysator
18 Lambdasonde
19 Drosselklappen-Sensor
20 Einspritzdüse
21 Kurbelwellen-Sensor
22 Zündkerze
23 Kühlflüssigkeits-temperatur-Sensor
24 Abschaltventil

Bild 2: Lage der Komponenten des Einspritz-Zündsystems.

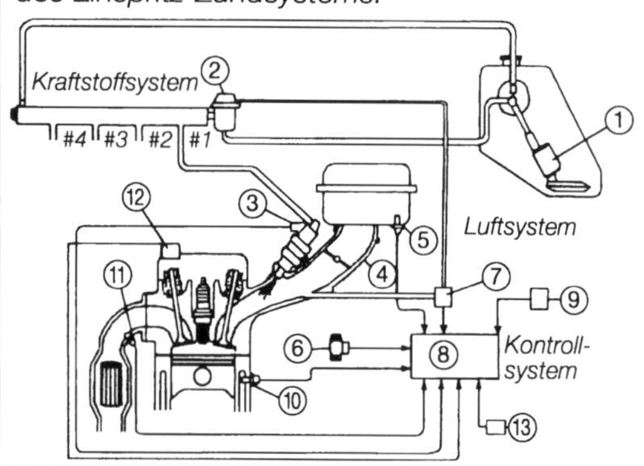

1 Benzinpumpe
2 Druckregler
3 Einspritzdüse
4 Drosselklappen-gehäuse
5 Ansaugluft-Tempe-ratursensor
6 Drosselklappen-sensor
7 Ansaugdruck-Sensor
8 Steuergerät/ECU
9 Atmosphären-druck-Sensor
10 Kühlmitteltempe-ratur-Sensor
11 Lambdasonde
12 Nockenwellenposi-tions-Sensor
13 Kurbelwellen-Sensor

Sensoren verwendet das Motorsteuergerät jedoch fest im Speicher einprogrammierte Daten, wie z. B. eine konstante Kühlmitteltemperatur von 60 °C. Nur wenn Unregelmäßigkeiten beim Seitenständer, dem Kurbelwellenpositions-Sensor, dem Umkipp-Sensor oder am Steuergerät selbst festgestellt werden, schaltet das Steuergerät den Motor ab, um ihn vor möglichen Schäden zu bewahren.

Beim Einschalten der Zündung leuchtet die orange Warnleuchte der Kraftstoff-Einspritzanlage für 1,4 Sekunden auf. Während dieser Zeit führt das Steuergerät eine Eigendiagnose durch. Das Erlöschen der Warnleuchte bedeutet, dass im System alles in Ordnung ist.

■ Blinkt die Warnleuchte, zeigt dies einen Fehler an, der einen Betrieb des Motors unmöglich macht. Das Steuergerät blockiert in diesem Fall jeglichen Betrieb.

■ Leuchtet die Warnleuchte kontinuierlich, hat das Steuergerät ebenfalls einen Fehler entdeckt. Ein Starten und Fahren ist je nach Fehler möglich oder auch nicht. Die Fehlercodenummer wird im Cockpit-Display statt der Uhrzeit angezeigt, nachdem der Motor ausgeschaltet wurde.

■ Leuchtet die Warnlampe beim Einschalten der Zündung überhaupt nicht auf, ist die Lampe bzw. deren Fassung oder Zuleitung schadhaft (siehe dazu Kapitel »Beleuchtung«).

Tipp: Fehler in der Einspritzanlage sind oftmals auf korrodierte oder nicht richtig angeschlossene Steckverbindungen oder auf poröse oder gequetschte Schläuche und Leitungen zurückzuführen. Bevor die große Fehlersuche mit allen möglichen Messgeräten losgeht, empfiehlt es sich, ganz banal erst einmal die in Frage kommenden Stecker zu checken, ihre Kontakte zu reinigen und auf Festsitz zu prüfen. Schläuche und Leitungen auf Brüche, Knicke oder Quetschungen kontrollieren.

Entdeckt das Steuergerät während der Fahrt ein anormales Signal von einem der Sensoren, leuchtet die Warnleuchte auf. Der Motor wird mit Standardwerten weiterbetrieben, soweit möglich. Falls nicht möglich, wird der Motor gestoppt und lässt sich dann auch nicht mehr starten.

Störungsdaten aus dem Speicher auslesen

Störungsdaten aus dem Speicher auslesen

Die Störungsdaten können über das Multifunktionsdisplay im Cockpit ausgelesen werden.

1. Steuergerät auf den Diagnosemodus einstellen: Zündschloss auf OFF-Stellung bringen. Die SELECT- und die RESET-Taste gleichzeitig gedrückt halten und die Zündung einschalten (ON-Stellung).
2. Die beiden Tasten nun für weitere acht Sekunden gedrückt halten. Nun erscheinen die Buchstaben »dIAG« (für »Diagnose«) auf dem Display. Diese Auswahl durch gleichzeitiges Drücken der beiden Tasten für zwei Sekunden bestätigen. Auf dem Display erscheint nun »dl:01« für »Diagnosecode 1«. Mit den Tasten »SELECT« und »RESET« können die Diagnosecodes nach oben und unten durchgeschaltet werden.
3. Den Tank nach oben klappen und an der Unterseite die Kabelbaum-Steckverbinder von der Kraftstoffpumpe ziehen.
4. Den roten Motorstoppschalter am rechten Lenkerstummel auf »OFF« stellen.

Anhand der folgenden Seiten kann den meisten Fehlern, die im Display angezeigt werden, ein Code für die Diagnose per Diagnosemodus zugeordnet werden.

Tipp: Wird im Display ein Fehlercode gemeldet, erscheint dieser nur relativ kurz anstelle der Uhr. Hat man diese kurze Phase verpasst, kann man sich mit Diagnosecode 61 sämtliche Fehler anzeigen lassen.

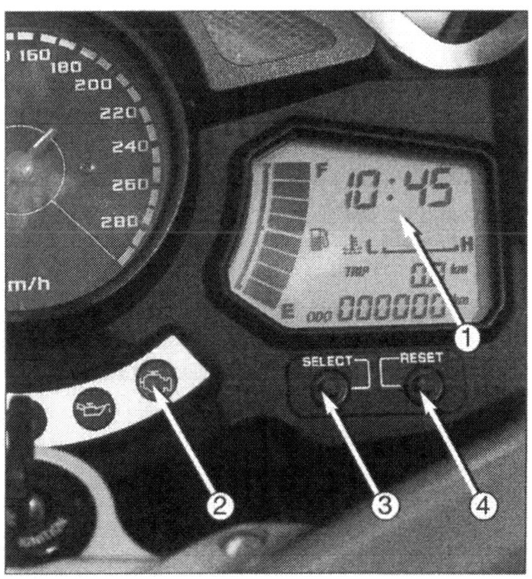

Bild 3: Hat das Steuergerät einen Fehler in der Einspritz-Zündanlage gefunden, so erscheint statt der Uhr (1) ein Fehlercode, die Motorstörungs-Warnleuchte (2) leuchtet oder blinkt. Drückt man die Tasten »SELECT« (3) und »RESET« (4) gleichzeitig, schaltet die Zündung ein und hält die Tasten für weitere acht Sekunden gedrückt, gelangt man in den Diagnosemodus.

Fehlercodes 11 bis 23

Fehlercodes

Angezeigter Fehlercode 11: Nockenwellenpositions-Sensor
Reaktion: Motor wird mit den bis dahin eingefahrenen Werten weiterbetrieben.
Start- und Fahrfähigkeit: Ja
Kommentar: Dies bedeutet, dass bei einem solchen Schaden der Motor weiterläuft und gefahren werden kann. Vom Nockenwellenpositions-Sensor werden keine normalen Werte geliefert.
Überprüfen auf: Unterbrechung oder Kurzschluss des Kabelbaum- oder Nebenkabelbaum-Stromkreises, defekten oder falsch eingebauten-Nockenwellenpositions-Sensor, Fehler im Steuergerät.

Fehlercode 12: Kurbelwellen-Sensor.
Reaktion: Motor stoppt (geht aus).
Start- und Fahrfähigkeit: Nein
Kommentar: Wenn der Kurbelwellen-Sensor kaputtgeht, läuft nichts mehr, der Motor bleibt dauerhaft aus.
Überprüfen auf: Verkabelung des Kurbelwellen-Sensors, defekten oder falsch eingebauten Kurbelwellen-Sensor, Fehler im Impulsgeberrotor, Fehler im Steuergerät, Steckerverbindungen.

Fehlercode 13 und 14: Ansaugdruck-Sensor.
Reaktion: Ansaugdruck wird auf 760 mm Hg (1013,2 hPa) festgelegt.
Start- und Fahrfähigkeit: Ja
Kommentar: Luft-Kraftstoff-Gemisch stimmt nicht mehr, Motor zeigt schlechte Leistung und verändertes Verbrauchsverhalten. Stromkreis des Ansaugdruck-Sensors ist kurzgeschlossen oder unterbrochen, ein Schlauch ist verstopft oder hat sich gelöst, Drosselklappen-Sensor blockiert.
Diagnosecode: 03
Überprüfen auf: Ansaugdruck-Sensor, Verkabelung, Steckerverbindung, Fehler im Steuergerät, Schlauchverbindung, Zwischenspannung des Ansaugdruck-Sensors oder des Luftdruck-Sensors, Drosselklappen-Sensor.

Fehlercode 15 und 16: Drosselklappen-Sensor.
Reaktion: Öffnung der Drosselklappe wird auf die ganz geöffnete Position festgelegt und die Zündverstellung wird ebenfalls fixiert.
Start- und Fahrfähigkeit: Ja
Kommentar: Motor hat Startschwierigkeiten, nimmt schlecht Gas an, ruckelt. Stromkreis des Drosselklappen-Sensors ist kurzgeschlossen oder unterbrochen, ein Schlauch des Ansaugdruck-Sensors ist verstopft oder hat sich gelöst, Drosselklappen-Sensor blockiert.
Diagnosecode: 01-03
Überprüfen auf: Ansaugdruck-Sensor, Verkabelung, Steckerverbindung, Fehler im Steuergerät, Schlauchverbindung des Ansaugdruck-Sensors, Zwischenspannung des Ansaugdruck-Sensors oder des Luftdruck-Sensors, defekter, blockierter oder falsch eingebauter Drosselklappen-Sensor.

Fehlercode 19: Seitenständerschalter hat Unterbrechung im Stromkreis zum Steuergerät.
Reaktion: Motor stoppt (geht aus).
Start- und Fahrfähigkeit: Nein
Kommentar: Tritt dieser Fehler auf, läuft nichts mehr, der Motor bleibt dauerhaft aus.
Diagnosecode: 20
Überprüfen auf: defektes Steuergerät, Verkabelung, Steckerverbindung.

Fehlercode 21: Kühlflüssigkeitstemperatur-Sensor
Reaktion: Der Wert für die Temperatur des Kühlmittels wird auf 60 °C festgelegt.
Start- und Fahrfähigkeit: Ja
Kommentar: Motor startet schlecht. In kaltem Zustand läuft der Motor zu mager, im heißen Zustand zu fett. Schlechte Gasannahme.
Diagnosecode: 06
Überprüfen auf: defekten oder falsch eingebauten Kühlflüssigkeitstemperatur-Sensor, Verkabelung, Steckerverbindung.

Fehlercode 22: Lufteinlasstemperatur-Sensor.
Reaktion: Der Wert für die Lufteinlass-Temperatur wird auf 20 °C festgelegt.
Start- und Fahrfähigkeit: Ja
Kommentar: Motor startet schlecht. In kaltem Zustand läuft der Motor zu mager, im heißen Zustand zu fett. Schlechte Gasannahme.
Diagnosecode: 05
Überprüfen auf: defekten oder falsch eingebauten Lufteinlasstemperatur-Sensor, Verkabelung, Steckerverbindung.

Fehlercode 23: Luftdruck-Sensor.
Reaktion: Luftdruck wird auf 760 mm Hg festgelegt.
Start- und Fahrfähigkeit: Ja
Kommentar: Luft-Kraftstoff-Gemisch stimmt nicht mehr, Motor zeigt schlechte Leistung und verändertes Verbrauchsverhalten.
Diagnosecode: 02
Überprüfen auf: defekten oder falsch eingebauten Luftdruck-Sensor, Verkabelung, Steckerverbindung.

Fehlercodes 24 bis 34

Fehlercode 24, 31 und 32: Lambdasonde (24), Feedback-Kompensation des Luft-Kraftstoffgemischs im oberen (31) oder unteren Grenzbereich (32).
Reaktion: Abgas- und Verbrauchswerte stark verändert.
Start- und Fahrfähigkeit: Ja
Kommentar: Motor startet schlecht. In kaltem Zustand läuft der Motor zu mager, im heißen Zustand zu fett. Schlechte Gasannahme.
Diagnosecode: –
Überprüfen auf: defekte oder falsch eingebaute Lambdasonde, Kraftstoffdruck, fehlerhaftes Steuergerät, Einspritzdüsen, Verkabelung, Steckerverbindung.

Fehlercode 30 und 41: Umkipp-Sensor.
Reaktion: Motor geht aus, springt nicht an.
Start- und Fahrfähigkeit: Nein
Kommentar: Umkipp-Sensor schaltet das Relais der Einspritzanlage aus und sorgt für Motorstopp, wenn das Motorrad auf der Seite liegt.
Diagnosecode: 08
Überprüfung auf: Umkipp-Sensor, fehlerhaftes Steuergerät, Verkabelung, Steckerverbindung.

Fehlercode 33 und 34: Zündsignal, Zündkerze, Zündspule, Zündkabelverbindung.
Start- und Fahrfähigkeit: Ja
Kommentar: Wenn ein Schaden an einer der vier Zündkerzen, den Zündspulen oder den Zuleitungen vorliegt, bleiben die anderen drei Zylinder betriebsfähig, der Motor läuft dann also nur auf drei Zylindern. Welcher der Zylinder nicht verbrennt (bzw. welche Zündkerze nicht funkt), kann man an den unterschiedlichen Temperaturen an den Auspuffkrümmern feststellen: Der Krümmer des nicht arbeitenden Zylinders ist kühler als die anderen bzw. ganz kalt. Die Kraftstoffzufuhr zu dem nicht arbeitenden Zylinder wird unterbrochen.

Tabelle der Diagnosecodes

Diagnose-code	Bezeichnung	Ausführung	Daten im Display (Bezugswert)
01	Drosselklappen-winkel	Bei vollständig offenem und geschlossenem Gasgriff kontrollieren.	0 bis 125 Grad offen: 97 bis 100 geschlossen: 15 bis 17
02	Luftdruck	Mit einem Luftdruckmesser den Luftdruck kontrollieren	Mit dem Displaywert vergleichen.
03	Druckunterschied zwischen Ansaug- und Luftdruck	Motorstoppschalter eingeschaltet. Motor mit dem Starter durchdrehen, ohne zu starten.	10 bis 200 mm Hg
05	Ansaugtemperatur	Temperatur im Luftfilterkasten messen.	Mit dem Displaywert vergleichen.
06	Kühlflüssigkeits-temperatur	Temperatur der Kühlflüssigkeit kontrollieren.	Mit dem Displaywert vergleichen.
07	Geschwindigkeits-impuls		0 bis 999. Stellt sich nach 999 auf 0 zurück. Ok, wenn die Zahlen im Display erscheinen.
08	Umkipp-Sensor		Bei senkrecht stehendem Motorrad: 0,4 bis 1,4 Volt, bei liegendem Motorrad: 3,8 bis 4,2 Volt
09	Spannung des Kraftstoffsystems	Motorstoppschalter auf ON	0 bis 18,7 Volt, normalerweise um 12 Volt
20	Seitenständer-schalter	Zeigt an, ob der Schalter ein-oder ausgeschaltet ist, wenn ein Gang eingelegt ist.	Ständer eingeklappt: EIN, ausgeklappt: AUS
21	Leerlaufschalter		Leerlauf: EIN, Gang eingelegt: AUS
60	E2PROM-Fehler-code-Anzeige	Überträgt den anormalen Teil der Daten im E2PROM, der als Fehlercode 44 identifiziert wurde. Wurden mehrere Fehler entdeckt, werden verschiedene Codes im 2-Sekunden-Intervall angezeigt.	01 bis 04: Zylindernummer 00: kein Fehler vorhanden
61	Anzeige vergangener Fehlercodes	Zeigt die Codes der vergangenen Eigendiagnose-Fehler an, die einmal aufgetreten sind und korrigiert wurden. Wurden mehrere Fehler entdeckt, werden verschiedene Codes im 2-Sekunden-Intervall angezeigt.	11 bis 50 00: kein Fehler vorhanden
62	Löschen vergangener Fehlercodes	Zeigt die Gesamtzahl der Fehlercodes, die durch die Eigendiagnose entdeckt wurden oder bereits eingetreten sind. Löscht die vergangenen Codes nur, wenn der Motorstoppschalter von OFF auf ON gestellt wird. Steht der Motorstoppschalter bereits auf ON, diesen auf OFF und dann wieder auf ON stellen.	00 bis 21 00: kein Fehler vorhanden
70	Steuernummer	Zeigt die Programm-Steuernummer.	00 bis 255

Fehlercodes 42 bis 50

Diagnosecode: 30, 31
Überprüfung auf: Zündspule, Verkabelung, Steckerverbindung, fehlerhaftes Steuergerät, Komponenten des Startsystem-Schaltkreises.

Fehlercode 42: Geschwindigkeits-Sensor/ Leerlaufschalter.
Start- und Fahrfähigkeit: Ja
Reaktion: System verwendet die Werte für den höchsten Gang
Kommentar: Motor zieht nicht mehr richtig.
Diagnosecode: 07, 21
Überprüfung auf: Geschwindigkeits-Sensor, Leerlaufschalter, Verkabelung, Steckerverbindung, fehlerhaftes Steuergerät.

Fehlercode 43: Überwachung Batteriespannung.
Reaktion: System fixiert die Batteriespannung auf 12 Volt.
Start- und Fahrfähigkeit: Ja
Kommentar: Das Steuergerät kann die Batteriespannung nicht überwachen und arbeitet mit einem Standardwert weiter.

Diagnosecode: –
Überprüfung auf: Zuleitungskabel, Steckerverbindung, fehlerhaftes Steuergerät.

Fehlercode 44: Fehlerhaftes Lesen oder Schreiben auf dem EEPROM (elektronisch löschbarer programmierbarer Lesespeicher im Steuergerät).
Start- und Fahrfähigkeit: Ja
Kommentar: Fehler bei der Mengeneingabe einer CO-Ausgleichung.
Diagnosecode: 60
Überprüfung auf: fehlerhaftes Steuergerät.

Fehlercode 50: Steuergerät-Speicher.
Kommentar: Das Programm und die Daten werden nicht richtig auf den internen Speicher geschrieben oder abgelesen.
Start- und Fahrfähigkeit: Nein
Diagnosecode: –
Überprüfung auf: Steuergerät.

■ Eigendiagnose-Fehlercode aus dem Speicher löschen: Entdeckt das Steuergerät nach Ab-

Prüftabelle Systemkomponenten

Diagnose-code	Bezeichnung	Ausführung	Daten auf dem Display
30	Zündspule für Zylinder 1 und 4	Eine Sekunde, nachdem der Motorstoppschalter von OFF auf ON geschaltet wurde, werden die Zündspule für Zylinder 1 und 4 fünfmal pro Sekunde aktiviert und die Motorstörungs-Warnleuchte leuchtet auf. Einen Zündfunkentester anschließen. Steht der Motorstoppschalter auf ON, diesen auf OFF und dann wieder auf ON stellen.	Überprüfen, ob fünfmal ein Zündfunke erzeugt wird, während sich der Schalter auf ON befindet.
31	Zündspule für Zylinder 2 und 3	wie oben	wie oben
36	Einspritzdüse Nr.1	Eine Sekunde, nachdem der Motorstoppschalter von OFF auf ON geschaltet wurde, werden die Einspritzdüsen fünfmal pro Sekunde aktiviert. Steht der Motorstoppschalter auf ON, diesen auf OFF und dann wieder auf ON stellen.	Überprüfen, ob die Einspritzdüse ein fünfmaliges Betriebsgeräusch (Klickern) erzeugt, während sich der Motorstoppschalter auf ON befindet
37	Einspritzdüse Nr.2	wie oben	wie oben
38	Einspritzdüse Nr.3	wie oben	wie oben
39	Einspritzdüse Nr.4	wie oben	wie oben
48	Sekundärluftsystem-Magnetschalter	Eine Sekunde, nachdem der Motorstoppschalter von OFF auf ON geschaltet wurde, wird der Sekundärluft-Magnetschalter fünfmal pro Sekunde aktiviert und die Motorstörungs-Warnleuchte leuchtet auf.	Überprüfen, ob der Schalter ein fünfmaliges Betriebsgeräusch erzeugt, während sich der Motorstoppschalter auf ON befindet
50	Relais der Kraftstoffanlage	Eine Sekunde, nachdem der Motorstoppschalter von OFF auf ON geschaltet wurde, wird das Relais der Kraftstoffanlage fünfmal pro Sekunde aktiviert und die Motorstörungs-Warnleuchte leuchtet auf. Steht der Motorstoppschalter auf ON, diesen auf OFF und dann wieder auf ON stellen.	Überprüfen, ob das Relais ein fünfmaliges Betriebsgeräusch erzeugt, während sich der Motorstoppschalter auf ON befindet
51	Relais des Kühlerlüfters	Eine Sekunde, nachdem der Motorstoppschalter von OFF auf ON geschaltet wurde, wird das Relais des Kühlerlüfters fünfmal pro Sekunde aktiviert und die Motorstörungs-Warnleuchte leuchtet auf (2 Sekunden EIN, 3 Sekunden aus). Steht der Motorstoppschalter auf ON, diesen auf OFF und dann wieder auf ON stellen.	Überprüfen, ob das Relais ein fünfmaliges Betriebsgeräusch erzeugt, während sich der Motorstoppschalter auf ON befindet.
52	Scheinwerfer-Relais 1	Wie bei Nr. 51 vorgehen	Betriebsgeräusch kontrollieren. Wie oben.

schluss der Fehlerbehebung ein normales Signal, verschwindet der Fehlercode vom Display.
An dessen Stelle tritt wieder die normale Zeitanzeige der Uhr. Die Fehlercodes bleiben allerdings im Speicher des Steuergeräts gespeichert. Um die Fehlercodes vergangener Fehler zu löschen, müssen die Arbeitsschritte für Diagnosecode 62 (siehe Tabelle weiter vorne) ausgeführt werden.

Tank ab- und anbauen

Voraussetzung für Wartungs- oder Reparaturarbeiten an den meisten Teilen des Kraftstoffsystems ist das Hochklappen oder der Abbau des Tanks. Je weniger Benzin im Tank ist, um so leichter gestaltet sich das Hantieren, wenn an der Kraftstoffanlage geschraubt werden muss. Doch sollten es minimal drei Balken auf der Spritanzeige im Cockpitdisplay sein, da sonst die Kraftstoffpumpe frei liegt und keinen Kraftstoff mehr ansaugen kann.

1. Die Sitzbank und die schwarzen Zierblenden rechts und links abbauen.
2. Die beiden Tankbefestigungsschrauben hinter dem Lenkkopf ausdrehen.
3. Die mit einer Mutter gekonterte hintere Befestigungsschraube entfernen.
■ Für das Hochklappen des Tanks Schraube nur lösen, dann Tank hochklappen und mit einem Stück Holz unterbauen.
4. Vorsichtig Stecker, Kraftstoffleitung und Kraftstoff-Rückführungsschlauch von der Kraftstoffpumpe auf der Tankunterseite lösen.

Achtung: Die Kraftstoffleitung ist zwar mit einer Schnellkupplung versehen, diese hält jedoch erfahrungsgemäß nach dem Trennen der Schlauchhälften nicht dicht. Kraftstoff kann austreten. Deshalb muss die Kraftstoffleitung mit der Öffnung nach oben so fixiert werden, dass kein Sprit mehr fließt. Der Kraftstoff-Rücklaufschlauch kann mit einer Abklemmzange gequetscht und so verschlossen werden.

5. Die Schlauchklammern der beiden Belüftungsschläuche auf der Tankunterseite mit einer Zange zusammendrücken und nach hinten schieben. Belüftungsschläuche von ihren Stutzen ziehen.
6. Der Tank kann nun abgenommen und vorsichtig beiseite gelegt werden, am besten auf eine weiche Unterlage (Lappen o.ä.).

Tank anbauen
1. Kraftstofftank auf den Rahmen setzen, hintere Befestigungsschraube anbringen, Mutter aufsetzen (noch nicht festziehen!).
2. Tank hochklappen und die Stecker und Schläuche wieder zusammenstecken und aufschieben. Schlauchklammern wieder anbringen.
3. Den Tank absenken, dabei darauf achten, dass keine Schläuche oder Leitungen gequetscht werden!
4. Die vorderen Tankhalteschrauben eindrehen und mit 10 Nm festziehen.
5. Die hintere Mutter mit 15 Nm festziehen. Dabei muss die Schraube gegengehalten werden.

Drosselklappengehäuse abbauen
1. Seitendeckel, Seitenverkleidungen und Tank demontieren.
2. Kühlflüssigkeit ablassen.
3. Die Stecker zur Lambdasonde und zum Nockenwellenpositions-Sensor auf der rechten Seite und die beiden Stecker zum Nebenkabel-

Tank ab- und anbauen

Drosselklappengehäuse abbauen

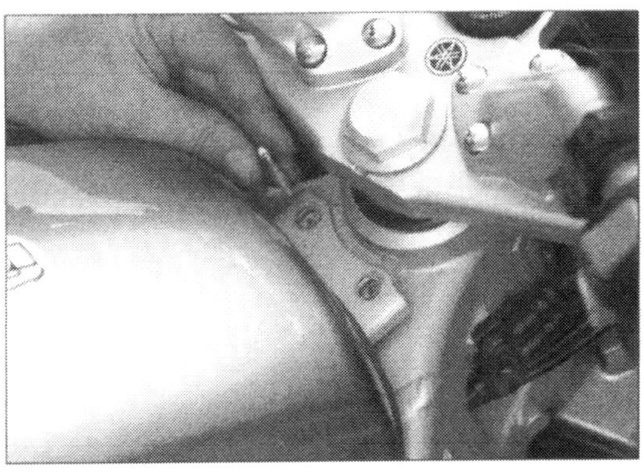

Bild 4: Zum Abbau des Tanks die vorderen Schrauben ausdrehen.

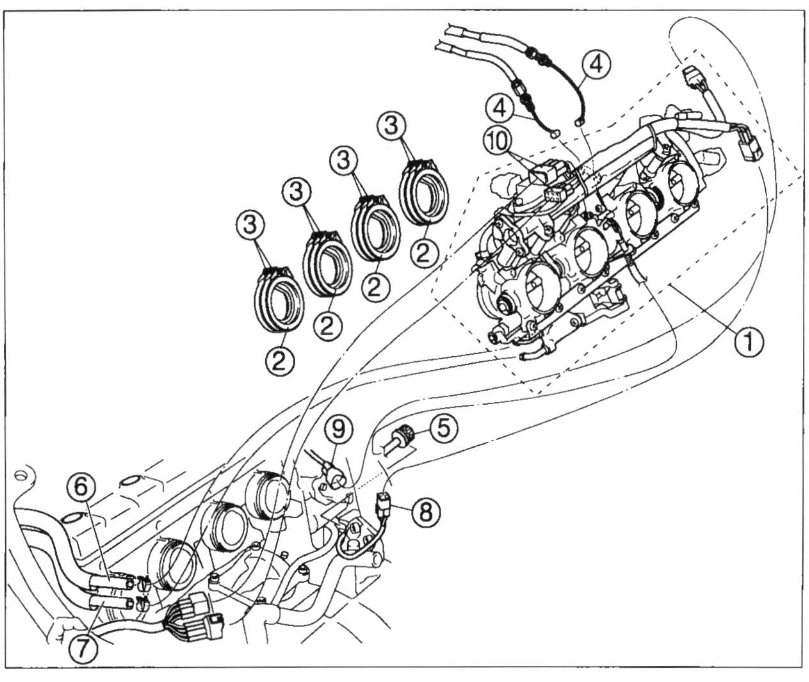

Bild 5: Drosselklappengehäuse (1), Ansaugstutzen (2), Klemmschellen der Ansaugstutzen (3), Gaszug (4), Leerlauf-Einstellschraube (5), Kontrolleinheitsschlauch 1 (6) und 2 (7), Lambdasonden-Steckverbinder (8), Steckverbinder des Nockenwellenpositions-Sensors (9), Steckverbinder des Nebenkabelbaums (10).

Drosselklappengehäuse montieren

Druckregler aus- und einbauen

Drosselklappengehäuse sychronisieren

baum (links) abziehen. Ebenso die Stecker von den Einspritzdüsen abziehen

Achtung: Die Stecker und Schläuche dürfen beim Wiedereinbau unter keinen Umständen vertauscht werden!

4. Den Leerlaufdrehzahl-Einsteller unter der rechten Rahmenstrebe aus seiner Haltelasche entnehmen.
5. Die acht Klemmschrauben der motorseitigen Ansaugstutzen lösen.
6. Die Klemmschellenschrauben der Gummistutzen zum Luftfilter hin öffnen und die Klemmschellen nach hinten ziehen.
7. Das Werkzeugfach ausbauen. Mit einer der drei Halteschrauben ist auch der Umkipp-Sensor fixiert. Schrauben lösen und Sensor vorsichtig beiseite drücken.

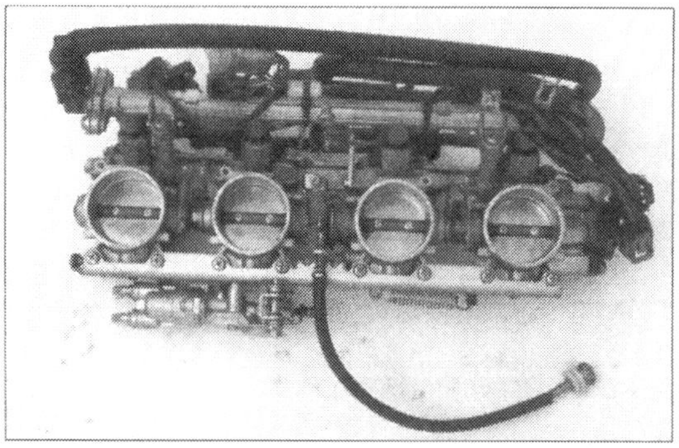

Bild 6: Drosselklappengehäuse der FJR.

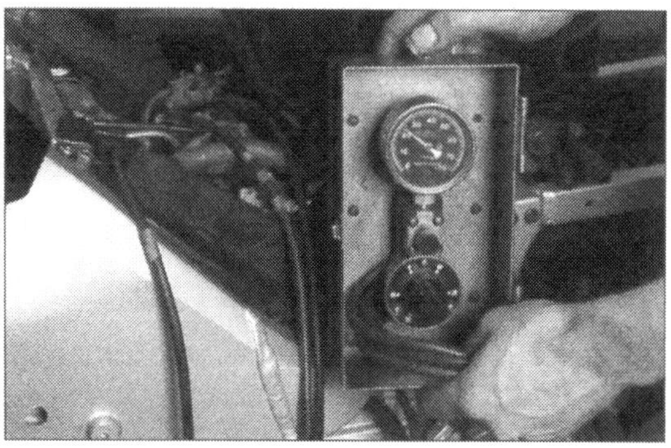

Bild 7: Beim Synchronisieren des Drosselklappengehäuses kommen Unterdruck-Messuhren zum Einsatz.

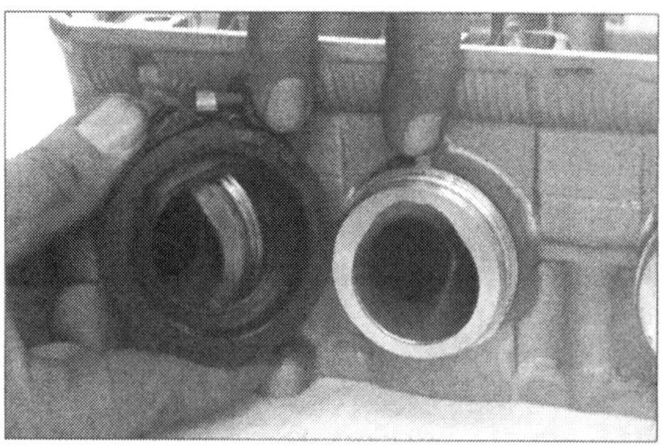

Bild 8: Die Ansaugstutzen stellen die Verbindung zwischen Drosselklapppengehäuse und Zylinderkopf her und müssen formschlüssig auf den am Zylinderkopf angegossenen Stutzen sitzen.

8. Den Luftfilterkasten samt Gummistutzen ausbauen.
9. Das Drosselklappengehäuse aus den Stutzen nehmen.
10. Die beiden Gaszüge am Gasgriff aushängen.
11. Mit einer Zange die Halteklammern der beiden Kontrolleinheitsschläuche links unten aufdrücken und zurückschieben.
12. Die Kontrolleinheitsschläuche vom Drosselklappengehäuse abziehen.

Tipp: Die Ansaugstutzen des Zylinderkopfs mit einem nicht fusselnden Lappen verstopfen, damit kein Schmutz in die Öffnungen geraten kann.

Achtung: Wegen einer Vielzahl von werksseitigen Einstellung sollte das Drosselklappengehäuse nur wenn unbedingt nötig und ausschließlich von einer Fachwerkstatt zerlegt werden.

Drosselklappengehäuse montieren

Die Montage erfolgt in der umgekehrten Reihenfolge der Demontage.

Tipp: Die Innenflächen der Ansaugstutzen mit ein wenig Motoröl bestreichen, dann rutscht das Drosselklappengehäuse leichter an seinen Platz.

Druckregler aus- und einbauen

1. Befestigungsschrauben ausdrehen und Druckregler abnehmen.
2. Unterdruckschlauch vom Druckregler abziehen.
3. Beim Einbau einen neuen O-Ring verwenden. Schrauben mit 6 Nm festziehen.

Drosselklappengehäuse synchronisieren

Eine der Voraussetzungen für einen runden Leerlauf bei geringem Verbrauch ist die Synchronisierung des Drosselklappengehäuses.

Merke: Vor dem Synchronisieren des Drosselklappengehäuses muss die Leerlaufdrehzahl richtig eingestellt und der Zündzeitpunkt kontrolliert werden.

1. Das Motorrad auf ebenem Grund auf dem Hauptständer abstellen.
2. Fahrersitz und Tank anheben (weiter vorn in diesem Kapitel).

3. Die vier Gummikappen auf den Unterdruckstutzen des Drosselklappengehäuses entfernen.
4. Die Schläuche der Synchrontest-Uhr (siehe Kapitel »Werkzeug«) an die vier Stutzen anschließen.
5. Einen Diagnose-Drehzahlmesser an das Zündkabel des ersten Zylinders anschließen.
6. Den Motor starten und einige Minuten warm laufen lassen.
7. Wenn der Motor Betriebstemperatur erreicht hat, vom Diagnose-Drehzahlmesser die Leerlaufdrehzahl ablesen und gegebenenfalls mit dem Handrädchen unterhalb der rechten Rahmenstrebe einstellen. Sie muss zwischen 1000 und 1100/min (keinesfalls jenseits 1200/min) liegen. Die Drosselklappengehäuse Nummer 1, 2 und 4 werden an die Nummer 3 angepasst, indem die seitlich sitzenden Bypassschrauben zwischen den Gehäusen so lange in die eine oder andere Richtung gedreht werden, bis alle vier Synchronuhren denselben Wert anzeigen. Basiseinstellung: drei Umdrehungen offen.

Tipp: Wir empfehlen, die vier Schrauben vor jeder Synchronisation mit viel Gefühl ganz hinein und dann drei volle Umdrehungen heraus zu drehen. Von dieser Einstellung aus dann die Synchronisation vornehmen.

Achtung: Die Synchronisierung nur über die Bypassschrauben vornehmen, nicht über die oberen Einstellschrauben, welche die Drosselklappenwellen miteinander verbinden!

- Bei Leerlaufdrehzahl sollte der Ansaugunterdruck 26,6 bis 33,3 kPa (0,27 bis 0,33 bar) betragen.
- Der Unterschied zwischen den vier Gehäusen sollte maximal 1,33 kPa (0,013 bar) ausmachen.

Ein weiteres Mal die Leerlaufdrehzahl messen und einstellen, falls nötig.

Einspritzdüsen aus- und einbauen

Ausbau:
1. Drosselgehäuse ausbauen (siehe weiter vorne in diesem Kapitel).
2. Steckverbinder des Drosselklappen-Sensors, des Ansaugdruck-Sensors sowie die Einspritzdüsen-Steckverbinder abziehen.
3. Die Klemmschelle des Unterdruckschlauchs mit einer Zange zusammendrücken und zurückschieben, Schlauch vom Stutzen des Kraftstoffeinspritzrohrs abziehen.
4. Die beiden Kreuzschlitzschrauben des Kraftstoffeinspritzrohres lösen und das Kraftstoffeinspritzrohr abnehmen.
5. Die beiden Kreuzschlitzschrauben des Druckreglers lösen und den Druckreglers abnehmen.
6. Die beiden Sechskantschrauben des Ansaugdruck-Sensors lösen und den Ansaugdruck-Sensor abnehmen.
7. Die beiden Kreuzschlitzschrauben des Kraftstoffverteiler-Rohrs lösen und das Kraftstoffverteiler-Rohr abnehmen. Darauf achten, dass die beiden Distanzhülsen nicht verloren gehen!
8. Einspritzdüsen, O-Ringe und Gummimanschetten entnehmen.

Einspritzdüsen aus- und einbauen

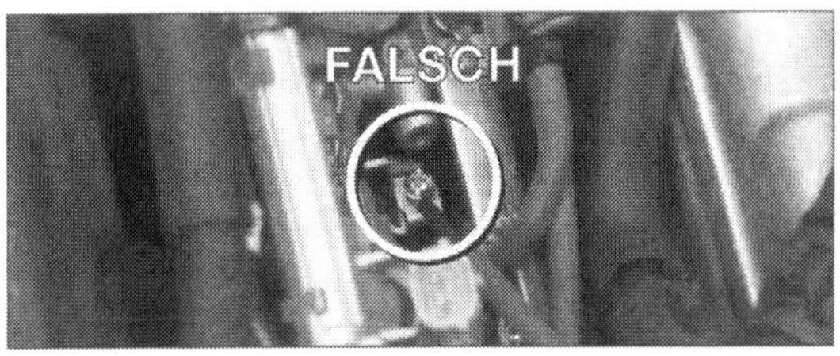

Bild 9 FALSCH: Von den oberen Einstellschrauben (Kreis) sollte man beim Synchronisieren des Drosselklappengehäuses unbedingt die Finger lassen!

Bild 10 RICHTIG: die Synchronisierung wird über die von der Seite zugänglichen Bypassschrauben (Kreis) vorgenommen.

Bild 11: Drosselklappengehäuse, Luftfilterkasten und Zylinderkopf mit korrekt verlegten Leitungen, Kabeln, Schläuchen und Gaszügen.

Kraftstoffdruck und -pumpe überprüfen

Kraftstoffpumpe aus- und einbauen

Einspritzdüsen einbauen:
- Alte O-Ringe beim Einbau nicht mehr verwenden. Neuteile einsetzen und vor der Montage gut einölen.
- Beim Einbau der Einspritzventile in den Kraftstoffverteiler aufpassen, dass O-Ringe nicht beschädigt werden.
- Die Montage erfolgt in der umgekehrten Reihenfolge des Ausbaus. Das Kraftstoff-Einspritzrohr und den Druckregler jeweils mit neuem O-Ring versehen!

Achtung: Die Stecker dürfen beim Wiedereinbau unter keinen Umständen vertauscht werden!

Kraftstoffdruck überprüfen

1. Die Fahrersitzbank und die schwarzen Zierblenden unterhalb des Tanks abnehmen.
2. Tank abnehmen.
3. Den Unterdruckschlauch vom Druckregleranschluss abziehen.
4. Den Druck-/Unterdruck-Messuhrsatz am Unterdruckschlauch des Druckreglers anbringen.
5. Das Manometer und den Kraftstoffdruck-Adapter am Kraftstoff-Einspritzrohr 1 anbringen.
6. Kraftstofftank wieder aufsetzen und anschließen.
7. Motor starten. Kraftstoffdruck und Unterdruck und Unterdruck von den Messuhren ablesen. Der Kraftstoffdruck muss 250 kPa (2,5 bar) betragen. Der Unterdruck sollte dabei 100 kPa (1 bar) nicht überschreiten. Durch Erhöhung des Unterdrucks sinkt der Kraftstoffdruck. Wird der Unterdruck verringert, steigt der Kraftstoffdruck.

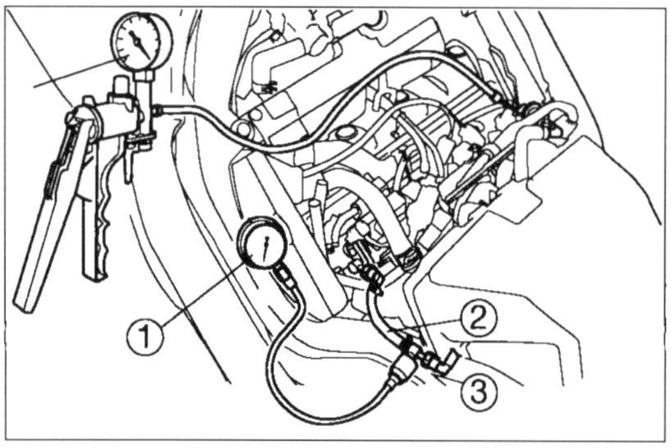

Bild 12: Kraftstoffdruck überprüfen: Druck-Unterdruck-Messuhrsatz (1) am Unterdruckschlauch des Druckreglers anbringen. Das Manometer (2) und der Kraftstoffdruck-Adapter (3) wird am Kraftstoff-Einspritzrohr angeschlossen.

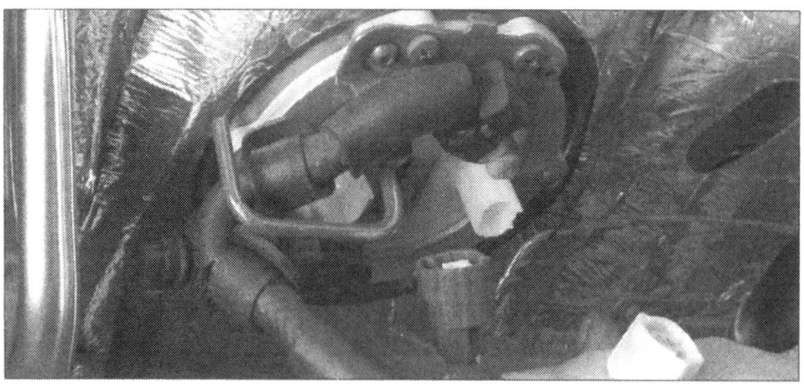

Bild 13: Die Kraftstoffpumpeneinheit ist von der Tankunterseite her eingebaut.

Ist der Kraftstoffdruck niedriger:
- Kraftstoffleitung undicht?
- Druckregler und Kraftstoffpumpe in Ordnung?

Ist der Druck höher:
- Kraftstoff-Rücklaufschlauch abgeklemmt oder verstopft?
- Druckregler und Kraftstoffpumpe in Ordnung?

Nach der Messung beide Schläuche wieder anschließen und alle Teile in umgekehrter Abbaureihenfolge wieder montieren.

Kraftstoffpumpe überprüfen

Wenn beim Einschalten der Zündung die Kraftstoffpumpe nicht läuft, diese folgendermaßen überprüfen:
1. Tank vorne anheben und abstützen.
2. Den Kraftstoff-Rückflussschlauch von der Tankeinheit abziehen und mit einem Gummistopfen abdichten.
3. Das Ende des Kraftstoffschlauchs in ein geeignetes Behältnis führen (Benzinkanister).
4. Eine voll geladene 12-Volt-Fahrzeugbatterie an die Kontakte der Kraftstoffpumpe anschließen. Den Batterie-Pluspol mit dem rot/blauen Kontakt und den Batterie-Minuspol mit dem schwarzen Kontakt verbinden.
5. Läuft die Pumpe und fördert Kraftstoff aus dem Kraftstoffschlauch, ist die Pumpe in Ordnung. Falls nicht, muss die Pumpe erneuert werden.

Kraftstoffpumpe aus- und einbauen

1. Tank abbauen.
2. Am abgebauten Tank Befestigungsschrauben der Kraftstoffpumpe lösen, Pumpeneinheit samt Dichtung herausnehmen.

Tipp: Der in die Kraftstoffpumpe eingebaute Kraftstofffilter ist wartungsfrei und braucht nicht gereinigt oder ersetzt zu werden.

Einbau in umgekehrter Reihenfolge:
- Die Kraftstoffpumpe beim Einbau mit neuer Dichtung versehen.

■ Pumpeneinheit einsetzen und Befestigungsmuttern mit 4 Nm anziehen.

Achtung: Der Stutzen des Kraftstoff-Rücklaufschlauchs muss beim Einbau der Pumpe auf die rechte Fahrzeugseite weisen.

Einspritzventile überprüfen

Damit der Motor rund läuft, müssen alle vier Zylinder synchron funktionieren. Voraussetzung dafür ist unter anderem, dass jedes Einspritzventil korrekt arbeitet. Fällt nur eines aus, bekommt der betreffende Zylinder keinen Sprit und muss von den restlichen drei mitgeschleppt werden.

Am einfachsten ist es, die Einspritzventile vom elektronischen Diagnosemodus (siehe weiter vorn in diesem Kapitel) überprüfen zu lassen. Doch auch die herkömmliche Prüfmethode kann hier Anwendung finden. Überprüft werden die Einspritzventile (sitzen in Fahrtrichtung gesehen hinter dem Drosselgehäuse) mit Hilfe eines Stethoskopes oder eines Hörrohrs, das man direkt an das Ventil anlegt. Man kann aber auch einen Schraubenzieher nehmen und dessen Spitze auf das Ventilgehäuse setzen. Das hintere Ende wird an das Ohr gehalten.
So kann man bei im Standgas laufendem Motor feststellen, ob das typische Klickern der Einspritzventile zu hören ist. Gibt ein Ventil kein Arbeitsgeräusch von sich, muss es ersetzt werden.

Messen der Einzelkomponenten

Einige der Komponenten können bequemer mit dem elektronischen Diagnosemodus überprüft werden. Der Vollständigkeit halben zeigen wir hier auch noch die manuelle Methode auf.

Relais der Kraftstoff-Einspritzanlage messen

1. Das Relais der Kraftstoff-Einspritzanlage vom Kabelbaum trennen.
2. Eine voll geladene 12-Volt-Fahrzeugbatterie an das rot/schwarze Kabel (Batterie-Plus) und an das blau/gelbe Kabel (Batterie-Minus) anschließen.
3. Die positive Testspitze eines Multimeter-Testgeräts an das rote, die negative an das schwarze Kabel anlegen. Herrscht kein Stromdurchgang, ist das Relais der Kraftstoff-Einspritzanlage schadhaft und muss erneuert werden.

Widerstand der Kraftstoffpumpe messen

1. Den Stecker von der Kraftstoffpumpe trennen.
2. Die positive Testspitze eines Multimeter-Testgeräts an den Steckverbinder des rot/blauen Kabels, die negative an den des schwarzen Kabels anlegen. Bei 20 °C muss der Widerstand zwischen 0,2 und 3,0 Ω liegen.
Ist das nicht der Fall, ist die Kraftstoffpumpe defekt und muss erneuert werden.

Widerstand des Kurbelwellen-Sensors messen

1. Den Stecker des Kurbelwellen-Sensors vom Kabelbaum trennen.
2. Die positive Testspitze eines Multimeter-Testgeräts an den Steckverbinder des grauen Kabels, die negative an den des schwarze Kabels anlegen. Bei 20 °C muss der Widerstand zwischen 420 und 596 Ω liegen. Ist das nicht der Fall, ist der Kurbelwellen-Sensor defekt und muss erneuert werden.

Spannung des Nockenwellenpositions-Sensors messen

1. Den Stecker des Nockenwellenpositions-Sensors vom Kabelbaum trennen.
2. Die positive Testspitze eines Multimeter-Testgeräts an den Steckverbinder des weißen, die negative an den des schwarz/blauen Kabels anlegen.
3. Zündschloss auf »ON« stellen. Bei eingeschalteter Zündung muss die Spannung bei 4,8 Volt, bei ausgeschalteter Zündung bei 0,6 Volt liegen. Ist das nicht der Fall, ist der Nockenwellenpositions-Sensor defekt und muss erneuert werden.

Einspritzventile überprüfen

Messen der Einzelkomponenten

Relais der Kraftstoff-Einspritzanlage messen

Widerstand der Kraftstoffpumpe und des Kurbelwellen-Sensors messen

Spannung des Nockenwellen-positions-Sensors messen

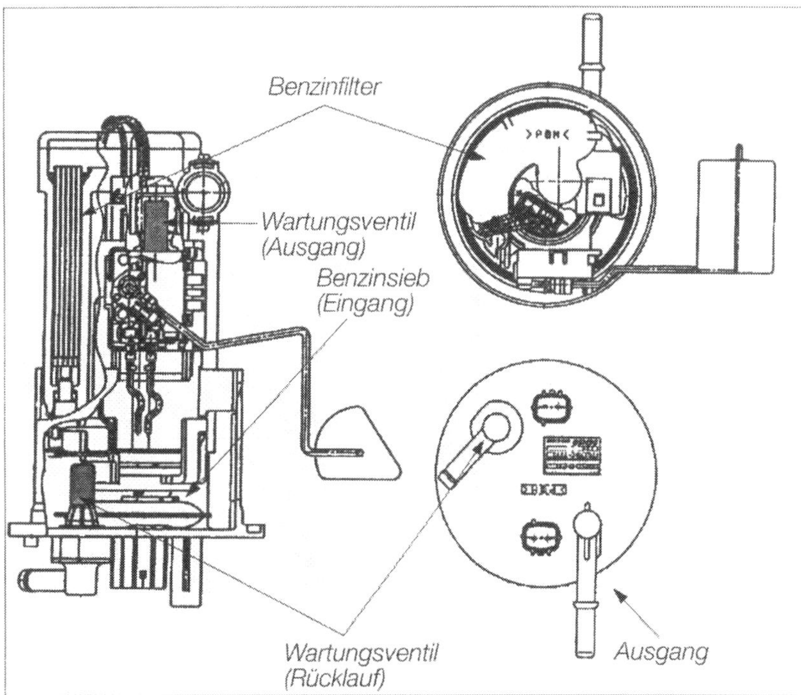

Bild 14: Schnittschema der Benzinpumpe der FJR 1300.

Spannung des Geschwindigkeitssensors messen

Funktion des Kühlflüssigkeits-Temperaturfühler messen

Widerstand des Lufteinlasstemperatur-Sensors messen

Spannung des Ansaugdruck-Sensors messen

Spannung des Luftdruck-Sensors messen

Spannung des Geschwindigkeits-Sensors messen

1. Den Stecker des Geschwindigkeits-Sensors vom Kabelbaum trennen.
2. Die positive Testspitze eines Multimeter-Testgeräts an den Steckverbinder des weißen, die negative an den des schwarz/blauen Kabels anlegen.
3. Zündschloss auf »ON« stellen. Bei eingeschalteter Zündung muss die Spannung bei 4,8 Volt, bei ausgeschalteter Zündung bei 0,6 Volt liegen. Ist das nicht der Fall, ist der Geschwindigkeits-Sensor defekt und muss erneuert werden.

Funktion des Kühlflüssigkeitstemperatur-Sensors messen

1. Den Kühlflüssigkeitstemperatur-Sensor vom Einlassrohr des Kühlmittel-Thermostats abnehmen.
2. Das Multimeter-Testgerät wie in der Abbildung dargestellt an den Kühlflüssigkeitstemperatur-Sensor anschließen.
3. Den Kühlflüssigkeitstemperatur-Sensor in einen Behälter mit Kühlflüssigkeit tauchen (Wasser tut's auch). Dabei darauf achten, dass die Anschlusspole nicht nass werden.
4. Ein Thermometer in die Kühlflüssigkeit halten.
5. Die Kühlflüssigkeit mit einer geeigneten Wärmequelle (Tauchsieder, Bunsenflamme, etc.) langsam erhitzen, das Thermometer beobachten. Bis 105 °C darf kein Stromdurchgang messbar sein. Über 105 °C muss Strom fließen.
6. Die Kühlflüssigkeit nun wieder abkühlen lassen. Bis 100 °C muss Stromdurchgang messbar sein, der darunter dann wieder stoppt.

Achtung: Der Kühlflüssigkeitstemperatur-Sensor ist sehr empfindlich, also sorgsam behandeln! Wird er fallen gelassen, muss er ausgetauscht werden.

Bild 15: Alle Entlüftungsschläuche (besonders die des Kraftstofftanks!) müssen knickfrei verlegt und sorgsam gebündelt werden. Sie münden in einer Öse an der Unterseite des Motorrads vor dem Hauptständer ins Freie.

7. Funktioniert der Kühlflüssigkeitstemperatur-Sensor einwandfrei, wie oben beschrieben, kann er wieder eingesetzt werden, falls er defekt ist, muss er erneuert werden.
8. Die Gewinde der Halteschrauben mit Klebemittel Loctite »mittelfest« bestreichen, einsetzen und mit 18 Nm anziehen. Dabei eine neue Kupferscheibe verwenden.

Widerstand des Lufteinlasstemperatur-Sensors messen

1. Den Lufteinlasstemperatur-Sensor aus dem Luftfiltergehäuse ausbauen.
2. Die positive Testspitze eines Multimeter-Testgeräts an den Steckverbinder des braun/weißen Kabels, die negative an den des schwarz/blauen Kabels anlegen. Bei 20 °C muss der Widerstand zwischen 450 und 550 Ω liegen. Ist das nicht der Fall, ist der Lufteinlasstemperatur-Sensor defekt und muss erneuert werden.

Achtung: Der Lufteinlasstemperatur-Sensor ist sehr empfindlich, also sorgsam behandeln! Wird er fallen gelassen, muss er ausgetauscht werden.

Spannung des Ansaugdruck-Sensors messen

1. Den Stecker des Ansaugdruck-Sensors abziehen.
2. Die positive Testspitze eines Multimeter-Testgeräts an den Steckverbinder des blauen, die negative an den des schwarz/blauen Kabels anlegen.
3. Zündschloss auf »ON« stellen. Bei eingeschalteter Zündung muss die Spannung zwischen 3,75 und 4,25 Volt liegen. Ist das nicht der Fall, ist der Ansaugdruck-Sensor defekt und muss erneuert werden.

Spannung des Luftdruck-Sensors messen

1. Den Stecker des Luftdruck-Sensors vom Kabelbaum trennen.
2. Die positive Testspitze eines Multimeter-Testgeräts an den Steckverbinder des blauen, die negative an den des schwarz/blauen Kabels anlegen.
3. Zündschloss auf »ON« stellen. Bei eingeschalteter Zündung muss die Spannung zwischen 3,75 und 4,25 Volt liegen. Ist das nicht der Fall, ist der Luftdruck-Sensor defekt und muss erneuert werden.

Zündanlage

In diesem Kapitel: Serienmäßige Zündkerzen · Zündkerzen ausbauen, prüfen, Elektrodenabstand messen und korrigieren, einbauen · Das richtige Zündkerzenbild · »kalte« oder »heiße« Zündkerze · Zündzeitpunkt abblitzen · Fehlersuche in der Zündanlage · Bauteile der Zündanlage prüfen und durchmessen.

Zündkerzen

Zündkerzen müssen bei der YAMAHA FJR 1300 nur im Rahmen der Inspektionen bei 10 000 km geprüft und gereinigt sowie alle 20 000 km erneuert werden.

Serienmäßige Zündkerzen
NGK CR8E oder Denso U24ESR-N
Elektrodenabstand 0,7 bis 0,8 mm

Anstelle der Standardzündkerze NGK CR8E kann auch eine NGK CR8EIX eingebaut werden. Bei dieser hochwertigen Zündkerze bestehen die Elektroden aus Iridium. Diese brennen nicht so schnell ab, halten also länger.

Zündkerzen ausbauen und prüfen

Elektrodenabstand messen, korrigieren

Zündkerzen ausbauen und prüfen
Der im serienmäßigen Bordwerkzeug vorhandene Zündkerzenschlüssel ist zwar kein High-Tech-Werkzeug, aber zum Aus- und Einbau der Zündkerzen der FJR 1300 gut geeignet. Übrigens ist das Alter einer Zündkerze nicht ausschlaggebend, ob sie ersetzt werden muss, es zählen in erster Linie Laufleistung und Belastung.

Zündkerzen ausbauen
Zum Ausbau der Zündkerzen muss die Zündung ausgeschaltet, Sitzbank, Tank sowie das Rahmenverstärkungs-T-Stück müssen abgenommen sein. Die Schachtbohrungen in Ventildeckel und Zylinderkopf nach Abziehen der Zündkerzenstecker mit Druckluft ausblasen, damit eventuell vorhandener Schmutz ausgeblasen wird.
1. Zündkerzenstecker nach oben abziehen (stets von Hand!).
2. Zündkerzen mit dem Kerzenschlüssel herausdrehen.
3. Offene Zündkerzenbohrung mit nicht fusselndem kleinen Lappen verstopfen, damit kein Schmutz oder Fremdteile (Schrauben, Muttern, Unterlegscheiben) in den Motor gelangen und dort Beschädigungen verursachen können.

Achtung: Zum Abziehen der Zündkerzenstecker keine Zange zu Hilfe nehmen! Auch nicht mit Reifenmontiereisen, Schraubenzieher oder Flacheisen an den Kerzensteckern herumhebeln, denn dadurch kann der Zündkerzenstecker beschädigt werden. Kerzenstecker und Zündkerzen nicht fallen lassen! Dadurch können Teile brechen oder Risse bekommen, wodurch Stromkreisunterbrechungen oder Kurzschlüsse verursacht werden.

Elektrodenabstand messen und korrigieren
Wichtig für die ordnungsgemäße Funktion des Zündfunkengebers ist vor allem ein korrekter Elektrodenabstand. Stimmt dieser nicht, muss er korrigiert werden. Die Masseelektrode der Zündkerze darf nur sehr gefühlvoll und nur in sehr geringem Umfang nachgebogen werden, weil die Gefahr, dass die Elektrode abbricht, sehr groß ist. Für eine zu heftig oder zu oft verbogene Elektrode besteht im Betrieb höchste Bruchgefahr! Im Zweifelsfall lieber eine neue Kerze verwenden.
1. Elektrodenabstand mit Fühlerlehre messen Der Sollwert beträgt 0,7 bis 0,8 mm.
2. Ist der Elektrodenabstand zu weit, was bei einer alten Zündkerze meistens der Falls ist, muss die äußere Elektrode nachgebogen werden. Zündkerze kopfüber in der linken Hand halten und mit der rechten Hand einen Schrau-

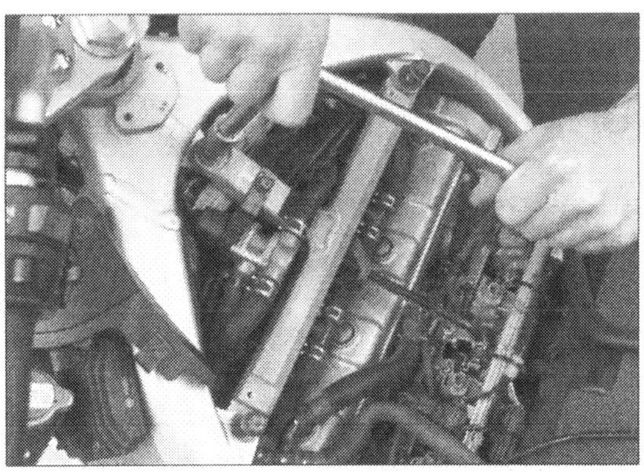

Bild 1: Zum Ausbau der Zündkerzen muss das Rahmenverstärkungs-T-Stück entfernt werden.

Bild 2: Zündkerzenstecker stets von Hand abziehen und aufstecken.

Zündkerzen einbauen

Das richtige Zündkerzenbild

»Kalte« oder »heiße« Zündkerze

benzieher verkehrt herum nehmen und mit dem Griff des Schraubenziehers gaaaanz leicht auf die Elektrode klopfen. Gaaaanz leicht heißt: Lieber einen Hau zu wenig als einen zu viel!

3. Wenn die Außenelektrode aus Versehen zu stark zusammengeklopft wurde, der Elektrodenabstand also zu eng ist (weniger als 0,7 mm), vorsichtig mit einem kleinen Elektroschraubenzieher wieder aufbiegen. Besser noch ist es, die Elektrode mit einer ganz kleinen Spitzflachzange hochzubiegen. Beim Einstellen des Elektrodenabstandes viel Gefühl walten lassen!

Zündkerzen einbauen

1. Zündkerzen in Zündkerzenschlüssel einstecken, in den Schacht einführen, von Hand gefühlvoll ansetzen und einschrauben.

⚠ **Achtung:** Dabei unbedingt darauf achten, dass schon der erste Gewindegang richtig greift, das Außengewinde der Kerze also richtig am Innengewinde im Zylinderkopf angesetzt ist. Eine schräg angesetzte Kerze ruiniert mit ihrem harten Stahlgewinde das Alugewinde im Zylinderkopf nach einer halben Umdrehung.

2. Zündkerzen von Hand (also ohne Nutzung des Hebelarms des Schlüssels!) ganz hineinschrauben. Erst wenn das Kerzengewinde ganz eingeschraubt ist und ein Widerstand spürbar wird, den Hebel am Zündkerzenschlüssel nutzen.

3. Zündkerzen festziehen:

- Gebrauchte Zündkerze: Wenn eine bereits benutzte Zündkerze wieder montiert wird, bei der sich der Dichtring schon gesetzt hat: Zündkerze nach Aufsitzen des Gewindebundes um ca. 1/8 Umdrehung anziehen.
- Neue Zündkerze: Wenn eine neue Kerze mit einem neuen Dichtring montiert wird: Zündkerze nach Aufsitzen des Gewindebundes um 1/4 bis 1/2 Umdrehung anziehen, wieder lösen und endgültig anziehen. Anzugsdrehmoment der Zündkerze: 13 Nm

4. Zündkerzenstecker in Bohrung einschieben und aufstecken, es muss hör- und fühlbar klicken.

⚠ **Achtung:** Zündkerzenstecker weder mit einem Gummi- noch Stahlhammer auf die Zündkerzen auftreiben!

Das richtige Zündkerzenbild

Aufschluss über den Verbrennungsablauf im Motor gibt das Erscheinungsbild der Zündkerze. Im Normalfall zeigt die Kerze eine rehbraune bis hellgraue Färbung und kaum Abbrand der Elektroden. Sieht sie anders aus, stimmt etwas nicht.

»Kalte« oder »heiße« Zündkerze?

Die von Yamaha für die FJR 1300 empfohlenen und serienmäßig montierten Standardzündkerzen von NGK oder Denso sind für alle normalen Betriebsbedingungen geeignet und deswegen zu empfehlen. Ihre Elektroden werden bei normalen Verbrennungstemperaturen (ca. 400 bis 800 °C) so heiß, dass etwaige Rußablagerungen stets verbrennen, bleiben aber auch so kühl, dass Motor und Kerze nicht beschädigt werden.

Yamaha gibt für die FJR 1300 nur den 8er-Wärmewert an. Dennoch kann eine Umrüstung auf eine »kältere« oder »heißere« Zündkerze notwendig werden, wenn man sich mit seiner Maschine in Gegenden begibt, wo es entweder extrem heiß oder kalt ist.

Eine »kältere Zündkerze« verträgt höhere Temperaturen. Sie kann in Erwägung gezogen werden, wenn das Motorrad in heißen Gegenden gefahren wird und dort längere Autobahnetappen mit hohen Drehzahlen anstehen oder auf Rennstrecken bewegt wird. Dagegen wird eine »heißere Zündkerze« notwendig, wenn die Maschine in

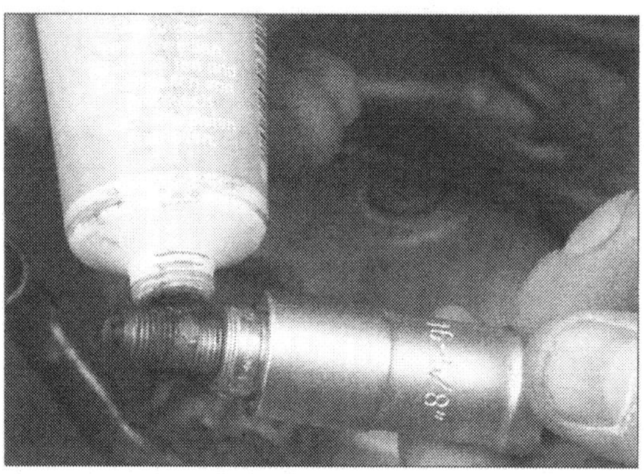

Bild 3: Spezialisten geben einen Tropfen Kupferpaste auf das Gewinde der Zündkerzen, das verhindert ein Festbacken und sorgt für eine bessere Wärmeableitung.

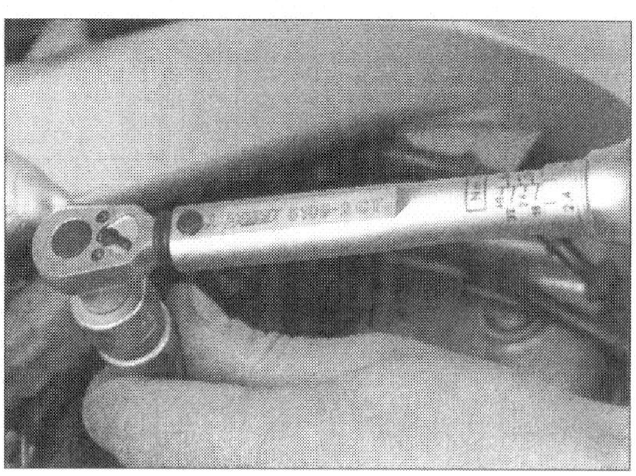

Bild 4: Zündkerze mit Drehmomentschlüssel festziehen, vorgeschrieben sind 13 Nm.

Zündkerzenbild beurteilen

kalten Gegenden bewegt wird, wo die Außentemperatur um den Gefrierpunkt oder darunter liegt und ab und nur bis maximal zehn, fünfzehn Grad ansteigt. Unter »heißere Kerze« versteht man einen Kerzentyp, der weniger Temperatur aus dem Zylinder (also dem Verbrennungsraum) abführt.

»Kältere« Kerzentypen haben bei NGK eine höhere Zahlenangabe zwischen dem Buchstabencode. Für die FJR 1300 passt die NGK CR9E oder die CR9EIX. Umgekehrt haben »heißere« Kerzen eine niedrigere Zahl, wie zum Beispiel NGK CR7E oder CR7EIC.

Ob die gerade montierte Zündkerze für die aktuelle Umgebungstemperatur und den Betriebszustand passt, kann man am Kerzenbild (»Kerzengesicht«) ablesen. Beurteilt werden Zustand und Farbe der Keramikmittelteils, der Mittelelektrode, der äußeren Bügelelektrode und des äußeren Zündkerzenkörpers. Außerdem kann man am Zündkerzenbild einen Eindruck vom Zustand der Motorinnereien bekommenen.

Zündkerzenbild beurteilen

Motor im mittleren Drehzahlbereich etwa zehn Kilometer warm fahren und möglichst ohne Zwischenstopp zur Werkstatt zurück. Dort den Motor sofort abstellen, also nicht längere Zeit im Leerlauf nachlaufen lassen.

1. Zündkerzen herausschrauben.

2. Sind Keramikisolation und Elektrode sauber und ohne Rußbelag und zeigt das innere Keramikbauteil rehbraunen Farbton, passt der Wärmewert der Zündkerze und die Zusammensetzung des Luft-Benzingemisches ist korrekt.

3. Bei weißem bis aschgrauem Bild ist das Luft-/Kraftstoff-Gemisch zu mager. Dieses Zündkerzenbild deutet auf eine mögliche Falschluft im Ansaugsystem hin. So können z. B. die Ansaugstutzen lose oder gerissen sein oder der Luftfilterkasten ist am Drosselklappengehäuse nicht richtig festgezogen. Eine zu helle, fast weiße Zündkerze beobachtet man auch, wenn der Motor ohne Luftfilter betrieben wird.

4. Bei dunkelbrauner bis schwarzer Verfärbung ist das Kraftstoff/Luft-Gemisch zu fett. Dieses Zündkerzenbild deutet auch auf einen zugesetzten Luftfilter hin. Es soll auch schon vorgekommen sein, dass die Ansaugöffnungen zugestopft waren – etwa mit einem bei der Montage vergessenen Putzlappen.

5. Eine schwarz verrußte, feucht glänzende Kerze deutet auf verschlissene Ventilführungen oder abgenutzte Kolbenringe hin, durch die Motoröl in die Brennräume gelangt. Deswegen nennt man ein solches Kerzengesicht »verölte Zündkerze«.

6. Starke Rußablagerungen verhindern einen korrekten Funken zwischen äußerer und innerer Elektrode. Ruß und andere Ablagerungen an der Zündkerze führen zu einer Kurzschlussbrücke zwischen den Elektroden oder auf der Keramikisolation. Wenn die Zündkerzen verrußt sind, dreht der Motor nur stotternd hoch und zieht nicht richtig, ist also »lahm und schwach«.

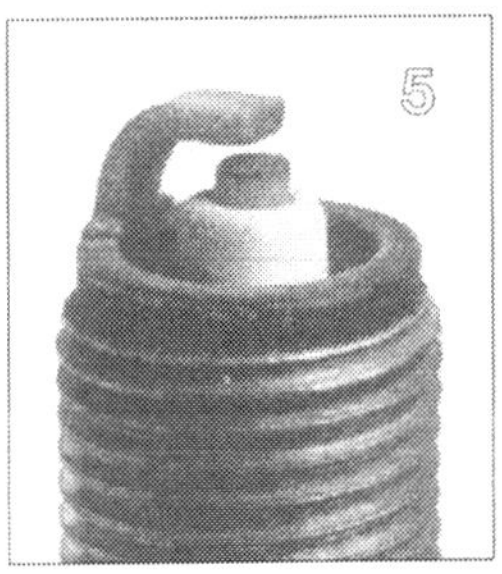

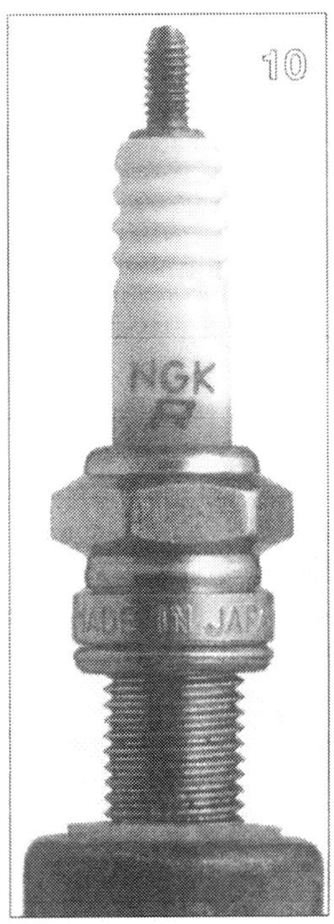

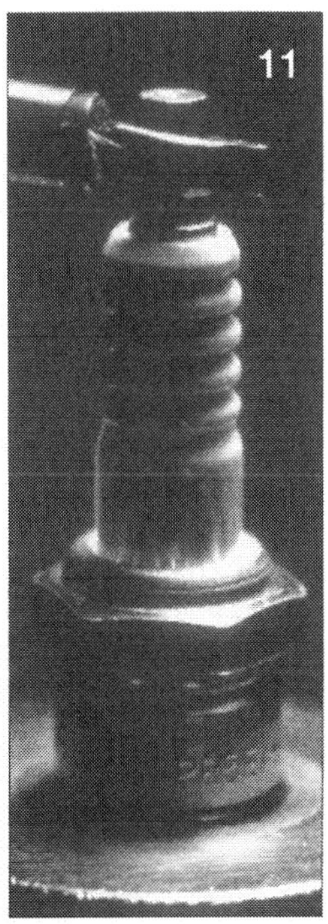

Bilder 5 bis 11 von links nach rechts:
5 normales Zündkerzengesicht
6 Isolator abgebrochen
7 Isolator beschädigt, starke Ablagerungen
8 verrußte Kerze
9 Anschmelzungen
10 Koronafleck zwischen Isolator und Metallkörper ...
11 ... Ursache ist Gas- und Flamm-Durchgang

Zündanlage prüfen
Zündzeitpunkt abblitzen
Fehlersuche in der Zündanlage

7. Bei trockenen Rußablagerungen können die Elektroden anfangen zu glühen, was zu unkontrollierten Fehlzündungen führt. Diese machen durch »Klopfen« (gut hörbar bei niedrigen Drehzahlen und starkem Beschleunigen) oder »Klingeln« (bei hoher Drehzahl und deshalb kaum zu hören) auf sich aufmerksam. Fehlzündungen führen möglicherweise auch dazu, dass der Kolbenboden durchbrennt oder Ventile und Ventilsitze verschmoren.

8. Sofern die Kerzen nicht allzu sehr verrußt sind, mit einer speziellen Zündkerzenbürste reinigen. Diese besitzt engmaschige, zu kleinen Büscheln zusammengefasste Messingdrähte.

9. Isolator auf Risse oder Absplitterungen untersuchen. Planflächen des Dichtrings müssen einwandfrei sein.

10. Die Zündkerze muss ausgewechselt werden, wenn sie einen Mangel aufweist, zum Beispiel:

- Mittelelektrode stark abgenutzt oder verbrannt
- Isolator gebrochen
- Gewinde beschädigt

Zündanlage prüfen

Bei der YAMAHA FJR 1300 ist es dank der hochmodernen, sehr zuverlässig arbeitenden Zündanlage nicht mehr notwendig, den Zündzeitpunkt einzustellen, denn Unterbrecherkontakte, die verschleißen könnten, sind nicht vorhanden und mechanische Frühzündungs-Verstellsysteme gibt es ebenfalls nicht. Eine im Rahmen einer Inspektion in der Fachwerkstatt durchgeführte Funktionskontrolle gilt vielmehr der kompletten Zündanlage bzw. ihrer Einzelkomponenten und dient nur der Sicherheit. Dazu sind spezielle Diagnosegeräte notwendig, die den Umfang einer Werkzeugausrüstung in der Hobbyschrauberwerkstatt bei weitem übersteigen.

Zündzeitpunkt abblitzen

1. Zündzeitpunkt-Prüfpistole (Stroboskoplampe) anschließen, Gebrauchsanleitung des Gerätes dabei unbedingt beachten, Klemme des Diagnose-Drehzahlmessers am Zündkabel von Zylinder 1 anschließen.

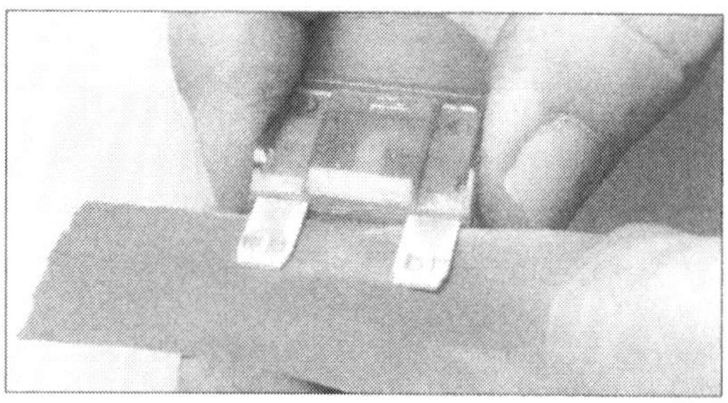

Bild 12: Korrodierte Zungen von Stecksicherungen mit Schmirgelpapier abziehen, das schafft sicheren Kontakt.

2. Unten am rechten vorderen Motordeckel neben der großen Schlitzschraube ist eine Kontrollbohrung angebracht, durch die die Zündung abgeblitzt wird. Die Markierung H muss bei 1000 bis 1100/min zu sehen sein. Wenn der Zündzeitpunkt nicht stimmt, liegt ein Fehler in der Zündanlage vor. Der Zündzeitpunkt kann nicht eingestellt werden.

Fehlersuche in der Zündanlage

Wenn die Zündanlage nicht funktioniert, also keinen oder nur einen unregelmäßigen Zündfunken liefert, folgendes auf einwandfreien Zustand kontrollieren:

- Haupt- und Zündungssicherung
- Batterie
- Zündkerzen
- Zündfunkenstrecke
- Widerstand des Zündkerzensteckers
- Widerstand der Zündspule
- Widerstand des Kurbelwellen-Sensors
- Zündschloss
- Motorstoppschalter
- Leerlaufschalter
- Seitenständerschalter
- Anlasssperrrelais
- Kabelverbindungen des gesamten Zündsystems

Um an alle zu kontrollierenden elektrischen Teile auch gut heranzukommen, müssen folgende Teile demontiert werden: Sitzbank, Kraftstofftank, Seitenabdeckungen, Frontverkleidung und Luftfiltergehäuse. Nehmen Sie bitte den elektrischen Schaltplan auf den Ausklappseiten am Ende des Buches zu Hilfe.

Zum Prüfen werden folgende Werkzeuge benötigt:

- Zündfunkenstrecken-Tester: Yamaha-Spezialwerkzeug, Bestellnummer 90890-06754
- Taschen-Multimeter: Yamaha-Spezialwerkzeug, Bestellnummer 90890-03112, oder ein herkömmliches Gerät aus dem Kraftfahrzeug-Werkzeughandel.

Haupt- und Zündungssicherungen

Die Hauptsicherung hat 50 Ampere, die Zündsicherung 10 Ampere. Sicherungen können an den Steckanschlüssen korrodiert sein. Um diesen Belag zu entfernen, arbeiten Sie entweder mit Kontaktspray oder ziehen die Einsteckzungen der Sicherung mit feinem Schmirgelpapier der Körnung 200 bis 400 ab.

Tipp: Checken Sie auch den gebogenen Draht in der Sicherung, denn dieser kann womöglich so fein gebrochen sein, dass man es von außen kaum sieht. Nehmen Sie dazu die beiden Einsteckzungen der Sicherung zwischen die Finger und drücken Sie diese ganz leicht zusammen: Wenn der Sicherungsdraht gebrochen ist, geht die Bruchstelle sichtbar auf.

Batterie

Batteriespannung messen, sie muss 12,8 Volt oder mehr betragen. Reinigen Sie die Polklemmen mit Kontaktspray und Schmirgelpapier, befestigen Sie die Kontakte neu, geben Sie etwas Polfett an die Anschlussstellen (siehe dazu auch Kapitel »Batterie und Lichtmaschine«).

Zündkerzen

Zustand der Zündkerzen auf Abbrand und korrekten Elektrodenabstand prüfen (siehe dazu auch Bild und Text weiter vorne in diesem Kapitel). Sowohl ein zu enger als auch ein zu weiter Elektrodenabstand beeinflussen einen korrekten Zündfunken. Der Elektrodenabstand muss 0,7 bis 0,8 mm betragen. Falls die Zündkerzen verschlissen sind, also Abbrand zeigen, erneuern! Neue Zündkerzen wirken oft Wunder.

Zündfunkenstrecke

Zum Messen der Zündfunkenstrecke sollten alle Zündkerzen ausgebaut sein. Achten Sie darauf, dass während des Messvorgangs und besonders während der Motor mit ausgebauten Zündkerzen über den Elektrostarter durchgedreht wird, die Zündkerzenstecker und Zündkabel keinen Massekontakt haben, also sicher und weit genug von allen Massepunkten abgehängt sind, so dass kein Funke überspringen kann.

- Den Zündkerzenstecker von der Zündkerze abziehen und wie in Bild 13 gezeigt an das Zündfunkenstrecken-Messgerät anschließen.
- Messabstand am Zündfunkenstrecken-Messgerät auf 6,0 mm einstellen.
- Zündschloss auf ON stellen, Starterknopf betätigen.
- Zündfunkenstrecke vergrößern, bis die Funkenstrecke abreißt.

Ist der Zündfunke bei allen vier Kerzensteckern im Zündfunkenstrecken-Messgerät länger als 6,0 mm, sind sowohl die Stecker als auch die Zündanlage in Ordnung. Ist der Zündfunke bei einem oder mehreren Kerzensteckern kürzer als 6,0 mm, muss der betreffende Zündkerzenstecker durchgemessen werden.

Widerstand des Zündkerzensteckers

- Zündkerzenstecker vom Zündkabel abziehen.
- Taschenmultimeter am Zündstecker anschließen wie in Bild 14 gezeigt: Minus (–) in den Anschluss des Zündkabels, Plus (+) in den Anschluss der Zündkerze
- Widerstand des Zündkerzensteckers muss 10 kΩ betragen (Messtemperatur 20 °C).

Liegt der Widerstand außerhalb von 10 kΩ, Kerzenstecker erneuern.

Widerstand der Zündspule

Messen des Primärwicklungs-Widerstands:

- Zündspulenkabel vom Kabelbaum abtrennen.
- Taschenmultimeter auf Ω x 1K einstellen und wie in Bild 15 gezeigt an die Zündspule anklemmen: Minus (–) auf Rot/Schwarz, Plus (+) auf Orange (Grau/Rot)
- Primärwiderstand muss 1,53 bis 2,07 Ω betragen (Messtemperatur 20 °C).

Messen des Sekundär-Widerstands:

- Taschenmultimeter auf Ω x 1K einstellen und an die Zündspule anschließen wie in Bild 16 gezeigt: Minus (–) an das eine Zündkabel 1, Plus (+) an das andere Zündkabel.

Fehlersuche in der Zündanlage

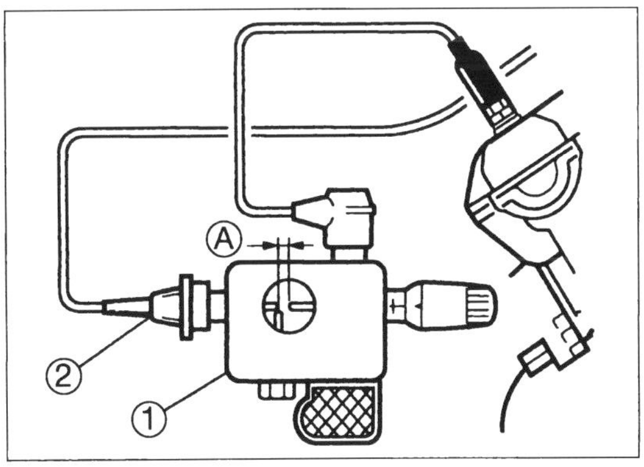

Bild 13: Einstellbares Messgerät (1) zum Messen der Zündfunkenstrecke (A).

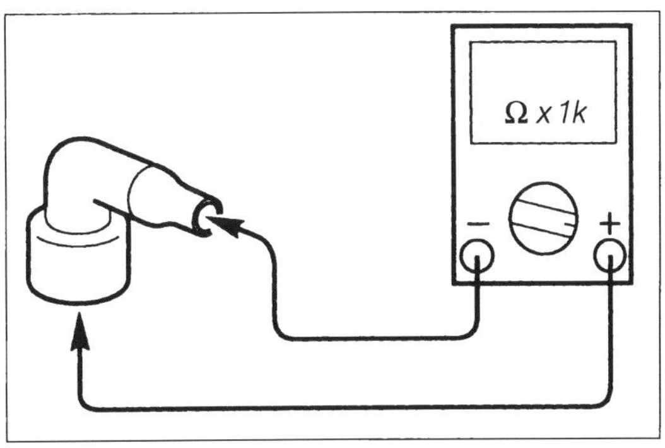

Bild 14: Zum Messen des Widerstandes des Zündkerzensteckers genügt ein Taschenmultimeter.

Zündanlage prüfen

Fehlersuche in der Zündanlage

■ Der Sekundärwicklungs-Widerstand muss 12 bis18 kΩ betragen (Messtemperatur 20 °C).

Liegen die gemessen Widerstände außerhalb des vorgeschriebenen Bereichs, ist wahrscheinlich die Zündspule defekt und muss erneuert werden.

Widerstand des Kurbelwellen-Sensors

■ Steckverbindung des Kurbelwellen-Sensors vom Kabelbaum trennen.

■ Taschenmultimeter auf Ω x 100 einstellen und wie in Bild 17 gezeigt an den Steckverbinder des Kurbelwellen-Sensors anschließen: Negativ (–) an Grau/Gy, Positiv (+) an Schwarz/B

■ Widerstand des Kurbelwellen-Sensors muss 420 bis 569 Ω betragen (Messtemperatur 20 °C).

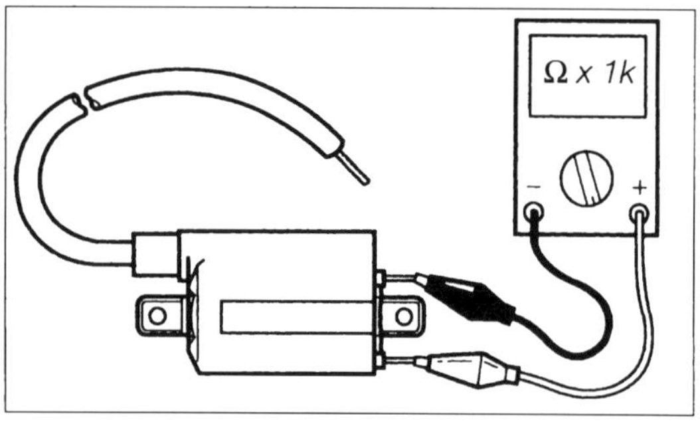

Bild 15: Messung des Widerstands der Primärwicklung der Zündspule.

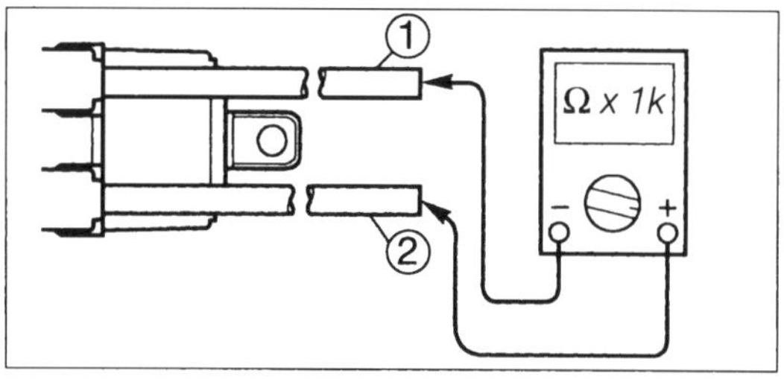

Bild 16: Messung des Widerstands der Sekundärwicklung der Zündspule. (1) und (2) sind die Anschlüsse der Zündkabel.

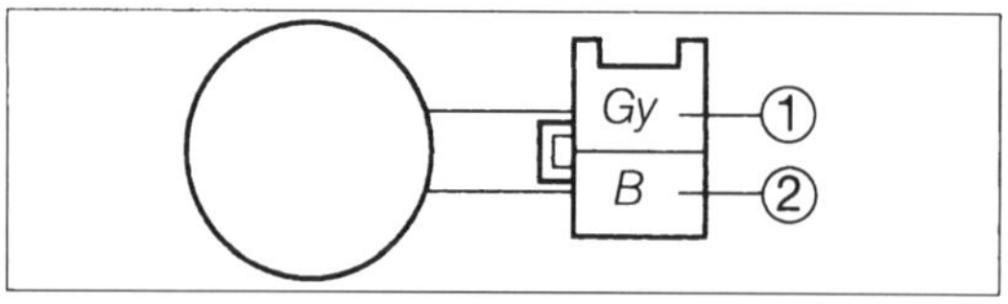

Bild 17: Messung des Widerstands des Kurbelwellenpositions-Sensors.

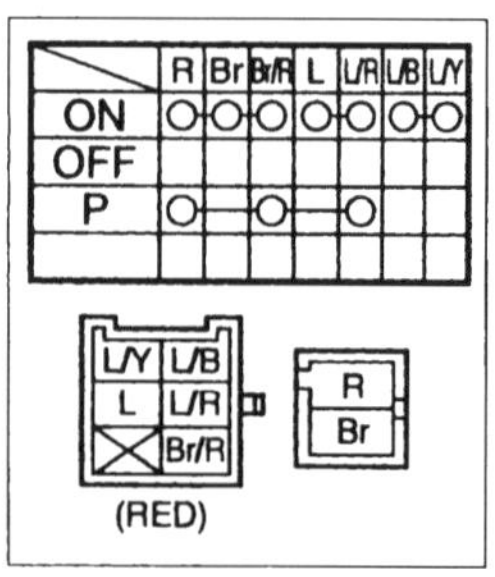

Bild 18: Anschlüsse des Zündschlosses.

Farbbezeichnungen:
R = Rot
Br = Braun
Br/R = Braun/Rot
L = Blau
L/R = Blau/Rot
L/B = Blau/Schwarz
L/Y = Blau/Gelb

Liegen die gemessen Widerstände außerhalb des vorgeschriebenen Bereichs, ist wahrscheinlich der Kurbelwellen-Sensor defekt und muss erneuert werden.

Zündschloss

Das Zündschloss kann oft Wurzel vieler Elektrikprobleme sein. Besonders wenn der Fahrzeugbesitzer am Zündschlüssel seinen ganzen Schlüsselbund angehängt hat, ist höchste Vorsicht geboten, denn dann besteht die Gefahr, dass das schwere Gewicht des Schlüsselbunds am Zündschlüssel durch die beim Fahren entstehenden Vibrationen die Innereien des Zündschlosses zerbricht und Wackelkontakte entstehen können.

Die Stromkreise der Schalter laut entsprechendem Diagramm in Bild 18 mit dem Taschenmultimeter auf freien Durchgang prüfen. Ist der Durchgang nicht einwandfrei, alle Kabelanschlüsse kontrollieren.

Tipp: Wurde ein Motorrad über längere Zeit mit einem dickem Schlüsselbund am Zündschlüssel gefahren (Erkennungsmerkmal: Abgeschabte Stellen rings um das Zündschloss herum auf der oberen Gabelbrücke) und es ist ein Elektrofips aufgetaucht, das Zündschloss ganz genau durchprüfen, ggf. gegen ein erwiesenermaßen intaktes Zündschloss tauschen, dieses provisorisch anbringen und Maschine erneut testen.

Achtung: Die Steckverbinder nicht kabelseitig, sondern an der Anschlussklemme messen. Damit wird vermieden, dass die Kabelanschlüsse eventuell durch die Messspitze gelöst oder beschädigt werden.

Vor Beginn der Prüfung den Taschenmultimeter auf 0 und den Wahlschalter auf Ω x 1 stellen. Vor der Prüfung des Durchgangs den Schalter mehrmals betätigen.
0-0 weist auf Durchgang für die jeweilige Schalterstellung hin.

Motorstoppschalter

Motorstoppschalter (»Killschalter«) am rechten Lenkerende mit dem Taschentester auf Durchgang kontrollieren. Wenn er defekt ist, erneuern.

Fehlersuche in der Zündanlage

Leerlaufschalter

Den Leerlaufschalter am Getriebe auf Durchgang kontrollieren. Wenn der Motor im Leerlauf nur mit gezogener Kupplung startet und beim Einlegen eines Gangs und Einkuppeln abstirbt, kann der Leerlaufschalter defekt sein. Am Stecker auf Durchgang kontrollieren. Ist er defekt, erneuern.

Seitenständerschalter

Seitenständerschalter auf Funktion prüfen:

- Motor mit ausgeklapptem Seitenständer und eingelegtem Leerlauf starten.
- Kupplung ziehen, Gang einlegen: Motor muss ausgehen.

Umkehrprobe:

- Motor mit eingeklapptem Seitenständer und eingelegtem Leerlauf starten.
- Kupplung ziehen, Gang einlegen.
- Kupplung gezogen halten, Seitenständer ausklappen: Motor muss ausgehen.

Hat der Seitenständerschalter diese Tests bestanden, ist er mechanisch und elektrisch in Ordnung.

Falls sich der Motor weder mit ein- noch mit ausgeklapptem Seitenständer im Leerlauf starten lässt und auch eine gezogene Kupplung nicht weiter hilft, den Seitenständerschalter durchmessen, Durchgangsmessung an den Kabelanschlüssen blau-blau:

- Bei eingeklapptem Seitenständer muss Durchgang bestehen.
- Bei ausgeklapptem Seitenständer darf kein Durchgang bestehen.

Tipp: Der Seitenständerschalter ist mit Kreuzschlitzschrauben befestigt, an die man schlecht herankommt. Muss der Schalter ausgewechselt werden, den kompletten Seitenständer abbauen, dann kommt man an die Schrauben besser ran.

Anlasssperrrelais

Das Anlasssperrrelais sitzt unter der Sitzbank. Es verhindert, dass der Anlasser in Betrieb geht, wenn bei laufendem Motor der Anlasserknopf betätigt wird,.

- Kabel des Anlasssperrrelais vom Kabelbaum trennen.
- Taschenmultimeter wie in Bild 20 gezeigt anschließen: Plus (+) an Blau/Grün, Minus (–) an Blau/Gelb
- Es muss Stromdurchgang bestehen.

Umkehrprobe:

- Plus (+) an Blau/Gelb, Minus (–) an Blau/Grün:
- Es darf kein Stromdurchgang bestehen.

Falls die Messergebnisse nicht in Ordnung sind, ein neues Anlasssperrrelais einbauen (siehe auch Kapitel »Anlasser und Anlasserfreilauf«).

Verkabelung

Verkabelung der gesamten Zündanlage kontrollieren, insbesondere auf:

- gebrochene oder nicht fest sitzende (lose) Anschlüsse, insbesonders in den Steckern und dort, wo die Kabel mit den Steckern verbunden sind
- korrodierte Steckverbindungen
- gebrochene Kabel: Diesen muss man es nicht von außen ansehen, geknickte oder gequetschte Kabel können auch innen gebrochen sein.

Tipp: Falls nur ein schwacher, unregelmäßiger oder überhaupt kein Zündfunke erscheint, das Motorsteuergerät erneuern. Bevor jedoch für teures Geld ein neues gekauft wird, ein erwiesenermaßen intaktes provisorisch anschließen.

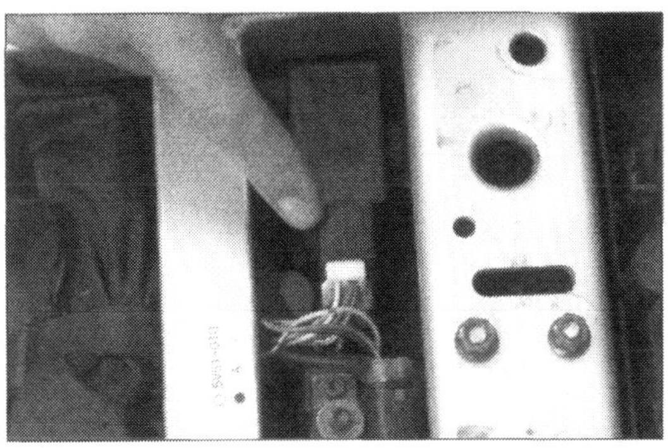

Bild 19: Das Anlasssperrrelais sitzt unter der Sitzbank.

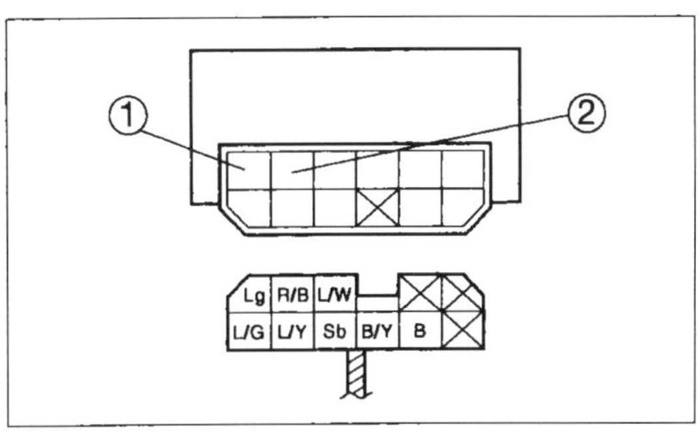

Bild 20: Anschlüsse des Anlasssperrrelais. Zwischen 1 und 2 muss Durchgang bestehen.

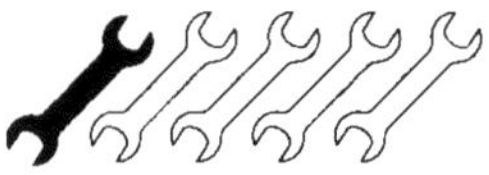

Schmiersystem

Motoröl

Schmiersystem

In diesem Kapitel: Schmiersystem · Das richtige Öl für den Motor · Schemazeichnung des Ölkreislaufs · Der richtige Ölstand · Ölwechsel · Öldruck messen · Öldruckregler überprüfen, aus- und einbauen · Ölstandschalter prüfen und wechseln · Ölkühler aus- und einbauen · Ölpumpe: Verschleißmaße, ausbauen, zerlegen, prüfen und vermessen, zusammenbauen, einbauen · Mögliche Probleme im Ölkreislauf · Öl im Hinterachsantrieb wechseln.

Schmiersystem

Bild 1: Ölkreislauf der FJR in Seitenansicht. Die per Kette von der Kurbelwelle angetriebene Ölpumpe fördert das Motoröl von der Ölwanne zu sämtlichen Stellen im Motor, die Schmierung benötigen.

Nasssumpf-Druckumlaufschmierung mit vom Kühlwasser umspülten Ölkühler, kettengetriebene Trochoidenölpumpe, Öldruckregler, Ölsieb, Feinstölfilter (Ölfilterpatrone).

Motoröl-Füllmengen:

- 3,8 Liter ohne Filterwechsel
- 4,0 Liter mit Filterwechsel
- 4,9 Liter, wenn der Motor nach einer Zerlegung wieder befüllt wird.

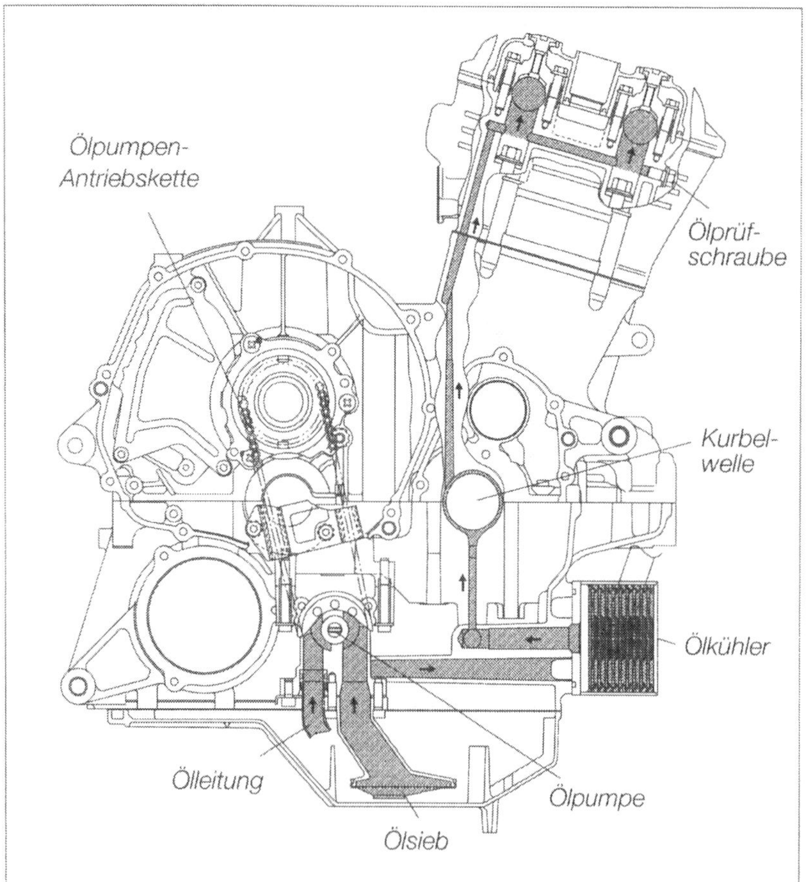

Motoröl

Mineralöl oder Synthetiköl?

Es gibt zwei verschiedene Motorölsorten: Mineralöl und synthetisches Öl. Mineralöl ist billiger, halb- oder vollsynthetisches Öl teurer. Der Motor der FJR 1300 kann mit beiden Ölen betrieben werden. Für welches Öl man sich entscheidet, ist vielfach Geschmackssache. Die einen bevorzugen Mineralöl (Preisfrage), die anderen glauben, das teure Synthetiköl sei besser.

Ein genereller Ratschlag, ob Mineralöl oder Synthetiköl besser ist, kann nicht gegeben werden. Im Zweifelsfalle fragen Sie Ihren Yamaha-Motorradhändler. Er hat viel Erfahrung und ist immer gut informiert, welche Ölmarken und Ölsorten von Yamaha freigegeben bzw. empfohlen werden.

Yamaha schreibt für den Vierzylinder-Reihenmotor der FJR 1300 folgende Motoröle vor:

»Yamahalube 4. Ganzjährig SAE 10W40, nur im Sommer SAE 20W40 oder SAE 20W50. Spezifikationen nach API oder mindestens »SE«.

Dieser knappe Text sagt deutlich:

- Es können herkömmliche Motorrad-Motorenöle verwendet werden.
- Irgendwelche Ölzusätze brauchen nicht verwendet zu werden. Wir raten sogar dringend davon ab.
- Für die FJR 1300 nicht verwenden sollten Sie die so genannten »Leichtlauföle« SAE 5 oder Ultra-Mehrbereichsöle SAE 0W50. Diese Öle sind speziell für Autotriebwerke entwickelt worden, wo ja weder Kupplung noch Getriebe im Ölbad laufen. Für Motorradmotoren sind sie daher nicht geeignet.

Die Marke »Yamahalube« ist eine eigene Ölmarke von Yamaha, die jedoch außerhalb Japans nur wenig verbreitet ist. Deswegen arbeitet Yamaha auf dem Ölsektor mit Shell zusammen und empfiehlt Shell-Öle für die FJR 1300.

Shell entwickelte unter dem Namen ADVANCE verschiedene Öle und Schmiermittel speziell für Motorräder. Aus diesem Programm sind für die FJR 1300 besonders die vollsynthetischen Öle ADVANCE Ultra 4 SAE 15W40, das halbsynthetische Shell ADVANCE VSX 15W50 oder das Mineralöl Shell ADVANCE SX4 SAE 15W40 geeignet.

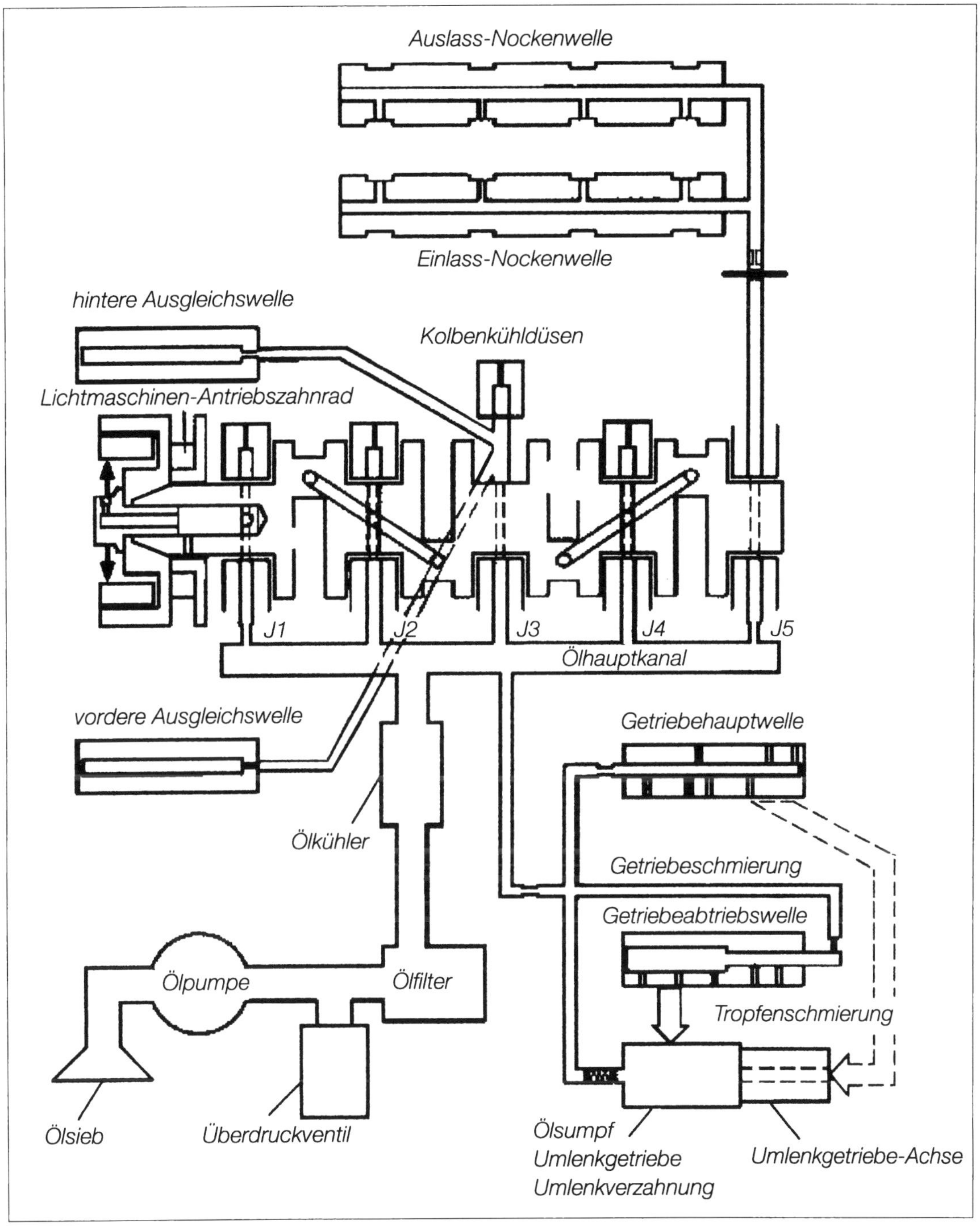

Richtiger Motorölstand

Bild 2: Aus dem Ölsumpf pumpt die Ölpumpe das Motoröl zunächst durch den Ölfilter und den Ölkühler. Danach verzweigt sich der Ölstrom: Ein Teil wird zum Getriebe gefördert, wo es Lagerstellen, Zahnräder und das vordere Winkelgetriebe schmiert. Der andere Teil fließt durch den Motor und schmiert Nockenwellen, Kurbelwelle, Pleuel, Lichtmaschinenantrieb und Ausgleichswellen.

Richtiger Motorölstand

Rechts neben dem Ölschauglas sind zwei Körnermarkierungen angebracht:

- Die obere Körnermarkierung bedeutet »maximaler Ölstand«.
- Die untere Körnermarkierung bedeutet »minimaler Ölstand«.

Die Ölmenge zwischen der unteren und der oberen Körnermarkierung am Ölschauglas beträgt 0,10 bis 0,15 Liter. Der Ölstand sollte sich zwischen den beiden Körnermarkierungen befinden, also weder darunter (dann ist zu wenig Öl im Motor) noch darüber (dann ist zu viel Öl im Motor). Zur Kontrolle des Motorölstandes muss die Maschine auf ebenem Untergrund absolut senkrecht und waagerecht stehen, also NICHT schräg auf dem Seitenständer! Nach dem Abstellen des Motors eine halbe bis eine Minute warten, bis alles Öl in die Ölwanne abgelaufen ist. Dann erst den Ölstand beurteilen.

Motoröl nachfüllen

Ölwechsel

Tipp: Zur Kontrolle des Ölstands darf das Motorrad nicht schräg nach links geneigt auf dem Seitenständer abgestellt werden, sondern muss unbedingt waagerecht und senkrecht stehen. Schon wenige Winkelgrade nach rechts oder links sowie jede noch so geringe Steigung oder Gefälle des Untergrunds verfälschen die Ablesung des Ölstandes.

Wenn das Schauglas ganz voll und kein Pegelstand zu sehen ist, die Maschine etwas nach rechts neigen, bis der Ölstand erscheint. Überschreitet die Standschräglage ungefähr zehn Grad zur Senkrechten und es ist vom Pegelstand im Schauglas immer noch nichts zu sehen, ist garantiert zu viel Öl im Motor. Dann hat der Mechaniker beim Ölwechsel zu viel Öl eingefüllt. Oder Sie haben bei der letzten Ölkontrolle zu viel nachgekippt.

Motoröl nachfüllen

Wenn das Ölschauglas leer ist, die Maschine etwas nach links neigen, bis der Ölstand erscheint. Motorrad senkrecht abstellen, einige Minuten warten und nochmals kontrollieren. Wenn jetzt immer noch zu wenig Öl im Schauglas zu sehen ist, etwas Öl nachfüllen. 0,1 bis 0,2 Liter reicht aus, um den Ölstand in die Mitte des Schauglases oder knapp darüber zu hieven.

Falls Sie kein Öl zum Nachfüllen dabei haben, lassen Sie sich vom Tankwart nicht einen Liter vom teuersten Öl aufschwatzen, sondern verlangen exakt die Ölsorte, die Sie im Motor drin haben, also entweder das vorgeschriebene oder das ebenfalls verwendbare halb- oder vollsynthetische Öl.

Bild 3: Das Ölstand-Schauglas befindet sich auf der linken Motorseite. Die obere Körnermarkierung stellt den maximalen, die untere den minimalen Ölstand dar. Bei gerade stehender Maschine muss sich das Ölniveau zwischen beiden Markierungen befinden.

Wenn es das nicht gibt, können Sie zum Nachfüllen folgende Motoröle miteinander mischen:

- Wenn Mineralöl im Motor und kein Mineralöl zum Auffüllen vorhanden ist, mit halbsynthetischem Öl auffüllen.
- Wenn halbsynthetisches Öl im Motor ist, kann mit vollsynthetischem oder Mineralöl aufgefüllt werden.
- Wenn vollsynthetisches Öl im Motor ist, kann mit halbsynthetischem aufgefüllt werden.

Tipp: Vor einer längeren Fahrt zu Hause den Ölstand kontrollieren und ggf. mit dem richtigen Öl bis knapp an die obere Markierung des Ölschauglases auffüllen. Wer auf mehrtägige Fahrt geht, sollte sich eine flache, 0,5 bis 0,75 Liter fassende, Plastikflasche mit dem Motoröl auffüllen, das garantiert im Motor drinnen ist, und die Flasche ins Fach unter den Soziussitz packen. Entsprechende Flaschen gibt es z. B. im Chemiefachhandel. Die Flasche sollte eine dicke Wand haben (wegen Scheuern im Werkzeugfach) und eine kleine Öffnung (zum leichten Einfüllen durch das kleine Einfüllloch) mit dichtem Schraubverschluss. Die Flasche zur Sicherheit mit einem Lappen umwickelt im Werkzeugfach bunkern. Dieser dient dann auch zum Finger Abputzen beim Ölauffüllen.

Ölwechsel

Ölwechsel ist bei 1000 km (1 Monat), danach alle 10 000 km vorgeschrieben. Egal, welche Fahrleistung man im Jahr schafft, sollte einmal im Jahr ein Ölwechsel gemacht werden. Von Yamaha wird zwar nur bei jedem zweiten Ölwechsel auch ein Wechsel des Ölfilters vorgeschrieben, wir meinen jedoch, dass der Ölfilter bei jedem Ölwechsel erneuert werden sollte.

Denn sobald der Motor läuft, befindet sich das Öl in ständigem Kreislauf vom Ölsumpf durch den Ölfilter zu allen Motorschmierstellen, tropft von dort wieder ab zurück in den Ölsumpf, um dann erneut durch den Filter zu den Schmierstellen gedrückt zu werden. Der Ölfilter fängt feinste Schmutzpartikel auf und hindert sie daran, in die Lagerstellen vorzudringen und dort möglicherweise irreparable (Lager-) Schäden anzurichten.

Tipp: Motoröl nur in betriebswarmem Zustand wechseln, also vorher den Motor mindestens zehn Kilometer warm fahren. Damit wird sichergestellt, dass Metallabriebteile, die sich noch nicht abgesetzt haben, sondern noch in der Schwebe sind, vom heißen Öl aufgenommen und beim Ablassen mit herausgespült werden.

Falls der Motor einige Monate nicht mehr gelaufen ist, kann man das Motoröl auch kalt ablassen. Allerdings muss man dann den Motor über Nacht in Ruhe austropfen lassen.

Motoröl ablassen

Zum Aus- und Anschrauben des Ölfilters ist ein spezieller Ölfilterschlüssel nötig (Yamaha-Ersatzteilnummer 5JW-13440-00; passende Schlüssel sind auch im Zubehörhandel erhältlich). Verwenden Sie ausschließlich originale Yamaha-Ölfilter.

Achtung: Dem Altöl keine anderen Flüssigkeiten beimischen, wie z. B. Brems- oder Kühlflüssigkeit. Diese extrem giftigen und wenig umweltfreundlichen Betriebsstoffe müssen in extra Behältern aufgefangen und zu Problemstoff-Sammelstellen gebracht werden.

Achtung: Keine Getränkeflaschen als Altölbehälter verwenden! Besser sind etwa alte Benzinkanister, die mit einem dauerhaften Etikett »Altes Motoröl« oder »Alte Bremsflüssigkeit« versehen werden.

1. Maschine auf Mittelständer stellen, Verkleidungsseitenteile abbauen.
2. Geeignetes Auffanggefäß mit mindestens 5 Litern Fassungsvermögen unter den Motor schieben.

Achtung: Dieses Gefäß muss so groß sein, dass es den Bereich von Ölablassöffnung und Ölfilter unterm Motor nicht nur abdeckt, sondern allseitig um mindestens zehn Zentimeter übersteht. Es gibt im Motorrad-Zubehörhandel kombinierte Ölfangwannen-Behälter, bei denen das Öl in eine Wanne und von dort direkt in den Sammelbehälter läuft. Dieser ist verschließbar und mit einem Tragegriff versehen, also leicht transportabel. Das Altöl zur Ölsammelstelle bringen, wo es umweltgerecht entsorgt wird.

3. Stopfen der Öleinfüllöffnung herausdrehen.

Motoröl ablassen

4. Ölablassschraube öffnen. Dazu einen abgekröpften Ringschlüssel oder eine Sechskantnuss verwenden. Ölablassschraube ausdrehen.

Achtung: Wenn die Ölablassschraube ihren letzten Gewindegang erreicht hat, beginnt das Öl bereits zu laufen. Finger rasch wegziehen! Es ist besser, die Ölablassschraube mit dem ersten Schuss Öl ins Auffanggefäß fallen zu lassen als sich am heißen Öl die Finger zu verbrühen! Öl läuft erst im Strahl, nach einiger Zeit nur noch tropfenweise. Also geduldig warten, bis auch der letzte Tropfen im Auffanggefäß gelandet ist.

5. Ölfilter mit einem passenden Aufsteckschlüssel oder einem Ölfilterband abschrauben. In der allergrößten Not (im australischen Busch) kann man auch eine große Wasserpumpenzange verwenden. Altöl auch aus dieser Öffnung lange genug auslaufen und abtropfen lassen.

Bild 4: Ölablassschraube mit einer Nuss öffnen und ausdrehen. Wenn das Öl zu laufen beginnt – Finger weg, heiß!

Bild 5: Zum Auffangen des Altöls eignen sich am besten spezielle Gefäße, die gleichzeitig als Sammel- und Transportbehälter dienen.

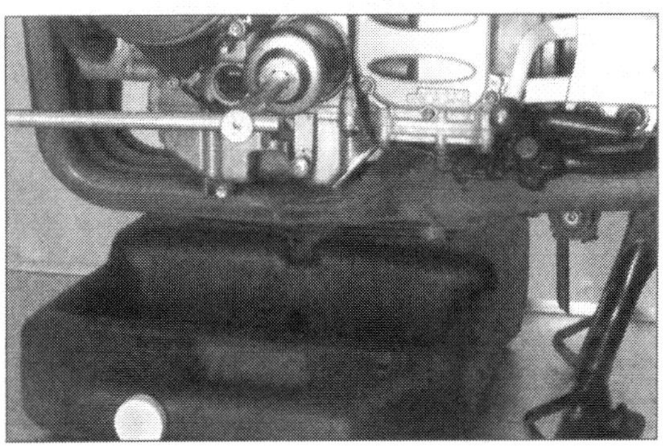

Bild 6: Zum Ab- und Anschrauben des Ölfilters wird ein spezieller Ölfilterschlüssel benötigt. Auf diesem Bild ist die oben angesprochene Altöl-Auffangwanne gut zu sehen.

Sichtprüfung Messen

Neuen Ölfilter anschrauben, Öl einfüllen

Öldruck messen

Neuen Ölfilter anschrauben, Öl einfüllen

Tipp: Die Ölablassschraube des Motors hat keinen magnetischen Kern, dafür aber die Ölablassschraube des Hinterachsantriebs. Sie passt auch in das Gewinde der Motorölwanne, kann also als Yamaha-Ersatzteil gekauft und eingeschraubt werden. Eine magnetische Ablassschraube entzieht dem Öl winzige Metallspäne (Abrieb durch Motorverschleiß) und hält sie fest.

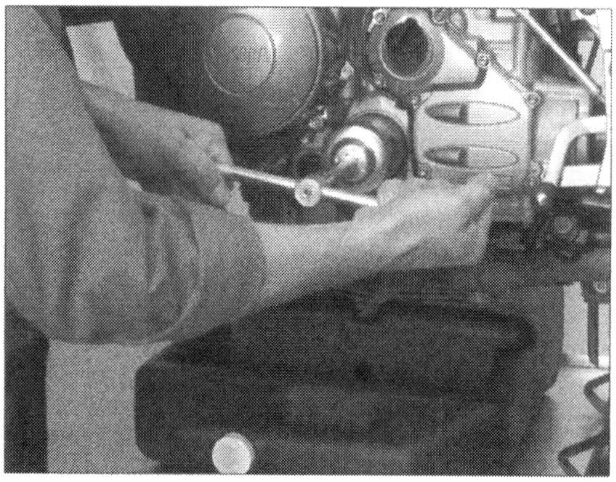

Bild 7: Beim Abbau des Ölfilters darauf achten, dass das Auffanggefäß bis unter den Ölfilter reicht!

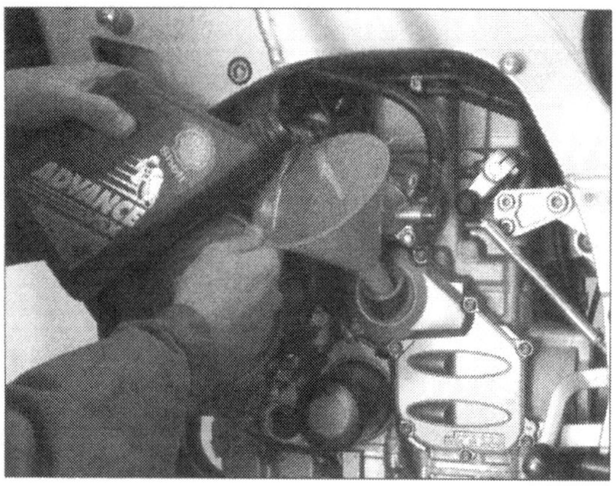

Bild 8: Um beim Öleinfüllen nicht zu kleckern, am besten einen Trichter verwenden ! Wenn der Filter mit gewechselt wurde, beträgt die Füllmenge 4,0 Liter.

Bild 9: Vor dem Eindrehen des Öleinfüllstopfens den O-Ring kontrollieren. Weist der Brüche, Risse oder Quetschungen auf, muss ein neuer eingesetzt werden.

1. Anlageflächen des Ölfilters und der Ölablassschraube am Motor mit einem sauberen, nicht fusselnden Lappen abwischen.
2. Ölablassschraube mit neuem Dichtring versehen, eindrehen und festziehen (43 Nm).
3. Dichtring des neuen Ölfilters mit frischem Motoröl bestreichen, Einschraubgewinde ebenfalls. Ölfilter von Hand andrehen, bis Filterdichtung an der Dichtfläche am Motorgehäuse anliegt.
5. Filterpatrone mit Ölfilterschlüssel anziehen. Anzugsdrehmoment 17 Nm.
6. Durch die Einfüllöffnung links oben am Motorgehäusedeckel frisches Öl einfüllen. Richtige Füllmengen siehe am Anfang dieses Kapitels.
7. Nicht vergessen: In die Einfüllöffnung den Schraubstopfen eindrehen und handfest anziehen.

Achtung: Am Ende des Gewindes des Verschlussschraubstopfens ist ein kleiner O-Ring eingesetzt. Diesen kontrollieren, ob er in Ordnung ist, also keine geklemmte oder ausgerissene Stelle hat. Sollte er beschädigt sein, unbedingt erneuern. Keine Zange benutzen, um damit den Stopfen besonders fest eindrehen zu wollen – nur handfest anziehen!

8. Motor starten und zwei bis drei Minuten im Leerlauf laufen lassen: Der Ölfilter muss sich füllen. Ölfilterrand und Ölablassschraube auf Dichtheit prüfen.
9. Motor wieder abstellen und den Ölstand nach ein paar Minuten kontrollieren. Der Ölstand im Ölschauglas sollte nun in der Mitte des Schauglases liegen.

Achtung: Zwischen oberer und unterer Körnermarkierung liegen gerade einmal 0,15 Liter Öl. Motoröl nie über Maximalstand auffüllen. Altöl niemals einfach wegschütten, sondern an einer Sammelstelle oder Tankstelle abliefern. Jeder Ölverkäufer ist zur Rücknahme einer entsprechenden Menge Altöls verpflichtet! Beim Kauf von neuem Öl die Quittung aufbewahren und bei der Rückgabe des Altöls vorzeigen!

Öldruck

Öldruck messen

Der Öldruck sollte ab einer gewissen Laufleistung regelmäßig überprüft werden. Daraus lassen sich nicht nur Rückschlüsse auf den Zustand des Schmiersystems ziehen, sondern auch z. B. auf den Zustand der Kurbelwellenlager.

1. Öldruck bei betriebswarmem Motor und korrektem Ölstand kontrollieren. Die Ölstandswarnanzeige muss richtig funktionieren.
2. Rechte Seitenverkleidung demontieren.
3. Öldruck-Kontrollschraube (bzw. Entlüftungsschraube) rechts oben am Zylinderkopf neben der Befestigung des Auspuffkrümmers lockern.
4. Verschlussschraube des Motorölkanals herausdrehen. Diese Bundschraube mit Innensechskant sitzt rechts unten am Motor unterhalb des vorderen Motordeckels. Gegebenenfalls muss dafür der davor liegende Wasserschlauch etwas zur Seite gedrückt werden.
5. Öldruckmesser mit einem passenden Adapter an den Motorölkanal anschließen (Spezialwerkzeug siehe Kapitel »Werkzeug«).
6. Motor starten und mit Standgas laufen lassen, bis an der oberen Öldruck-Kontrollschraube Motoröl austritt. Damit ist garantiert, dass sich in der Ölsteigleitung keine Luft mehr befindet, welche die Öldruckmesswerte beeinflussen könnte.

Achtung: Tritt nach einer Minute noch immer kein Öl aus, Motor abstellen, um Schäden am Motor zu vermeiden!

7. Öldruck-Kontrollschraube wieder festziehen (Anzugs-Drehmoment: 20 Nm).
8. Öldruck vom Öldruckmesser ablesen.
■ Der Öldruck muss bei 1000 bis 1100/min und 73 °C Öltemperatur 0,65 bar betragen.

Achtung: Yamaha macht zum korrekten Öldruck verschiedene Angaben, diese reichen von »0,35 bar« bis »0,65 bar« bei 1000 bis 1100/min. Erfahrungen aus Yamaha-Fachwerkstätten nennen Werte von ca. 5,0 bar (± 10 Prozent) bei einer Drehzahl von 5500 bis 6000/min.

Falls der Öldruck niedriger ist, können folgende Ursachen vorliegen:
■ Ölfilter verstopft
■ Ölkanal undicht
■ Ölpumpe defekt
■ Schadhafte Dichtung im Motorölsystem
■ Kurbelwellenlager defekt
Eventuell liegt auch eine Kombination mehrerer Fehler vor.

Falls der Öldruck höher ist, können folgende Ursachen vorliegen:
■ Ölviskosität zu hoch (zu dickes Öl im Motor)
■ Ölkanal verstopft
■ Ölfilter beschädigt

Verschlussschraube des Motorölkanals wieder anbringen:
■ Schraube eindrehen und mit 12 Nm festziehen.

Öldruckregler überprüfen

Öldruckregler überprüfen
Wenn der Öldruck zu niedrig ist, könnte auch der Öldruckregler (auch »Ölüberdruckventil« genannt) fest hängen. Dieser Schaden ist bei einem normal gewarteten und gepflegten Motor nicht zu erwarten. Er kann allerdings dann auftreten, wenn ein Motor nach einem kapitalen Motorschaden neu aufgebaut und vorher nicht richtig sauber gemacht wurde – es sich also noch Reste des Schadens im Motor befinden, wie z. B. Metallspäne nach einem Kolbenfresser oder extremen Lagerschäden.

Falls der Öldruckregler nachgesehen werden muss: Zum Ausbauen des Reglers die Ölwanne entfernen (Öl vorher ablassen!). Reglerfunktion durch Eindrücken des Kolbens mit einer geeigneten Stange überprüfen: Regler darf nicht hängen.

Falls er doch hängt: Regler ausbauen, zerlegen, Reglerkolben und Kolbenbohrung auf Fressstellen untersuchen und diese ggf. beseitigen. Federspannung prüfen: Wenn die Feder lahm ist, neue Feder einsetzen, neue O-Ringe verwenden. In umkehrter Reihenfolge der Zerlegung zusammenbauen.

Bei dieser Gelegenheit sollte auch das Ölsieb abgeschraubt und gereinigt werden. Beim Einbau mit dem Pfeil in Fahrtrichtung ausrichten.

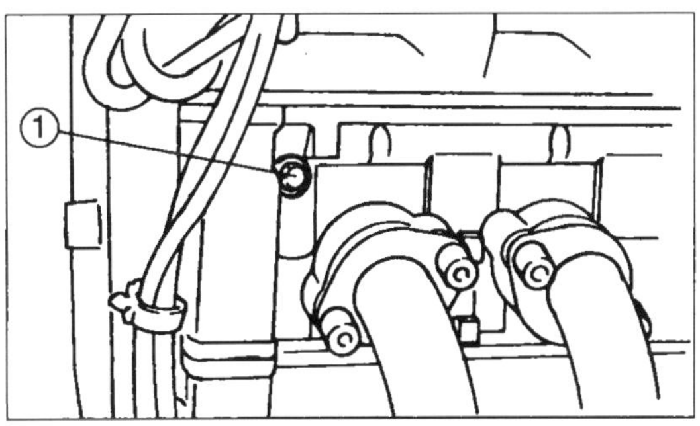

Bild 10: Die Öldruck-Kontrollschraube (1) befindet sich rechts oben am Zylinderkopf oberhalb der Befestigung des Auspuffkrümmers.

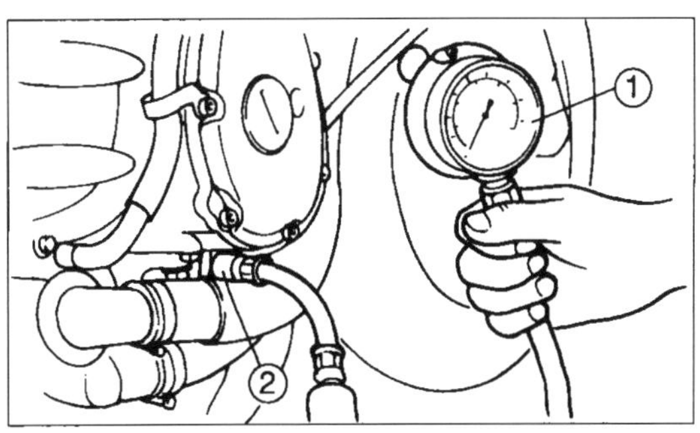

Bild 11: Der Öldruckmesser (1) wird mit einem passenden Adapter (2) auf der rechten Motorseite an den Ölkanal angeschlossen.

Ölstandschalter wechseln

Ölkühler aus- und einbauen

Verschleißmaße der Ölpumpe

Ölstandschalter

Beim Einschalten der Zündung leuchtet die Ölstand-Kontrollleuchte im Cockpit auf, eine rote Leuchte mit einem Ölkännchen-Symbol. Sie erlischt nach kurzer Zeit wieder, wenn sich genügend Motoröl im Motor befindet. Erlischt die Ölstand-Kontrollleuchte nicht, ist der Motoröl-Stand zu überprüfen (weiter vorn in diesem Kapitel).

Ist der Motorölstand korrekt und leuchtet die Lampe weiterhin, deutet dies auf einen defekten Ölstandschalter hin.

Leuchtet die Ölstand-Kontrollleuchte beim Einschalten der Zündung nicht auf, müssen Lampe, Lampenfassung und Kabelverbindung der Ölstand-Kontrollleuchte geprüft werden (siehe Kapitel »Beleuchtung«). Sind Lampe und Lampenfassung der Ölstand-Kontrollleuchte einwandfrei, deutet dies ebenso auf einen defekten Ölstandschalter hin.

Der Ölstandschalter sitzt links hinten an der Ölwanne, ungefähr unterhalb des Ölfilters. Zum Ausbau des Ölstandsschalters muss das Motoröl abgelassen werden.

Ölstandschalter wechseln

1. Der Ölstandschalter ist mit zwei M6-Schrauben befestigt. Diese ausdrehen und den Ölstandschalter mit leichten Drehbewegungen aus seiner Passbohrung herausziehen.

2. Dem Kabel, welches vom Ölstandschalter nach oben zum Kabelbaum führt, nachfolgen und den Stecker trennen.

3. Neuen Ölstandschalter mit neuem O-Ring versehen mit etwas frischem Motoröl bestreichen, mit leichten Drehbewegungen in seine Sitzbohrung einführen, bis die Sitzfläche des Flansches ganz an der Passfläche der Ölwanne anliegt.

4. Schrauben eindrehen und mit 12 Nm festziehen. Kabel verlegen und Stecker zusammenstecken.

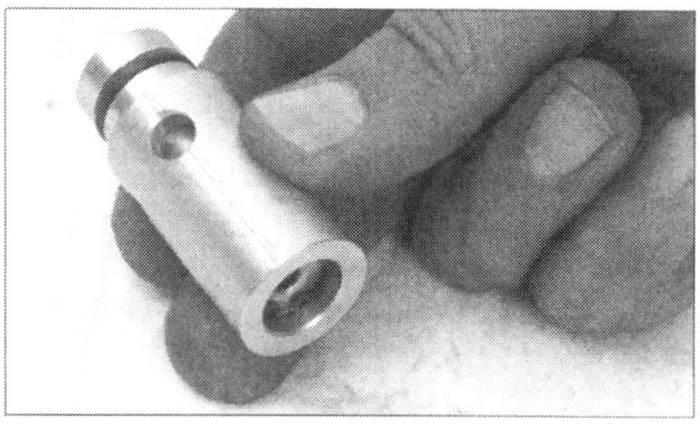

Bild 12: Der Öldruckregler besitzt innen einen federbelasteten Kolben, der entsprechend dem Öldruck den Öldurchgang auf und zu macht.

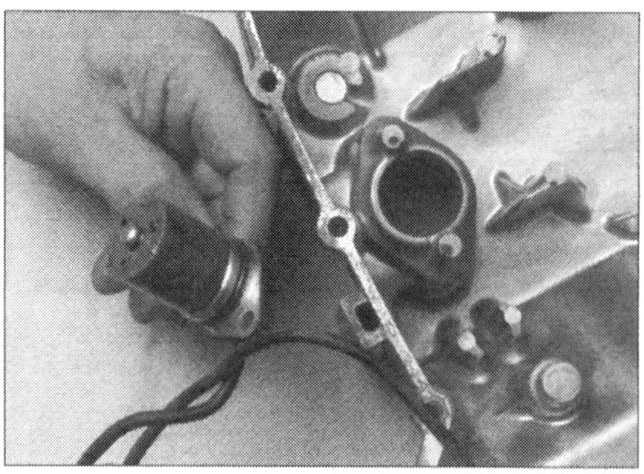

Bild 13: Der Ölstandschalter ist von unten in die Ölwanne eingesetzt. Falls die Ölstandskontrolle nicht aus geht, könnte dieser Schalter defekt sein. Nach dem Ausdrehen der beiden Schrauben unter leichtem Drehen nach unten herausziehen.

Ölkühler

Die YAMAHA FJR 1300 ist mit einem Patronenölkühler ausgestattet, der zwischen Ölfilter und Motorgehäuse sitzt und von der Kühlflüssigkeit umspült wird. Diese Konstruktion soll gewährleisten, dass Motoröl und Kühlflüssigkeit möglichst die gleiche Temperatur aufweisen.

Ölkühler ausbauen

Der Ölkühler kann abgenommen werden, wenn Kühlmittel und Motoröl abgelassen sind und der Ölfilter abmontiert ist. Zum Ausbau des Ölkühlers die vier Halteschrauben ausdrehen.

Ölkühler einbauen

1. Mit einem mit Lösungsmittel getränkten Lappen (oder Bremsenreiniger) die Passflächen des Ölkühlers und des Kurbelgehäuses reinigen.

2. Einen neuen O-Ring anbringen.

3. Die vier Halteschrauben wieder einsetzen (Sicherungsmittel Loctite »mittelfest« auf das Gewinde auftragen). Dabei darauf achten, dass der O-Ring richtig sitzt. Die Halteschrauben mit 12 Nm anziehen.

4. Kühlmittel und Motoröl einfüllen.

Ölpumpe

Verschleißmaße der Ölpumpe

- Kuppenspiel
  (Innenrotor zu Außenrotor) .... 0,09 bis 0,15 mm
  Verschleißgrenze .... 0,23 mm
- Gehäusespiel
  (Außenrotor zu Gehäuse) ...... 0,03 bis 0,08 mm
  Verschleißgrenze .... 0,15 mm

Anzugsdrehmomente

- Befestigungsschrauben des Ölkühlers ... 12 Nm
  Loctite »mittelfest« auftragen

- Ölpumpen-Befestigungsschrauben .... 12 Nm
  Loctite »mittelfest« auftragen
- Befestigungsschrauben der Ölwanne .... 12 Nm
- Öldruck-Kontrollschraube (»Entlüftungsschraube«) .... 20 Nm
- Dichtschraube des Ölkanals zum Anschluss des Öldruckmessgeräts .... 12 Nm
- Ölablassschraube .... 43 Nm
  mit neuem Dichtring versehen
- Ölfilterpatrone .... 17 Nm
  sauberes Motoröl auf Dichtring auftragen

Ölpumpe ausbauen
Das Motorrad ist sicher auf dem Hauptständer aufgebockt. Seitenverkleidungen, Seitenständer, Auspuffanlage und Ölwanne müssen komplett abgebaut sein.
1. Die beiden Halteschrauben des Ölsiebs entfernen und das Ölsieb abnehmen.
2. Befestigungsschrauben des U-förmig gebogenen Ölführungsrohres ausdrehen, Rohrbogen herausziehen. Kann schwer gehen, wenn die O-Ringe klemmen. Beim Einbau neue O-Ringe einsetzen!
3. Halteschrauben der Ölpumpe ausdrehen und die Ölpumpe aus der Laufradwellen-Führung und von der Antriebskette nehmen. Darauf achten, dass die beiden Passstifte nicht verloren gehen.

Ölpumpe zerlegen
1. Die drei Gehäuseschrauben ausdrehen und den Ölpumpengehäuse-Deckel abnehmen. Dabei darauf achten, dass die beiden Passstifte nicht verloren gehen.
2. Innen- und Außenrotor der Ölpumpe aus dem Gehäuse entnehmen.
3. Den Mitnehmerstift der Ölpumpenwelle und die darunter liegende Beilagscheibe entnehmen.
4. Antriebswelle aus dem Gehäuse ziehen.

Ölpumpe prüfen und vermessen
1. Einzelteile der Ölpumpe auf Verschleiß oder übermäßige Abnutzung prüfen, Oberflächen dürfen weder Riefen noch blanke oder blau angelaufene Stellen haben, Erhebungen (»Kuppen«) des Innenrotors dürfen nicht übermäßig abgenutzt sein.
2. Ölpumpe provisorisch zusammenstecken, an der Welle drehen: Alle Bauteile müssen sich leicht drehen lassen.
3. Kuppenspiel: Mit einer Fühlerlehre (siehe Kapitel »Werkzeug«) das Spiel zwischen dem höchsten Punkt des inneren und tiefsten

Anzugsdrehmomente der Ölpumpe

Ölpumpe ausbauen, zerlegen, prüfen und vermessen

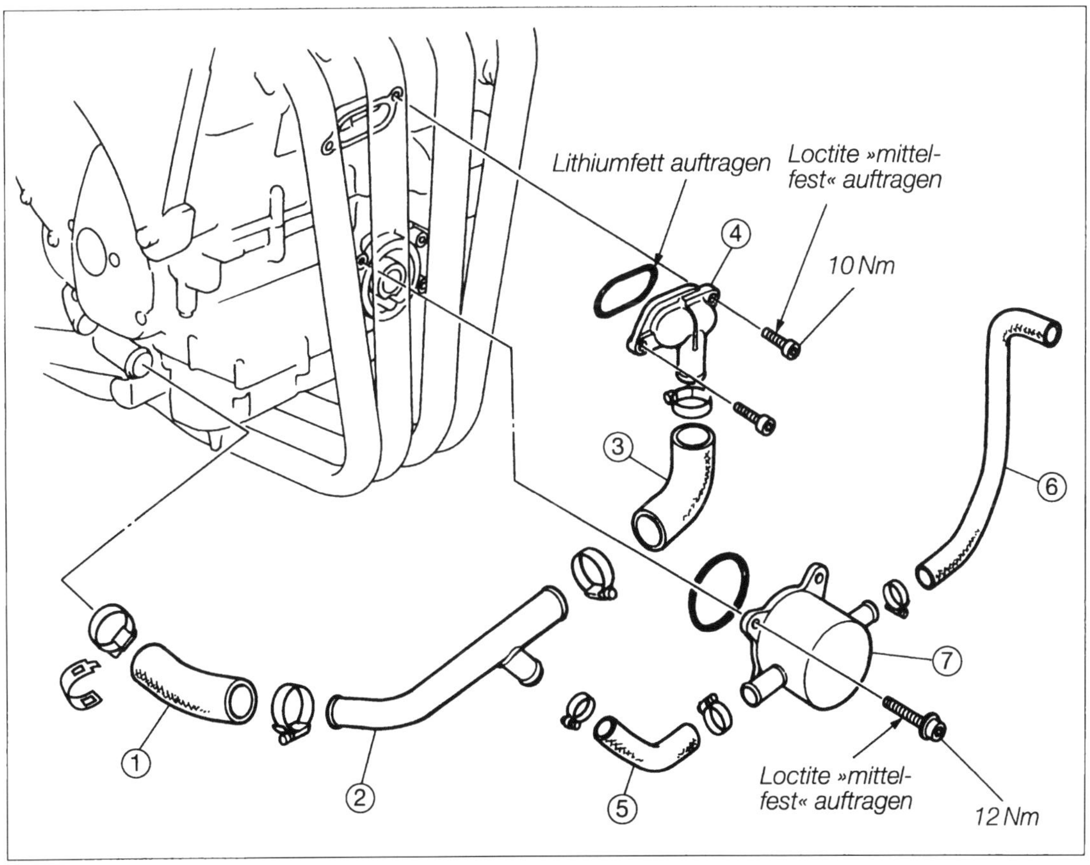

Bild 14: Ölkühler schematisch. Auslassschlauch der Wasserpumpe (1), Auslassrohr der Wasserpumpe (2), Einlassschlauch des Kühlmantelstutzens (3), Kühlmantelstutzen (4), Einlassschlauch des Ölkühlers (5), Ölkühler-Auslassschlauch (6), Ölkühler (7).

Ölpumpe zusammenbauen

Ölpumpe einbauen

Punkt des äußeren Rotors messen: Verschleißgrenze 0,23 mm.

4. Gehäusespiel: Mit Fühlerlehre das Spiel zwischen Außendurchmesser des Außenrotors und Bohrung des Ölpumpengehäuses messen: Verschleissgrenze 0,15 mm.

5. Sollten die Ölpumpenbauteile Laufspuren haben, hervorgerufen zum Beispiel von einem Fremdkörper im Öl, der durch die Ölpumpe durchgezogen wurde, dann die betroffenen Stellen mit einem Ölstein abziehen und versuchen, die Schadstellen zu begradigen. Im Zweifelsfall neue Teile bzw. neue Ölpumpe einbauen.

Bild 15: Zerlegte Ölpumpe mit Gehäusehälften, Innen- und Außenrotor sowie der Antriebswelle.

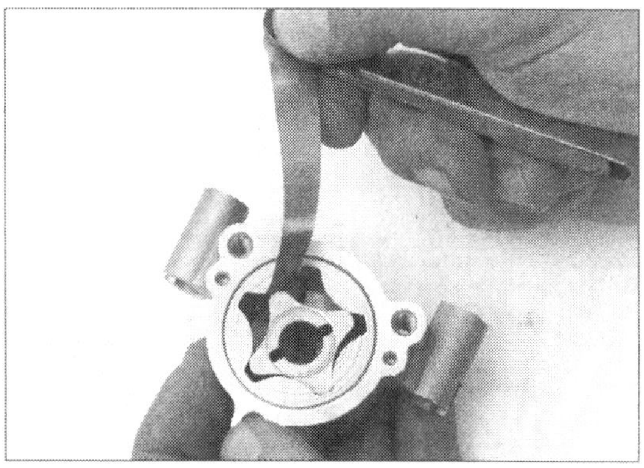

Bild 16: Mit einer Fühlerlehre wird das Kuppenspiel zwischen Innen- und Außenrotor gemessen. Verschleißgrenze: 0,23 mm.

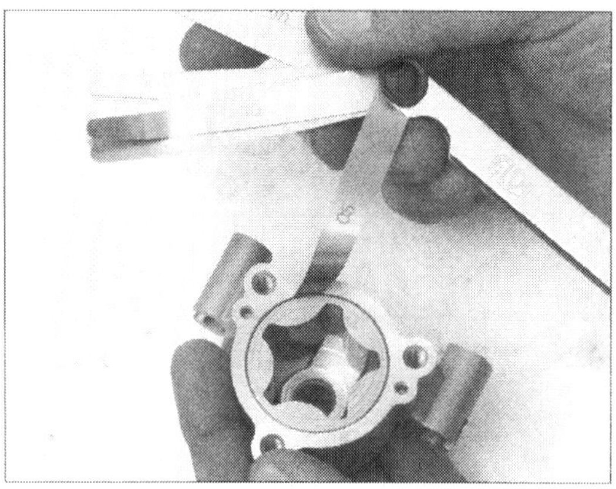

Bild 17: Auch beim Messen des Gehäusespiels (zwischen Außenrotor und Gehäusebohrung) kommt die Fühlerlehre zum Einsatz. Verschleißgrenze: 0,15 mm.

Ölpumpe zusammenbauen

1. Vor dem Zusammenbau Innen- und Außenrotor sowie die Ölpumpenwelle mit frischem Motoröl schmieren.

2. Die Ölpumpe in umgekehrter Reihenfolge wieder zusammensetzen:

- Ölpumpenwelle einführen.
- Schwarze Scheibe einlegen.
- Mitnehmerstift in die Welle einführen, das geht am besten mit einer abgebogenen Spitzzange.
- Innenrotor auf die Welle stecken mit dem eingedrehten Bund nach unten zum Mitnehmerstift hin.
- Passstifte einsetzen, Gehäusedeckel aufsetzen, Schrauben mit einem Drehmoment von 12 Nm anziehen.
- Ölpumpe von Hand drehen und prüfen, ob sie sich leicht und ohne zu hakeln dreht. Hakt oder schabt die Ölpumpe, muss sie noch einmal zerlegt und auf Beschädigungen geprüft werden.
- Sind Schabstellen sichtbar, diese mit einem Ölstein abziehen.

Ölpumpe einbauen

1. Die Nase der Ölpumpen-Antriebswelle auf den Schlitz der Laufradwelle ausrichten.

2. Die Kette auf das Zahnrad aufsetzen und die Nase der Ölpumpe in den Schlitz der Laufradwelle einsetzen.

3. Die beiden Passstifte in die Schraubenbohrungen einsetzen.

4. Gewindesicherung Loctite »mittelfest« auf das Gewinde der Schrauben geben, eindrehen und mit 12 Nm festziehen.

5. Das Ölsieb auf Beschädigung oder Verunreinigung kontrollieren. Bei Beschädigung muss das Ölsieb erneuert werden. Bei Verunreinigungen mit Motoröl säubern.

6. Gewindesicherung Loctite »mittelfest« auf das Gewinde der Halteschrauben geben, eindrehen und mit 12 Nm festziehen. Ölführungs-U-Rohr einsetzen, Schrauben mit 12 Nm festziehen.

Achtung: Die Pfeilmarkierung auf der Ölsieb-Abdeckung muss in Fahrtrichtung zeigen!

Restliche Teile wieder ein- und anbauen: Ölwanne, Seitenständer, Auspuffanlage und Seitenverkleidungen. Öl einfüllen nicht vergessen!

Mögliche Probleme im Ölkreislauf

Problem: Ölstand zu niedrig
Gründe dafür können sein:
1. Motor hat Ölverbrauch wegen Ölundichtigkeit nach außen:
- Gehäusedichtungen lassen Öl durch
- Ölablassschraube nicht richtig festgezogen/ hat sich gelöst
- Ölfilter nicht richtig festgezogen/hat sich gelöst

2. Motor hat Ölverbrauch wegen Ölundichtigkeit nach innen:
- verschlissene Ventilführungen oder Ventilführungsdichtungen
- verschlissene Kolbenringe und/oder Ölabstreifringe (meist falscher Einbau)

Problem: Niedriger oder gar kein Öldruck
Gründe dafür können sein:
1. Öldüse im Ölkanal verstopft
2. falsches Öl, zu dünn
3. Ölfiltersieb verstopft
4. Ölstand zu niedrig
5. Ölpumpe beschädigt:
- Antriebskette gebrochen
- Pumpenwelle beschädigt
- Mitnehmerstift gebrochen
- Ölpumpenbauteile (Innen- oder Außenrotor) verschlissen

6. Kurbelwellenhauptlager defekt

Problem: zu hoher Öldruck
Gründe dafür können sein:
1. Ölfilter, Ölkanal oder Ölüberdruckventil verstopft
2. falsches Öl verwendet (zu dick)

Problem: verunreinigtes Öl
Gründe dafür können sein:
1. Kühlmittel mit Öl vermischt
- mechanische Dichtung der Ölpumpe defekt
- Zylinderkopfdichtung defekt
- Ölkühler defekt
- interner Wasseraustritt aus dem Kurbelgehäuse

Hinterachsöl

Das Öl im Hinterachsantrieb muss alle 10 000 km gewechselt werden. Von Yamaha zwingend vorgeschrieben ist das spezielle Öl »Yamaha Drive Shaft Gear Oil«mit der Bestellnummer 9079E-SH001. Dieses Öl in der Spezifikation SAE 90 sichert nicht nur die Schmierung des hinteren Winkeltriebs, sondern verträgt sich auch mit den Lippendichtringen (»Simmerringe«).

Das Öl im Hinterachsantrieb sollte in warmem Zustand gewechselt werden, die Maschine also vorher mindestens zehn Kilometer warm fahren.

Ölwechsel im Hinterradantrieb
1. Reifen und Felge mit Lappen abdecken, damit weder beim Ölablassen noch beim Einfüllen Öl an das Hinterrad gelangen kann.
2. Eine ausreichend große Ölauffangwanne unter das Hinterachsgehäuse stellen.
3. Öleinfüllschraube herausdrehen.
4. Ölablassschraube öffnen, Altöl ablassen, lange genug austropfen lassen.
5. Den magnetischen Mittelteil der Ölablassschraube auf anhängenden Abrieb kontrollieren:
- Hängen kleine Spänefussel daran (sehr dünn, maximal wenige Zehntel Millimeter lang), gilt das als normaler Abrieb.
- Sind größere Späne daran, die entweder dünn und lang oder dicker sind, ist Gefahr im Verzug, dann können die Lager des Hinterachsantriebs defekt sein oder das Teller- und Kegelrad von Zahnverfall befallen sein.
- Eine Beurteilung der Späne verlangt viel Erfahrung, ist also Sache des Spezialisten oder zumindest des Kardan-erfahrenen Yamaha-Mechanikers.

6. Ölablassschraube mit neuem Dichtring versehen einschrauben und festziehen auf 23 Nm.
7. Frisches Öl einfüllen: 200 cm² Yamaha Drive Shaft Gear Oil.
8. Öleinfüllschraube mit neuem Dichtring versehen, einschrauben und mit 23 Nm festziehen.

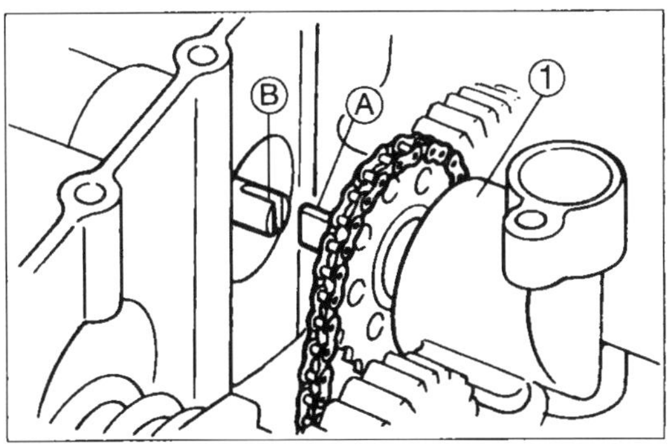

Bild 18: Beim Einbau der Ölpumpe (1) die Nase der Antriebswelle (A) auf den Schlitz (B) der Laufradwelle ausrichten, dann die Antriebskette auf das Kettenrad setzen.

Bild 20 unten links: Zum Ablassen des Öls im Hinterachsantrieb zuerst die Einfüllschraube (oberer Pfeil), dann die Ablassschraube (unterer Pfeil) ausdrehen.

Bild 19 unten: Beim Einbau des Ölsiebs ist darauf zu achten, dass die Pfeilmarkierung in Fahrtrichtung zeigt.

Mögliche Probleme im Ölkreislauf

Hinterachsöl

Ölwechsel im Hinterradantrieb

Ventilspiel kontrollieren und einstellen

Ventilspiel einstellen

In diesem Kapitel: Ventilspiel kontrollieren und einstellen · Nockenwellen aus- und einbauen · Ventilshim-Tabelle.

Ventilspiel

Ein gewisses Spiel zwischen Nocke, Tassenstößel und Ventil ist nötig, damit die Ventile den Brennraum über die Ventilsitze bei allen Betriebstemperaturen dicht abschließen und kein Gas unkontrolliert entweichen kann.

Bei der YAMAHA FJR 1300 muss das Ventilspiel nur alle 40000 km überprüft und ggf. eingestellt werden. Beim Einstellen wird der oben in den Stößel eingesetzte Shim (eine runde Metallscheibe, die auch »Stößelbeilagscheibe« oder »Ventileinstellplättchen« genannt wird) je nach Bedarf durch einen dickeren oder dünneren ersetzt.

Wenn der Ventilmechanismus gewartet und die Nockenwellen aus- und wieder eingebaut werden, muss das Ventilspiel ebenfalls kontrolliert und ggf. eingestellt werden. Zur Kontrolle des Ventilspiels darf der Motor maximal handwarm sein (35 °C).

Ventilspiel kontrollieren

Zur Kontrolle und Einstellung des Ventilspiels müssen eine ganze Menge Teile abgebaut werden. Motorrad sicher aufbocken.

- Fahrersitz und Tank abnehmen, Front- und Seitenverkleidungen entfernen, T-Stück und Gummimatte entfernen, Kühlflüssigkeit ablassen, Thermostat, Abschaltventil und Sekundärluftsystem-Schläuche abbauen. Zündkerzenstecker abziehen, Steckverbinder des Nockenwellenpositions-Sensors abziehen. Befestigungsschrauben des Ventildeckels ausdrehen, Ventildeckel abnehmen. Dabei behutsam vorgehen – der Nockenwellenpositions-Sensor ist ein empfindliches und teures Bauteil!
- Motordeckel auf der rechten Seite schräg rechts über der Wasserpumpe entfernen. Darunter befindet sich der Impulsgeberrotor. Zur Not reicht es, die Schlitzschraube auf dem Deckel zu entfernen, um die Schraube des Zündimpulsgebers zu erreichen.

Ventilspiel

Das vorgeschriebene Ventilspiel beträgt:
- für Einlass 0,15 mm bis 0,22 mm
- für Auslass 0,18 mm bis 0,25 mm

Achtung: Die Zylinder werden in Fahrtrichtung gesehen von links nach rechts gezählt: Ganz links ist der 1. Zylinder, es folgen 2. und 3. Zylinder, der 4. Zylinder ist der rechte außen beim Nockenwellenketten-Antrieb.

Vorgehensweise zur Kontrolle des Ventilspiels:
- So lange mit verschieden dicken Fühlerlehren prüfen, bis sich eine zwischen Nocken und Tassenstößel satt durchziehen lässt.

Bild 1: Mit einer Fühlerlehre wird das Ventilspiel gemessen, also der Abstand zwischen Nocken und Tassenstößel. Einlass:0,15–0,22 mm, Auslass: 0,18–0,25 mm.

Bild 2 und 3: Wenn die T-Markierung auf dem Zündimpulsgeber mit der Markierung auf dem Kurbelgehäuse fluchtet (Bild 2) und die Nocken des ersten Zylinders in der gezeigten Position stehen, befindet sich der erste Zylinder im Verdichtungs-OT.

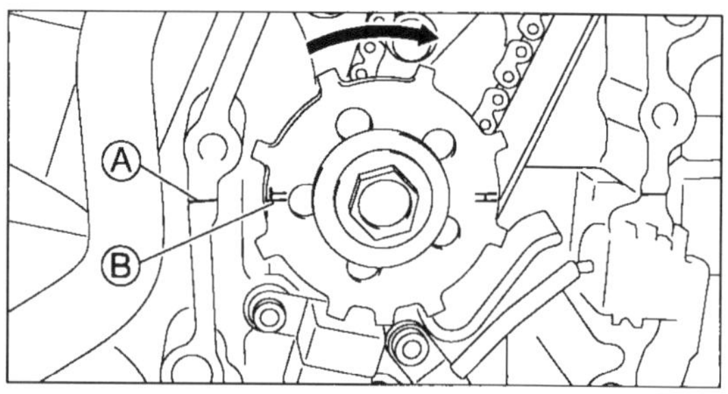

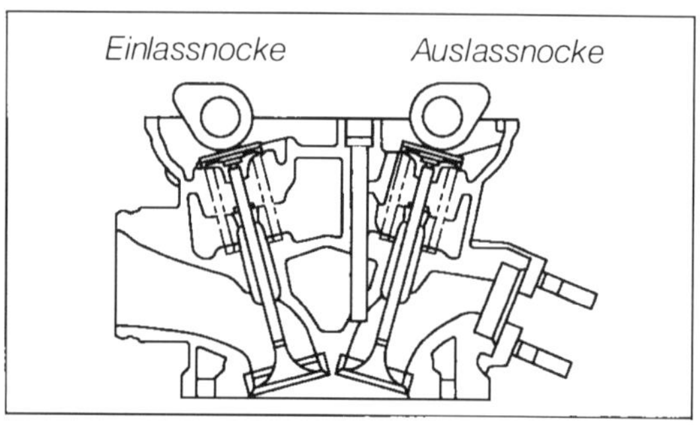

Ventilspiel-Musterblatt

Kennzeichen:	km-Stand:	Fahrgestellnummer:	Datum:

Einlassventile (zulässiges Spiel 0,15 bis 0,22 mm)

	Zylinder 1 in Fahrtrichtung links		Zylinder 2 2. von links		Zylinder 3 2. von rechts		Zylinder 4 in Fahrtrichtung rechts	
Ist-Spiel:								
Beispiel:	0,22 mm	0,21 mm	0,21 mm	0,25 mm	0,10 mm	0,12 mm	0,23 mm	0,17 mm
plus	+		+		+		+	
Ist-Shimstärke:								
Beispiel:	1,90 mm	1,86 mm	1,86 mm	1,85 mm	1,88 mm	1,84 mm	1,82 mm	1,88 mm
=	=		=		=		=	
Zwischenwert								
Beispiel:	2,12 mm	Shim bleibt	Shim bleibt	2,10 mm	1,98 mm	1,96 mm	2,05 mm	Shim bleibt
minus	–		–		–		–	
Soll-Spiel (Mittelwert):								
Beispiel:	1,85 mm	Shim bleibt	Shim bleibt	1,85 mm	1,85 mm	1,85 mm	1,85 mm	Shim bleibt
=	=		=		=		=	
Shimstärke (theoretisch):								
Beispiel:	1,935 mm	Shim bleibt	Shim bleibt	1,915 mm	1,795 mm	1,775 mm	186,5 mm	Shim bleibt
auf- oder abrunden auf 0,05 mm =	…,05 mm =		…,05 mm =		…,05 mm =		…,05 mm =	
Soll-Shimstärke								
Beispiel:	1,95 mm	Shim bleibt	Shim bleibt	1,90 mm	1,80 mm	1,80 mm	1,85 mm	Shim bleibt

Auslassventile (zulässiges Spiel 0,18 bis 0,25 mm)

	Zylinder 1 in Fahrtrichtung links		Zylinder 2 2. von links		Zylinder 3 2. von rechts		Zylinder 4 in Fahrtrichtung rechts	
Ist-Spiel:								
Beispiel:	0,23 mm	0,21 mm	0,17 mm	0,21 mm	0,20 mm	0,27 mm	0,16 mm	0,23 mm
plus	+		+		+		+	
Ist-Shimstärke:								
Beispiel:	1,88 mm	1,85 mm	1,84 mm	1,86 mm	1,89 mm	1,90 mm	1,92 mm	1,88 mm
=	=		=		=		=	
Zwischenwert								
Beispiel:	Shim bleibt	Shim bleibt	2,01 mm	Shim bleibt	Shim bleibt	2,17 mm	2,08 mm	Shim bleibt
minus	–		–		–		–	
Soll-Spiel (Mittelwert):								
Beispiel:	Shim bleibt	Shim bleibt	0,215 mm	Shim bleibt	Shim bleibt	0,215 mm	0,215 mm	Shim bleibt
=	=		=		=		=	
Shimstärke (theoretisch):								
Beispiel:	Shim bleibt	Shim bleibt	179,5 mm	Shim bleibt	Shim bleibt	1,955 mm	1,865 mm	Shim bleibt
auf- oder abrunden auf 0,05 mm =	…,05 mm =		…,05 mm =		…,05 mm =		…,05 mm =	
Soll-Shimstärke								
Beispiel:	Shim bleibt	Shim bleibt	1,80 mm	Shim bleibt	Shim bleibt	1,95 mm	1,85 mm	Shim bleibt

13 Ventilspiel einstellen

Sichtprüfung Messen

Ventilspiel kontrollieren

■ Dieses Ist-Ventilspiel mit den zugehörigen Zylinderzahlen sowie E und A (für Einlass und Auslass) notieren. Es dient später dazu, entsprechende neue Shims auszuwählen, um das Ventilspiel auf die vorgeschriebenen Werte einzustellen.

1. Rechts unten am Motor: Kurbelwelle mit einer gut sitzenden Nuss im Uhrzeigersinn drehen, bis sich der Kolben im Zylinder 1 am oberen Totpunkt (OT) des Verdichtungstaktes befindet. Das erkennt man daran, dass Einlass- und Auslass-Nocken von einander weg zeigen.
2. Die Markierung »T« auf dem Rotor auf die Markierung am Kurbelgehäuse ausrichten.
3. Oben am Zylinderkopf: Ventilspiel messen.
4. Rechts unten am Motor: Die Kurbelwelle gegen den Uhrzeigersinn um eine halbe Umdrehung (180 Grad) drehen, bis sich die Markierung auf dem Rotor mit der Markierung auf dem Kurbelgehäuse deckt.
5. Oben am Zylinderkopf: Jetzt steht der Zylinder 2 im Verdichtungs-OT, das Ventilspiel kann gemessen werden.
6. Rechts unten am Motor: Die Kurbelwelle gegen den Uhrzeigersinn um eine halbe Umdrehung (180 Grad) drehen, bis sich die T-Markierung auf dem Rotor mit der Markierung auf dem Kurbelgehäuse deckt.
7. Oben am Zylinderkopf: Jetzt steht Zylinder 4 im Verdichtungs-OT, das Ventilspiel kann gemessen werden:
8. Rechts unten am Motor: Die Kurbelwelle gegen den Uhrzeigersinn um eine halbe Umdrehung (180 Grad) drehen, bis sich die Markierung auf dem Rotor mit der Markierung auf dem Kurbelgehäuse deckt.
9. Oben am Zylinderkopf: Jetzt steht Zylinder 3 im Verdichtungs-OT, das Ventilspiel kann gemessen werden:

Wenn die gemessenen Ventilspiele innerhalb der vorgeschriebenen Toleranzen liegen, braucht nichts weiter getan zu werden, der Motor kann

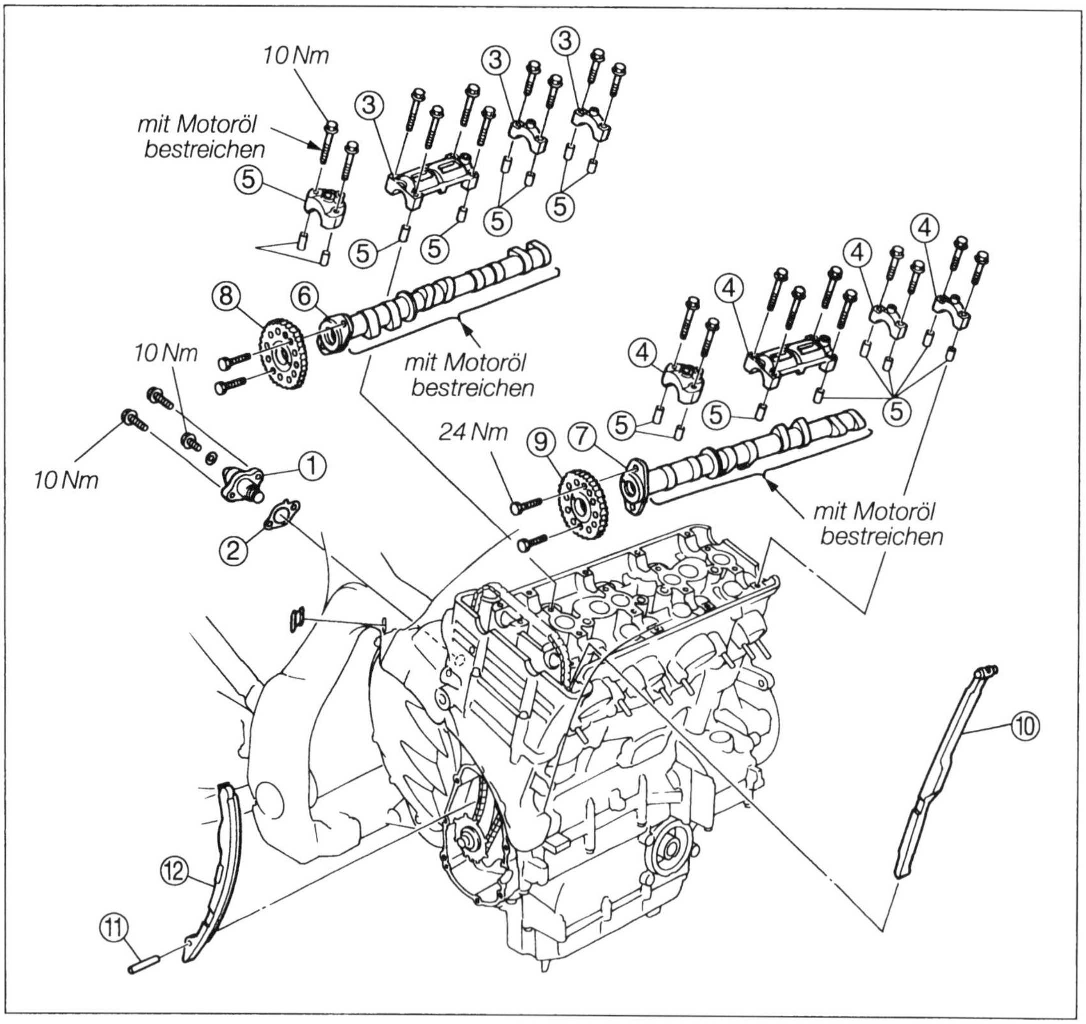

Bild 4: Nockenwellen und Steuerkettenspanner in der Explosionszeichnung: Steuerkettenspanner (1), Steuerkettenspanner-Dichtung (2), Lagerdeckel der Einlass-Nockenwelle (3), Lagerdeckel der Auslass-Nockenwelle (4), Passstift (5), Einlass-Nockenwelle (6), Auslass-Nockenwelle (7), Einlass-Nockenwellenrad (8), Auslass-Nockenwellenrad (9), Steuerkettenführung (Auslassseite) (10), Stift (11), Steuerkettenführung (Einlassseite) (12),

wieder zusammengebaut werden. Wenn auch nur ein Ventil das vorgeschriebene Ventilspiel unter- oder überschreitet, müssen die Nockenwellen ausgebaut und neue Ventilspiel-Einstellplättchen eingesetzt werden.

Nockenwellen

Nockenwellen ausbauen

1. Rechts unten am Motor: Die Kurbelwelle rechts herum drehen, bis sich die T-Markierung auf dem Rotor mit der Markierung auf dem Kurbelgehäuse deckt. Kolben von Zylinder 1 muss sich nun im Verdichtungs-OT befinden.

2. Den Gummistopfen am Rahmen unten auf Höhe des Nockenwellen-Kettenspanners entfernen

3. Hinten am Motor neben Zylinder 4: Dichtschraube des Nockenwellen-Kettenspanners ausschrauben, Dichtscheibe entfernen. Darunter findet sich der Spannerbolzen der Steuerkette.

4. Spannerbolzen der Steuerkette mit einem langen, dünnen Schraubenzieher ganz im Uhrzeigersinn drehen.

■ Oben am Zylinderkopf: Die Nockenwellen-Kettenräder brauchen zum Ausbau der Nockenwellen nicht abgenommen werden. Wenn die Nockenwellen-Kettenräder aus anderen Gründen ausgebaut werden sollen, die je zwei Schrauben pro Rad noch im eingebauten Zustand lösen und herausdrehen. Darauf achten, dass sie nicht in den Nockenwellen-Kettenschacht fallen!

5. Schrauben der Nockenwellen-Lagerdeckel über Kreuz in mehreren Schritten von innen nach außen lösen, Lagerdeckel abnehmen.

6. Nockenwellenkette von den Nockenwellen-Kettenrädern abnehmen und mit einem Stück Draht nach oben-rechts und oben-links gespannt aufhängen, damit sie nicht in den Schacht fällt.

7. Nockenwellen aus dem Zylinderkopf nehmen.

> **Tipp:** Den Steuerkettenschacht mit einem Lappen abdecken! Wenn dort eine Schraube oder ein Ventilshim hineinfällt, ist es schier unmöglich, das Kleinteil wieder heraus zu holen, ohne den Motor weiter zu zerlegen.

Einstellplättchen auswählen

Zum Einstellen des Ventilspiels stehen 25 verschiedene Scheiben mit Dicken von 1,200 bis 2,400 mm in Abstufungen von 0,05 mm zur Verfügung. Auf der folgenden Seite sind alle Ventileinstellplättchen aufgelistet. Mit Hilfe der Tabelle lässt sich das benötigte Ventilspiel-Einstellplättchen finden. Auf der Seite 103 haben wir ein »Ventilspiel-Musterblatt« abgedruckt. Dieses können Sie sich kopieren und darin die entsprechenden gemessenen Ventilspiele eintragen, um die passenden Plättchen zu finden.

Nockenwellen ausbauen

Ventilspiel einstellen

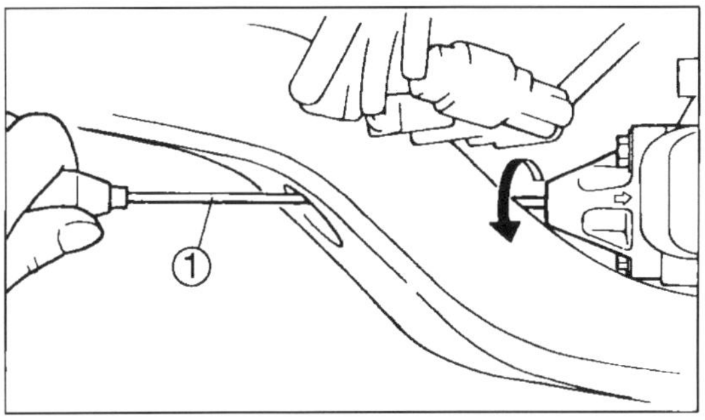

Bild 5: Um den Stößel des Steuerkettenspanners zu lösen, muss er mit einem Schraubenzieher bis zum Anschlag im Uhrzeigersinn gedreht werden.

Bild 6: Die Nockenwellen-Lagerdeckel auf der Seite der Steuerkette haben eine Nut, die in den Bund der Nockenwelle eingreift (Kreis) und sie in axialer Richtung führt.

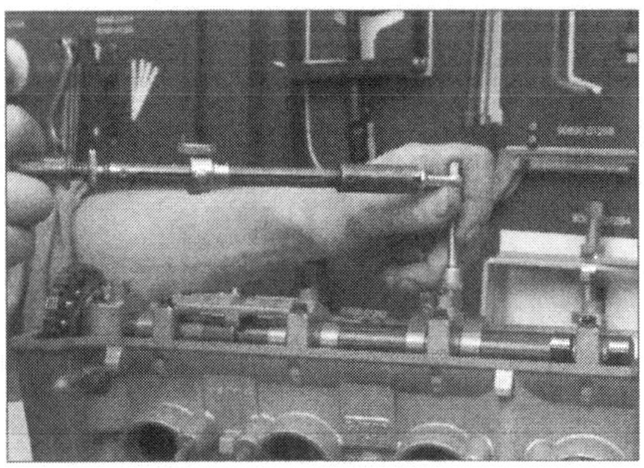

Bild 7: Die Schrauben der Nockenwellen-Lagerdeckel müssen kreuzweise von außen nach innen gelöst und von innen nach außen angezogen werden.

Bild 8: Die Ventil-Shims sitzen unter dem Tassenstößel. Die Zahl verrät die Dicke des Plättchens; dieses ist 1,85 mm dick. Immer mit der Zahl nach oben einbauen.

 Sichtprüfung Messen

Tabelle

Ventilstößel mit einem Magnetheber herausziehen. Bei diesen Arbeiten darauf achten...

- ...dass beim Zusammenbau alle Ventilstößel wieder in die Bohrungen eingesetzt werden, aus denen sie herausgezogen wurden. Entweder man markiert sie oben auf der Planfläche mit einem Farbstift oder legt sie entsprechend der Reihenfolge nach ab.
- ...dass kein Ventileinstellplättchen heraus- und in den Motor fällt.

Tabelle 1: Einlassventilspiel einstellen. Hat man ein zu enges oder zu weites Ventilspiel gemessen, ermittelt man das benötigte neue Ventilplättchen wie folgt: In der Spalte des ursprünglichen Plättchens nach unten gehen, bis zur Zeile für das ermittelte (tatsächliche) Ventilspiel. Dort kann die Nummer für das neu einzusetzende Plättchen abgelesen werden.

GEMESSENES SPIEL.	URSPRÜNGLICHE VENTILPLÄTTCHENNUMMER																							
	120	125	130	135	140	145	150	155	160	165	170	175	180	185	190	195	200	205	210	215	220	225	230	235	240
0,0C-0,02				120	125	130	135	140	145	150	155	160	165	170	175	180	185	190	195	200	205	210	215	220	225
0,03-0,08			120	125	130	135	140	145	150	155	160	165	170	175	180	185	190	195	200	205	210	215	220	225	230
0,09-0,14		120	125	130	135	140	145	150	155	160	165	170	175	180	185	190	195	200	205	210	215	220	225	**230**	**235**
0,15-0,22	SOLLSPIEL																								
0,23-0,28	125	130	135	140	145	150	155	160	165	170	175	180	185	190	195	200	205	210	215	220	225	230	235	240	
0,29-0,34	130	135	140	145	150	155	160	165	170	175	180	185	190	195	200	205	210	215	220	225	230	235	240		
0,35-0,40	135	140	145	150	155	160	165	170	175	180	185	190	195	200	205	210	215	220	225	230	235	240			
0,41-0,46	140	145	150	155	160	165	170	175	180	185	190	195	200	205	210	215	220	225	230	235	240				
0,47-0,52	145	150	155	160	165	170	175	180	185	190	195	200	205	210	215	220	225	230	235	240					
0,53-0,58	150	155	160	165	170	175	180	185	190	195	200	205	210	215	220	225	230	235	240						
0,59-0,64	155	160	165	170	175	180	185	190	195	200	205	210	215	220	225	230	235	240							
0,65-0,70	160	165	170	175	180	185	190	195	200	205	210	215	220	225	230	235	240								
0,71-0,76	165	170	175	180	185	190	195	200	205	210	215	220	225	230	235	240									
0,77-0,82	170	175	180	185	190	195	200	205	210	215	220	225	230	235	240										
0,83-0,88	175	180	185	190	195	200	205	210	215	220	225	230	235	240											
0,89-0,94	180	185	190	195	200	205	210	215	220	225	230	235	240												
0,95-1,00	185	190	195	200	205	210	215	220	225	230	235	240													
1,01-1,06	190	195	200	205	210	215	220	225	230	235	240														
1,07-1,12	195	200	205	210	215	220	225	230	235	240															
1,13-1,18	200	205	210	215	220	225	230	235	240																
1,19-1,24	205	210	215	220	225	230	235	240																	
1,25-1,30	210	215	220	225	230	235	240																		
1,31-1,36	215	220	225	230	235	240																			
1,37-1,42	220	225	230	235	240																				
1,43-1,48	225	230	235	240																					
1,49-1,54	230	235	240																						
1,55-1,60	235	240																							
1,61-1,66	240																								

VENTILSPIEL (kalt):
0,15–0,22 mm
Beispiel: Nr. des eingebauten Plättchens: 150
Gemessenes Ventilspiel: 0,30 mm
Das 150er- durch ein 160er-Plättchen ersetzen.
Plättchennummer: (Beispiel)
Plättchen Nr. 150 = 1,50 mm
Plättchen Nr. 160 = 1,60 mm
Ventilplättchen mit nach unten weisender Nummer einbauen!

Tabelle 2: Auslassventilspiel einstellen. Ermittlung des neuen Shims siehe oben.

GEMESSENES SPIEL.	URSPRÜNGLICHE VENTILPLÄTTCHENNUMMER																							
	120	125	130	135	140	145	150	155	160	165	170	175	180	185	190	195	200	205	210	215	220	225	230	235	240
0,00-0,05				120	125	130	135	140	145	150	155	160	165	170	175	180	185	190	195	200	205	210	215	220	225
0,06-0,11			120	125	130	135	140	145	150	155	160	165	170	175	180	185	190	195	200	205	210	215	220	225	230
0,12-0,17		120	125	130	135	140	145	150	155	160	165	170	175	180	185	190	195	200	205	210	215	220	225	**230**	**235**
0,18-0,25	SOLLSPIEL																								
0,26-0,31	125	130	135	140	145	150	155	160	165	170	175	180	185	190	195	200	205	210	215	220	225	230	235	240	
0,32-0,37	130	135	140	145	150	155	160	165	170	175	180	185	190	195	200	205	210	215	220	225	230	235	240		
0,38-0,43	135	140	145	150	155	160	165	170	175	180	185	190	195	200	205	210	215	220	225	230	235	240			
0,44-0,49	140	145	150	155	160	165	170	175	180	185	190	195	200	205	210	215	220	225	230	235	240				
0,50-0,55	145	150	155	160	165	170	175	180	185	190	195	200	205	210	215	220	225	230	235	240					
0,56-0,61	150	155	160	165	170	175	180	185	190	195	200	205	210	215	220	225	230	235	240						
0,62-0,67	155	160	165	170	175	180	185	190	195	200	205	210	215	220	225	230	235	240							
0,68-0,73	160	165	170	175	180	185	190	195	200	205	210	215	220	225	230	235	240								
0,74-0,79	165	170	175	180	185	190	195	200	205	210	215	220	225	230	235	240									
0,80-0,85	170	175	180	185	190	195	200	205	210	215	220	225	230	235	240										
0,86-0,91	175	180	185	190	195	200	205	210	215	220	225	230	235	240											
0,92-0,97	180	185	190	195	200	205	210	215	220	225	230	235	240												
0,98-1,03	185	190	195	200	205	210	215	220	225	230	235	240													
1,04-1,09	190	195	200	205	210	215	220	225	230	235	240														
1,10-1,15	195	200	205	210	215	220	225	230	235	240															
1,16-1,21	200	205	210	215	220	225	230	235	240																
1,22-1,27	205	210	215	220	225	230	235	240																	
1,28-1,33	210	215	220	225	230	235	240																		
1,34-1,39	215	220	225	230	235	240																			
1,40-1,45	220	225	230	235	240																				
1,46-1,51	225	230	235	240																					
1,52-1,57	230	235	240																						
1,58-1,63	235	240																							
1,64-1,69	240																								

VENTILSPIEL (kalt):
0,18–0,25 mm
Beispiel: Nr. des eingebauten Plättchens: 175
Gemessenes Ventilspiel: 0,32 mm
Das 175er- durch ein 185er-Plättchen ersetzen.
Plättchennummer: (Beispiel)
Plättchen Nr. 175 = 1,75 mm
Plättchen Nr. 185 = 1,85 mm
Ventilplättchen mit nach unten weisender Nummer einbauen!

1. Ventilstößel herausnehmen, Ventileinstellplättchen (Shim) mit Magnetheber oder Pinzette herausnehmen.
2. Die Dicke kann vom Ventileinstellplättchen abgelesen werden. Die Zahl 140 entspricht beispielsweise einer Stärke von 1,40 mm.
■ Beim Zusammenbau des Motors im Yamaha-Werk werden andere (feinere) Stärken als bei den Ersatzteil-Shims verwendet Die Nummer des neuen Ersatzteil-Ventilplättchens muss also entsprechend auf- oder abgerundet werden.
3. Entsprechende neue Ventileinstellplättchen einsetzen (Werte aus der Tabelle entnehmen).
4. Außenfläche des Ventilstößels mit Molybdänsulfidöl einstreichen und in die Bohrung einschieben.

Nockenwellen einbauen

Wenn die Nockenwellen-Kettenräder entfernt wurden, diese wieder anschrauben, und zwar
■ bei der Einlass-Nockenwelle in den Schraubenbohrungen mit der Kennzeichnung »I«.
■ bei der Auslass-Nockenwelle in den Schraubenbohrungen mit der Kennzeichnung »E«.

Nockenwellen einbauen
Es muss sichergestellt sein, dass sich der erste Zylinder im OT befindet und die Markierung »T« auf dem Impulsgeberrotor mit der Markierung auf dem Kurbelgehäuse fluchtet.

1. Die Steuerkette auf die Nockenwellenräder auflegen. Mit der Auslass-Nockenwelle beginnen und die Steuerkette dabei gestrafft halten!
2. Nocken, Lagerzapfen und Lagerschalen mit Motoröl schmieren.
3. Die Nockenwellen so in ihre Lager legen, dass die Bohrung an den Nocken des vierten Zylinders nach oben zeigt. Die Steuerkette muss zwischen dem Antriebsrad auf der Kurbelwelle und der Auslassnockenwelle sowie den beiden Nockenwellen nach wie vor gestrafft sein. Sicherstellen, dass die Markierungen »—« (Einlass) und »→« (Auslass) der Nockenwellen mit der Kante des Zylinderkopfs fluchten.
4. Nockenwellen-Lagerdeckel aufsetzen (E für die Auslassseite, I für die Einlassseite) und die zuvor mit Motoröl geschmierten Schrauben handfest eindrehen. Die Passhülsen nicht vergessen! Die Pfeilmarkierungen müssen – in Fahrtrichtung gesehen – auf die rechte Seite zeigen. Schrauben über Kreuz von innen nach außen mit 10 Nm festziehen. Kontrollieren, ob die Pfeilmarkierungen mit den Bohrungen auf den Nocken des vierten Zylinders fluchten!

Achtung: Die Kurbelwelle darf während des Einbaus der Nockenwellen nicht gedreht werden, um Schäden oder falsche Steuerzeiten zu vermeiden.

Steuerkettenspanner einbauen
1. Den Steuerkettenspanner-Stößel mit einem schmalen Schraubenzieher bis zum Anschlag im Uhrzeigersinn drehen und dabei leicht niederdrücken. Den Stößel vollständig ins Gehäuse hineindrehen, er arretiert sich selbstständig.
2. Den Steuerkettenspanner mit einer neuen Dichtung versehen und mit vollständig eingedrehtem Stößel in den Zylinderkopf einsetzen.
3. Die Halteschrauben mit 10 Nm festziehen.
4. Stößel mit Schraubenzieher leicht ausdrehen bis die Arretierung gelöst wird. Abdeckschraube anbringen und mit 10 Nm festziehen.

Motor an der Kurbelwelle nun einige Mal durchdrehen, die T-Markierung auf dem Impulsgeberrotor auf die Kurbelgehäuse-Markierung ausrichten. Prüfen, ob die Bohrungen der Nocken des vierten Zylinders noch immer mit den Pfeilmarkierungen fluchten. Falls nicht, Arbeitsschritte wiederholen!

Nach Wiedereinbau der Nockenwellen und des Steuerkettenspanners muss das Ventilspiel noch einmal kontrolliert werden. Stimmt das Spiel noch immer nicht, die Arbeitsschritte für das Einstellen des Ventilspiels wiederholen.

Nockenwellendeckel vorsichtig aufsetzen und die Schrauben handfest eindrehen. Über Kreuz festziehen mit 10 Nm. Steckverbinder des Nockenwellenpositions-Sensors anbringen, Zündkerzen eindrehen und mit 13 Nm festziehen. Zündkerzenstecker aufsetzen, Thermostat, Abschaltventil und Sekundärluftsystem-Schläuche anbringen. T-Stück und Gummimatte montieren, Gummistopfen in seine Rahmenbohrung setzen.

Nockenwellen einbauen

Steuerkettenspanner einbauen

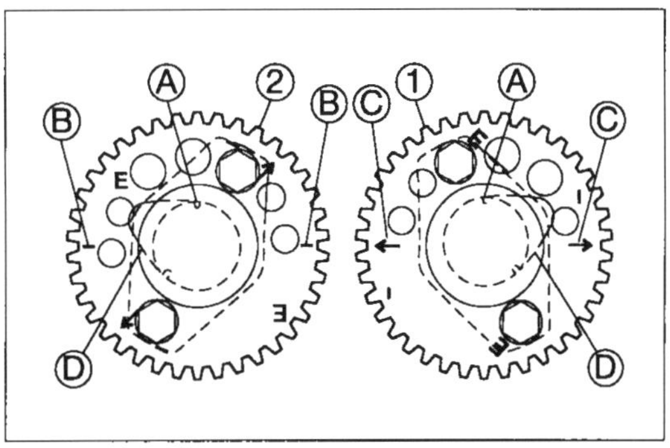

Bild 9: Die Bohrungen (A) im Nocken des Zylinders Nr. 4 sowie die Markierungen (B) und (C) der Nockenwellenräder müssen die abgebildete Stellung zueinander einnehmen. Einlassseite (B), Auslassseite (C), Nocke, Zylinder Nr. 1 (D), Auslass-Nockenwellenrad (1), Einlass-Nockenwellenrad (2).

Sichtprüfung Messen

Kupplungsdruckzylinder anbauen

Kupplungsbeläge aus- und einbauen

Kupplung und Schaltung

In diesem Kapitel: Kupplungsdruckzylinder ab- und anbauen · Kupplungsbeläge, Kupplungskorb und Kupplungsnabe ausbauen, prüfen und vermessen, einbauen · Hintere Ausgleichswelle einbauen und einstellen · Schaltwelle ausbauen, prüfen, einbauen.

Kupplung

Die Kupplung der FJR 1300 wird hydraulisch betätigt, läuft im Ölbad und ist mit 8 Reib- und 7 Stahlscheiben ausgestattet. Von den Reibscheiben sind die inneren sechs Stück als Sintermetallbeläge ausgeführt (orange-metallfarben), die hintere und vordere dagegen mit organischem Belag versehen (schwärzlich).

Verschleißbedingte Funktionsstörungen hängen stark von der Fahrweise ab und sind erst nach 70 000 bis 80 000 km zu erwarten (siehe Kapitel »Langstreckentest«). Wenn die Kupplung zu rutschen beginnt, liegt dies wahrscheinlich am Verschleiß der Beläge.

Kupplungsdruckzylinder

Yamaha schreibt vor, zur kompletten Demontage der Kupplung auch den Kupplungsnehmerzylinder (»Kupplungsdruckzylinder«) auf der linken Motorseite abzubauen, man kann ihn jedoch auch angebaut lassen. Soll der Kupplungsnehmerzylinder zerlegt oder erneuert werden, ist zu empfehlen, vor dem Abbau die Hydraulikflüssigkeit ablassen. Zum Ausbau des Kupplungsnehmerzylinders die drei Befestigungsschrauben ausdrehen, Teil herausnehmen.

Kupplungsdruckzylinder anbauen

Beim Anbau des Kupplungsdruckzylinders muss auf korrekten Sitz der Hydraulikleitung geachtet werden. Sie muss knickfrei verlaufen und darf nirgends gequetscht werden. Wichtig: Der Metallanschlussstutzen muss an der Nase des Kupplungsnehmerzylinders anliegen. Die Hohlschraube mit neuen Kupferdichtscheiben versehen. Anzugsdrehmomente:

- Befestigungsschrauben 10 Nm
- Hohlschraube 30 Nm

Bei Befüllung und Entlüftung des Hydrauliksystems gelten die gleichen Spielregeln wie bei der Bremse (siehe Kapitel »Bremsen«): Die Hydraulikflüssigkeit in der Kupplungsbetätigung ist giftig und greift Lacke an. Deswegen Lappen bereithalten und nach Beendigung der Arbeiten alle eventuell mit der Flüssigkeit in Berührung geratenen Bereiche mit reichlich Wasser abspülen. Hände gut waschen!

Kupplungsbeläge aus- und einbauen

Zum Aus- und Einbau der Kupplungsbeläge braucht man kein Spezialwerkzeug. Wenn Kupplungskorb und Kupplungsnabe komplett ausgebaut werden müssen, wird das Yamaha-Spezialwerkzeug »Kupplungshalter« (Bestell-Nr. 90890-04086 oder im Kfz-Zubehörhandel erhältlich) benötigt.

1. Maschine auf Hauptständer stellen und rechte Seitenverkleidung abnehmen (siehe Kapitel »Einstellungen und Pflege«). Motoröl ablassen (siehe Kapitel »Schmiersystem«).
2. Die zehn Schrauben des Kupplungsdeckels schrittweise über Kreuz um jeweils eine Vierteldrehung lösen, danach ausdrehen. Kupplungsdeckel samt Dichtung abnehmen, die beiden Passstifte herausnehmen und gut aufbewahren.
3. Die sechs Bundschrauben, mit denen die Tellerfeder an der Kupplungsnabe befestigt ist, schrittweise über Kreuz ausdrehen. Tellerfeder, Federsitzscheibe und Druckplatte mit Druckpilz abnehmen (Bild 1). Kupplungsdruckstange herausziehen, auf herausfallende Kugel achten.

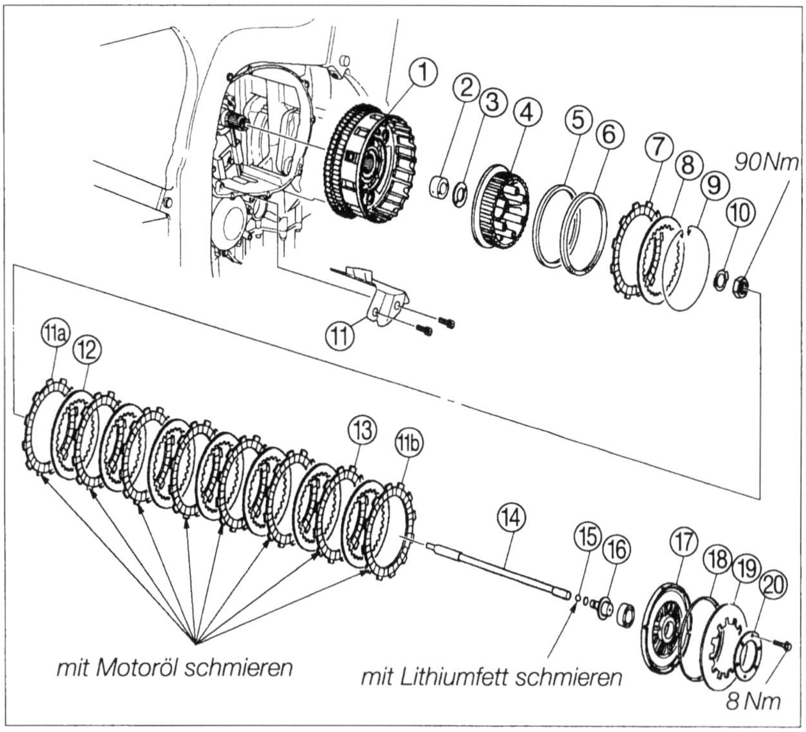

Bild 1: Kupplungskorb (1), Distanzbuchse (2), Anlaufscheibe (3), Kupplungsnabe (4), Sitzring für Ringfeder (5), Ringfeder (6), Reibscheibe (7), Stahlscheibe (8), Drahtring (9), Sicherungsscheibe (10), Ölleitblech (11), vordere (11a) und hintere Reibscheibe (11b) mit organischem Belag, Stahlscheiben 7 Stück (12), Sintermetall-Reibscheiben 6 Stück (13), Druckstange (14), Kugel (15), Druckpilz (16), Druckplatte (17), Federsitzring (18), Tellerfeder (19), Federdruckring (20).

4. Reib- und Stahlscheiben aus dem Kupplungskorb nehmen bzw. von der Kupplungsnabe abziehen, gut mit Bremsenreiniger reinigen.

Hinten auf der Kupplungsnabe ist ein dünner Drahtring eingesetzt, der die letzte Stahl- und Reibscheibe in Position hält. Zum Ausbau dieser beiden Scheiben muss der Drahtring herausgenommen werden. Er sitzt mit seinen umgebogenen Enden in einer Querbohrung der Kupplungsnabe. Drahtring vorsichtig herausziehen! Wenn er beim Ausbau verbogen wird, Neuteil einsetzen.

Kupplung vermessen

- Dicke der Reibscheiben an vier Stellen messen, Verschleißmaß 2,8 mm. Die Belagoberfläche darf nirgends tief riefig oder gar ausgebrochen sein.
- Stahlscheiben auf eine exakt plane Richt- oder Glasplatte legen und mit Fühlerlehre auf Verzug prüfen: maximal zulässiger Wert 0,1 mm.
- Sind die Reibscheiben dünner als 2,8 mm oder die Stahlscheiben um mehr als 0,1 mm in sich verbogen oder an ihren Oberflächen blau verfärbt, Reib- und Stahlscheiben erneuern.
- An den Stellen, wo die äußeren Klauen der Reibscheiben im Kupplungskorb und die inneren Klauen der Stahlscheiben in der Kupplungsnabe anliegen, sind Druckstellen zu sehen. Bis zu einer gewissen Tiefe sind das ganz normale Gebrauchsspuren. Sind die Riefen, Kerben, Scharten oder aufgeworfene Kanten außergewöhnlich ausgeprägt, müssen Kupplungsnabe, Kupplungskorb, Reib- und Stahlscheiben erneuert werden.
- Kleine Unebenheiten an der Kupplungsnabe und dem Kupplungskorb lassen sich mit einer Schlüsselfeile begradigen.
- Aufgeworfene Kanten an den Klauen der Reibscheiben können sauber abgefeilt werden. Kanten nicht zu stark brechen, sonst wird die Anlagefläche zu schmal und die Klauen schlagen sich rasch an ihren Anlageflächen im Kupplungskorb ein.
- Die Kupplungsdruckstange soll nicht verzogen sein, darf keinen Schlag haben; im Notfall darf der Verzug maximal 0,37 mm betragen.
- Der auf der Kupplungsdruckpilz sitzende O-Ring darf nicht beschädigt sein
- Fingerprobe: Das Kupplungsdrucklager muss sich leicht drehen lassen, darf keine starken Geräusche von sich geben und keine Luft haben.
- Tellerfeder und Primärzahnrad auf Beschädigung oder Verschleiß kontrollieren. Ist das große Primärzahnrad übermäßig verschlissen, müssen goßes Primärzahnrad und Kupplungskorb gemeinsam mit der Kurbelwelle erneuert werden. Kupplungskorb und großes Primärzahnrad sind miteinander vernietet und bilden zusammen ein Bauteil. Das kleine Primärzahnrad ist ein festes Bauteil der Kurbelwelle. Neue Zahnräder sollten immer nur paarweise miteinander verbaut werden.

Tipp: Wenn das große Primärzahnrad hinten auf dem Kupplungskorb defekt ist und das kleine Primärzahnrad auf der Kurbelwelle noch in Ordnung ist (Sichtkontrolle), kann man es mit einem neuen Primärzahnrad/Kupplungskorb versuchen und hoffen, dass sich das neue Zahnrad mit dem alten auf der Kurbelwelle verträgt.

Kupplungsbeläge einbauen

Einbau der Beläge in umgekehrter Reihenfolge des Ausbaus. Anordnung der Kupplungsbauteile siehe Bild 1.

- Ringfeder und Sitzring (17/18 in Bild 1) mit der Markierung »outside« nach außen aufsetzen.
- Eine der beiden schwarzen Reibscheiben gehört als erste Reibscheibe in den Kupplungskorb ganz nach hinten.
- Danach Stahlscheibe aufschieben und Drahtring einsetzen. Er muss satt in seine Sitznut

Kupplung vermessen

Kupplungsbeläge einbauen

Bild 2 unten links: Nasen (A) müssen in Nuten (B) eingreifen.

Bild 3 ganz unten: Komplett ausgebaute Kupplung; links im Bild die Getriebe-Eingangswelle.

Bild 4: unten: Die innerste Reib- und Stahlscheibe wird von einem dünnen Drahtring in Position gehalten, dessen Enden in eine kleine Bohrung (Kreis) eingesetzt sind.

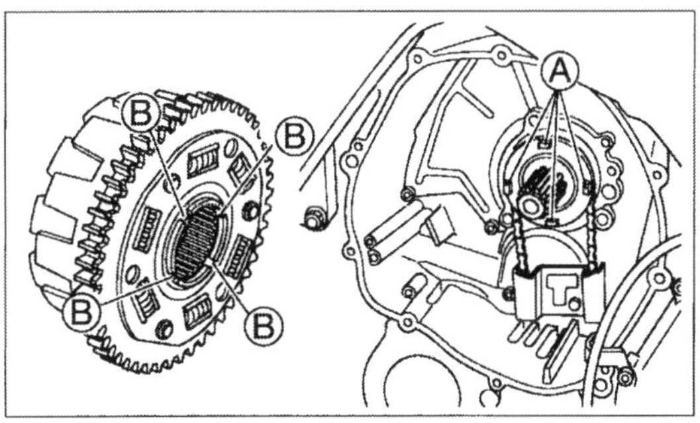

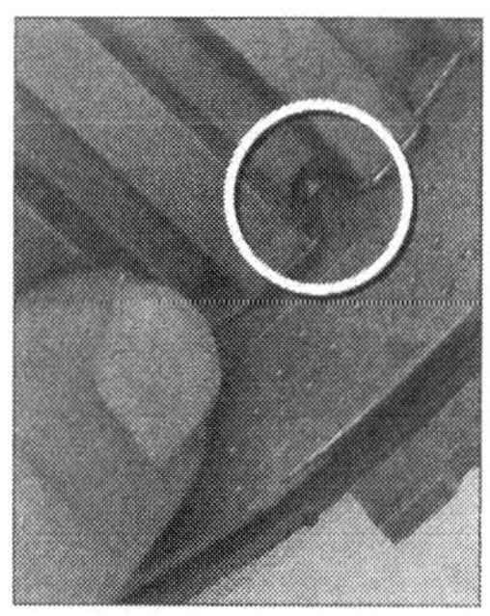

Kupplung ausbauen

Kupplungsnabe und Kupplungskorb aus- und einbauen

eingesetzt werden, darf nirgendwo überstehen.

■ Sintermetall-Reib- und Stahlscheiben mit Motoröl einschmieren und einsetzen: zuerst Reibscheibe, dann abwechselnd Stahl- und Reibscheiben. Die schwarze Reibscheibe kommt ganz außen als letzte auf das Paket.

■ Lange Druckstange, Kugel und Druckpilz (neuer O-Ring!) mit Lithium-Wälzlagerfett schmieren und in die Zentralbohrung der Getriebewelle einführen.

■ Beim Aufsetzen der Druckplatte Markierung beachten. Federsitzring, Tellerfeder und Federdruckring raufsetzen, mit einer Hand halten, Schrauben von Hand eindrehen, dann mit einem Steckschlüssel über Kreuz Schritt für Schritt bis auf 8 Nm festziehen.

■ Kupplungsreibscheiben und Stahlscheiben immer im Satz auswechseln. Keine gebrauchten Scheiben mit neuen mischen.

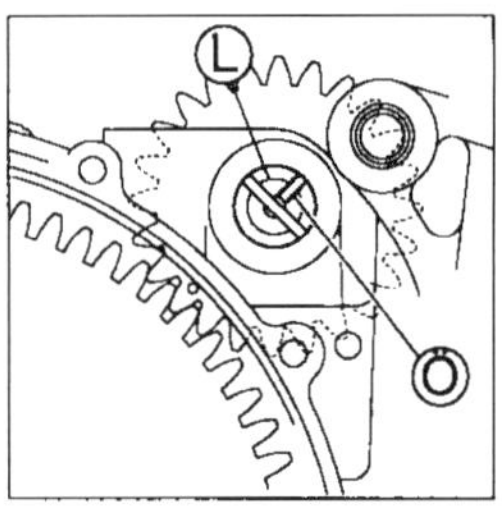

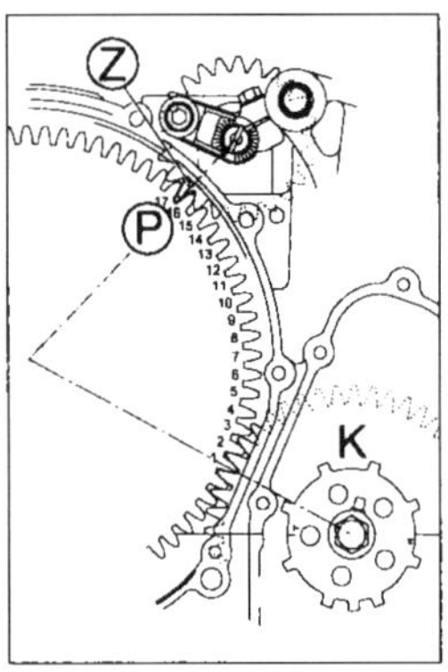

Bilder 5 und 6: Beim Einbau der hinteren Ausgleichswelle müssen Kurbelwelle (K), großes Primärzahnrad (P) und Zahnrad der Ausgleichswelle (Z) exakt in die gezeigten Positionen zueinander gebracht werden. Im Bild ganz oben ist (L) die Lagerung der Ausgleichswelle und (Ö) die Ölbohrung im Gehäuse.

Kupplungskorb und -nabe ausbauen

Von Yamaha wird empfohlen, zum Ausbau des Kupplungskorbs die hintere Ausgleichswelle auszubauen. Diese sitzt direkt oberhalb der Kupplung und wird vom Kupplungszahnrad angetrieben. Zu diesem werkseitig vorgeschriebenen Ausbau muss das Drosselklappengehäuse entfernt werden, was sehr aufwändig und zeitraubend ist.

Extra Tipp zum Kupplungsausbau

Man kann sich den aufwändigen Ausbau der hinteren Ausgleichswelle sparen, wenn man wie nachstehend beschrieben vorgeht. Der Kupplungsgehäusedeckel ist dazu schon geöffnet, der Mechaniker hat freien Blick auf die Kupplung, die Kupplungsbeläge sollten schon ausgebaut und die große Zentralmutter der Kupplungsnabe sollte schon geöffnet und abgenommen sein. Es steckt also nur noch der Kupplungskorb auf der Getriebewelle in seiner Einbauposition.

1. Motor auf Zünd-OT des ersten Zylinders drehen und prüfen, ob die am Zahnrad der Ausgleichswelle angebrachte Körnermarkierung zum großen Zahnrad zeigt.

2. Farbmarkierungen anbringen:

■ an der Körnermarkierung des Zahnrads der Ausgleichswelle

■ an den beiden Zähnen am großen Primärzahnrad, in die der eben markierte Zahn des Zahnrads der Ausgleichswelle eingreift (laut Vorschrift 16. und 17. Zahn, siehe dazu auch Bilder 5/6)

■ an der Körnermarkierung auf dem kleinen Primärzahnrad auf der Kurbelwelle und den beiden Eingriffzähnen am großen Primärzahnrad.

3. Jetzt kann zuerst die Distanzbuchse und dann der Kupplungskorb von seiner Welle gezogen werden.

4. Beim Zusammenbau das Primärzahnrad auf die Farbmarkierungen des Ausgleichswellenzahnrads und des Primärzahnrads so ausrichten, dass alle Körner- und Farbmarkierungen miteinander fluchten und in der Ausbauposition wieder zueinander zur Anlage kommen.

Kupplungsnabe und Kupplungskorb ausbauen

1. Die umgebogenen Enden der Sicherungsscheibe der Kupplungsnabenmutter hochbiegen.

2. Kupplungshalter an Kupplungsnabe anbringen, Mutter lösen und abdrehen. Kupplungsnabe abziehen.

3. Jetzt die Arbeitsschritte unter »Extra Tipp zum Kupplungsausbau« abarbeiten (siehe weiter oben).

4. Distanzbuchse aus der inneren Bohrung des Kupplungskorb-Innenkörpers herausnehmen: Zwei M5-Schrauben in die auf dem äußeren Bund der Distanzbuchse sichtbaren Gewindebohrungen eindrehen und das Bauteil daran herausziehen.

5. Jetzt kann der Kupplungskorb herausgenommen werden: vorsichtig von seinem Lagersitz auf der Welle und aus den angrenzenden Zahnrädern ziehen.

Kupplungsnabe und Kupplungskorb einbauen

Kupplungskorb auf den Lagersitz der Getriebewelle schieben. Dabei darauf achten, dass die Nasen des Ölpumpen-Antriebsrades in die entsprechenden Aussparungen im Kupplungskorb eingreifen. Die Zähne des Primärabtriebsrades müssen richtig in die Verzahnung des Primärantriebsrades und des Antriebszahnrads der Ausgleichswelle eingreifen (siehe »Extra Tipp zum Kupplungsausbau« weiter oben!).

1. Distanzbuchse so einstecken, dass die beiden Gewindebohrungen nach außen zeigen. Anlaufscheibe aufschieben, die beiden Quernuten weisen nach außen.

2. Kupplungsnabe auf Getriebewelle aufschieben, Sicherungsscheibe aufsetzen, Mutter handfest andrehen.

3. Kupplungsnaben-Haltewerkzeug ansetzen, Mutter mit exakt passender Nuss mit 90 Nm festziehen.

4. Rand der Sicherungsscheibe zur Sicherung der Mutter hochbiegen.

5. Einbau von Druckstangen und Kupplungsbelägen siehe oben.

Hintere Ausgleichswelle einbauen

Schaltwelle aus- und einbauen, überprüfen

Hintere Ausgleichswelle einbauen
Falls die Kupplung und die hintere Ausgleichswelle ausgebaut wurden, wird die Ausgleichswelle folgendermaßen wieder eingebaut.
1. Ausgleichsgewicht, Ruckdämpfer, Ausgleichswellen-Zahnrad, Lager und Unterlegscheiben auf einwandfreien Zustand überprüfen und montieren. Die eingestanzte Markierung am Ausgleichsgewicht muss mit der Markierung am Zahnrad fluchten.
2. »T«-Markierung auf dem Impulsgeberrotor auf der Kurbelwelle mit der Passfläche des Kurbelgehäuses ausrichten. Dazu muss der Motorseitendeckel rechts vor dem Kupplungsdeckel geöffnet und die Kurbelwelle mit einer passenden Nuss an der Rotorschraube nach rechts gedreht werden.
3. Ausgleichswelle mit Motoröl bestreichen und von links ins Gehäuse einsetzen. Neuen O-Ring verwenden!
4. Markierung im Ausgleichsgewicht auf die Ölbohrung im Kurbelgehäuse ausrichten.
5. Zahnrad der Ausgleichswelle und großes Primärzahnrad müssen so ineinander greifen, dass die Körnermarkierung auf dem Zahnrad der Ausgleichswelle in den Zahngrund zwischen Zahn 16 und Zahn 17 des großen Primärzahnrads zeigt.
6. Ausgleichswellenspiel einstellen (siehe Punkt 8).
7. Ausgleichswellenhebel montieren, Schraube mit Loctite »mittelfest« bestreichen und provisorisch festziehen.
8. Ausgleichswelle entgegen dem Uhrzeigersinn mit 0,4 Nm spannen und danach um zwei Striche auf der Skala zurückdrehen.
9. Hebelschraube mit 14 Nm, Klemmschraube mit 10 Nm festziehen. Die Lage der Welle darf sich dabei nicht verändern.
10. Rechte Motorseitendeckel wieder anbringen, neue Dichtung verwenden, Schrauben über Kreuz mit 12 Nm festziehen, Öl einfüllen, etc.
11. Motor starten. Gibt die Ausgleichswelle ungewöhnliche Geräusche von sich, Zahnflankenspiel neu einstellen: Schrittweise um je einen Strich nach rechts oder nach links drehen.
■ Drehung im Uhrzeigersinn: Zahnflankenspiel wird kleiner
■ Drehung gegen den Uhrzeigersinn: Zahnflankenspiel wird größer

Der hier beschriebene Aus- und Einbau der hinteren Ausgleichswelle und die Einstellung des Zahnflankenspiels gilt sinngemäß auch für die vordere Ausgleichwelle.

Schaltwelle ausbauen, prüfen und einbauen
Wenn die Schaltung nicht richtig funktioniert, kann dies an folgenden Bauteilen liegen: Schaltwelle verbogen, Schaltklinke schwergängig oder abgenutzt, Schaltfeder gebrochen, Rolle am Arretierhebel defekt, Rückzugsfeder ausgehängt oder gebrochen. Der Motor kann zum Aus- und Einbau der Schaltung eingebaut bleiben. Abgebaut sein müssen: äußeres Schaltgestänge, Kupplungskorb, Ölprallblech abschrauben.
1. Auf der linken Motorseite Sicherungsring von Schaltwelle abnehmen, diese nach rechts herausziehen. Einbaulage von Sicherungs- und Distanzringen notieren!
2. Schaltwelle, -klinke und Arretierungshebel überprüfen. Sind diese Bauteile verschlissen, verbogen oder beschädigt, müssen sie erneuert werden. Ist die Rolle am Arretierungshebel schwergängig, kompletten Hebel erneuern.
3. Simmerring an der linken Motorseite fetten. Schaltwelle bestücken mit Buchse, Schaltfeder, Sitzbuchse, Arretierungshebel, Scheibe und Seegerring und so einschieben, dass die Schaltklinke an die Schaltkrone in Position kommt.
4. Enden der Schaltfeder rechts und links am Federanschlagbolzen einhaken.
5. Rolle des Arretierungshebels an Schaltwalze zur Anlage bringen und Zugfeder einhängen.
6. Äußeren Sicherungsring anbringen. Schaltarm befestigen: Markierung auf der Schaltwelle muss auf den Klemmschlitz des Schaltarms zeigen. Klemmschraube mit 10 Nm festziehen.
7. Ölprallblech festschrauben (10 Nm), Kupplung wieder einbauen, Öl einfüllen, restliche Bauteile anbringen.

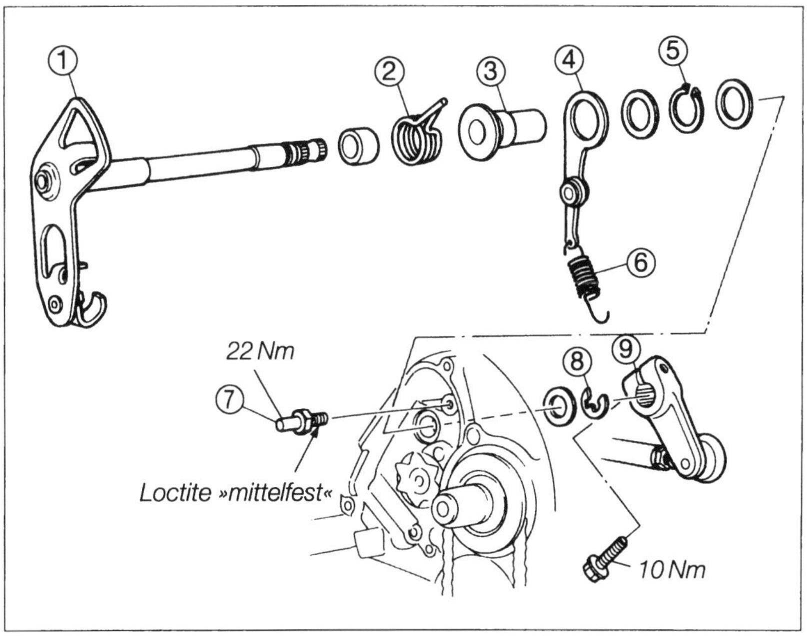

Bild 7: Schaltwelle mit Schaltklinke (1), Schaltfeder (2), Sitzbuchse (3) des Arretierungshebels (4), Sicherungsring (5), Zugfeder (6), Federanschlagbolzen (7), Sicherungsring der Schaltwelle (8), Schaltarm (9).

Sichtprüfung Messen

Anlasser auf Funktion prüfen

Anlasser und Anlasserfreilauf

In diesem Kapitel: Anlasser auf Funktion prüfen · Motor durch Anschieben starten · Anlasser aus- und einbauen · Anlasser zerlegen, prüfen, zusammenbauen · Anlasserfreilauf ausbauen, prüfen und vermessen, einbauen.

Anlasser

Anlasser auf Funktion prüfen

Falls der Anlasser beim Betätigen des Starterknopfes nicht reagiert, zuerst Folgendes prüfen:

- Steht der Motorabstellschalter (»Killschalter«) oben am Lenker auf ON?
- Ist der Seitenständer auch wirklich hochgeklappt?

Wenn sich der Anlasser beim Betätigen des Starterknopfes nicht drehen will, mit ganz gezogenem Kupplungshebel noch einmal versuchen. Wenn der Motor gestern noch problemlos ansprang und heute nicht mehr will, kann auch die Batterie hinüber sein. Das kann bei einer alten oder schlecht gepflegten Batterie von einem Moment auf den anderen passieren.

Dazu folgende Prüfung durchführen:

1. Leerlauf einlegen, Kupplung ziehen, Motorabstellschalter auf ON.

2. Licht einschalten und beobachten, ob das Licht beim Betätigen des Starterknopfes ausgeht.

3. Falls ja, ist die Batterie hinüber.

Diese Prüfung kann nur bei den YAMAHA FJR 1300 der ersten beiden Modelljahre wie beschrieben durchgeführt werden, denn die Modelle ab 2003 haben keinen extra Lichtschalter, sondern das Licht schaltet sich automatisch ein, nachdem der Motor gestartet ist. Beim Einschalten der Zündung brennen allerdings beide Standlichtlampen, und auch mit denen ist die oben angeführte Prüfung möglich.

Es kann aber auch sein, dass der Strom irgendwo auf seinem Weg von der Batterie über den Anlasserschalter schlechten Kabelkontakt hat. Deswegen alle entsprechenden Steckverbindungen auf satten Sitz, Korrosion an den Kontaktzungen und Steckverbindungen prüfen, Kabelanschlüsse an Batterie, sicheren Sitz des Massekabels (!), Elektrostarter, Relais und Sicherungen prüfen.

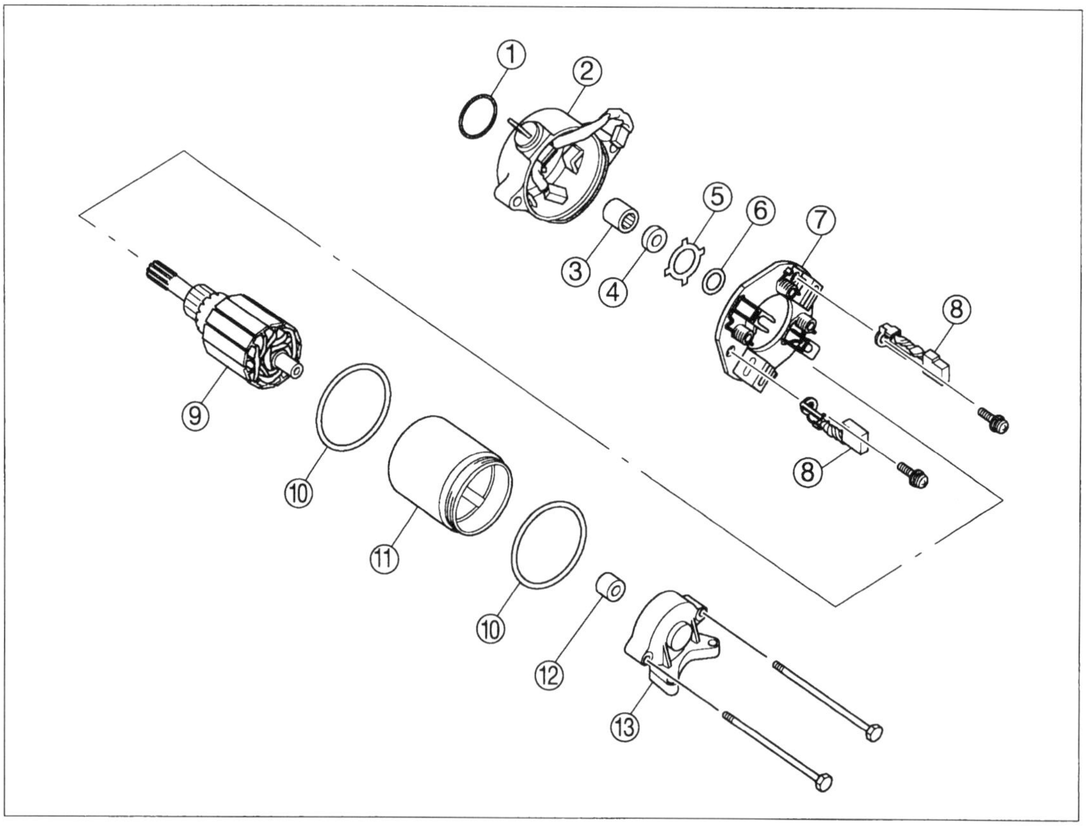

Bild 1: Der Anlasser und seine Bestandteile: Dichtring (1), vorderer Gehäusedeckel (2), Nadellager (3), Dichtring (4), Sicherungsscheibe (5), Unterlagscheibe (6), Bürstensitz (7), Bürsten (8), Kollektor (9), Dichtring (10), Gehäuse (11), Distanzhülse (12), hinterer Gehäusedeckel (13).

Motor durch Anschieben starten

Je nach dem, wie heftig die Batterie hinüber ist, kann der Motor möglicherweise durch Anschieben gestartet werden. Gibt die Batterie jedoch keine Spannung mehr ab, funktioniert die Einspritzanlage nicht. Daher besser Batterie laden oder mit fremder Batterie Starthilfe geben. Wenn dennoch angeschoben werden soll:

- Zündung ein, Motorabstellschalter auf ON.
- Zweiten Gang einlegen, Kupplung ziehen, Motorrad mit gezogener Kupplung etwas zurückschieben, um sicherzugehen, dass die Kupplung auch trennt.
- Fahrer am Lenker, hinten hilft ein Freund, beide schieben kräftig zusammen!
- Fahrer springt in den Sitz und lässt gleichzeitig die Kupplung los – Motor müsste kommen.
- Falls der Motor anspringt, ihn mit kurzen Gasstößen am Leben halten und nicht unter 2000/min kommen lassen. Falls er nicht anspringt, nochmals versuchen!

Anlasser ausbauen

Der Anlasser sitzt links hinter dem Zylinderblock unterhalb des Drosselklappengehäuses und kann bei eingebautem Motor ausgebaut werden. Das Motorrad sollte auf dem Hauptständer abgestellt und der Tank hochgeklappt werden. Für ungehinderten Zugang zum Anlasser muss das Drosselklappengehäuse entfernt werden (siehe Kapitel »Kraftstoffsystem und Einspritzung«). Zündung ausschalten (Zündschlüssel am besten abziehen!), Massekabel von der Batterie abklemmen und mit Klebeband isolieren.

1. Kabelklemmenschraube lösen, Klemme abnehmen.

2. Beide Befestigungsschrauben herausdrehen und den Starter nach hinten herausziehen.

Anlasser zerlegen

1. Die beiden langen Gehäuseschrauben ausdrehen, vorderen Gehäusedeckel abnehmen.

2. Gehäuseteile und ihre Einbaulage zueinander mit Filzstift markieren

3. Einzelteile vorsichtig aus dem Gehäuse nehmen und an einem sicheren Ort ihrer Einbaulage entsprechend ablegen.

Anlasser prüfen

1. Stromdurchgang zwischen Anschluss des Anlasserkabels und Bürste überprüfen.

- Es muss Stromdurchgang bestehen.

2. Widerstand zwischen Anschluss des Anlasserkabels und Deckel prüfen.

- Es darf kein Stromdurchgang bestehen.

3. Große Dichtringe im hinteren und vorderen Gehäuseteil sowie den vorne aufgesetzten kleinen O-Ring auf einwandfreie Form, Risse, poröse Stellen, Quetsch- und Druckstellen prüfen. Wenn defekt: erneuern!

4. Öldichtring und Nadellager im vorderen Deckel auf Alterung und unbeschädigte Dichtlippen prüfen. Nadeln des Lagers sowie die ent-

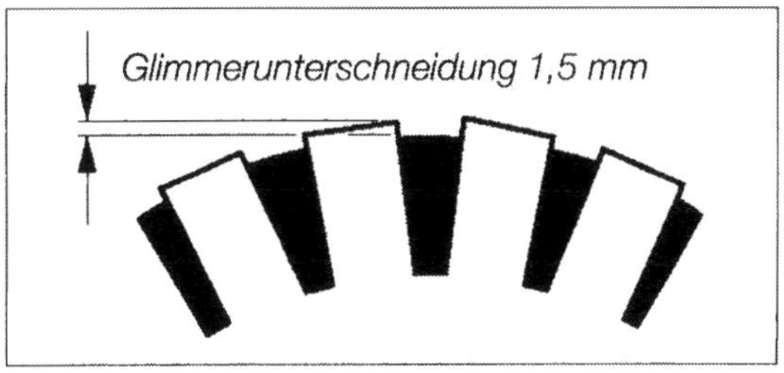

Bild 2: Falls die Unterschneidung vom Sollwert 1,5 mm abweicht, mit einem Metallsägeblatt ausschaben.

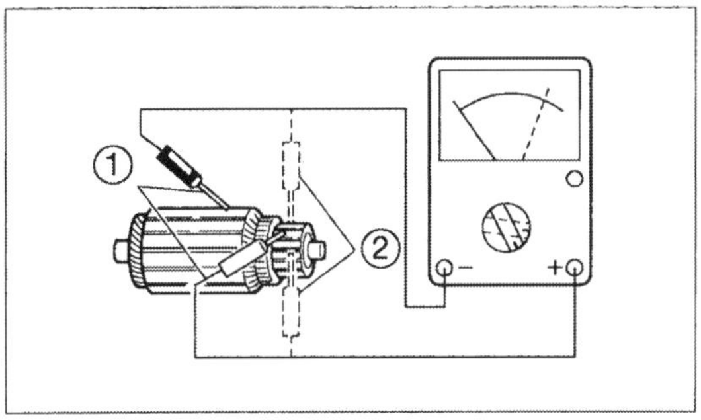

Bild 3: Kollektor auf Stromdurchgang prüfen: Erst Isolierung (1), dann Ankerwicklung (2) durchmessen.

Bild 4: Die Bürsten sitzen im hinteren Gehäusedeckel.

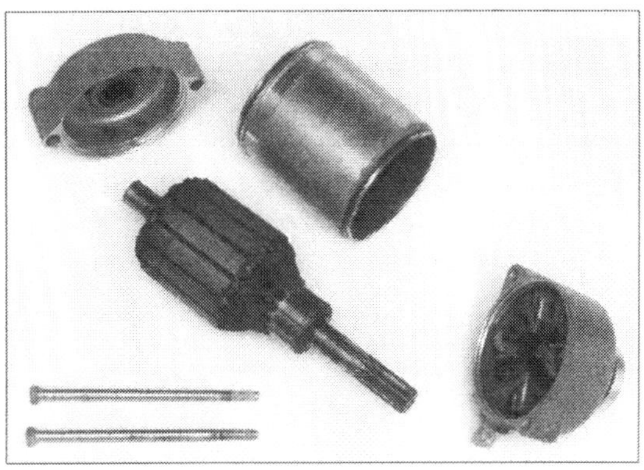

Bild 5: In seine Einzelteile zerlegter Anlasser.

Motor durch Anschieben starten

Anlasser ausbauen, zerlegen und prüfen

Anlasser zusammen- und einbauen

Anlasserrelais und Anlassersperrrelais

sprechende Lagerstelle der Kollektorwelle auf Blaufärbung und Bruch untersuchen. Wenn defekt: erneuern!

5. Buchse im hinteren Deckel sowie die entsprechende Lagerstelle der Kollektorwelle auf ausgelaufene, blanke oder riefige Stellen (Fressspuren) untersuchen. Wenn defekt: erneuern!

6. Kollektor auf Verschmutzung überprüfen, bei Bedarf mit 600er-Schleifpapier abziehen und mit einem trockenen Tuch abwischen.

7. Durchmesser des Kollektors messen, er muss mindestens 23,5 mm betragen. Ist er stärker abgenutzt, ist ein neuer Anlasser fällig.

8. Kollektor auf Verfärbung und ungewöhnliche Abnutzung überprüfen. Unterschneidung der Kollektorisolierung messen. Sollmaß: 1,5 mm. Isolierung gegebenenfalls mit einem Metallsägeblatt ausschaben und mit 600er-Schleifpapier säubern. Stimmt die Einschnitttiefe der Isolierung nicht, funktioniert der Kollektor nicht einwandfrei.

9. Die Kollektorlamellen dürfen keine Verfärbungen aufweisen. Paarweise Verfärbung deutet auf geerdete Ankerwicklungen hin (Masseschluss): erneuern!

10. Kollektorstegpaare (jeweils gegenüberliegende Kontaktflächen) durchmessen:

■ Es muss Stromdurchgang bestehen.

11. Widerstand zwischen Kollektorstegen und Ankerwelle prüfen:

■ Es darf kein Stromdurchgang bestehen.

12. Widerstand der Ankerwicklung und der Isolierung messen. Messtemperatur ist 20 °C (Bild 3).

Kollektorwiderstand................. 0,024 bis 0,030 Ω

Isolierungswiderstand .... mindestens 1 MΩ

Weicht der gemessene Wert vom Sollwert ab, Anlasser ersetzen.

13. Bürsten aus Halterung herausziehen, Bürsten auf ungewöhnliche Abnutzung, Risse und Unebenheit im Bürstenhalter überprüfen.

14. Bürstenlänge messen: Verschleißgrenze 3,65 mm. Wenn auch nur eine einzige der vier Bürsten die Verschleißgrenze erreicht hat oder nur noch geringfügig länger ist, alle Bürsten ersetzen.

15. Federkraft der Bürstenfeder messen. Sollwert: 5,28 bis 7,92 Nm. Bei Abweichung kompletten Bürstensatz auswechseln.

Anlasser zusammenbauen

1. Bürsten in die Bürstenhalter einsetzen, Kabelklemme mit Klemmenschraube und Bürstenhalter in das Statorgehäuse einsetzen. Dabei die Haltenase auf die Nut im Deckel ausrichten.

2. Anker in das Gehäuse einsetzen: Diesen dabei gut festhalten, damit er durch den Gehäusemagneten nicht plötzlich hineingezogen wird und ans Gehäuse schlägt, denn der Anker kann dadurch beschädigt werden.

3. Neue Dichtringe auf das Gehäuse aufziehen.

4. Eine dünne Schicht Fett in das Nadellager am Ende der Ankerwelle geben.

5. Hinteren Deckel aufsetzen. Dabei die Bürsten gegen die Federkraft in den Bürstenhalter drücken (mit vier Händen geht es am besten) und die Nase des Bürstenhalters auf die Nut am Gehäuse ausrichten. Neuen O-Ring verwenden!

6. Beilag- und Sicherungsscheiben so auf die Ankerwelle aufschieben wie herausgenommen.

7. Simmerring und Lager im vorderen Gehäusedeckel etwas einfetten.

8. Sicherungsscheibe innen im vorderen Gehäusedeckel anbringen. Die vier Laschen müssen gegen den Deckel gerichtet sein und eingreifen. Deckel aufschieben.

9. Sicherstellen, dass die Markierungen an Gehäuse und Deckel fluchten, dann die langen Gehäuseschrauben eindrehen und mit 4 Nm festziehen.

Anlasser einbauen

1. Anlasser auf Motorgehäuse aufsetzen, Anlasserwelle mit neuem O-Ring in Bohrung des Motorgehäuses einführen.

2. Beide Befestigungsschrauben eindrehen und mit 10 Nm festziehen.

3. Anlasserkabel anschließen, Schraube festziehen.

Anlasserrelais und Anlassersperrrelais

Das Anlasserrelais sitzt unter der rechten Innenverkleidung direkt hinter der Batterie. Bei eingeschalteter Zündung den Anlasserknopf betätigen und darauf achten, ob ein Klicken aus dem Relais zu hören ist. Man braucht dazu nicht unbedingt die Verkleidung abzubauen, sondern hält sein Ohr dran – normalerweise ist das Klicken laut genug.

Ist kein Klicken zu hören, sicherheitshalber Innenverkleidung abbauen und nochmals versuchen zu starten. Wenn es nicht klickt, folgendermaßen überprüfen:

Anlasserrelais überprüfen

1. 3-poligen Anlasserrelaisstecker abziehen.

2. Batteriespannung an Relaiskontakte anlegen:

■ Batterie-Pluspol an rot-weißen Stecker

■ Batterie-Minuspol an blau-weißen Stecker

3. Ohmmeter an roten (positive Messspitze) und schwarzen Kontakt (negative Messspitze) des Relaisausgangs anlegen. Zwischen den beiden verschraubten Kontakten, von denen aus zwei dicke Kabel zum Anlasser führen, muss Stromdurchgang bestehen. Ist kein Durchgang messbar, Anlasserrelais auswechseln.

Anlasssperrrelais überprüfen

Das Anlasssperrrelais sitzt unter dem Fahrersitz in Fahrtrichtung rechts. Zur Prüfung folgendermaßen vorgehen:

1. Relaisstecker abziehen.

2. Batteriespannung an Relaiskontakte anlegen:

■ Batterie-Pluspol an rot-schwarzen Stecker

■ Batterie-Minuspol an schwarz-gelben Stecker

3. Ohmmeter an blau-weißen (positive Messspitze) und schwarzen Kontakt (negative Messspitze) anlegen. Es muss Stromdurchgang bestehen. Ist kein Durchgang messbar, Anlasssperrrelais auswechseln.

Anlasserdiode überprüfen

Die Anlasserdiode ist in das Anlasssperrrelais integriert. Messspitzen des Ohmmeters nacheinander an die verschiedenen Kontakte des Relais anlegen und auf Durchgang prüfen (siehe Tabelle 1). Stimmt eines oder mehrere Messergebnisse nicht mit dem vorgegebenen Wert überein, Relais austauschen.

Anlasserfreilauf

Der Anlasserfreilauf sitzt im Motor links unter der Lichtmaschine (Ausbau siehe Kapitel »Batterie und Zündanlage«). In der Regel braucht man sich um den Anlasserfreilauf und die Teile, die zur Übertragung der Drehbewegung des Anlassermotors zum Anlasserfreilauf nötig sind, nicht zu kümmern, denn daran geht unter normalen Umständen nichts kaputt.

Anlasser- und Anlassersperrrelais überprüfen

Anlasserdiode überprüfen

Anlasserfreilauf

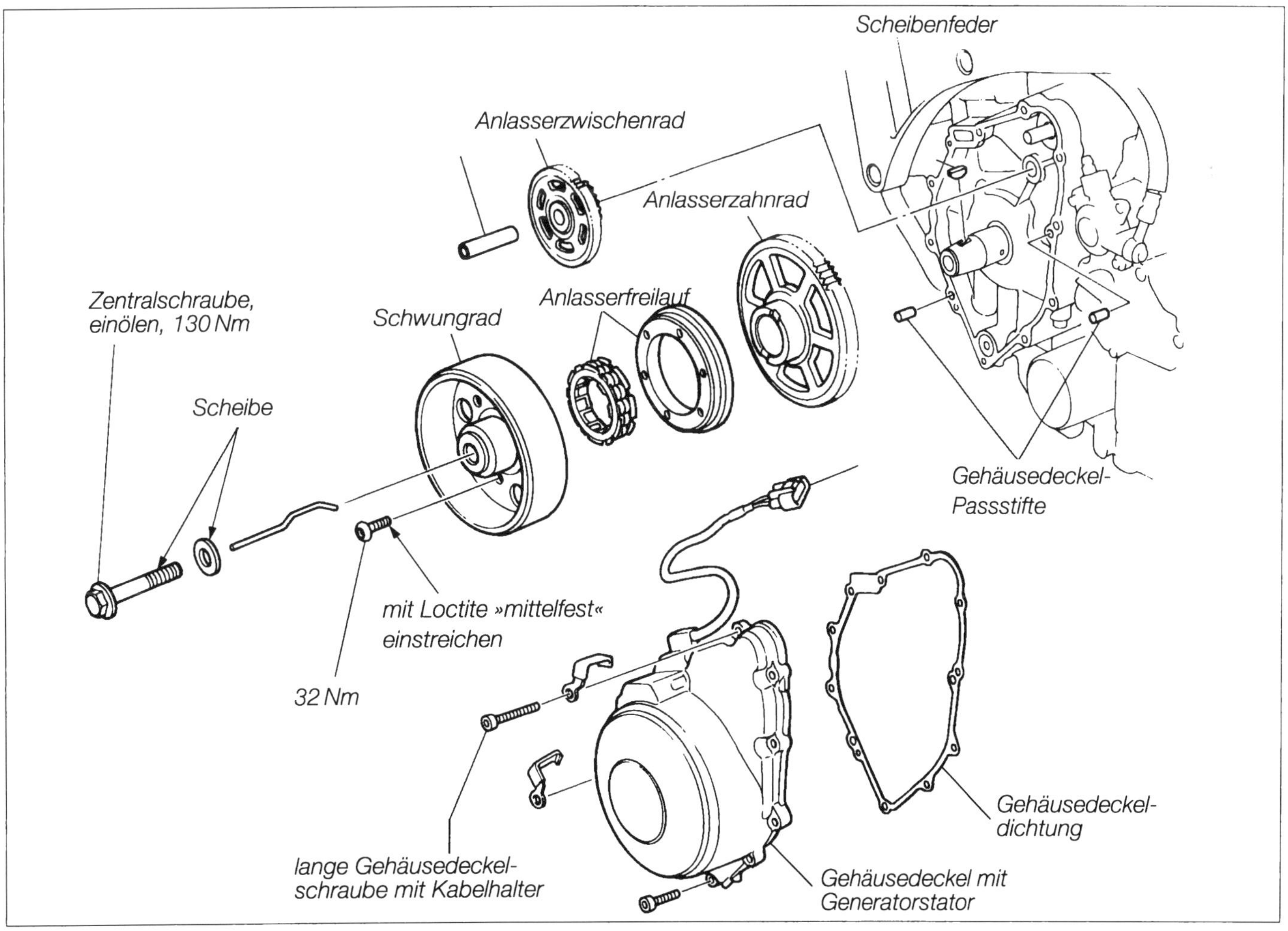

Bild 6: Lichtmaschinenrotor und Anlasserfreilauf schematisch.

Anlasserfreilauf ausbauen, prüfen und einbauen

Anlasserfreilauf ausbauen

Falls doch einmal ein Defekt auftreten sollte, muss das Schwungrad der Lichtmaschine abgebaut werden. Man benötigt dazu folgende Yamaha-Spezialwerkzeuge:

- Schwungradhalter Nr. 90890-00701 (es kann auch ein handelsübliches Werkzeug verwendet werden)
- Rotorabzieher Nr. 90890-01362 oder anderer passender Abzieher

1. Die 11 Inbusschrauben des Lichtmaschinendeckels auf der linken Motorseite ausdrehen, Deckel abnehmen.
2. Schwungrad mit dem Schwungradhalter fixieren.
3. Falls der Anlasserfreilauf defekt ist und getauscht werden muss, jetzt schon die drei Schrauben lockern, mit denen er am Schwungrad befestigt ist!
4. Zentralschraube lösen, Schraube und Scheibe abnehmen.
5. Schwungrad mit Abzieher abziehen.
6. Scheibenfeder (Woodruff-Keil) aus ihrer Nut im Konus herausnehmen.
7. Anlasserfreilauf vom Schwungrad abnehmen.

Anlasserfreilauf prüfen

1. Starterkupplungszahnrad auf die Starterkupplung setzen und so halten, dass man auf die dem Motor zugewandte (hintere) Seite blickt.

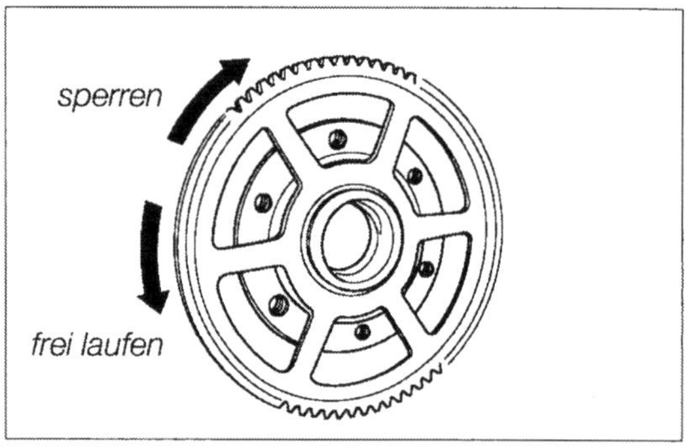

Bild 7: Der Anlasserfreilauf muss nach rechts sperren, nach links frei laufen.

2. Wenn man versucht, das Starterkupplungszahnrad zu drehen, muss es...
...im Uhrzeigersinn (rechts herum) sperren
...entgegen dem Uhrzeigersinn (links herum) frei laufen
3. Wenn nicht, beide Teile ersetzen.
4. Bund des großen Zahnrads und die Rollen des Freilaufs auf Abnutzung, eingelaufene Druckstellen, Bruch, verfärbte (blaue) Stellen kontrollieren. Bei übermäßigem Verschleiß Teile ersetzen.

Anlasserfreilauf einbauen

1. Rollen des Freilaufs gut mit Motoröl einölen.
2. Innenring so in den Außenring des Freilaufs einsetzen, dass der Flansch nach außen zeigt.
3. Anlasserfreilauf an das Schwungrad ansetzen.
- Gewinde der drei Schrauben mit Loctite »mittelfest« bestreichen und eindrehen.
- Schwungrad mit Schwungradhalter fest spannen und Schrauben mit 32 Nm festziehen.

4. Konus der Kurbelwelle ölfrei reinigen, Scheibenfeder in ihre Nut einsetzen.
5. Schwungrad aufsetzen:
- Innenkonus ölfrei reinigen.
- Schwungrad auf den Konussitz ansetzen, Nut im Innenkonus auf Scheibenfeder ausrichten.
- Unter leichtem Druck aufschieben.

6. Gewinde und Sitzfläche der Zentralschraube mit frischem Motoröl einölen, Beilagscheibe aufschieben, eindrehen.
7. Schwungrad mit Schwungradhalter gut festhalten, Schraube mit 130 Nm festziehen.
8. Achse des Anlasserzwischenrads mit Molybdänsulfidlösung einölen und zusammen mit dem Zahnrad ins Motorgehäuse einsetzen.
9. Darauf achten, dass schon beim Einbau die Zähne aller Zahnräder sauber ineinander greifen, ggf. etwas am Schwungrad drehen.
Deckel anbringen: Passstifte einsetzen, neue Dichtung auflegen, Deckel aufsetzen, alle 11 Schrauben eindrehen und mit 12 Nm festziehen.

Tabelle: 1 Stromdurchgang an der Anlasserdiode.

Überprüfung der Anlasserdiode

		positive Messspitze des Ohmmeters an:				
		hellblau	**blau-grün**	**hellgrün**	**schwarz-gelb**	**blau-gelb**
negative Messspitze	**hellgrün**	D	–	–	–	–
	schwarz-gelb	D	D	–	–	–
	blau-gelb	D	D	–	–	–
	hellblau	–	–	k. D.	k. D.	k. D.
	blau-grün	–	–	–	–	k. D.

- D = Durchgang: hier muss Stromdurchgang bestehen.
- k. D. = kein Durchgang: hier darf kein Strom fließen.

Kühlsystem

In diesem Kapitel: Fehlersuche im Kühlsystem · Kühlflüssigkeit prüfen, nachfüllen und wechseln · Kühler ab- und anbauen · Kühlsystem und Thermostat, Kühlerventilator überprüfen · Wasserpumpe aus- und einbauen · Praxistipps zum Kühlsystem.

Motorkühlsystem

Das Kühlsystem der YAMAHA FJR 1300 hat lebenswichtige Bedeutung für den wassergekühlten Motor. Technisch richtig müsste es eigentlich »flüssigkeitsgekühlt« heißen, denn reines Wasser ist es ja nicht. Es ist vielmehr eine Mischung verschiedener Komponenten.

Kühlflüssigkeit wird üblicherweise fertig gemischt angeboten, meist in Gebinden zu 2,5 oder 5 Liter. Beim Kauf ist darauf zu achten, dass die Kühlflüssigkeit für Aluminiummotoren und Aluminiumkühler geeignet ist (es gibt auch solche für Graugussmotoren, die ist nicht geeignet!)

Achtung: Kaufen Sie neue Kühlflüssigkeit NICHT im Baumarkt oder gar in der Kfz-Abteilung eines Lebensmittel-Supermarktes, auch wenn das Preisangebot scheinbar noch so verlockend ist! Kaufen Sie Kühlflüssigkeit nur im Motorrad- oder Kfz-Zubehör-Fachgeschäft!

Frostschutzmittel trägt auch zur Schmierung der Wasserpumpe und zur Verhinderung von Rost (Korrosion) bei. Es sollte also immer verwendet werden, selbst wenn man nur im Sommer fährt und keine Minustemperaturen zu erwarten sind.

Achtung: Kühlflüssigkeit kann Lack beschädigen und auf blankem Metall Flecken hinterlassen. Nichts verschütten, altes Kühlmittel umweltgerecht entsorgen!

Anzugsdrehmomente

Für Schrauben und Muttern des Kühlsystems gelten folgende Anzugsdrehmomentwerte:

- Schraube Wasserpumpendeckel .... 10 Nm
- Kühlmitteltemperatur-Sensor (ECT)........ 18 Nm
- Flanschschraube des Thermostatdeckels .... 10 Nm
- Befestigungsschrauben der Wasserpumpe .... 12 Nm

Fehlersuche im Kühlsystem

Ergänzend zum Kapitel »Störungssuche« beschreiben wir hier stichwortartig mögliche Fehler des Kühlsystems und hoffen, dass diese bei Ihrem Motorrad niemals auftauchen werden. Erfahrungen mit der YAMAHA FJR 1300 besagen, dass es bei normal gewarteten und normal im Straßenverkehr gefahrenen Maschinen kaum Probleme gegeben hat.

Bei getunten und umgebauten Maschinen, also solchen, an denen technische und optische Umbauten vorgenommen wurden (Verkleidung, Motortuning, andere Auspuffe, andere Ansaugsysteme, Zubehörkühler, etc.) kam es vereinzelt zu Störungen im Kühlsystem, was jedoch in keinem Fall der Grundkonstruktion angerechnet werden konnte.

Problem: Motortemperatur zu hoch
Möglicher Grund: Kühlsystem-Verschlussdeckel defekt, lose: Kühlmittel tritt aus.
Abhilfe: Kühlsystem-Verschlussdeckel richtig aufsetzen und einrasten, neuen Kühlsystem-Verschlussdeckel verwenden, Kühlmittel auffüllen
Möglicher Grund: Zu wenig Kühlmittel.

Motorkühlsystem

Fehlersuche im Kühlsystem

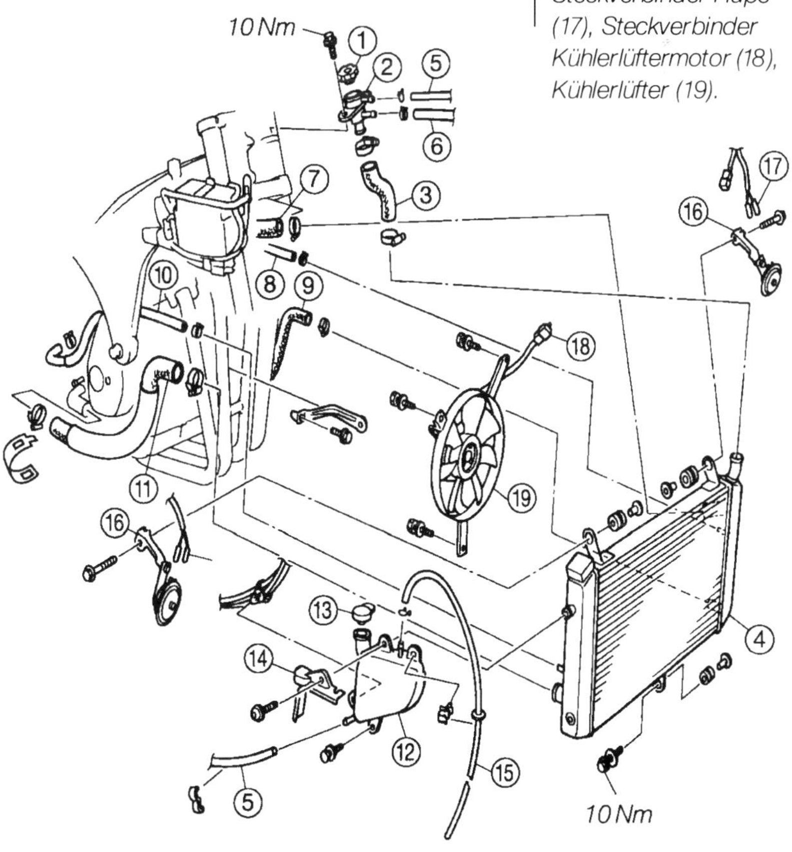

Bild 1: Kühlerverschlussdeckel (1), Kühlereinfüllstutzen (2), Kühlereinfüllschlauch (3), Kühler (4), Schläuche für: Ausgleichsbehälter (5), Thermostat-Entlüftung (6), Kühlereinlass (7), Kontrolleinheit (8), Ölkühler-Auslass (9), Entlüftung Wasserpumpe (10), Kühlerauslass (11): Ausgleichsbehälter (12), Deckel (13), Abdeckung (14), Entlüftungsschlauch (15), Hupenhalterung (links und rechts) (16), Steckverbinder Hupe (17), Steckverbinder Kühlerlüftermotor (18), Kühlerlüfter (19).

Fehlersuche im Kühlsystem

Abhilfe: Kühlmittel auffüllen und nachsehen, aus welcher Öffnung bzw. aus welchem Leck das Kühlmittel entschwunden ist.

■ War nur der Kühlsystem-Verschlussdeckel lose und hat sich das Kühlmittel deswegen verflüchtigt, ist nach dem Auffüllen meist wieder alles in Ordnung.

■ Hat sich eine Schelle eines Kühlerschlauches gelockert oder war diese nicht richtig angezogen und hatte sich an einer solchen Stelle ein Leck gebildet, die Schelle anziehen und bei der nächsten Gelegenheit eine neue Schelle anbringen.

■ Ist ein Schlauch porös (alt, falsches Schlauchmaterial), geknickt (weil zu lang) oder ist von seinem Sitz gerutscht (weil zu kurz oder Schelle lose), umgehend einen neuen, serienmäßigen Schlauch einbauen.

Möglicher Grund: Durchgänge im Kühlsystem und im Kühler verstopft, verschmutzt, verkalkt.
Abhilfe: Kühlsystem reinigen.

■ Werden Kalkablagerungen im Lamellenwasserkühler oder in den Schläuchen und Leitungen der Wasser-Ölkühlereinheit festgestellt, füllen Sie ein Gemisch aus Kaffeemaschinen-Entkalker (gibt's im Haushaltswarengeschäft) und heißem Wasser in das Kühlersystem ein und lassen es zwei Stunden ziehen. Danach das Kühlsystem mit heißem Wasser gut ausspülen.

■ Wenn das gesamte Kühlsystem der FJR hoffnungslos verkalkt ist (weil der Vorbesitzer lange Zeit nur normales Wasser eingefüllt hatte), Kaffeemaschinen-Entkalter ins komplette System geben und den Motor einige Kilometer ordentlich heiß fahren. Mit dieser brutalen Methode kann man feststellen, ob und wo das System undicht ist, denn der Entkalker macht versteckte Lecks wieder frei, die vorher durch Kalkablagerungen scheinbar dicht waren.

Tipp: Wenn nach einer Entkalkungsaktion eine oder mehrere Leckstellen am Kühler, am Ölkühler oder an anderen Stellen auftreten, war ohnehin etwas defekt und es war höchste Zeit, dass die Lecks gefunden wurden. Dann muss entweder ein neuer Kühler her (teuer!) oder man kann das Teil reparieren lassen. Das ist Sache von echten Spezialisten. Im Telefonbuch unter »Kühlerreparatur« nachsehen. Man kann auch unter »Kälte- und Kühlanlagenbau« fündig werden. Immer gilt: Zuerst den Yamaha-Händler um Rat fragen.

Möglicher Grund: Luft im Kühlsystem.
Abhilfe: Kühlmittel auffüllen, System entlüften (siehe folgende Seiten).

Möglicher Grund: Wasserpumpe defekt.
Abhilfe: Überprüfen, ob sie defekt ist (siehe folgende Seiten).
Möglicher Grund: Thermostat hängt auf »geschlossen«.
Abhilfe: Neuen Thermostat einbauen. Hängt ein Thermostat, ist er meistens schon recht alt. Außerdem darf ein Thermostat irgendwann einmal kaputt gehen (siehe folgende Seiten).

Möglicher Grund: Temperaturanzeige im Cockpit oder Kühlmitteltemperatur-Sensor defekt
Abhilfe: Schaltkreise im Cockpit, dessen elektrische Zuleitungen und den Kühlmitteltemperatur-Sensor überprüfen (Sache des Elektronikspezialisten bzw. Yamaha-Händlers, siehe auch Kapitel »Kraftstoffsystem und Einspritzung«).

Möglicher Grund: Lüftermotor des Kühlers defekt.
Abhilfe: Neuen Lüftermotor einbauen.

Möglicher Grund: Lüfterrelais defekt.
Abhilfe: Neues Relais einbauen.

Problem: Motortemperatur zu niedrig
Möglicher Grund: Temperaturanzeige im Cockpit oder Kühlmitteltemperatur-Sensor defekt.
Abhilfe: Schaltkreise im Cockpit, dessen elektrische Zuleitungen und den Kühlmitteltemperatur-Sensor überprüfen (Sache des Elektronikspezialisten bzw. Yamaha-Händlers, siehe auch Kapitel »Kraftstoffsystem und Einspritzung«).

Möglicher Grund: Thermostat hängt »offen«.
Abhilfe: Neuen Thermostat einbauen. Hängt ein Thermostat, ist er meistens schon recht alt. Außerdem darf ein Thermostat irgendwann einmal kaputt gehen (siehe folgende Seiten).

Möglicher Grund: Lüfterrelais defekt.
Abhilfe: Neues Relais einbauen.

Problem: Leck im Kühlsystem
Möglicher Grund: Schlauchverbinder oder Schlauchklemme locker.
Abhilfe: Hat sich eine Schelle eines Kühlerschlauches gelockert oder war diese nicht richtig angezogen und hatte sich an einer solchen Stelle ein Leck gebildet, die Schelle anziehen und

bei der nächsten Gelegenheit eine neue Schelle anbringen.

Möglicher Grund: Wasserschlauch gealtert oder beschädigt.
Abhilfe: Ist ein Schlauch porös (alt, falsches Schlauchmaterial), geknickt (weil zu lang) oder ist von seinem Sitz gerutscht (weil zu kurz oder Schelle lose), neuen Originalschlauch einbauen.

Möglicher Grund: Gleitringdichtung oder O-Ringe der Wasserpumpe defekt.
Abhilfe: Neue Wasserpumpe und/oder neuen O-Ring einsetzen (siehe folgende Seiten).

Möglicher Grund: Kühlsystem-Verschlussdeckel defekt.
Abhilfe: Kühlsystem-Verschlussdeckel richtig aufsetzen und einrasten, neuen Verschlussdeckel verwenden, Kühlmittel auffüllen.

Kühlflüssigkeit

Bei den großen Inspektionen alle 10000km (12 Monate) werden der Kühlflüssigkeitsstand, alle Schläuche, Anschlüsse und die Schlauchschellen kontrolliert. Die Kühlflüssigkeit wird laut Wartungsplan alle drei Jahre erneuert, besser ist jedoch alle zwei Jahre. Ab und zu ein prüfender Blick auf das Kühlsystem während dieser Zeit (und dabei ganz gezielt auf den Kühlflüssigkeitsstand) beruhigt die Nerven.

Achtung: Motorkühlmittel kann Haut und Augen sowie innere Organe schädigen. Jeglichen Körperkontakt vermeiden, keinesfalls trinken. Falls Haut oder Augen damit in Berührung kommen, mit reichlich klarem Wasser ab- bzw. ausspülen. Nach Verschlucken Erbrechen herbeiführen und sofort einen Arzt konsultieren.

Der Kühlmittel-Ausgleichsbehälter ist bei der FJR rechts hinter der Verkleidung untergebracht. Man sieht den Flüssigkeitsstand durch den oberen Schlitz der Verkleidung. Zum exakten Ablesen des Flüssigkeitsstandes das Motorrad senkrecht halten oder auf dem Hauptständer abstellen.

Der Kühler verbirgt seinen Deckel auf der linken Seite unter der Verkleidung. Wenn der Kühlflüssigkeitsstand im Ausgleichbehälter zu niedrig ist, wird benötigtes Kühlmittel NICHT in den Kühler direkt eingefüllt, sondern in den Ausgleichsbehälter.

Achtung: Den Deckel des Kühlers nicht bei heißem Motor öffnen denn das heiße Kühlmittel steht unter Druck.

Kühlflüssigkeit prüfen und ergänzen
Kühlmittelstand anhand der beiden Striche am Ausgleichsbehälter überprüfen. Der Pegelstand muss sich bei kaltem Motor zwischen der oberen Markierungslinie (voll) und der unteren (leer) bewegen.

Wenn der Pegelstand der Kühlflüssigkeit unter die untere Markierungslinie absinkt, stimmt etwas nicht: Entweder ist die Kühlflüssigkeit schon zu lange drin und ein Teil davon ist verdunstet oder das Kühlsystem hat ein Leck.

Bevor aber der komplette Kühlkreislauf umgekrempelt wird, zuerst einmal den Ausgleichsbehälter mit Kühlflüssigkeit auffüllen und weiterfahren. Beobachten, wo das Zeug bleibt. Bitte beachten Sie, dass der Stand der Kühlflüssigkeit im Ausgleichbehälter bei heißem Motor etwas höher ist als bei kaltem.

Kühlflüssigkeit wechseln
Vorbereitung: Vier Liter Kühlflüssigkeit besorgen. Motorrad auf Hauptständer stellen. Motor muss kalt sein, höchstens leicht handwarm. Seiten- und Frontverkleidungen abbauen, Kühlsystem-Verschlussdeckel abnehmen. Geeigneten Kühlmittel-Auffangbehälter unter den Motor stellen. Dieser sollte mindestens fünf Liter fassen. Am besten einen großen, flachen Behälter verwenden (alten Plastikkanister aufschneiden!).
1. Klemmschelle des unteren Schlauchs des Kühlmittel-Ausgleichsbehälters mit einer Zange zusammendrücken und nach hinten schieben. Schlauch von seinem Stutzen ziehen, Ausgleichsbehälter läuft nun leer.
2. Kühlerverschlussdeckel abnehmen.
3. Wasserablassschraube am unteren Rand des Wasserpumpendeckels herausdrehen (Bild 2). Kühlmittel läuft heraus, austropfen lassen, dazu

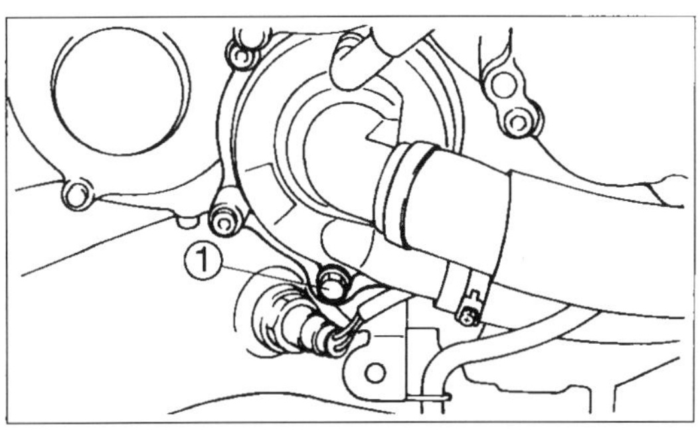

Bild 2: Die Kühlflüssigkeits-Ablassschraube (1) findet sich unterhalb der Wasserpumpe.

Kühlflüssigkeit prüfen, ergänzen und wechseln

Thermostat ausbauen, prüfen und vermessen

die einzelnen Kühlwasserschläuche von Hand durchwalken.
4. Kupferscheibe der Wasserablassschraube auf Beschädigung prüfen, gegebenenfalls ersetzen. Wasserablassschraube mit Kupferscheibe wieder eindrehen und mit 10 Nm anziehen.

■ Es wird empfohlen, den Ausgleichsbehälter mit heißem Wasser auszuspülen. Dazu Klemmschelle des Belüftungs-Schlauchs (oben) entfernen, Halteschrauben des Behälters herausdrehen, Behälter abnehmen.

5. Thermostat-Entlüfterschraube ausdrehen, Kühlflüssigkeit in den Kühler einfüllen, bis diese am Thermostat austritt, Schraube eindrehen.
6. Motor starten und für einige Minuten laufen lassen. Kühlflüssigkeit nochmals auffüllen.
7. Behälter wieder anschrauben. Kühlflüssigkeits-Behälterschläuche auf die Stutzen schieben, Halteklammern anbringen, Kühlerverschluss deckel montieren.
8. In den Kühlmittel-Ausgleichsbehälter frisches Kühlmittel bis zur oberen Markierung einfüllen.
9. Motor starten und einige Minuten laufen lassen. Zum Ende des Probelaufs drei- bis viermal kräftig Gas geben. Damit erhöht sich die Drehzahl der Wasserpumpe, die Kühlflüssigkeit wird durch alle Leitungen gejagt. Dadurch verschwindet mögliche Restluft aus dem Kühlsystem.
10. Einige Minuten warten. Kühlflüssigkeitsstand kontrollieren. Falls nötig bis zur oberen Markierung »FULL« auffüllen. Verkleidung montieren.

⚠ **Achtung:** Bei Arbeiten mit laufendem Motor in geschlossenen Räumen für ausreichende Belüftung sorgen! Abgase enthalten giftiges und geruchloses Kohlenmonoxid, das Bewusstlosigkeit verursachen und zum Tod führen kann. Alle Fenster und Türen öffnen!
Am sichersten ist eine Abgas-Absauganlage, die die giftigen Gase ins Freie führt. Dieser Warnhinweis gilt für alle Einstellarbeiten, bei denen der Motor laufen muss. Wenn keine Belüftungs- und Entlüftungsmöglichkeit der Werkstatträume möglich ist, im Freien arbeiten!

Bild 3: Am Ausgleichsbehälter des Kühlsystems wird der Kühlwasserstand abgelesen: Höchststandmarkierung »FULL« (A), Mindeststandmarkierung »LOW« (B).

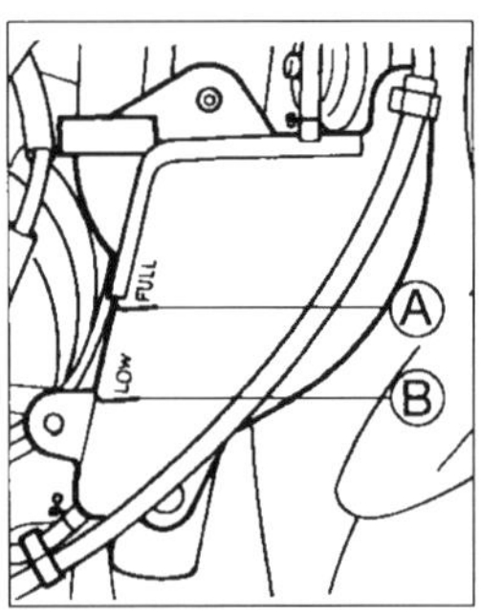

Thermostat

Thermostat ausbauen

Der Thermostat sitzt in einem Gehäuse oberhalb des Zylinderkopfs. Für Arbeiten am Thermostat müssen Seiten- und Frontverkleidung sowie das T-Stück des Rahmens abgebaut und das Kühlwasser abgelassen sein.

1. Klemmschelle des Kontrolleinheitsschlauchs 1 lösen und den Schlauch vom Thermostat-Einlassrohr abziehen.
2. Klemmschelle des Thermostat-Entlüftungsschlauchs lösen und den Schlauch vom Thermostatgehäuse abziehen.
3. Klemmschelle des Kühlereinlasschlauchs aufschrauben, nach hinten ziehen und den Schlauch vom Thermostatgehäuse abziehen.
4. Halteschraube des Thermostatgehäuses ausdrehen und das Gehäuse vom Thermostat-Einlassrohr abziehen.
5. Schrauben des Thermostat-Gehäusedeckels ausdrehen, Thermostat entnehmen.

Thermostat prüfen und vermessen

Dazu wird benötigt: Elektrische Heizplatte (oder Gasflamme/Gasherd oder Campingkocher), mittelgroßer Topf mit 5 Liter Fassungsvermögen, der zur Hälfte mit Wasser gefüllt wird, Stück stabile Schnur, Reifenmontiereisen (großer Schraubenschlüssel geht auch) und Thermometer mit Messbereich von mindestens 120 °C (Bild 5).
1. Thermostat und Gehäuse auf Risse, Klemmstellen, Kalkablagerungen, defekte Feder untersuchen.
2. Öffnungstemperatur Thermostatventil messen:
■ Schnur durch den Flansch des Thermostats ziehen und ihn daran frei schwebend in den Wassertopf hängen.
■ Thermostat und Thermometer dürfen das Metallgefäß nicht berühren, sonst werden die Messergebnisse verfälscht!
■ Wasser erwärmen, Temperaturanstieg am Thermometer verfolgen. Thermostatventil muss bei 71 °C beginnen zu öffnen
3. Zum Messen des Ventilhubs Wasser weiter erwärmen. Bei 85 °C muss sich das Thermostatventil mindestens 8 mm angehoben haben.
4. Fehlerhaft arbeitenden Thermostat erneuern.

☞ **Tipp:** Wenn Sie keine Möglichkeit haben, einen neuen Thermostat zu kaufen, können Sie den Motor eine gewisse Zeit lang auch ohne Thermostat betreiben (zumindest im Sommer). Falls der Thermostat verkalkt ist und deswegen verklemmt und nicht mehr öffnet, legen Sie ihn zwei Stunden lang in Entkalker für Kaffeemaschinen, Haushaltsessig oder Zitronensaft. Dadurch löst sich der Kalk und das Thermostatventil wird wieder freigängig. Es kann sein, dass der Thermostat danach wieder funktioniert.

Thermostat einbauen

1. Thermostat mit dem gefederten Teil nach innen in das Gehäuse einsetzen. Die kleine Bohrung (Entlüftungsloch) muss nach oben weisen.

2. Thermostatdeckel mit neuem O-Ring am Gehäuse ansetzen, Befestigungsschrauben eindrehen und mit 10 Nm festziehen.

3. Der Einbau des Gehäuses erfolgt in der umgekehrten Reihenfolge des Ausbaus. Zwischen Thermostatgehäuse und Thermostateinlassrohr einen neuen O-Ring einsetzen!

Kühler und Kühlsystem

Kühler abbauen

Der Tank wird dazu hochgestellt, die Verkleidungsteile abgebaut und das Kühlwasser abgelassen.

1. Schraubschelle des unteren Kühlerschlauchs öffnen, Schlauch abziehen.

2. Kühlerverschlussdeckel abnehmen.

3. Klemmschellen von Kühlereinfüllstutzen-Schlauch, Kühlereinlass-, Kühlerauslass- und Ölkühlerauslass-Schlauch lösen, zurückschieben und die Schläuche vom Kühler abziehen.

4. Halteschrauben des Kühlmittelausgleichs-Behälters ausdrehen.

5. Zweipoligen Stecker des Kühlerlüftungsmotors abziehen. Er sitzt links über dem Kühler.

6. Steckverbinder der beiden Hupen abziehen.

7. Die oberen und die untere Kühlerhalteschrauben entfernen. Dabei darauf achten, dass die Gummitüllen nicht beschädigt werden. Hupen samt ihren Haltewinkeln nicht fallen lassen!

8. Kühler samt Lüftermotor abnehmen.

9. Lüftermotor abnehmen: Die drei Befestigungsschrauben ausdrehen, mit denen die Lüftermotorhalterung am Kühler befestigt ist.

Kühler und Kühlsystem prüfen

■ Mit Druckluft allen Schmutz aus den Kühlrippen blasen, Kühler unter fließendem Wasser mit Wurzelbürste reinigen. Lamellen nicht verbiegen!

■ Verbogene Rippen und Lamellen können mit einem kleinen (stumpfen!) Schraubenzieher und einer Spitzzange gerichtet werden. Teile nicht zu stark biegen!

■ Prüfung des Kühlers auf Dichtheit unter Druck kann mit einem Kühlerprüfgerät durchgeführt werden. Solche Geräte gibt es im Kfz-Zubehörhandel und sind ähnlich einer Luftpumpe mit Manometer aufgebaut.

■ Mit dem Kühlerprüfgerät kann auch das gesamte Kühlsystem kontrolliert werden, wenn Kühlflüssigkeit eingefüllt ist und alle Schläuche angeschlossen sind. Bei dieser Prüfung können Lecks lokalisiert werden.

Achtung: Sowohl bei einer Prüfung des Kühlers bei abgenommenem Zustand, als auch bei einer Dichtprüfung des gesamten Kühlsystems in eingebautem Zustand den maximal zulässigen Prüfdruck von 130 kPa (1,3 bar) nicht überschreiten, denn zu hoher Druck kann einzelnen Bestandteile des Kühlsystems beschädigen!

Öffungsdruck Kühlsystemdeckel messen

1. Deckel am Testgerät befestigen, dabei die Dichtflächen des Verschlussdeckels anfeuchten.

2. Druck bis mindestens 1,0 bar, aber nicht mehr als 1,2 bar aufbauen. Testgerät ruhig halten.

3. Deckel muss den aufgebauten Druck mindestens 10 Sekunden lang halten.

4. Falls der Druck nicht gehalten wird, den Deckel erneuern.

Ventilatormotor überprüfen

Lüftermotor mit einem Amperemeter auf Laststrom testen:

■ Angeschlossene Batterie muss 12 Volt liefern.

■ Amperemeter sollte max. 5 Ampere anzeigen, wenn Ventilatormotor mit voller Drehzahl läuft.

■ Dreht sich der Motor nicht, ist er defekt.

Thermostat einbauen

Kühler abbauen

Kühler und Kühlsystem prüfen

Öffungsdruck Kühlsystemdeckel messen

Ventilatormotor überprüfen

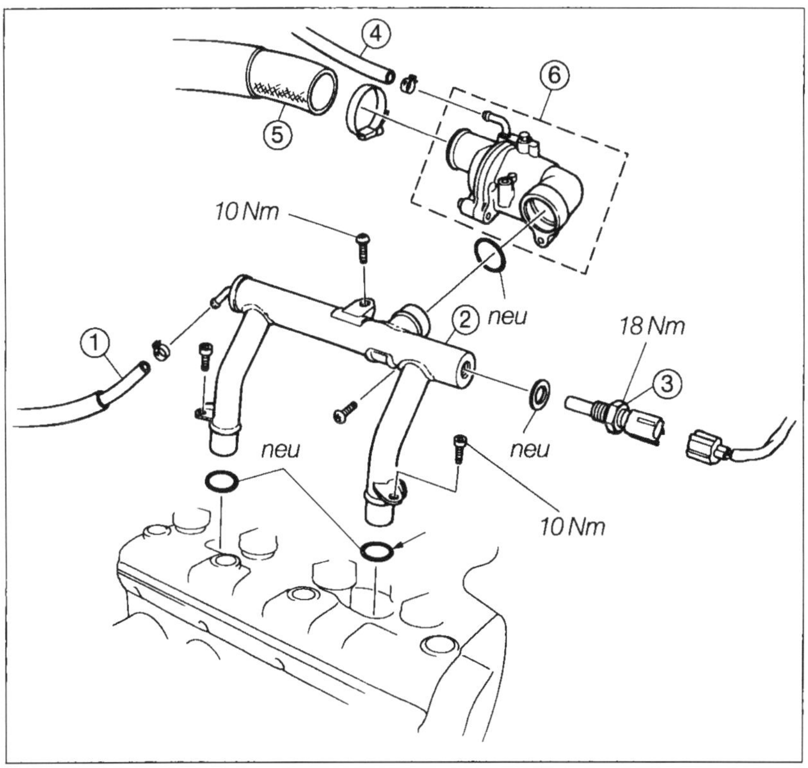

Bild 4: Der Thermostat und seine Anbauteile. Kontrolleinheitsschlauch (1), Thermostat-Einlassrohr (2), Kühlflüssigkeitstemperatur-Sensor (3), Thermostat-Entlüftungsschlauch (4), Kühlereinlassschlauch (5), Thermostat (6).

Sichtprüfung Messen

Relais des Kühlerventilators prüfen

Kühler anbauen

Wasserpumpe ausbauen

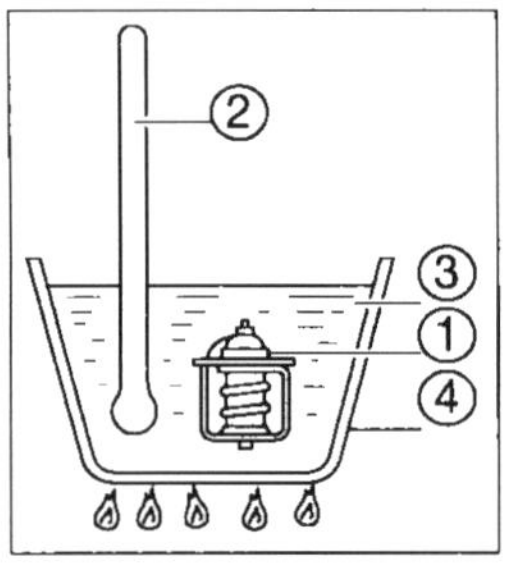

Bild 5: Öffnungstemperatur des Thermostats prüfen: Thermostat (1), Thermometer (2), Wasser (3), Behälter (4). Bei 71°C muss der Thermostat öffnen und bei 85°C vollständig offen sein.

Relais des Kühlerventilators prüfen

Das Relais des Kühlerventilators sitzt vorne über dem Motor im Rahmendreieck.

Problem: Lüftermotor schaltet nicht ab

Zündung ausschalten, 4-poligen Stecker des Kühlerventilator-Relais abziehen und die Zündung wieder einschalten.

■ Schaltet der Lüftermotor nicht ab, Kabelverbindung auf Kurzschluss zwischen Lüftermotor und Relais prüfen.

■ Schaltet der Lüftermotor ab, ist das Relais defekt und muss erneuert werden.

Problem: Lüftermotor schaltet nicht ein

Vor der Prüfung den Motor auf Betriebstemperatur warmlaufen lassen.

1. 4-poligen Stecker des Kühlerventilator-Relais abziehen.

2. Anschlüsse braun/schwarz und blau mit einer Drahtbrücke kurzschließen.

■ Schaltet sich der Lüftermotor nicht an, die Steckverbindung des 2-poligen Steckers am Lüftermotor prüfen.

■ Braun-schwarzes Kabel auf Kurzschluss bzw. offenen Stromkreis prüfen.

3. Ist der Kabelbaum in Ordnung, folgendes prüfen:

■ Bei eingeschalteter Zündung die Spannung am 4-poligen Stecker des Relais prüfen: Zwischen den Anschlüssen rot-weiß (+) und Masse (–) muss Batteriespannung anliegen.

■ Liegt keine Spannung an, auf Kurzschluss im schwarz-weißen Kabel prüfen.

■ Ist der Wert normal, dann muss das Relais getauscht werden.

Kühler anbauen

Anbau des Kühlers in umgekehrter Reihenfolge des Ausbaus. Dabei besonders beachten:

■ Kühllüfter (falls demontiert) anbringen.

■ Kühler anschrauben, Gummitüllen dabei nicht beschädigen.

■ Kühllüfter-Steckverbindung wieder herstellen.

■ Schläuche aufschieben, Schellen in richtige Position bringen und gut handfest anziehen.

■ Nach Abschluss aller Arbeiten nochmals alle Schläuche und Schlauchschellen auf korrekten Sitz prüfen. Kühlmittel auffüllen. Motor gut warmlaufen lassen und alle Anschlüsse auf Dichtheit prüfen.

Wasserpumpe

Wasserpumpe ausbauen

1. Kühlmittel und Motoröl ablassen, Schläuche von Anschlüssen der Wasserpumpe abziehen.

2. Die drei Halteschrauben ausdrehen und die Wasserpumpe aus dem Kurbelgehäuse ziehen, O-Ring vorsichtig aus dem Wasserpumpengehäuse nehmen.

Eine Reparatur der Wasserpumpe sollte der Fachwerkstatt überlassen bleiben, weil z.B. zum Einsetzen einer neuen Laufradwellen-Dichtung Spezialwerkzeug nötig ist.

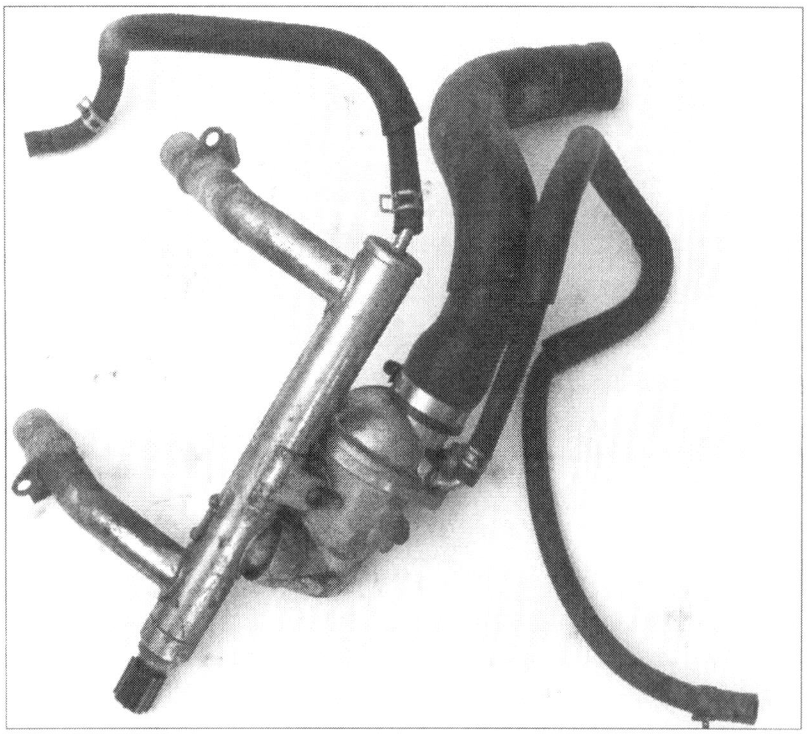

Bild 6: Thermostatgehäuse und Kühlflüssigkeits-Verteilerrohr mit zugehörigen Wasserschläuchen.

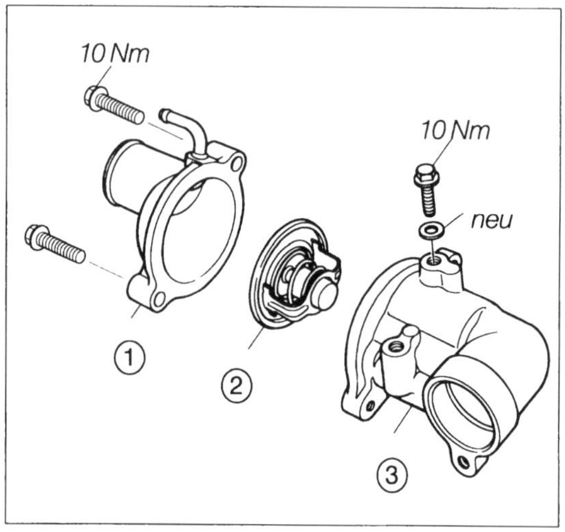

Bild 7: Thermostat-Gehäusedeckel (1), Themostat (2), Thermostatgehäuse (3)

Wasserpumpe prüfen, vermessen und einbauen

Praxistipps zum Kühlsystem

Wasserpumpe prüfen und vermessen
Schläuche und Anschlüsse auf Beschädigung oder Risse untersuchen. Dreht sich die Laufradwelle leicht? Bei Undichtheit, Schwergängigkeit oder ungewöhnlichen Laufgeräuschen Wasserpumpe reparieren lassen bzw. neue einbauen.

Wasserpumpe einbauen
1. Neuen O-Ring auf das Wasserpumpengehäuse aufziehen, mit frischem Motoröl bestreichen.
2. Wasserpumpe in den Motor einsetzen, dabei Schlitz der Wasserpumpenwelle auf Ende der Ölpumpenwelle ausrichten und satt einschieben.
3. Schrauben eindrehen, mit 12 Nm anziehen.
4. Kühlflüssigkeit und Motoröl einfüllen, Kühlsystem entlüften.

Praxistipps zum Kühlsystem

Kein Frostschutzmittel auf Alkoholbasis verwenden. Frostschutzmittel verschiedener Marken nicht miteinander mischen. Dem destillierten Wasser höchstens 60% und nicht weniger als 50% Frostschutzmittel zumischen. Bei einem Leck (Verdacht oder tatsächliches Leck) keinen Kühlerdichtzusatz verwenden, denn der kann die teilweise sehr engen Kühlflüssigkeitskanäle der FJR verstopfen.

Verwenden Sie nur originale Yamaha-Ersatzteile. Die Kühlerschläuche der YAMAHA FJR 1300 sind spezielle, vorgeformte Bauteile, die neben ihrer bestimmten Form auch eine vorgegebene Länge aufweisen.

Wenn Sie gezwungenermaßen andere Kühlerschläuche verwenden müssen, weil keine Originalteile verfügbar sind (australischer Busch, sizilianische Landstraße), achten Sie darauf, dass die Notkühlerschläuche auch wirklich Kühlerschläuche sind und nicht einfach irgendwelche nicht hochdruckfesten Gartenwasserschläuche aus weichem Gummi oder gar Plastik. Man erkennt Kühlerschläuche mit einem Blick auf die Schnittstelle des Schlauches: Das Material ist mit Cordfäden verstärkt.

Wenn Sie sich im Notfall im australischen Busch einen neuen Kühlerschlauch aus nicht vorgeformter Meterware schnitzen müssen, achten Sie darauf, dass der Schlauch weder zu lang noch zu kurz abgeschnitten wird:
■ Ein zu kurzer Schlauch, der unter Spannung angebaut wird, kann leicht abrutschen, wenn das Kühlsystem beim Betrieb des Motors heiß wird und Überdruck entsteht. Dann läuft die ganze Kühlersoße aus und gerät aufs Hinterrad – höchste Sturzgefahr, auch für nachfolgende Fahrer. Außerdem kann der Motor in kürzester Zeit überhitzen und fest gehen.
■ Ein zu langer Kühlerschlauch, der beim Anbau an den kalten Motor ganz ordentlich verlegt aussieht, kann sich bei heißem Motor in seiner Lage und Form verändern, beispielsweise an einer weichen Stelle abknicken. Dadurch wird der Durchlaufquerschnitt enger oder gar ganz zugestopft, das Kühlmittel geht nur noch schwer oder gar nicht mehr durch. Dann wird der Motor zu heiß, es bildet sich Überdruck, der Kühlschlauch platzt oder wird von der nächsten Befestigungsstelle abgesprengt.
■ Außerdem kann ein zu langer Kühlerschlauch an benachbarten Bauteilen scheuern oder eingeklemmt werden oder durch Hitzeeinwirkung durchbrennen.

Bild 8: Verbogene Lamellen am Kühler können mit einem kleinen, stumpfen Schraubenzieher und einer Spitzzange wieder gerichtet werden.

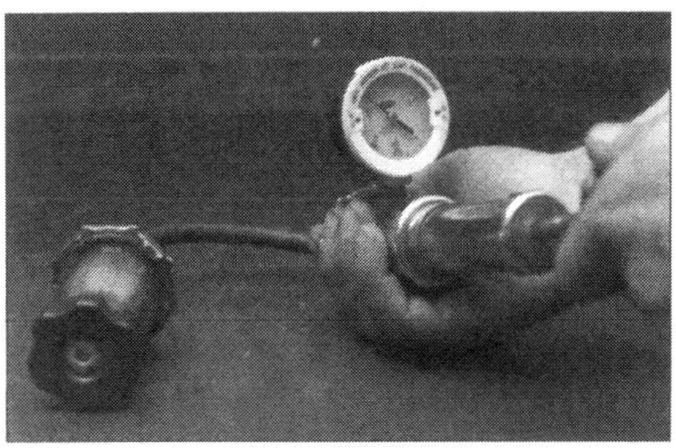

Bild 9: Mit dem Kühlerprüfgerät wird der Öffnungsdruck des Kühlsystemdeckels gemessen.

Bild 10: Gehäuse und Innereien der Wasserpumpe. Zur Reparatur ist Spezialwerkzeug nötig.

Auspuffanlage kontrollieren

Auspuffanlage

In diesem Kapitel: Schalldämpfer ab- und anbauen · Auspuffkrümmer ab- und anbauen · Sekundärluftsystem überprüfen.

Auspuffanlage

Die YAMAHA FJR 1300 ist mit einer 4-in-2-Katalysatorauspuffanlage ausgerüstet, die perfekt auf den Motor abgestimmt ist. Der Anbau einer Zubehörauspuffanlage sollte gut überlegt werden, denn die Wahrscheinlichkeit, dass der Motor danach nicht mehr volle Leistung bringt, ist groß.

Die Ringdichtungen in den Auslasskanälen sowie die Paketdichtbuchsen im Verbindungsbereich der beiden aus dem Sammler herauskommenden Krümmerrohre zu den Schalldämpfern müssen jederzeit dicht sein, sonst zieht die Auspuffanlage Falschluft bzw. bläst die Abgase an falschen Stellen ab.

Um die Auspuffanlage komplett demontieren zu können, müssen diverse andere Bauteile in der Umgebung des Auspuffs abgebaut werden. Sollen nur die Schalldämpfer entfernt werden, sind diese Vorarbeiten nicht notwendig.

Auspuffanlage kontrollieren

Der Prüfpunkt »Auspuffanlage« der 1000km-Inspektion umfasst die Kontrolle aller Schraubverbindungen auf Festsitz sowie der Dichtheit der Anlage.

Schraube M10 Schalldämpferhalterung	25 Nm
Schraube M8 Schalldämpferklemmung an Krümmer	20 Nm
Mutter M8 Krümmerhalterung an Zylinderkopf	20 Nm
Schraube M8 an Krümmer	17 Nm
Kontrollschraubstopfen M6 im Krümmerrrohr	10 Nm
Lambdasonde M18	45 Nm

Es ist zu empfehlen, bei allen Montagearbeiten an der Auspuffanlage an die Gewinde von Muttern und Schrauben reichlich Kupferpaste zu geben. Diese verhindert ein Festbacken der Schraubengewinde und lassen sich auch nach langer Zeit wieder leicht lösen. Kein Schmieröl, Kettenspray oder Fett verwenden, denn dieses brennt sich ein und verklebt!

Um die Paketdichtbuchsen im Verbindungsbereich der beiden aus dem Sammler herauskommenden Krümmerrohre zu den Schalldämpfern

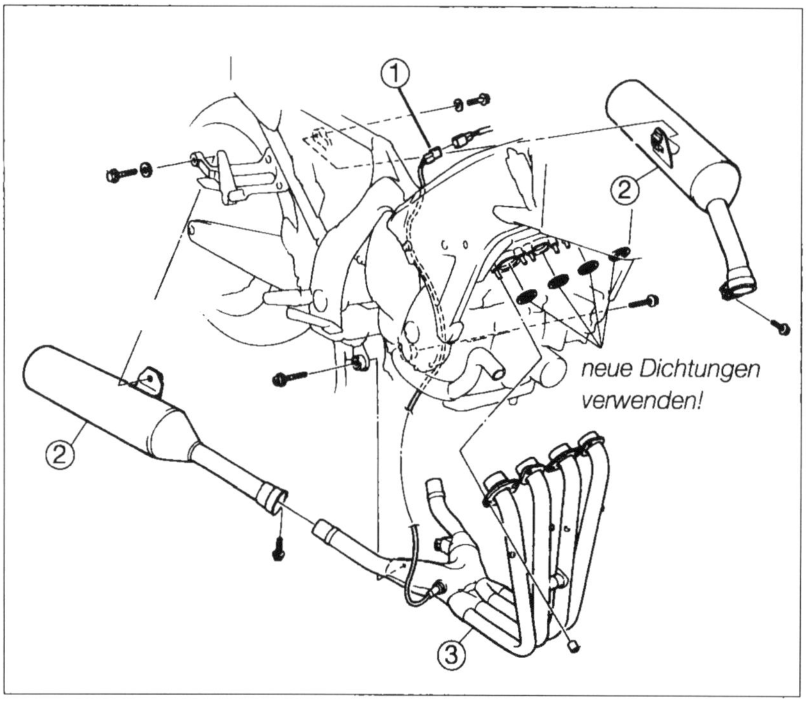

Bild 1 unten: Reihenfolge der Demontage: Erst Stecker (1) der Lambdasonde trennen, dann Schalldämpfer-Befestigungsschrauben ausdrehen, Auspuffschellen lockern und Schalldämpfer (2) abnehmen. Jetzt können die Krümmerschrauben am Auslass ausgedreht und die Krümmer (3) abgenommen werden.

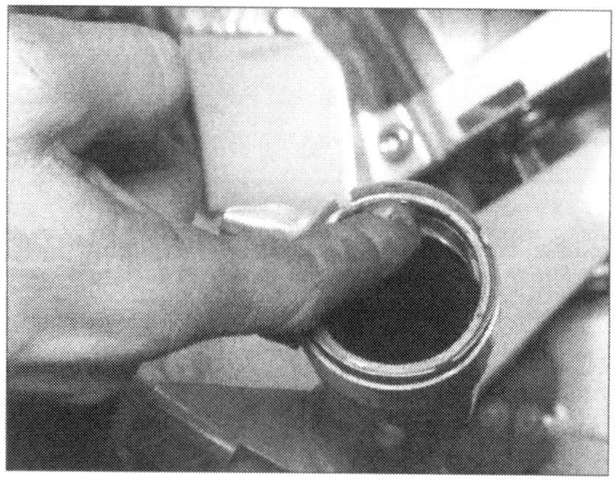

Bild 2 rechts oben: Vor dem Wiederanbau reichlich Kupferpaste auf die Kontaktflächen der Auspuffteile schmieren

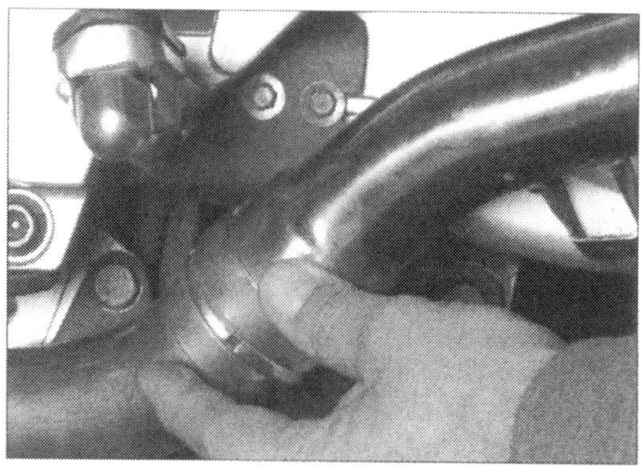

Bild 3 rechts unten: Paketdichtungsbuchsen zwischen Krümmer und Schalldämpfer mit Daumen und Zeigefinger auf satten Sitz prüfen.

auf Dichtheit zu prüfen, legen Sie Daumen und Zeigefinger einer Hand jeweils an Krümmer- und Auspufftopfrohr und wackeln Sie dann mit der anderen Hand ein wenig am Ende des Auspufftopfes. Wenn die Dichtung Spiel (»Luft«) hat, spüren Sie dies.

Nicht versuchen, mögliches Spiel durch extremes Festziehen der 8er-Schraube, welche die Schelle zusammenspannt, zu beheben. Denn dadurch wird die Schelle dauerhaft verzogen. Wenn die Dichtung in der Verbindung »Luft« hat und sich dieses nicht durch Anziehen der Schraube mit maximal 20 Nm beheben lässt, ist wahrscheinlich die Paketdichtbuchse verschlissen und muss ersetzt werden.

Schalldämpfer abbauen

1. Klemmschraube der Auspuffschelle im Übergang von Auspuffkrümmer zu Auspufftopf lösen und mindestens drei Umdrehungen aufdrehen. Diese Schraube ist meistens schmutzig und stark korrodiert, deswegen zuerst mit einer Drahtbürste den gröbsten Dreck abputzen, dann mit Rostlöser einsprühen, einige Minuten wirken lassen und die Schraube mit einer exakt passenden 12er-Sechskantnuss öffnen.

2. Befestigungsschraube des Schalldämpfers an der Soziusfußraste ebenfalls mit Rostlöser einsprühen und mit 14er-Sechskantnuss öffnen.

3. An der Kontaktstelle von Schalldämpferklemmung zum Auspuffkrümmer ist eine Paketdichtbuchse eingesetzt. Wenn diese zerbröselt ist (Alterserscheinung oder falsche Montage) und deswegen der Auspufftopf abgebaut werden muss, geht er leicht abzuziehen. Ist die Dichtung schon älter, ist sie oft in ihrem Sitz verklebt. Mit Rostlöser einsprühen, Schalldämpfer mit beiden Händen packen und mit leichten Drehbewegungen abziehen.

Schalldämpfer anbauen

1. Neue Auspuffkrümmerdichtungen für rechts und links besorgen. Diese silbrig-schwärzlich glänzenden Hülsen sind ähnlich einer Mullbinde aufgebaut und müssen vorsichtig behandelt werden: Nicht drücken oder knicken!

2. Kontaktstellen der Dichtung an Auspuffkrümmer (außen am Rohr) und in der Klemmstelle des Auspufftopfes (innen im Rohr) gut reinigen, ggf. mit Dreikantschaber und Schmirgelpapier festsitzende Korrosion und alte Dichtungsreste herausputzen.

3. Neue Dichtung innen und außen mit Kupferpaste einschmieren und in ihren Sitz in die Klemmstelle des Auspufftopfrohres bis ganz nach unten an den Anschlag einschieben. Muss leicht gehen, nichts darf klemmen – wenn etwas klemmt, Dichtung vorsichtig wieder herausziehen und Rohröffnung entsprechend vorsichtig aufweiten.

4. Auspufftopf exakt in einer Linie zum Krümmerrohr aufschieben, dabei nicht verkanten (sonst geht die Dichtung zu Bruch), mit leichten Drehbewegungen den Topf so weit aufschieben, dass die hintere Halteöse zur Anlage auf der Haltebohrung kommt.

5. Schraube ansetzen und eindrehen: Serienmäßig ist die Gegenmutter in einer Blechlasche gefangen und braucht nicht gegengehalten zu werden.

Tipp: In die hintere Auspuffhalterung ist eine vibrationshemmende Gummibuchse eingesetzt. Diese kontrollieren, ob sie noch komplett vorhanden und formstabil, also nirgends gerissen ist: Wenn defekt, unbedingt erneuern. Wenn diese Buchse defekt ist oder fehlt, leidet darunter vor allem die vordere Auspuffkrümmerdichtung und der Auspuff hält nicht richtig. Vor dem Einbau die Gummibuchse gut mit Silikonpaste einschmieren, das hält sie geschmeidig und garantiert lange Lebensdauer.

Tipp: Die Dichtstellen zwischen Auspufftopf und Dichtung bzw. Auspuffrohr und Dichtung sind bei älteren Maschinen häufig verklebt. Wenn keine neue Dichtung zur Verfügung steht, den Auspuff ganz vorsichtig abziehen. Dann ist die Chance groß, dass die Dichtung erhalten bleibt und wieder verwendet werden kann.

Bild 4: Die Auspuffkrümmerdichtung zwischen Krümmer und Schalldämpfer vorsichtig behandeln.

Schalldämpfer ab- und anbauen

Sichtprüfung Messen

Auspuffkrümmer ab- und anbauen

Auspuffkrümmer ab- und anbauen

Auspufftöpfe abnehmen wie oben beschrieben.

1. Seitenteile der Verkleidung abnehmen (siehe Kapitel »Einstellungen und Pflege«). Der Tank kann montiert bleiben, muss jedoch hochgeklappt werden, damit man an den Stecker der Lambdasonde gelangt. Dieser graue Stecker an der rechten Motorseite muss abgezogen werden.
2. Kühlwasser ablassen und Kühler abnehmen. Die untere Kühlerbefestigungsschraube entfernen, die oberen beiden lockern.
3. Wasserschläuche vom Kühler lösen, Kühler nach vorne schwenken.
4. Die 8er-Inbusmuttern der Auspuffkrümmerbefestigung am Zylinderkopf sowie die zwei Schrauben am Katalysator abschrauben, Krümmer nach vorne abziehen. Beim Abnehmen der Krümmer darauf achten, dass das Kabel der Lambdasonde nirgends fest hängt!
5. Alte Dichtringe heraushebeln (Bild 5).

Bild 5: Alte Krümmerdichtungen im Auslass mit dem Schraubenzieher aushebeln.

Bild 6: Die Innensechskantmuttern der Auspuffkrümmerbefestigung vor dem Zusammenbau mit Kupferpaste einschmieren, das verhindert Festbacken des Gewindes.

Tipp: In die Auslasskanäle sind Dichtungsringe eingesetzt, die sich beim Anziehen zusammenquetschen. Bei einer Auspuffdemontage die alten Ringe mit einem stumpfen Schraubenzieher heraushebeln und beim Zusammenbau neue einsetzen.

Anbau der Auspuffkrümmer in umgekehrter Reihenfolge des Abbaus. Auf Folgendes besonders achten:
1. Neue Dichtungsringe verwenden!
2. Auspuffkrümmer ansetzen, alle Muttern und Schrauben auf- und eindrehen und handfest anziehen.
3. Anzugsdrehmomente der Auspuffanlage siehe am Anfang dieses Kapitels. Wasserschläuche anbringen und Kühlwasser einfüllen.
4. Kabel der Lambdasonde (Bild 7) zwischen Motor und Rahmen durchführen und Stecker anschließen.

Bild 7: Die Lambdasonde ist ein empfindliches und zudem recht teures Bauteil, das grobe Behandlung schnell übel nimmt: Nicht am Kabel ziehen, vor dem Ausdrehen Kabelstecker trennen, Teil nicht fallen lassen!

Sekundärluftsystem überprüfen

Am Sekundärluftsystem gibt es nichts einzustellen, und normalerweise ist auch keine Störung zu befürchten. Es ist jedoch ratsam, die einzelnen Bauteile gelegentlich zu überprüfen, vor allem das Regelventil und das Rückschlag-Membranventil. Das Rückschlagventil sitzt oben im Ventildeckel und sollte bei einer Abnahme des Ventildeckels auf Ölkohle-Rückstände überprüft werden. Eventuelle Rückstände mit einem stumpfen Messer abschaben. Dabei darauf achten, dass die Ventilzungen nicht verbogen werden und dicht am Ventilkörper anliegen. Falls die Zungen krumm sind, neue Ventile einbauen.

Bild 8: Die Membranventile des Sekundärluftsystems sollten gelegentlich auf Ölkohleablagerungen überprüft werden.

Lenkung und Telegabel

In diesem Kapitel: Lenkung und Lenkkopflager prüfen und einstellen · Telegabel aus- und einbauen · Gabelöl wechseln, Gabel zusammenbauen · Gabelbeine zerlegen, prüfen, zusammenbauen · Lenkkopflager ausbauen, prüfen, fetten und zusammenbauen.

Lenkung und Lenkkopflager

Die Lenklagerung setzt sich zusammen aus dem unteren und oberen Lenkkopflager, dem inneren Gabelschaftrohr sowie dem rahmenfesten äußeren Lenkkopfrohr. Sie wird bei der ersten Inspektion (1000 km), bei 10 000 km überprüft und ggf. eingestellt; alle 20 000 km wird die Lenklagerung zerlegt, gereinigt und neu eingefettet.

Die Lenklagerung muss so eingestellt sein, dass leichtes Schwenken und sicheres Fahren gewährleistet sind. Wenn die Maschine in lang gezogenen Kurven nicht mehr die gewohnt saubere Linie halten will (sofern die Reifen vom Profil her in Ordnung sind und der Luftdruck stimmt!) und es beim kurzen Anziehen der Vorderradbremse verdächtig in der Lenkung knackt, hat meist die Lenklagerung zu viel Spiel.

■ Eine zu straffe Einstellung der Lenklagerung verursacht Pendelbewegungen bei niedrigen und hohen Geschwindigkeiten und erschwert Lenkbewegungen.
■ Eine zu lockere Einstellung des Lenklagerung führt zu instabilem Fahrverhalten bei niedrigen Geschwindigkeiten und kann zu Flattern des Vorderrads bei höheren Geschwindigkeiten führen.

Lenklagerung prüfen

Zur Überprüfung der Lenklagerung das Motorrad so auf dem Mittelständer aufbocken, dass das Vorderrad und die Lenkung frei beweglich sind (siehe dazu auch die entsprechende Textpassage im Kapitel »Räder aus- und einbauen«).

Lenkung und Lenkkopflager

Lenklagerung prüfen

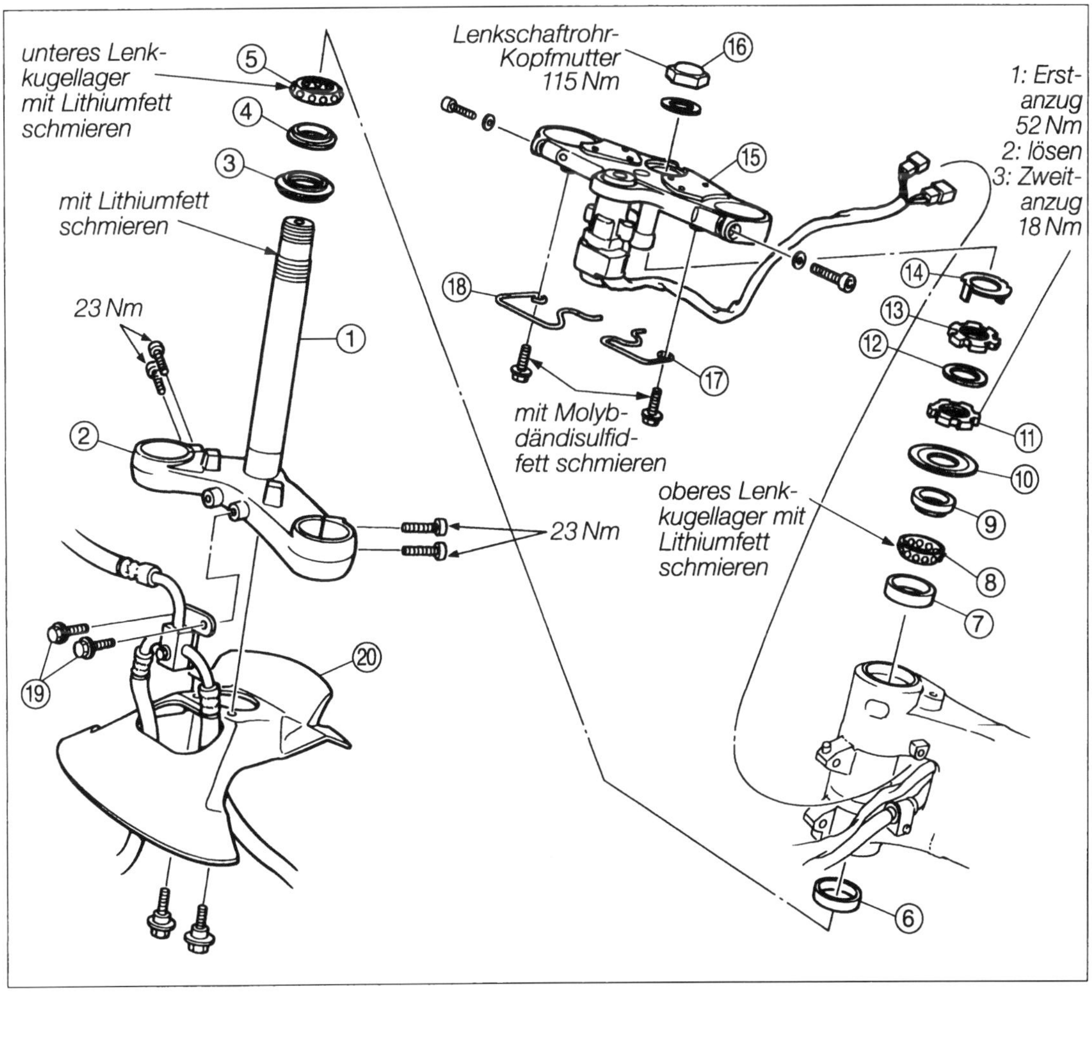

Bild 1: Lenklagerung schematisch. Lenkschaftrohr (1), untere Gabelbrücke (2), unteres Lenkkopflager mit den Einzelteilen Staubschutzring (3), Lagerinnenring (4), Kugelring (5) und Lageraußenring (6). Oberes Lenkkopflager mit Lageraußenring (7), Kugelring (8) und Lagerinnenring (9). Lagerdeckelscheibe (10), Lenkschaft-Einstellmutter (11), Gummischeibe (12), obere Lenkschaft-Kontermutter (13), Sicherungsscheibe (14), obere Gabelbrücke (15), obere Lenkschaft-Kopfmutter mit Scheibe (16), linke (17) und rechte Bremsschlauchhalterung (18), Befestigungsschrauben des Bremsschlauchverteilers (19), Abdeckung der unteren Gabelbrücke (20).

Sichtprüfung Messen

Lenklagerung prüfen

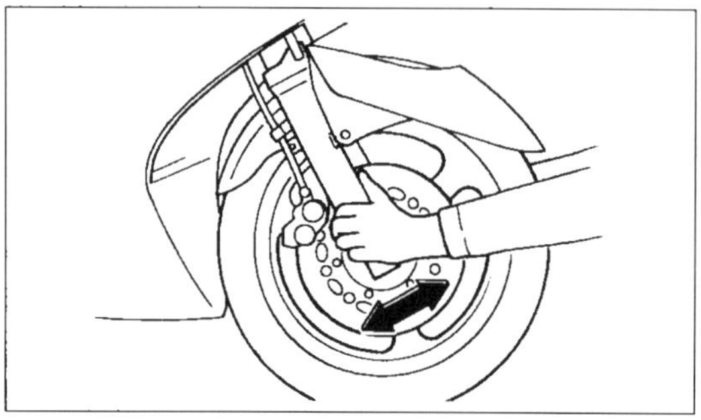

Bild 2: Durch Rütteln an der Gabel kann Spiel in der Lenkkopflagerung festgestellt werden. Das Motorrad muss dazu so aufgebockt sein, dass der Vorderbau frei ist und das Rad keinen Bodenkontakt hat.

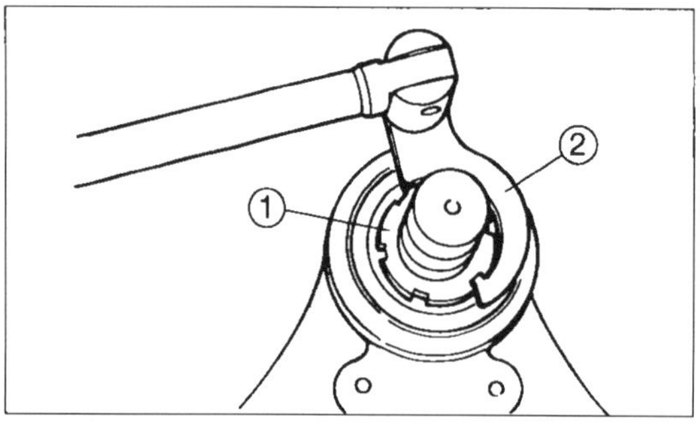

Bild 3: Lenkschaft-Einstellmutter (1), Hakenschlüssel (2) mit Ansatz für Drehmomentschlüssel.

Bild 4: Zum Ausbau der Gabelbeine zuerst die oberen Gabelbrücken-Spannschrauben lösen…

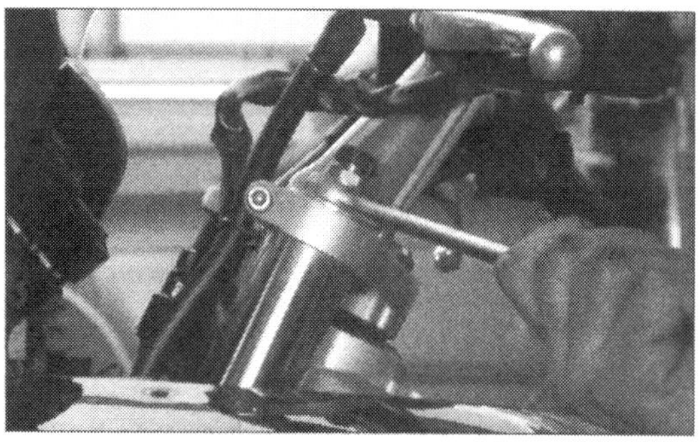

Bild 5: …dann die oberen Gabelstopfen lösen, aber noch nicht ausschrauben…

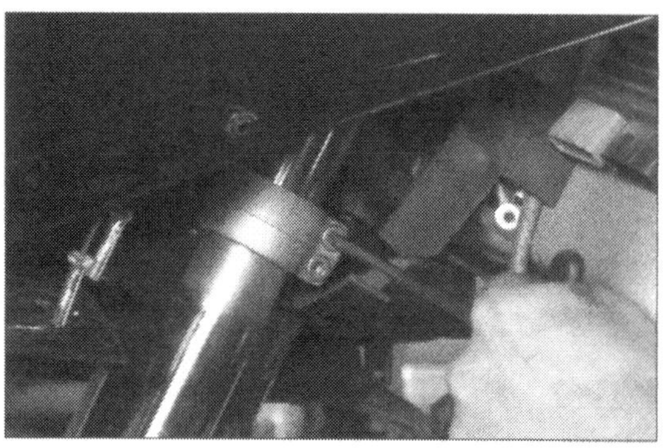

Bild 6: …und zuletzt die unteren Gabelbrücken-Spannschrauben lösen.

1. Die Lenkung von Anschlag zu Anschlag schwenken und dabei auf ungleichmäßige Bewegung, Rastung oder Knacken im Bereich des oberen und unteren Lenkkopflagers achten. Seilzüge und Kabelstränge müssen korrekt verlegt sein und dürfen den Lenkeinschlag nicht behindern.
2. Falls die Schwenkbewegung der Lenkung ungleichmäßig verläuft, etwas schleift oder die Lenkung Spiel hat, die Lenklagerung wie später beschrieben nachstellen.
3. Rastet die Lenkung in Mittelstellung ein, ist ein oder sind sogar beide Lenkkopflager defekt und müssen ausgewechselt werden (siehe dazu Textpassage »Lenkkopflager wechseln« auf den folgenden Seiten). Die Lager im Lenkkopf dürfen kein Spiel haben!

■ Lenklagerung prüfen, wenn das Motorrad aufgebockt und der Vorderbau frei ist:
1. Mechaniker steht vor dem Vorderrad, packt bei gerader Radstellung die Gabelholme unten an den beiden Achsfäusten an und bewegt die ganze Telegabel ruckartig nach vorne und hinten.

■ Lenklagerung prüfen, wenn das Motorrad abgebockt auf dem Boden steht:
1. Mechaniker stellt sich im Bereich des Sitzes frei über die Maschine.
2. Rechte Hand betätigt die Vorderradbremse.
3. Linke Hand: Daumen liegt auf der linken Seite der oberen Gabelbrücke, Zeigefinger am äußeren Rand des Rahmens dort, wo das obere Lenkkopflager sitzt.

Bilder 7 bis 11: Zum Wechsel des Dämpferöls muss die Telegabel ausgebaut und teilweise zerlegt werden.

Bild 7: Maximal im Bereich des Pfeiles darf das Gabelrohr im Schraubstock gespannt werden.

Lenklagerung prüfen

4. Maschine mit gezogener Bremse kräftig mehrmals nach vorne stoßen und zurückziehen (so ähnlich wie beim Punkt »Federung und Dämpfung der Telegabel prüfen«).
5. Wenn die Lenklagerung Luft hat, spürt man dieses Spiel in Daumen und Zeigefinger der linken Hand. Es muss dabei nicht unbedingt hörbar knacken!

■ Falls Spiel oder Knacken festgestellt wurde, die Lenklagerung folgendermaßen nachstellen:

1. Motorrad so aufbocken, dass sich der Vorderbau frei bewegen kann.
2. Die oberen Gabelbrücken-Spannschrauben lösen, mit denen die Gabelstandrohre geklemmt sind. Die unteren Gabelbrücken-Spannschrauben festgezogen lassen!
3. Lenkschaftrohr-Kopfmutter lösen und abnehmen, darunter liegende Scheibe ebenfalls herausnehmen. Die Lenkschaftrohr-Kopfmutter ist aus Aluminium, deswegen eine exakt passende Sechskantnuss SW 36 verwenden, keinen 12-Kant-Ringschlüssel oder gar einen Gabelschlüssel.
4. Obere Gabelbrücke ganz abnehmen, Lenkerstummel können aufgeschraubt bleiben.
5. Die Sicherungsscheibe mit den umgebogenen Blechstreifen (»Laschen«) abnehmen und die oberste Nutmutter (»obere Lenkschaft-Kontermutter«) lösen und ganz abschrauben. Mit geeignetem Hakenschlüssel oder einem exakt in die Nuten passenden Zapfenschlüssel arbeiten.
6. Gummischeibe abnehmen.
7. Lenkschaft-Einstellmutter um eine Umdrehung öffnen, wieder fingerfest andrehen und dann mit dem vorgeschriebenen »provisorischen Anzugsdrehmoment« von 52 Nm anziehen. Lenkung einige Male um die Lenkachse hin und her schwenken.
8. Jetzt die Lenkschaft-Einstellmutter wieder um eine Umdrehung lösen und mit dem vorgeschriebenen Anzugsdrehmoment von 18 Nm fest ziehen.
9. Nun die Lenkung wieder einige Male hin und her schwenken und dabei prüfen, ob sich alles leicht und gleichmäßig bewegt. Wenn »ja«, weiter fortfahren wie folgt:
10. Gummischeibe aufschieben, obere Lenkschaft-Kontermutter aufdrehen, handfest anziehen und so weit mit dem Hakenschlüssel weiter festziehen, bis ihre Nuten zu denen der unteren Nut-Lenkschaftmutter fluchten. Gegebenenfalls die untere Lenkschaft-Einstellmutter zum Kontern mit einem Hakenschlüssel gegenhalten, damit sie sich nicht verdreht.
11. Die Sicherungsscheibe aufstecken, ihre Laschen müssen in die Nuten der oberen und unteren Lenkschaftmuttern eingreifen.
12. Obere Gabelbrücke aufstecken, Mutter und Schrauben mit den vorgeschriebenen Anzugsmomenten festziehen:
■ Lenkschaft-Kopfmutter mit 115 Nm
■ Gabelbrücken-Spannschrauben mit 30 Nm

Wenn alles eingestellt und festgezogen ist, zur eigenen Sicherheit noch einmal die Telegabel in Längsrichtung hin- und herrütteln. Die Lenkung darf kein spürbares Spiel haben.

Bild 8: Zum Öffnen der Standrohre Gabel an der Bremszangenbefestigung einspannen.

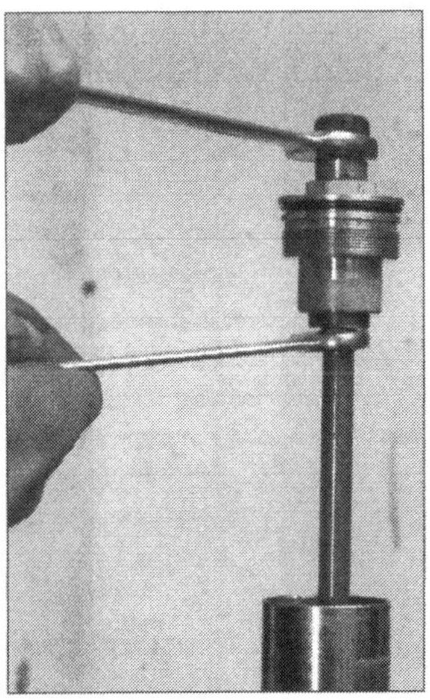

Bild 9: Abschrauben des Gabelstopfens von der Dämpferstange mit Gabelschlüsseln.

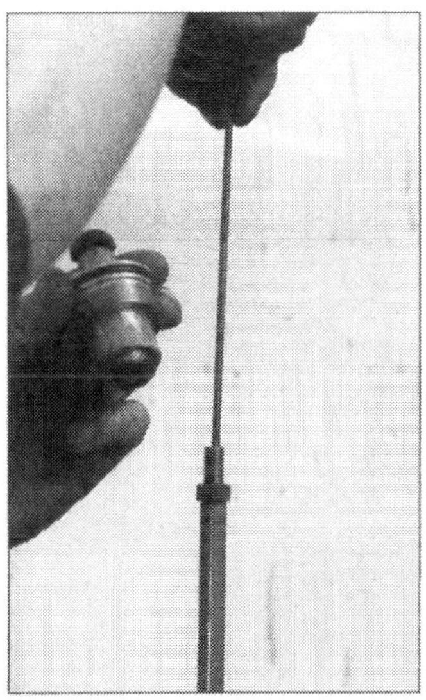

Bild 10: Die Dämpfereinstellstange kann einfach herausgezogen werden.

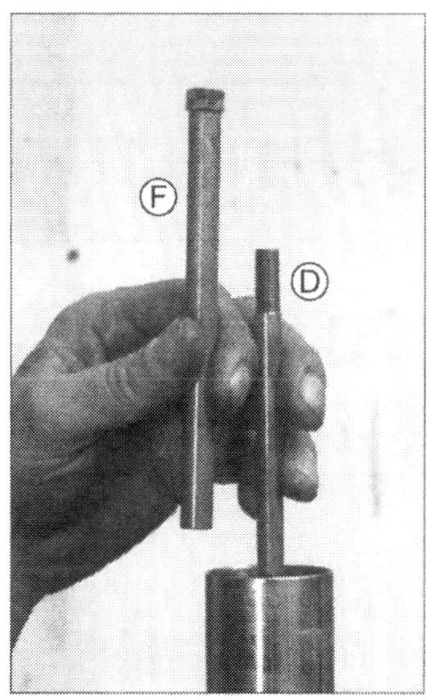

Bild 11: Die Federvorspannhülse (F) wird von der Dämpferstange (D) abgezogen.

Telegabel aus- und einbauen

Gabelöl

Telegabel aus- und einbauen

Zerlegung sowie Zusammenbau der Telegabel und der Lenkung erfordern Spezialwerkzeuge und sollten daher der Fachwerkstatt vorbehalten bleiben. Unter »Fachwerkstatt« verstehen wir nicht nur entsprechende Yamaha-Fachwerkstätten, von denen viele spezielles Knowhow in Sachen sowohl sportlicher als auch touristischer Fahrwerksabstimmung der FJR 1300 haben, sondern auch Werkstätten, die sich auf Federung und Dämpfung spezialisiert haben. Stellvertretend seien hier Namen wie Benny Wilbers, White Power oder Öhlins (Zupin) genannt (siehe Kapitel »Adressen«).

Diese Fachwerkstätten sind in der Lage, entsprechenden Service an der serienmäßigen Telegabel der YAMAHA FJR 1300 durchzuführen. Dabei können sie auch individuell auf jeden Abstimmungswunsch des Besitzers eingehen, Federung und Dämpfung auf das Gewicht des Fahrers sowie die Zuladung und die bevorzugten Strecken noch feiner abstimmen, als es die werksseitig vorgesehene Verstellung der Federung erlaubt.

Die Gabelbeine müssen zum Wechsel des Gabelöls und zum Austausch undichter Simmerringe ausgebaut werden. Lenkschaftrohr und Gabelbrücken bleiben eingebaut im Rahmen. Wer fit ist im Schrauben, kann auch die Verkleidung angebaut lassen. In jedem Falle müssen folgende Bauteile ab- bzw. ausgebaut werden: Bremszangen, Halterungen der Bremsschläuche, vorderes Schutzblech, untere Gabelbrückenabdeckung und das Vorderrad.

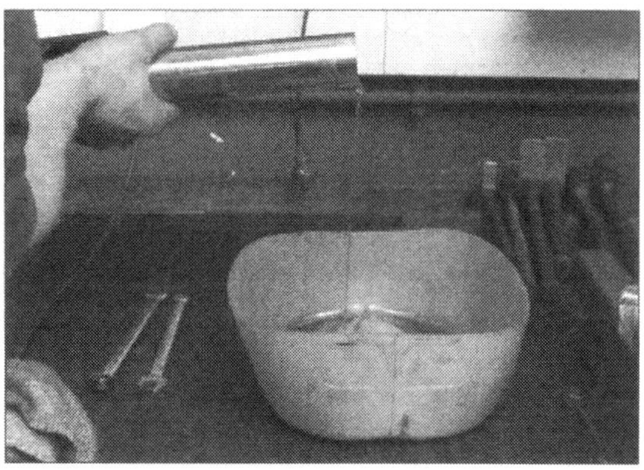

Bild 12: Gabelholm kippen und Dämpferöl in ein geignetes Gefäß auslaufen lassen…

Bild 13: …dabei auch die Gabeltragfeder und die darunter sitzende Federsitzscheibe entnehmen.

Telegabel aus- und einbauen

1. Obere Gabelbrücken-Spannschrauben lösen.
■ Wenn die Gabel nach dem Ausbau zerlegt werden soll, jetzt schon den oberen Gabelstopfen (»Deckelschraube«) mit einem exakt passenden Ringschlüssel lösen, aber noch nicht ausschrauben.
2. Untere Gabelbrücken-Spannschrauben lösen, Gabelbeine nach unten herausziehen.

Einbau der Gabelbeine in umgekehrter Reihenfolge. Darauf achten, dass das obere Endes des Gabelrohres mit der Oberfläche der oberen Gabelbrücke bündig abschließt. Folgende Anzugsdrehmomente beachten:
■ untere Gabelbrücken-Spannschrauben 23 Nm
■ obere Gabelbrücken-Spannschrauben 30 Nm

Gabelöl

Von Yamaha gibt es in der Wartungs- und Inspektionstabelle weder eine Vorschrift noch eine Empfehlung, bei welchem km-Stand das Gabelöl der FJR 1300 gewechselt werden muss. Doch Gabelöl verschleißt ebenso wie Motoröl, allerdings kann verschlissenes Gabelöl keine so große mechanische Schäden anrichten wie ein zu altes Motoröl.

Mit dem Maße, wie das Dämpferöl altert bzw. verschleißt, leidet die Dämpfkraft der Gabel, denn das Öl wird im Laufe der Zeit dünnflüssiger und verliert damit seine ihm zugedachten Eigenschaften. Und unter einer schlechten Gabeldämpfung leidet das Fahrverhalten. Auch verliert dünnflüssiges, weil altes (bzw. »verbrauchtes«) Dämpferöl einen Gutteil seiner Schmierfähigkeit, was sich in erhöhtem Verschleiß aller an- und aufeinander gleitenden Gabelbauteile niederschlägt.

Deswegen raten wir zu folgendem Wechselintervall:
■ Alle 20 000 km bzw. mindestens alle zwei Jahre sollte das Gabelöl erneuert werden.

Gabelöl wechseln
und einfüllen, Gabel
zusammenbauen

Gabelöl wechseln

Das Gabelbein ist dazu ausgebaut, der obere Gabelstopfen wurde schon vor dem Ausbau gelöst. Gabelbein am oberen Teil des Standrohres in Schraubstock einspannen, Alubacken und Lappen dazwischen legen, Schraubstock nur stark wie nötig anziehen!

1. Gabeldeckelschraube vollständig aus dem Standrohr herausdrehen.

Achtung: Die Gabelfeder drückt von unten gegen den Gabelstopfen. Dieser steht etwas unter Spannung. Daher beim Ausschrauben Vorsicht walten lassen, damit der letzte Gewindegang nicht vermurkst wird.

2. Gabelbein umspannen: mit den Aufnahmen der Bremszangen in den Schraubstock einspannen. Gabeltauchrohr etwas nach unten gegen die Federkraft in das Gabeltauchrohr eindrücken, bis die Mutter, die unterhalb der Gabeldeckelschraube auf der Dämpferstange sichtbar wird, 14er-Schlüssel auf die Mutter schieben

3. Am Sechskant des Federeinstellers (die aus der Gabeldeckelschraube herausstehende »Schraube«) mit 17er-Schlüssel gegenhalten, Schraubverbindung lösen und komplett auseinander schrauben. Lange dünne Stange nach oben herausziehen (das ist die Verlängerung bzw. Verbindung zwischen der Betätigung der oberen Dämpfereinstellschraube zum Dämpferventil unten im Gabelbein).

4. Gabelbein in geeigneten Ölauffangbehälter kippen und Dämpferöl ablassen. Dabei die Gabeltragfeder sowie die Federsitzscheiben herausziehen bzw. herausfallen lassen (mit der Hand auffangen!) Gabelöl lange austropfen lassen.

5. Dämpferstange einige Male hin und her bewegen, damit alles Gabelöl heraus gepumpt wird und ausläuft. Lange genug austropfen lassen.

Wenn nur das Gabelöl gewechselt werden soll, braucht das Gabelbein nicht weiter zerlegt werden. Wenn die Gabel komplett zerlegt werden soll, lesen Sie bitte weiter in diesem Kapitel unter »Gabelbein zerlegen«.

Gabelöl einfüllen, Gabel zusammenbauen

Vorgeschrieben ist entweder Yamaha Suspension 01 (teuer!) oder ein gleichwertiges Öl, wie etwa Öhlins Front Fork Suspension No 4 oder Shell ADVANCE Form 7,5 (preiswerter). Diese Öle haben in etwa die Viskosität SAE 7,5.

Tipp: Wer eine leichter ansprechende Gabeldämpfung wünscht, kann auch SAE 5 verwenden, wer eine straffere Dämpfung bevorzugt, kann SAE 10 oder 12,5 einfüllen. Engagierte Yamaha-Händler sowie Feder- und Dämpfungsspezialisten können entsprechende Ratschläge geben. Mit dem normalen 7,5er-Gabelöl ist man als Durchschnittsfahrer sehr gut bedient.

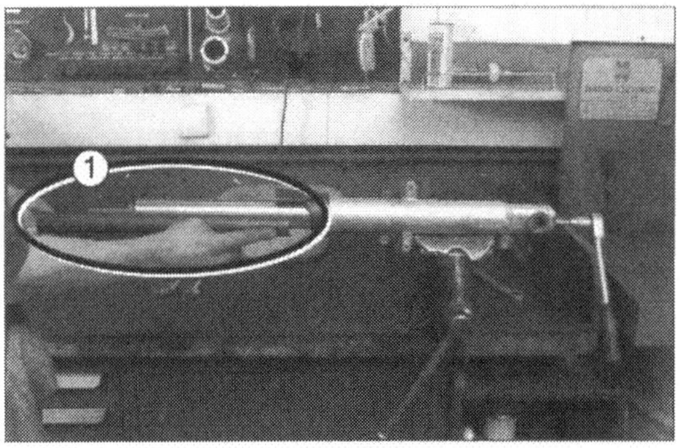

Bild 14: Zur komplette Zerlegung der Gabel ist das Yamaha-Spezialwerkzeug »Dämpferrohrhalter« (1) nötig.

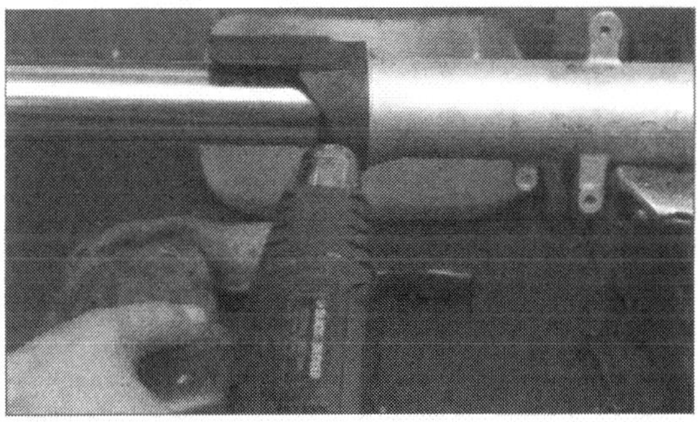

Bild 15: Vor dem Abziehen des Steinschlagschutzes diesen mit einem Werkstattföhn etwas erwärmen.

Bild 16: Staubdichtring mit einem kleinen Schraubenzieher ringsum heraushebeln.

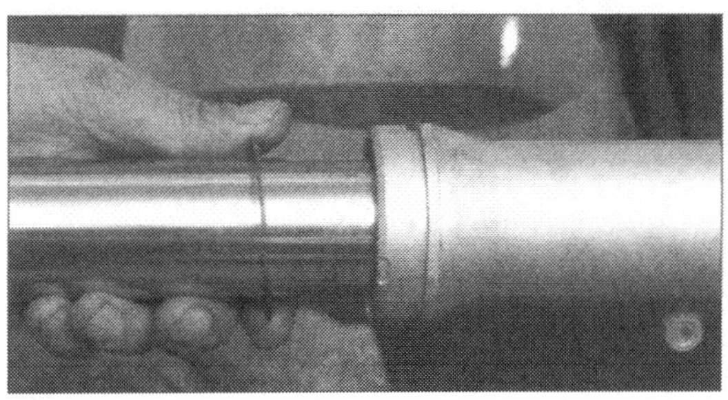

Bild 17: Der Sicherungsring sitzt in einer Nut im Gabeltauchrohr und wird ebenfalls mit einem kleinen Schraubenzieher herausgehebelt.

Sichtprüfung Messen

Gabelöl einfüllen, Gabel zusammenbauen

Für die einzufüllende Menge des Gabelöls pro Gabelbein gibt es zwei Bezugsgrößen: die Gabelölmenge und der Gabelölstand. Gemessen wird von der Oberkante des Gabelstandrohres aus nach unten zum Ölstand. Das Gabelstandrohr ist dabei ganz in das Gabeltauchrohr eingeschoben. Die Gabeltragfeder darf nicht eingesetzt sein.

Füllmengen und Maße:

- Modell FJR 1300, Modelljahr 2001: Füllmenge 700 cm³, Ölstand 79 mm
- Modell FJR 1300, Modelljahr 2002: Füllmenge 670 cm³, Ölstand 100 mm

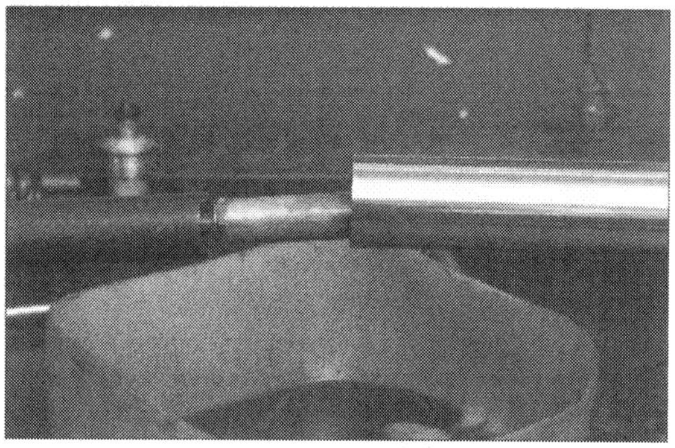

Bild 18: Nach Öffnen der unteren zentralen Halteschraube das Dämpferelement zusammen mit dem Spezialwerkzeug herausziehen.

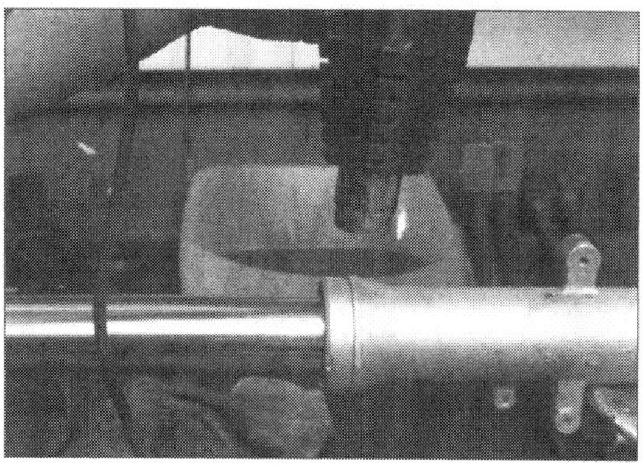

Bild 19: Gabelstandrohr im Bereich des Sitzes des Öldichtrings und der oberen Gabelgleitbuchse etwas erwärmen, dann Gabelstandrohr ruckartig aus dem Gabeltauchrohr herausziehen.

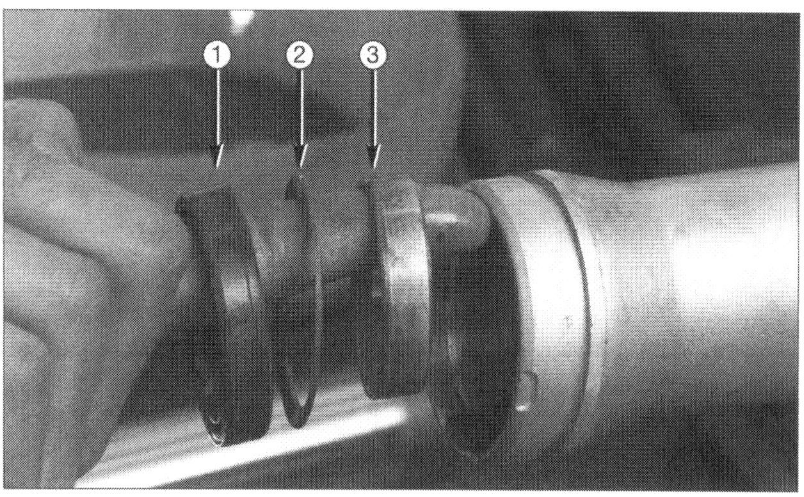

Bild 20: Diese Bauteile kommen nach dem Ausziehen des Gabelstandrohres heraus: Öldichtring (1), Stützring (2) und obere Gleitbuchse (3).

- Modell FJR 1300 A, Modelljahr 2003: Füllmenge 665 cm³, Ölstand 104 mm

1. Gabelbein an den Befestigungen der Bremszange senkrecht in den Schraubstock spannen.
2. Frisches Gabelöl in der vorgeschriebenen Menge einfüllen.
3. Gabelstandrohr etliche Male im Gabeltauchrohr hin und her bewegen. Dies sorgt dafür, dass sich das frisch eingefüllte Gabelöl gleichmäßig in der Gabel verteilt und eventuell eingeschlossene Luft herausgedrückt wird.
4. Gabelölstand messen. Dazu das Gabelstandrohr ganz in das Gabeltauchrohr einschieben und mit einem Maßstab bis nach ganz unten auf den Ölspiegel fahren. Maß zur Oberkante der Gabel messen (Maße je nach Modell und Modelljahr siehe oben).
- Sollte sich zu viel Öl im Gabelbein befinden, dieses mit einer geeigneten Spritze absaugen
- zu geringen Ölstand auffüllen

5. Dämpferstange ganz nach oben ziehen und folgende Teile in das Gabelbein einführen:
- lange dünne Stange: Ihr unteres Ende sitzt unten auf dem Dämpferventil auf;
- untere Federsitzscheibe (die mit dem großen Innendurchmesser) nach ganz unten einsetzen. Darauf achten, dass sie korrekt auf ihrem Sitzbund auf dem Dämpferrohr zur Anlage kommt.
- Gabeltragfeder mit den engen Windungen nach oben einsetzen.
- Obere Federsitzscheibe (die mit dem kleinen Innendurchmesser) einsetzen.
- Federvorspannhülse einsetzen.

6. Mutter auf Dämpferstange ganz aufdrehen. Neuen O-Ring auf den Gabelstopfen aufziehen, mit Gabelöl einstreichen, Federeinsteller so weit auf Dämpferstange aufschrauben, bis er aufsitzt, mit 17er-Schlüssel festhalten, Gabelstopfen mit exakt passendem Gabelschlüssel gegendrehen und mit 25 Nm festziehen.
7. Gabelstopfen in Gabelstandrohr einschrauben und handfest anziehen.
8. Wenn das Dämpferverstellrad abgenommen war: aufsetzen, Schraube handfest anziehen.

Einbau der Gabelbeine siehe oben. Mit folgenden Ergänzungen:
- Nachdem die unteren beiden Gabelbrücken-Klemmschrauben mit 23 Nm angezogen wurden, die Gabeldeckelschraube (SW 24) mit 25 Nm festziehen.
- Danach die oberen Gabelbrücken-Klemmschrauben mit 30 Nm festziehen.

Gabelbeine zerlegen

Die Gabelbeine sind dazu ausgebaut und soweit zerlegt, wie weiter oben unter »Gabelöl wechseln« bis Punkt 6 beschrieben, das Öl ist abgelassen.

1. Gabel am Bremszangenhalter quer in Schraubstock spannen, Alubacken und Lappen dazwischen legen.

2. Mit dem Yamaha-Spezialwerkzeug »Dämpferrohrhalter« (Yamaha-Ersatzteilnummer: 90890-01447) in das Gabelbein einfahren und den Dämpfer an den Zweikantflächen packen und gegenhalten. Mit einem 6er-Inbussteckschlüssel von unten durch die Achsfaust einfahren und die M10-Inbusschraube herausdrehen.

3. Dämpferbaugruppe zusammen mit der Zentrierhülse nach oben herausnehmen.

4. Mit einem Werkstattföhn den Steinschlagschutz leicht erwärmen und von seinem Sitz auf dem Tauchrohr abziehen.

5. Staubdichtring mit einem kleinen Schraubenzieher heraushebeln und abziehen.

6. Sicherungsring des Öldichtrings mit einem kleinen Schraubenzieher herausnehmen.

7. Tauchrohr am oberen Teil ringsum etwas erwärmen, dann Gabel ruckartig ganz auseinanderziehen, es kommen aus dem Sitz im oberen Teil des Gabeltauchrohres heraus: Gabelsimmerring, Stützscheibe, obere Gleitbuchse.

8. Gabelstandrohr ganz herausnehmen, untere Gleitbuchse abnehmen: Dazu ihre offenen Enden etwas auseinander ziehen, Buchse aus der Nut nehmen und vom Rohr abziehen (ähnlich wie die Abnahme eines Kobenrings vom Kolben).

Gabelbauteile prüfen

■ Alle Gleitflächen von Gabelstandrohr (außen) und Gabeltauchrohr (innen) auf Riefen, Kratzer, Druckstellen und Verschleiß prüfen.

■ Dämpferstange und Dämpfergehäuse auf Verschleiß oder Beschädigungen prüfen.

■ Wenn auch nur ein Teil der Dämpferbaugruppe beschädigt ist, den Dämpfer als Ganzes auswechseln.

■ Gabeltauchrohr in Prismenböcke legen und mit einer Messuhr den Schlag messen. Beachten, dass der tatsächliche Schlag nur halb so groß ist wie der von der Messuhr angezeigte bzw. abgelesene Wert. Verschleißgrenze: 0,20 mm

■ Gabelrohrbuchsen besonders dahingehend prüfen, ob die Teflonbeschichtung oder Kupferflächen ein normales Tragbild zeigen.

■ Buchse muss ausgewechselt werden, wenn die Teflonbeschichtung angekratzt, riefig oder großflächig abgeschabt ist (mehr als ein Fingernagel groß verschlissen) oder die unter der Teflonschicht aufgebrachte Kupferfläche auf mehr als der Hälfte der Gesamtgleitfläche zu sehen ist.

■ Immer nur einen kompletten Satz neuer Buchsen in beide Gabelbeine einbauen, also obere und untere Buchse zusammen erneuern.

Gabelbeine zusammenbauen

Vor dem Zusammenbau alle Gabelteile gut mit Lösungsmittel reinigen (z. B. Bremsenreiniger oder Aceton). Zusammenbau in umgekehrter Reihenfolge der Zerlegung. Dabei besonders beachten:

■ Neuen Öldichtring mit der markierten Seite nach oben zeigend einpressen. Dazu entweder einen entsprechend über das Standrohr passenden Ring verwenden (selbstgedrehtes Rohrstück mit Innendurchmesser 48,5 mm und einer Wandstärke von mindestens 5 mm, am unteren Rand innen 2 mm tief 45 Grad angefast) oder das Yamaha-Spezialwerkzeug »Gabeldichtring-Treiber« (Yamaha-Ersatzteilnummer: 90890-01442).

■ Sicherheitshalber neue Gleitrohrbuchsen einbauen.

■ Sicherungsmittel Loctite »mittelfest« auf das Gewinde der unteren Inbusschraube streichen, neue Dichtscheibe verwenden, Schraube mit 35 Nm festziehen.

Tipp: Gabelsimmerringe vor dem Zusammenbau gut mit reinem Silikonfett einreiben, das hält sie geschmeidig, lässt sie leicht gleiten (verbessert das Ansprechverhalten der Gabel enorm!) und sichert auf lange Zeit ihre Dichtfunktion.

Gabelbeine zerlegen

Gabelbauteile prüfen

Gabelbeine zusammenbauen

Bild 21: Die untere Gleitbuchse ist geschlitzt und wird zum Abziehen vom Standrohr etwas aufgebogen. Wenn die Teflonschicht noch vorhanden und ohne Riefen ist, kann die Buchse wieder eingebaut werden.

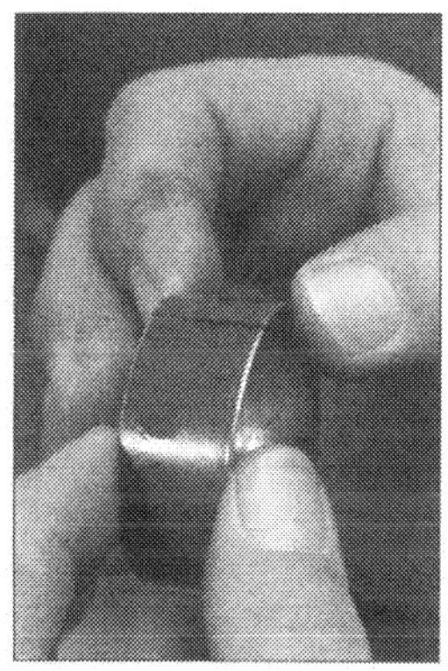

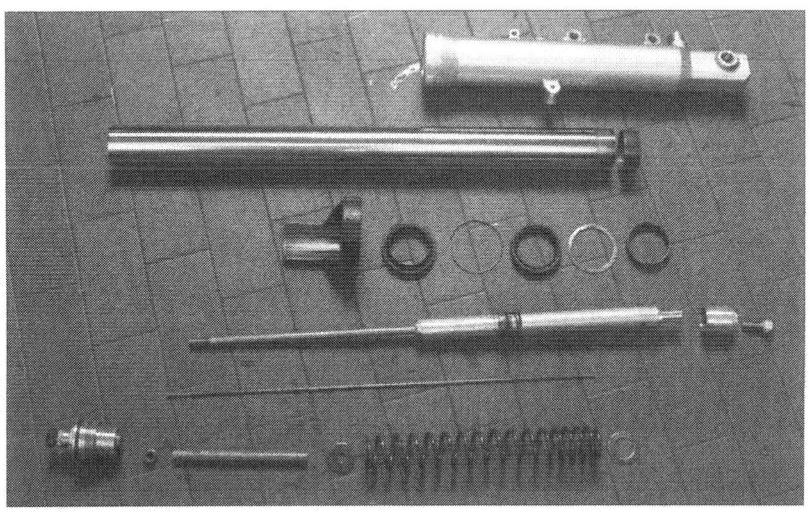

Bild 22: Gabelbein total zerlegt, die Bauteile liegen einbaurichtig zueinander.

Lenkkopflager ausbauen und prüfen

Lenkkopflager fetten und einbauen

Lenkkopflager ausbauen
Ein Ausbau des Lenkschaftrohres und der Gabelbrücken ist zum Einfetten der Lenkkopflager alle 20 000 km sowie zum Erneuern der Lenkkopflager erforderlich.

Die Gabelbeine sind ausgebaut, das Motorrad ist so aufgebockt oder an einem Werkstattkran aufgehängt, dass der Vorderbau frei ist.
1. Kopfmutter des Lenkschaftrohres abschrauben und obere Gabelbrücke abnehmen. Wenn diese fest sitzen sollte, die Kontaktstelle mit etwas Kriechöl einsprühen, kurz einwirken lassen und mit leichten Schlägen (Plastikhammer) von unten nach oben abtreiben.
2. Sicherungsscheibe abnehmen, obere Lenkschaft-Kontermutter abschrauben, Gummischeibe abnehmen.
3. Mit einer Hand die untere Gabelbrücke nach oben halten, mit anderer Hand Nutmutter abdrehen, Lenkschaftrohr nach unten herausziehen.
4. Obere Staubdichtung, oberen Innenlaufring, oberen Kugellagerring herausnehmen, unteren Kugellagerring abnehmen, alle Teile sorgfältig reinigen.

Ausgebaute Lenkkopflager prüfen
Prüfung in eingebautem Zustand: siehe oben unter »Lenklagerung prüfen«. Wenn die Gabelbeine zwecks Ölwechsel ausgebaut sind, kann man die Lager durch schnelle Rechts-Links-Bewegung auf Laufgeräusche prüfen.

Wenn der Lenkkopf zerlegt ist, kann man den Zustand der im Rahmen eingesetzten Lagerschalen und den der Innenlagerschalen auf Sicht prüfen:
- Sie dürfen nicht beschädigt, eingelaufen, punktuell eingedrückt oder anderweitig beschädigt sein (z. B. durch Korrosion).
- Auch dann, wenn die Laufbahn der Lagerkugeln in den Lagerschalen matt ist, sollten die Lager ausgewechselt werden.
- Die Lagersitzringe (»Lagerschalen«) und Lagerinnenringe müssen fest und spielfrei in ihren Passbohrungen des Rahmens bzw. auf dem Lenkschaftrohr sitzen.
- Alle Lagerkugeln müssen kugelrund sein und dürfen keine flachen Stellen, Vertiefungen (»Krater«), Materialausbrüche, eingelaufene oder eingeschlagene Stellen haben.
- Die Kugelkäfige müssen zur Gänze vorhanden sein, dürfen nirgendwo ausgebrochen sein und die Kugeln an allen Stellen so halten, dass sie sich leicht bewegen, aber nicht herausfallen können.

Lenkkopflager fetten und einbauen
1. Gereinigte Lagersitzringe, Lagerinnenringe und Kugellaufringe satt mit Wälzlagerfett (z. B. Shell RETINAX) einfetten.
2. Unteren Kugellagerring über das Lenkschaftrohr fädeln und auf den unteren Lagerinnenring schieben, den Lenkschaft von unten in Rahmenkopf einführen. Mit der Hand halten!
3. Oberen Kugellagerring einsetzen, Lagerinnenring und Lagerdeckelscheibe aufschieben, Lenk-

Bild 23: Eintreiben des Öldichtringes mit dem Spezialwerkzeug »Gabeldichtring-Treiber«.

Bild 24: Einsetzen des Sicherungsringes in seine Nut im Gabeltauchrohr.

Bild 25: In die Gabelbeine gehört spezielles Dämpferöl der Viskosität SAE 7,5.

Bild 26: Der Gabelölstand wird von der Oberkante des Standrohres gemessen.

schaftlager-Einstellnutmutter aufschrauben und mit »provisorischen Anzugsdrehmoment« von 52 Nm anziehen. Lenkung einige Male hin- und her schwenken.

4. Jetzt die Lenkschaft-Einstellmutter wieder um eine Umdrehung lösen und dann endgültig mit dem vorgeschriebenen Anzugsdrehmoment von 18 Nm festziehen.

5. Nun die Lenkung wieder einige Male hin und her schwenken und dabei prüfen, ob sich alles leicht und gleichmäßig bewegt. Wenn ja, weiter fortfahren wie folgt:

6. Gummischeibe aufschieben, obere Lenkschaft-Kontermutter aufdrehen, handfest anziehen und soweit mit dem Hakenschlüssel weiter festziehen, bis ihre Nuten zu denen der unteren Nut-Lenkschaftmutter fluchten. Gegebenenfalls die untere Nut-Lenkschaftmutter mit einem Hakenschlüssel gegenhalten, damit sie sich nicht verdreht.

7. Die Sicherungsscheibe aufstecken, ihre Laschen müssen in die Nuten der oberen und unteren Nut-Lenkschaftmutter eingreifen.

8. Gabelbeine von unten durch die Gabelbrücke in die obere Gabelbrücke einschieben, Mutter und Schrauben mit den vorgeschriebenen Anzugsmomenten festziehen:

- Lenkschaft-Kopfmutter mit 115 Nm
- obere Gabelbrücken-Spannschrauben mit 30 Nm
- untere Gabelbrücken-Spannschrauben mit 23 Nm

Wenn alles eingestellt und festgezogen ist, zur eigenen Sicherheit noch einmal die Telegabel in Längsrichtung hin- und herrütteln. Die Lenkung darf kein spürbares Spiel haben.

Lenkkopflager wechseln

Wenn die Lenkkopflagerschalen einmal ausgebaut wurden., weil sie z. B. Riefen oder eingelaufene Stellen haben, gehören sie auf den Schrott, sie können nicht wieder verwendet werden. Komplett neue Lagersätze, also Lager-Außen- und -Innenringe sowie neue Kugelkränze verwenden. Von Yamaha gibt es Spezialwerkzeuge zum Aus- und Einbau von Lagern. Diese arbeiten auf Gewindespindelbasis, also ohne Erwärmung (und damit Ausdehnung) des Materials. Ein guter Handwerker braucht diese Spezialwerkzeuge nicht.

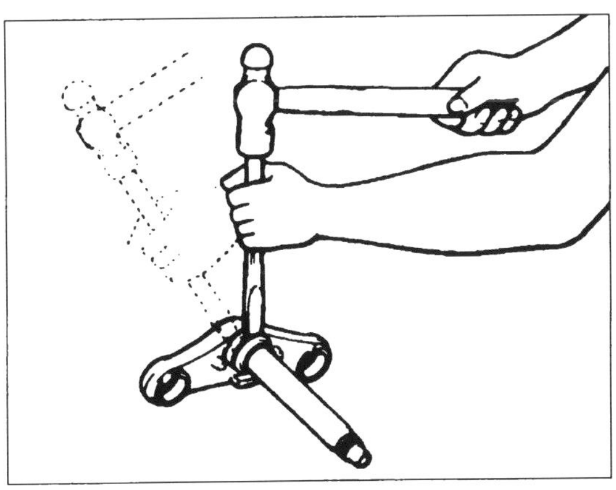

Lager ausbauen

1. Auf dem Lenkschaftrohr sitzt der Innenring des unteren Lagers. Diesen Innenring gut fettfrei reinigen, mit einem Heißluftföhn kurz und heftig anwärmen, das ganze Teil auf einer stabilen Holzunterlage ablegen und den Lagerring mit Hammer und Meißel ringsum von seinem Sitz treiben.

2. Die Außenringe des Lenkschaftlagers (diese Lager sitzen oben und unten im Lenkkopf) mit einem langen Dorn unter leichten Schlägen mit einem Stahlhammer schrittweise über Kreuz aus ihrer Sitzbohrung im Rahmen treiben.

> **Tipp:** Vorher mit einem Heißluftföhn, auf dessen Spitze eine flache Düse aufgesteckt ist, die Außenseiten der Lagersitze kurz und heftig erwärmen. Der Rahmen der YAMAHA FJR 1300 ist aus Aluminium, das sich bei Wärme weiter ausdehnt als Stahl, aus dem die Lagersitzringe bestehen. Wird der Rahmen an den Lagerstellen erwärmt, lassen sich die Stahllagerringe leichter austreiben als bei kaltem Rahmen.

Lager einbauen

Ausgangslage für den Lagereinbau: Alle Lagerstellen sind penibel gereinigt und haben keine mechanischen oder korrosionsbedingten Schäden oder Verformungen. Die Lagerringe sind Neuteile.

1. Mit dem Heißluftföhn (oder auf der Heizplatte oder im Ölbad) den unteren Lagerinnenring so weit erwärmen, dass man ihn gerade eben nicht

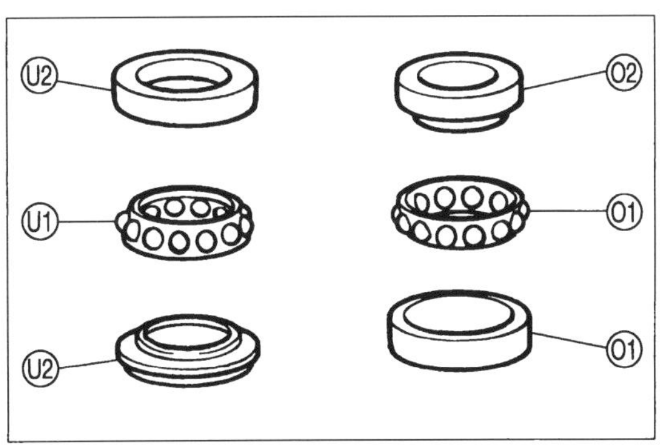

Lenkkopflager wechseln

Lager aus- und einbauen

Bild 27: Austreiben der Lagerschalen des Lenkkopfs über Kreuz mit Hilfe eines langen Schlagdornes (1).

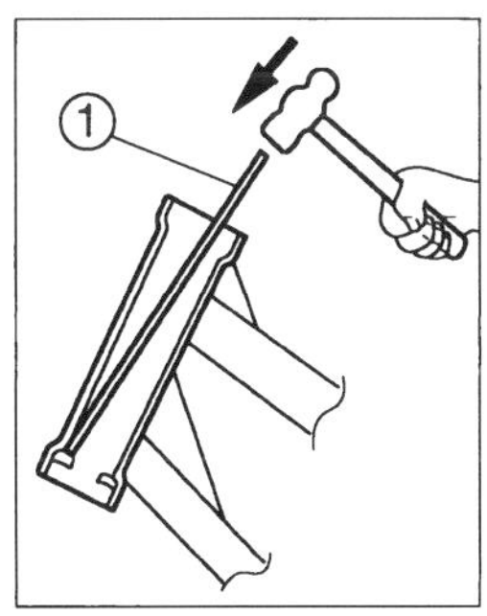

Bild 28: Lagerinnenring mit einem Föhn ringsum erwärmen und mit einem Meißel vorsichtig vom Lenkschaftrohr abtreiben.

Bild 29 ganz rechts: Unteres (U) und oberes (O) Lenkkopflager (1) mit Kugellager-Lagerlaufringen (2).

Sichtprüfung Messen

Vorderradkotflügel

Bild 30: Befestigung des Vorderradkotflügels: Vordere (schwarze) Abstandsbuchsen 6 mm lang (1) von innen einsetzen, hintere (silberne) Abstandshülsen 5 mm…

mehr in die Hand nehmen kann (ca. 70 bis 80 °C). Nur mit geeigneten Leder- oder Hitzeschutz-Handschuhen anfassen!

2. Untere Staubdichtung über das Lenkschaftrohr bis ganz nach unten schieben und satt aufsetzen.

3. Erwärmten Lagerring auf das kalte Lenkschaftrohr auffädeln, nach unten auf den Sitz schieben, mit passendem Rohrstück und kurzen Hammerschlägen satt in Sitz drücken.

4. Die beiden Lageraußenringe für oberes und unteres Lager im Rahmenkopf werden eine Stunde lang ins Tiefkühlfach gelegt; sie ziehen sich in der Kälte zusammen.

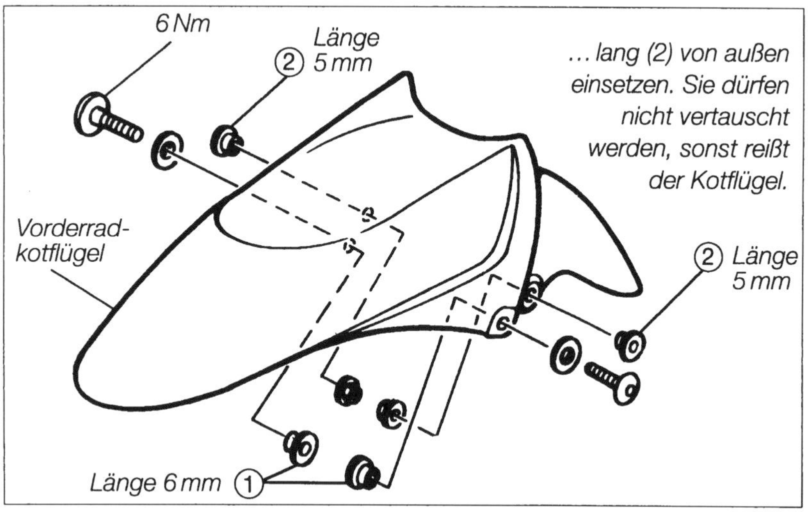

… lang (2) von außen einsetzen. Sie dürfen nicht vertauscht werden, sonst reißt der Kotflügel.

5. Kurz bevor die Lagerringe aus dem Kühlschrank geholt werden, die oberen und unteren Lagersitze des Rahmens mit dem Heißluftföhn kurz und heftig erwärmen.

6. Jetzt die eiskalten Lagerschalen oben in die Lagerstelle des Lenkkopfs einfallen lassen bzw. von unten nach oben einschieben. Mit einem einfachen Hilfsmittel lassen sich die Schalen fest in ihren Sitz drücken: Eine M16-Gewindestange durch den Lenkkopf führen, oben und unten je eine Karosseriescheibe auf die Lager setzen und mit zwei Muttern gegeneinander festziehen. Wenn Lagerringe und Lenkkopf gleiche Temperatur haben, Gewindestange entfernen. Weiterer Einbau der Lager und Gabelbrücken siehe unter »Lenkkopflager fetten und einbauen«.

Vorderradkotflügel

Der Vorderradkotflügel wird über Schrauben und unterschiedlich lange Bundbuchsen spannungsfrei an den Gabeltauchrohren gehalten. Buchsen nicht vertauschen, sonst wird das Material des Vorderradkotflügels im Bereich der vorderen Befestigung gequetscht und reißt.

- Die beiden schwarzen Buchsen sind je 6 mm lang und gehören in die vorderen Befestigungsbohrungen (in Fahrtrichtung gesehen). Sie werden von innen eingesteckt.
- Die beiden silbernen Buchsen sind je 5 mm lang und gehören in die hinteren Befestigungsbohrungen. Sie werden von außen eingesteckt.

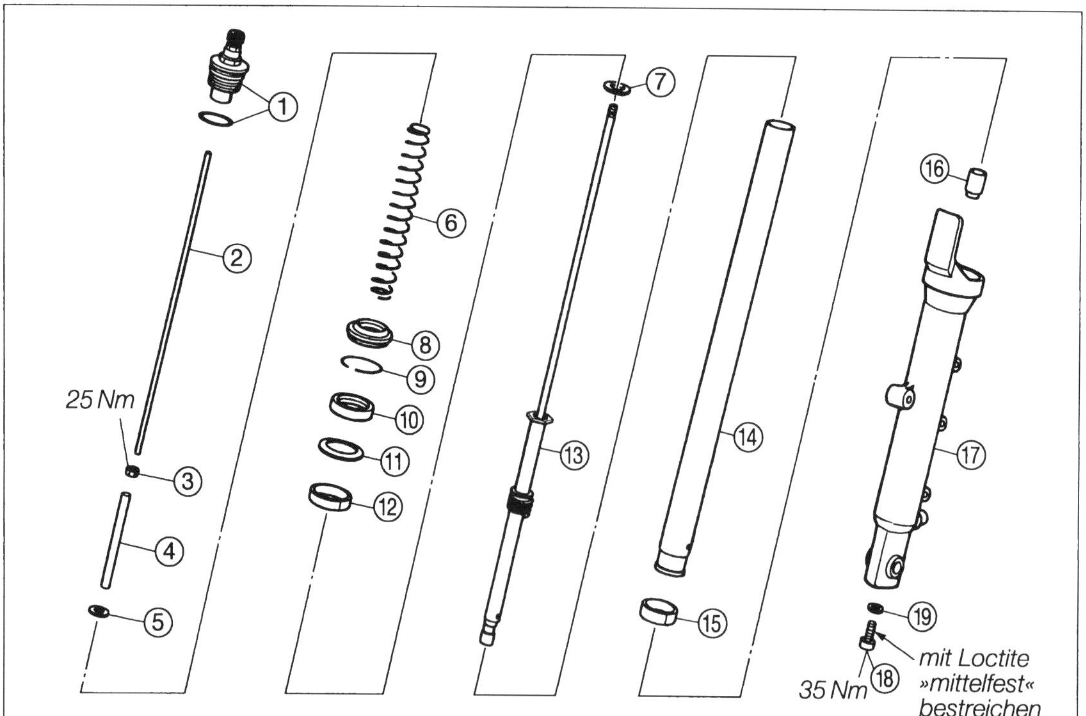

Bild 31: Teleskopgabel schematisch. Gabeldeckelschraube mit O-Ring (1), Einstellstange für Zugstufendämpfung (2), Mutter (3), Federvorspannhülse (4), Beilagscheibe (5), Gabeltragfeder (6), Federsitzscheibe (7), Staubschutzring (8), Sicherungsring (9), Gabeldichtring (10), Stützscheibe (11), obere Gleitbuchse (12), Dämpfereinheit (13), Dichtring (14), untere Gleitbuchse (15), Sitzbuchse (16), Gabeltauchrohr (17), Schraube (18), Kupferdichtring (19).

Federbein und Schwinge

In diesem Kapitel: Federbein ausbauen, prüfen, einbauen · Untere Federbeinumlenkung, Schwingenlager und Hinterradschwinge auseinanderbauen, prüfen, schmieren und zusammenbauen.

Federbein und Umlenkung

Im Wartungsplan der YAMAHA FJR 1300 ist vorgeschrieben, dass die untere Federbeinumlenkung alle 20 000 km geschmiert werden muss. Dazu müssen die komplette Umlenkung zerlegt, die Lager geprüft und gefettet und anschließend wieder zusammengebaut werden. Doch zu Anfang dieses Kapitels behandeln wir das Thema »Federbein aus- und einbauen«, weil supersportlich eingestellte Piloten der YAMAHA FJR 1300 gerne mit Nachrüst-Federbeinen aus dem Zubehörangebot experimentieren.

Federbein ausbauen

Federbein ausbauen

Motorrad auf einer ebenen Fläche oder auf der Hebebühne auf dem Hauptständer abstellen. Für sicheren Stand das Vorderrad auf der zur Verkleidung zugewandten Seite (hinten) mit einem Riemen umschlingen und gegen den Mittelständer ziehen, das Hinterrad darf keinen Bodenkontakt haben (am besten ausbauen).

1. Schrauben des Vorspannungs-Verstellers am linken Rahmenzug ausdrehen, Versteller abnehmen. Züge aus den Halteklammern nehmen.

2. Mutter der unteren Federbeinschraube abschrauben, Schraube herausziehen.

3. Untere Schraubverbindung, die den Umlenkhebel mit den Zugstangen zur Schwinge verbindet, öffnen und ausschrauben. Dabei die Schwinge mit der Hand etwas nach oben und unten bewegen, damit die Schraube leichter herausgeht.

4. Obere Federbeinschraube lösen und herausziehen. Federbein mit Verstelleinheit seitlich nach oben herausziehen.

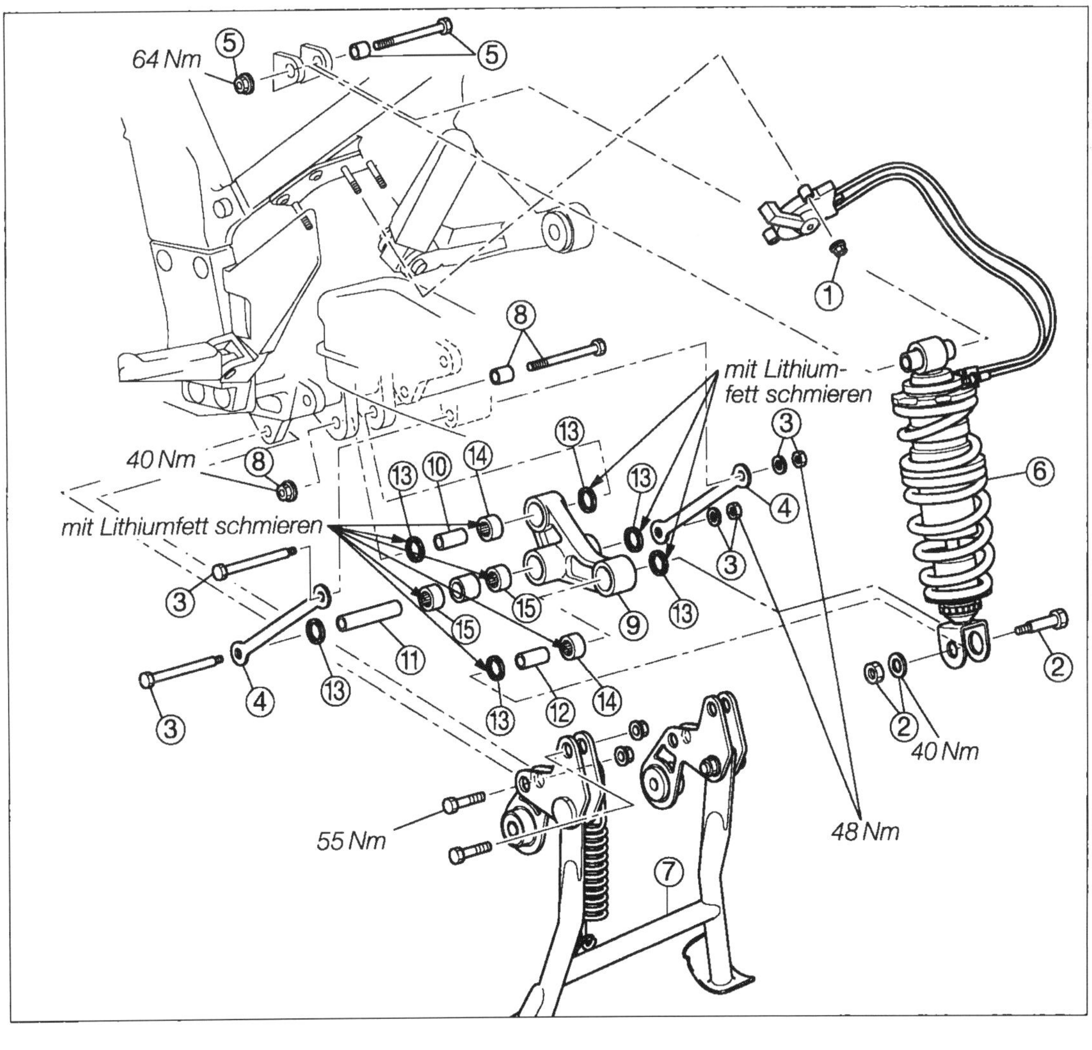

Bild 1: Federbein und Umlenkhebel in der Explosionszeichnung. Befestigung der Feder-Fernverstellung (1), Schraube, 54 mm lang, mit Mutter und Beilagscheibe (2), Schraube, 117 mm lang, mit Mutter und Beilagscheibe (3), Zugstangen (4), Schraube, 105 mm lang, mit Mutter und Beilagscheibe (5), Federbein (6), Mittelständer (7), Schraube, 76 mm lang, mit Mutter und Beilagscheibe (8), Umlenkhebel (9), Distanzhülse (10, 11 und 12), Dichtring (13), Lager (14 und 15).

Sichtprüfung

Messen

Federbein einbauen und prüfen

Federbein einbauen

Einbau in umgekehrter Reihenfolge. Die Schraubverbindung der oberen Federbeinbefestigung wird mit 64 Nm, die der unteren mit 40 Nm festgezogen. Beilagscheiben nicht vergessen!

Beim Einbau besonders beachten:

- Lager der oberen und unteren Federbeinaufnahme gut mit Wälzlagerfett einfetten.
- Federbeinkopf mit den beiden Bowdenzügen, die zum Vorspannungs-Versteller führen, nach rechts einsetzen.

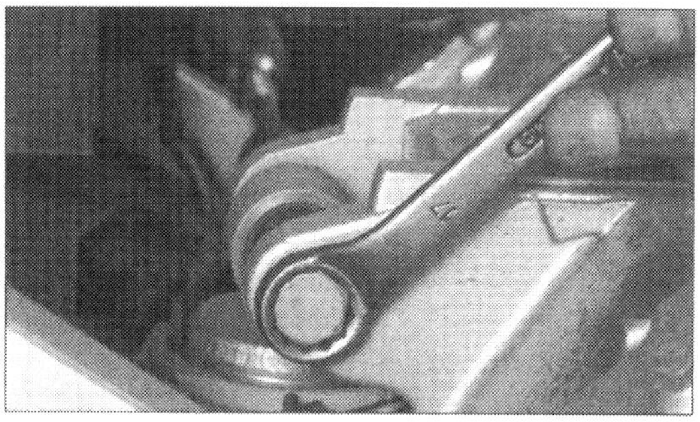

Bild 2: Obere Aufnahme des Zentralfederbeins: Schraube ist von rechts eingeschoben, Mutter wird von links geöffnet bzw. angezogen.

Bild 3: Nach Lösen aller Schraubverbindungen kann das Federbein samt Federverstelleinheit herausgenommen werden.

Bild 4: Sicherungsmutter der linken Schwingenachs-Verschraubung mit 115 Nm anziehen.

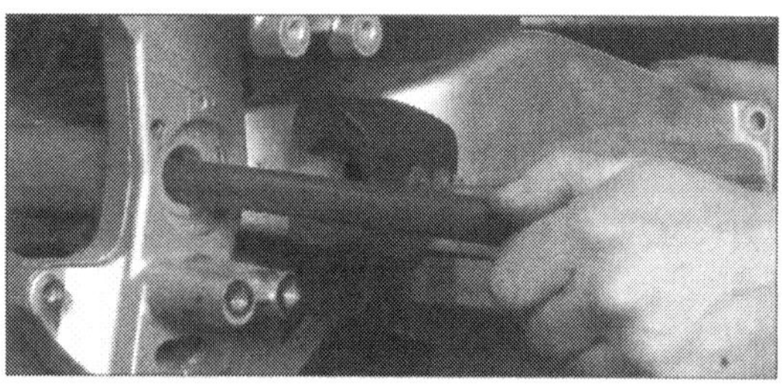

Bild 5: Wenn die rechte Schwingenachsmutter ab- und die Schwingenachse ausgeschraubt ist, wird sie nach links herausgezogen.

- Dichtringe auf einwandfreien Zustand prüfen und ohne zu verkanten satt in ihre Bohrungen einsetzen.
- Nur einwandfreie Schrauben und Sicherungsmuttern verwenden (am besten neue Yamaha-Orginalschrauben und Muttern!).

Achtung: Bei Zusammenbau nur originale Schrauben und Muttern verwenden! Speziell bei der Federbeinaufnahme und der unteren Umlenkung niemals irgendwelche Schrauben undefinierbarer Festigkeit und Herkunft aus einer typischen Werkstatt-Schraubenkiste verwenden!

Federbein prüfen

Siehe dazu »Hinterradfederung prüfen« im Kapitel »Wartung und Inspektionen«. Beim ausgebauten Federbein zusätzlich prüfen:

- Zustand der Lager im oberen und unteren Anlenkkopf des Federbeines: Dazu die Innenhülse in das Nadellager schieben und das Spiel prüfen. Dazu gehört viel Erfahrung, diese Kontrolle ist daher Sache des Fachmannes!

Tipp: Defekte Federbeine können vom Spezialisten repariert werden. Es gibt auch spezielle Nachrüstfederbeine für die YAMAHA FJR 1300, die billiger sind als ein neues Originalteil (einschlägige Adressen siehe Kapitel »Adressen«).

Untere Federbeinumlenkung schmieren

Motorrad steht sicher auf dem Mittelständer, Hinterrad hat keinen Bodenkontakt. Trick: Wenn Federbein und Hinterrad zur Erledigung dieses Wartungspunktes wegen Faulheit der Mechaniker eingebaut bleiben sollen, einen Holzkeil so unter das Hinterrad schieben, dass das Federbein gerade eben weder auf Zug noch Druck belastet ist. So lassen sich die Schrauben von Federbein und Umlenkung leicht herausnehmen und wieder einsetzen.

Bitte beherzigen Sie ein weiteres Mal den Ratschlag, den wir in diesem Kapitel weiter vorne schon gegen haben: Verspannen Sie das hintere Ende des Vorderrads mit einem Riemen am Mittelständer, damit das Motorrad bei der Arbeit an Schwinge und Federbeinumlenkung bei ausgebautem Hinterrad nicht nach vorne vom Ständer kippen und umfallen kann. Der Wartungspunkt »Untere Federbeinanlenkung fetten« alle 20 000 km ist nicht automatisch verbunden mit »Schwingenlager ausbauen und fetten«, was den Ausbau der Schwinge nötig macht. Manche Mechaniker schmieren die Lager der unteren Umlenkung alle 10 000 km, weil diese größeren Belastungen durch Dreck und Regen ausgesetzt sind als das Schwingenlager selbst. Die Schwingenlager werden alle 50 000 km frisch geschmiert.

Federbeinumlenkung aus- und einbauen
Zu diesem Arbeitsabschnitt beachten Sie bitte Bild 1 am Anfang dieses Kapitels.
1. Muttern der Schraublagerbolzen von Zugstreben, unterem Federbeingabelkopf und Befestigung des Umlenkhebels am Rahmen lösen. Dabei die Schraubenköpfe mit geeignetem Schlüssel gegenhalten, Muttern mit passender Nuss mit Verlängerung öffnen, abdrehen und Schrauben ausziehen.
2. Beilag-, Dichtscheiben und Lagerbuchsen (werden auch »Distanzhülsen« genannt) aus den Nadellagern herausziehen und alle Teile in Waschbenzin (oder Dieselöl) mit Pinsel und Flaschenbürste gut reinigen, mit Pressluft leicht ausblasen.
3. Trockene Lagerbuchsen in die trockenen Nadellager einsetzen und Spiel erfühlen. Dies erfodert viel Erfahrung. Wenn das Spiel zu groß ist, Nadellager ersetzen (Fachmann!). Einbautiefe der Nadellager im Umlenkhebel:

■ vordere (breite) Lagerstelle	4,5 mm
■ hintere (schmale) Lagerstelle	4,0 mm

Maßangabe gilt für beide Seiten. Nadellager mittig einpressen.
■ Mittlere (ganz breite) Lagerstelle der Zugstangen-Anlenkung: Nadellager bis auf Sitzbund einpressen.
4. Wenn alles in Ordnung ist, alle Lager satt mit speziellem Wälzlagerfett einschmieren. Buchsen einschieben, Dicht- und Beilagscheiben aufsetzen, Hebel in Einbauposition bringen, alle Lagerschraubbolzen einstecken, Muttern provisorisch aufdrehen.
5. Anzugsdrehmomente Schrauben und Muttern der unteren Federbeinumlenkung:

■ Federbein-Gabelkopf an Umlenkhebel	40 Nm
■ Umklenkhebel an Rahmen	40 Nm
■ Zugstreben an Umlenkhebel	48 Nm
■ Zugstreben an Schwinge	48 Nm

Schwingenlager schmieren

Die Federbeinumlenkung und das Hinterrad sind dazu ausgebaut.

Hinteradschwinge

Hinterradschwinge ausbauen
1. Linke Fußrastenhalteplatte samt Schalthebel plus Seitenständerhalterung abnehmen. Staubschutzplatte abnehmen (ist mit Schraube am linken Rahmen hinten befestigt).
2. Hinterachsgetriebe abschrauben, dazu die vier Hutmuttern am linken Schwingenarm lösen und abdrehen, Hinterachsgetriebe samt Kardanwelle ausziehen.
3. Kreuzgelenk von Abtriebswelle abziehen.
4. Links am Schwingenlager:
■ Plastikkappe mit einem kleinen Schraubenzieher heraushebeln.
■ Abgewinkeltes Sicherungsblech der Mutter abnehmen, dazu die Halte-Schraube ausdrehen.
■ Mit Sechskantnuss die Kontermutter der Schwingenachse lösen und abnehmen.
4. Rechts am Schwingenlager:
■ Plastikkappen-Abdeckung mit einem kleinen Schraubenzieher heraushebeln.
■ Mit Sechkantnuss die Kontermutter der Schwingenachse lösen und abnehmen, mit Magnetheber die darunter liegende Scheibe herausnehmen.
5. Links am Schwingenlager:
■ Mit 19er-Stecknuss die Schwingenachse lösen und ausdrehen. Hinterradschwinge mit der Hand halten, Schwingenachse ausziehen.
6. Schwinge nach hinten herausnehmen. Dabei darauf achten, dass die Lagerabdeckscheiben nicht nach unten herausfallen.

Federbein-umlenkung aus- und einbauen

Schwingenlager neu fetten

Schwinge ausbauen

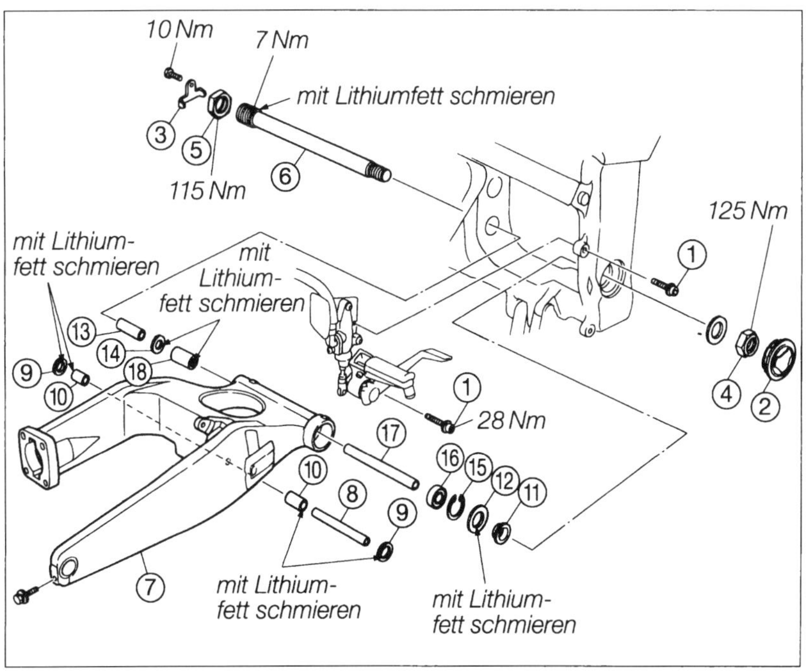

Bild 6: Schwinge in der Explosionszeichnung. Schraube der Fußraste rechts (1), Abdeckung (2), Abdeckung (3), Schwingenachsmutter (4), Sicherungsmutter (5), Schwingenachse (6), Schwinge (7), Distanzstück (8), Dichtring (9), Lager (10), Distanzstück (11), Dichtring (12), Buchse (13), Dichtring (14), Sicherungsring (15), Lager (16), Distanzstück (17), Lager (18).

Sichtprüfung Messen

Hinterradschwinge prüfen und einbauen

7. Lagerabdeckscheiben, Distanzhülsen und Dichtringe entnehmen. Reihenfolge siehe Bild 6.

Achtung: Auf Verbleib aller Zwischenscheiben und Distanzstücke achten. Nadellager (links) und Kugellager in der Schwinge (rechts) nur bei Beschädigung ausbauen und durch Neuteile ersetzen.

Hinterradschwinge prüfen

1. Eingebaute Schwinge muss sich bei demontiertem Hinterrad und abgebautem Federbein gleichmäßig weich auf und ab bewegen lassen.
2. Spezialisten messen vor dem Ausbau der Schwingenachse das Axialspiel der Schwinge mit einer Fühlerlehre; dazu müssen jedoch vor dem Ausbau der Schwingenachse alle Anzugsdrehmomente der Schwingenachse überprüft und ggf. korrigiert werden. Das danach gemessene Axialspiel soll nahe bei null sein.
3. Schwinge hinten am Ende packen und hin und her bewegen. Dieses Spiel darf ebenfalls weder fühl- noch messbar sein.
■ Wenn diese Prüfung erfolgreich war, also die Schwinge in noch eingebautem Zustand kein Spiel hat, kann man schon vor dem Ausbau der Schwingenlager sicher sein, dass diese kein Spiel haben und nicht verschlissen sind.
4. Ausgebaute Schwinge auf Verzug und Risse untersuchen, Bohrung für Anlenkung des Federbeins auf Rundheit untersuchen.
5. Schwingenlagerbuchsen auf Fressstellen untersuchen, in die Lager einsetzen und das Spiel erfühlen. Falls es übermäßig groß ist (Erfahrungssache!), Lager ersetzen.
5. Schwingenachse auf Schlag überprüfen, indem sie über eine gerade Fläche gerollt wird (z. B. Glasplatte). Es gibt von Yamaha kein festes Verschleißmaß, was so viel heißt wie: Bei der geringsten Verbiegung eine neue Schwingenachse einbauen.

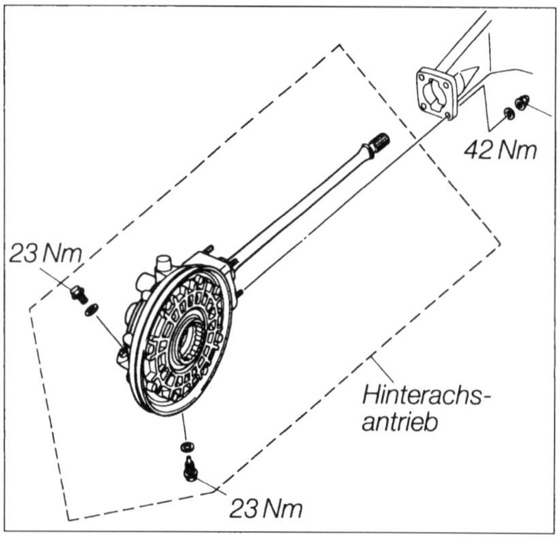

Bild 7: Hinterachsantrieb mit Anzugsdrehmomentwerten.

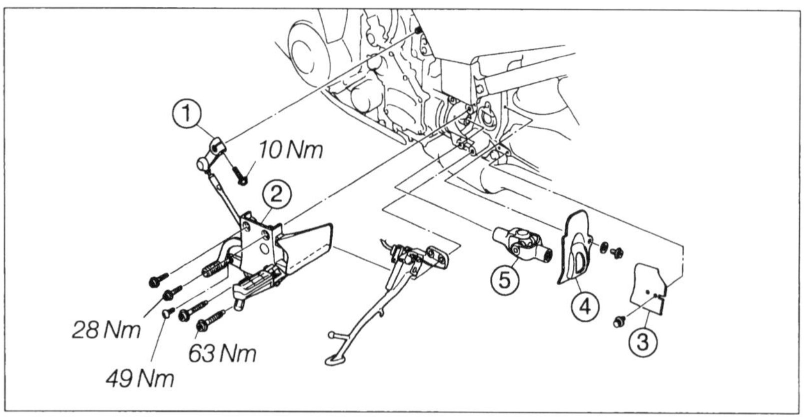

Bild 8: Kreuzgelenk demontieren. Schaltarm (1), Halterung der linken Fußraste (2), Staubschutz (3 und 4), Kreuzgelenk (5).

Hinterradschwinge einbauen

1. Lager, Lagerbuchsen, Distanzstücke und Dichtungen gut mit Wälzlagerfett fetten und der Reihe nach einsetzen (siehe dazu Bild 6).
3. Schwinge von hinten einschieben und Lagerbohrungen in Flucht bringen.
4. Schwingenachse leicht gefettet von links einführen, ganz durchstecken, eindrehen und mit 7 Nm festziehen.
5. Rechte Kontermutter der Schwingenachse aufschrauben (Scheibe unterlegen nicht vergessen!), mit 125 Nm anziehen. Dabei die Schwingenachse unbedingt von links mit dem 19er-Inbusschlüssel gegenhalten, damit sie sich nicht verdrehen kann.
6. Linke Kontermutter der Schwingenachse aufschrauben und mit 115 Nm festziehen.
7. Sicherungsblech aufsetzen, Befestigungsschraube eindrehen (10 Nm).

Nach dem Einbau die Schwinge auf Beweglichkeit nach oben und unten prüfen, restliche Teile in umgekehrter Reihenfolge des Ausbaus einbauen.

Wichtige Anzugsdrehmomente

■ Schwingenachse	7 Nm
■ Schwingenachsmutter (rechts)	125 Nm
■ Sicherungsmutter (links)	115 Nm
■ Hutmuttern auf Stehbolzen Hinterachsgetriebe an Schwinge	42 Nm
■ untere Schrauben der Fußrastenträgerplatte mit Seitenständerhalterung	63 Nm
■ Torxschraube der Fußrastenträgerplatte vorne an Rahmen	49 Nm
■ obere Schrauben der Fußrastenhalteplatte an Rahmen	28 Nm

Motor aus- und einbauen

In diesem Kapitel: Anzugsdrehmomente · Vorbereitende Arbeiten · Motor ausbauen · Motor einbauen · Überholten Motor in Betrieb nehmen.

Der Motor muss ausgebaut werden, wenn tiefgreifende Arbeiten an Kurbelwelle, Pleuel, Kolben, Zylinder, Zylinderkopf mit Ventilen und dem Getriebe nötig sind.

Der Motor kann eingebaut bleiben, wenn Arbeiten an folgenden Baugruppen notwendig werden: Nockenwellen, Motorkühlsystem mit

Schemazeichnung Motorbefestigung

Bild 1: Motorhalterungen schematisch.

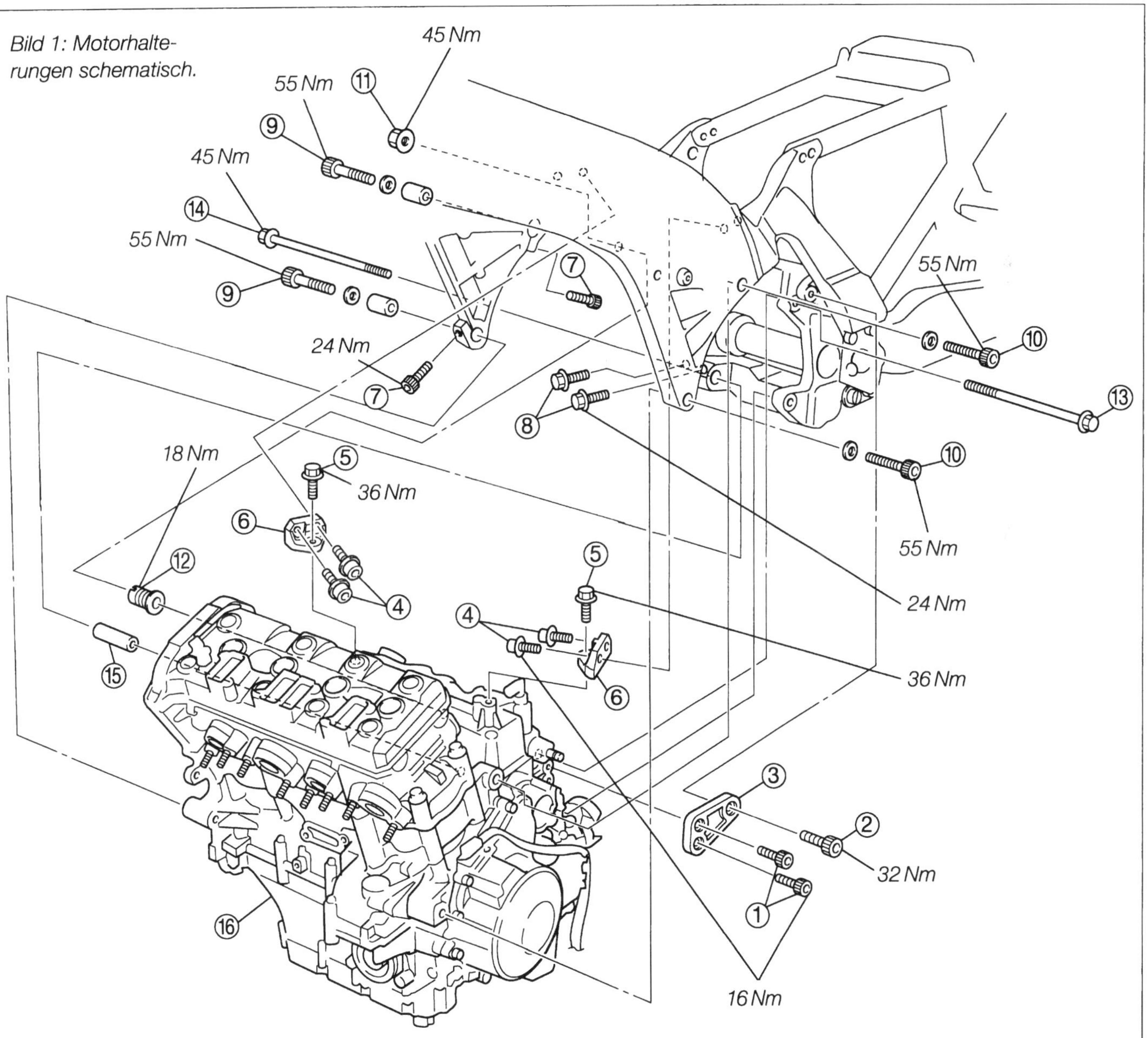

1 Schraube Motorhalterung 1 und Motor
2 Schraube Motorhalterung 1 und Rahmen
3 Motorhalterung 1
4 Schraube Motorhalterung 2 und Rahmen
5 Schraube Motorhalterung 2 u. Motor
6 Motorhalterung 2
7 Klemmschraube
8 Klemmschraube
9 Schraube vorn rechts
10 Schraube oben links
11 Mutter
12 Distanzgewindebuchse
13 Schraube oben hinten
14 Schraube unten hinten
15 Distanzstück
16 Motor

Anzugsdrehmomente

Wasserpumpe, Stromgenerator/Lichtmaschine, Kupplung, Schaltgestänge, Schaltwalze.

Folgende Anzugsdrehmomente sind beim Motoreinbau zu berücksichtigen:

Motoraufhängungsbolzen hinten unten	45 Nm
Motoraufhängungsbolzen hinten oben	45 Nm
Motoraufhängungsbolzen vorn	55 Nm
Schraube und Mutter hinten oben	45 Nm
Distanzschraubbuchse	18 Nm
Klemmschraube	24 Nm
Schraube Motorhalterung 1 und Rahmen	32 Nm
Schraube Motorhalterung 1 und Motor	16 Nm
Schraube Motorhalterung 2 und Rahmen	36 Nm
Schraube Motorhalterung 2 und Motor	16 Nm
Kupplungsgeberzylinder	10 Nm
Fußrastenhalterungen und Rahmen	28 Nm
Seitenständerhalterung und Rahmen	63 Nm

Vorbereitende Arbeiten

Das Motorrad auf Mittelständer aufbocken, damit sicheres Arbeiten gewährleistet ist. Die Verkleidung komplett abbauen, dazu T-Stück, Seitenständer, linke Fußraste samt Halteplatte und Schaltgestänge, Tank, Batterie, Luftfilterkasten, elektrische Leitungen, Stecker der Einspritzventile ausstecken, abschrauben oder abziehen.

Des weiteren Gaszüge aushängen und Drosselklappengehäuse abnehmen, Kühlflüssigkeit ablassen und Kühler abbauen, komplette Auspuffanlage abnehmen, Abschaltventil des Sekundärluftsystems abschrauben, Kupplungsnehmerzylinder ausbauen, alle Kabelstecker trennen – eben alle mechanischen und elektrischen Teile, die Verbindung zu Motor und Fahrwerk besitzen. Je mehr vom Motor ab ist, desto leichter lässt er sich ausbauen.

Motoröl ablassen, Ölfilter abschrauben, diesen entleeren und (wegen drohender Ölsauerei) wieder provisorisch anbringen sowie die Ölablassschraube wieder einschrauben und festziehen

Achtung Sehen Sie noch einmal genau nach, ob wirklich alle Kabelverbindungen getrennt sind. Besonders bei älteren oder umgebauten Maschinen sind die Kabelstecker oft in ganz anderer als der serienmäßigen Lage. Wenn die Kabel mit Kabelbindern befestigt sind, zwicken Sie diese auf und nehmen die Kabel ab. Der Motor muss zum Ausbau komplett frei sein von allen elektrischen Kabelanschlüssen, allen Schlauchleitungen und beiden Gaszügen! Nichts Schlimmeres, als wenn auf halbem Ausbauweg des Motors irgendwo noch ein Kabel fest hängt!

Erst wenn alle (alle!) Teile abgebaut, alle Seilzüge ausgehängt, alle elektrischen Leitungen abgeklemmt und alle Kühlwasserschläuche an ihren Motoranschlüssen abgenommen sind, kommt der eigentliche Ausbau des Motors.

Motor ausbauen

1. Motor mit hydraulischem (und fahrbarem) Wagenheber unterbauen und ganz leicht anheben, um alle Schraubverbindungen während des Ausbaus zu entlasten.

■ Holzstücke und Lappen dazwischen legen, um das Motorgehäuse mit den Klauen des Wagenhebers nicht zu beschädigen.

2. Linke Seite des Motors: Die rahmenseitige und die beiden motorseitigen Halteschrauben der Motorhalterung unter der Schaltwelle lösen und ausdrehen. Halterung abnehmen.

3. Obere hintere Motorhalterungen links und rechts (hinter der Zylinderbank). Die motorseitige

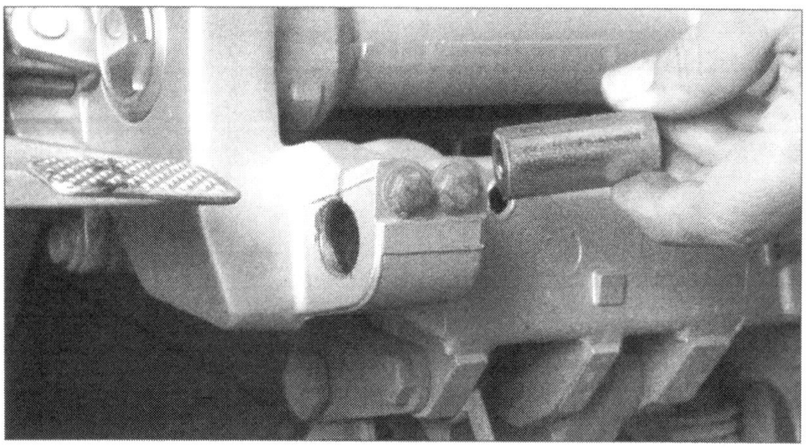

Bild 2: In der Motorhalterung rechts unten sitzt eine Buchse.

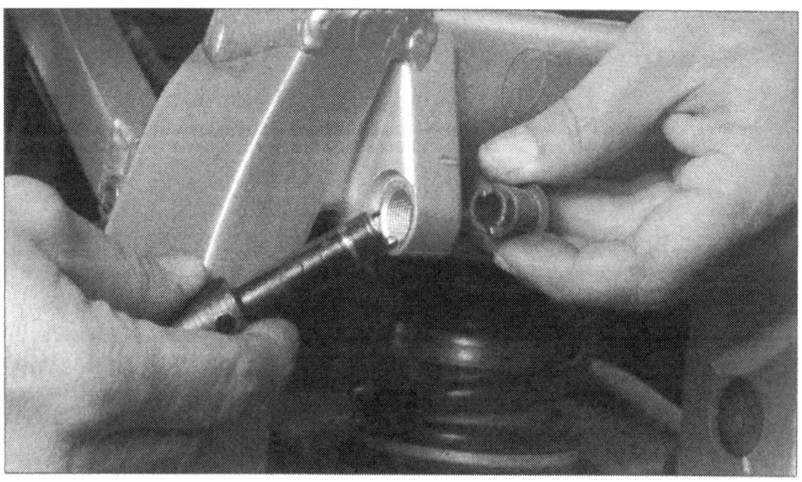

Bild 3: Diese Distanzgewindebuchse wird mit einem Spezialwerkzeug mit 18 Nm gegen den Motor festgezogen.

und die beiden rahmenseitigen Schrauben ausdrehen. Halterungen abnehmen.
4. Rechte Motorseite hinten oben: Die Klemmschraube der hinteren Motoraufhängung lösen.
5. Die beiden Klemmschrauben der oberen Motorhaltebolzen am rechten Rahmenzug lösen.
6. Die beiden Klemmschrauben des hinteren Motorhaltebolzens rechts am Rahmen lösen.
7. Die beiden oberen rechten Motorhaltebolzen vor und hinter dem Zylinderfuß ausdrehen. Buchsen und Unterlegscheiben nicht verlieren!
8. Die beiden oberen rechten Haltebolzen vor und hinter dem Zylinderfuß ausdrehen. Dabei auf Unterlegscheiben achten, nicht verlieren!
9. Die Mutter rechts von Distanzbuchse abdrehen, Distanzbuchse mit Spezialwerkzeug lockern.
10. Den oberen Motorhaltebolzen hinten ausdrehen (linke Seite).
11. Den unteren Motorhaltebolzen hinten ausdrehen (rechte Seite). Dabei auf Distanzhülse achten, nicht verlieren!
12. Den Motor nach unten aus dem Rahmen nehmen und aus dem Kardanantrieb ziehen.

Motor einbauen

Der Motoreinbau erfolgt im Wesentlichen in umgekehrter Reihenfolge des Ausbaus. Der Motor ist dazu auf einem fahrbaren Wagenheber aufgebockt und wird unter den Rahmen in Einbauposition gebracht. Dabei wird der Kardanflansch in seinen Antriebsschacht geschoben. Alle Schrauben werden zuerst eingesteckt und die Muttern nur leicht angedreht.

Die Schrauben in der folgenden Reihenfolge festziehen:
1. Die Motorhaltebolzen vorn links: 55 Nm. Unterlegscheiben nicht vergessen!
2. Motorhaltebolzen hinten unten: 45 Nm.
3. Distanzgewindebuchse mit Spezialwerkzeug »Achsschlüssel« mit 18 Nm gegen das Motorgehäuse anziehen, Mutter darauf: 45 Nm.
4. Motorhaltebolzen vorn rechts: 55 Nm. Buchsen und Unterlegscheiben nicht vergessen!
5. Die drei Klemmschrauben: 24 Nm.

Folgende Teile und Baugruppen müssen noch an- und eingebaut werden:
- Kupplungsdruckzylinder
- komplette Auspuffanlage
- Abschaltventil des Sekundärluftsystems
- komplette Kühleranlage mit Schläuchen und Elektroverbindungen
- komplette Elektrik mit Batterie und allen elektrischen Anschlüssen
- komplettes Drosselklappengehäuse mit Gaszügen, Luftfiltergehäuse, Luftfilter, Leerlaufeinsteller.
- Alle Elektroleitungen und die der Sensoren müssen korrekt verlegt und ihre Stecker sicher zusammengesteckt werden.
- T-Stück, Seitenständer, Schaltgestänge und linke Fußraste samt Halteplatte
- Tank aufbauen, alle Benzinleitungen und Schläuche korrekt verlegen und anschließen.
- Ölfilter anbringen, Ölablassschraube eindrehen, Öl einfüllen (siehe dazu Kapitel »Wartung des Motors«).
- Kühlsystem befüllen (Kapitel »Kühlsystem«).
- Verkleidung anbauen (siehe dazu Kapitel »Einstellungen und Pflege«).

Überholten Motor in Betrieb nehmen
Folgende Kontroll- und Einstellarbeiten sind vor dem ersten Start noch fällig: Leerlaufeinstellung, Gasseilzugspiel, korrekte Verlegung von Kabeln, Seilzügen und Schläuchen.

Ölsteigleitung entlüften: Entlüftungsschraube rechts oben am Zylinderkopf neben der Befestigung des Auspuffkrümmers lockern. Zündspulenstecker abziehen. Motor durchdrehen, bis an der Schraube Öl austritt. Schraube wieder festziehen.

Tipp: Möglicherweise haben die Abgase nach dem Motorstart blaue Färbung. Dies ist auf die Verbrennung des Öls zurückzuführen, das bei der Montage der inneren Motorteile aus Sicherheitsgründen reichlich beigegeben wurde. Kein Grund zur Beunruhigung!

Achtung: Vor Teilnahme am öffentlichen Straßenverkehr alle sicherheitsrelevanten Baugruppen sorgfältig auf Funktion kontrollieren.

Tipp: Neue Motorteile benötigen Einlaufzeit. Deshalb während der ersten 500 km den Motor im mittleren Drehzahlbereich sanft einfahren, nicht im oberen Drehzahlbereich jubeln lassen oder untertourig quälen.

Motor einbauen

Überholten Motor in Betrieb nehmen

Zylinderkopf abbauen

Zylinderkopf

In diesem Kapitel: Zylinderkopf abbauen, prüfen und aufbauen.

Zylinderkopf

Schäden an Zylinderkopf und Ventiltrieb sind bei ordnungsgemäßer Wartung und Pflege der FJR nicht zu erwarten. Sollte es zu einem Schaden an den Nockenwellen und deren Lagerung, den Ventilen und deren Ventilfedern, Führungen und Sitzen kommen, der eine umfangreiche Reparatur des Zylinderkopfs notwendig macht, kann diese nur in einer entsprechend ausgestatteten Fachwerkstatt durchgeführt werden.

Ebenso sollte das Nachfräsen der Ventilsitze bzw. Einschleifen der Ventile einer Fachwerkstatt vorbehalten bleiben, die über entsprechendes Gerät verfügt. Für den Privatmann bedeutet eine derartige Werkstattausrüstung eine zu große Investition. Die Sollmaße für Ein- und Auslass:

- Ventilsitzbreite 0,90 bis 1,10 mm
- Verschleißgrenze 1,60 mm

Weitere Maßangaben für Zylinderkopf und Ventiltrieb finden Sie im Kapitel »Verschleißmaße«. Wir beschreiben nachstehend den Ab- und Aufbau eines Zylinderkopfs. Nötige Ergänzungen, wie z.B. Nockenwellen aus- und einbauen, finden Sie im Kapitel »Ventilspiel einstellen«.

Zylinderkopf abbauen

Motor ausgebauen. Zum Aufbau benötigt man neue Zylinderkopfdichtung, neue Zylinderkopfschrauben mit Unterlagscheiben.

1. Die beiden äußeren Inbusschrauben M6 am Steuerkettenschacht lösen und ausdrehen.

2. Die zehn Schrauben M10 entgegen der Anzugsreihenfolge (siehe Bild 4) zuerst um jeweils eine halbe Umdrehung (180 Grad) lockern, danach in derselben Reihenfolge ausschrauben und mit den Scheiben herausnehmen.

3. Zylinderkopf abnehmen. Wenn die Zylinderkopfdichtung mit den Dichtflächen des Zylinders

Bild 1: Festgebackene Dichtungsreste sauber entfernen. Achtung, die Dichtflächen haben scharfe Kanten, es besteht Verletzungsgefahr für die Finger!

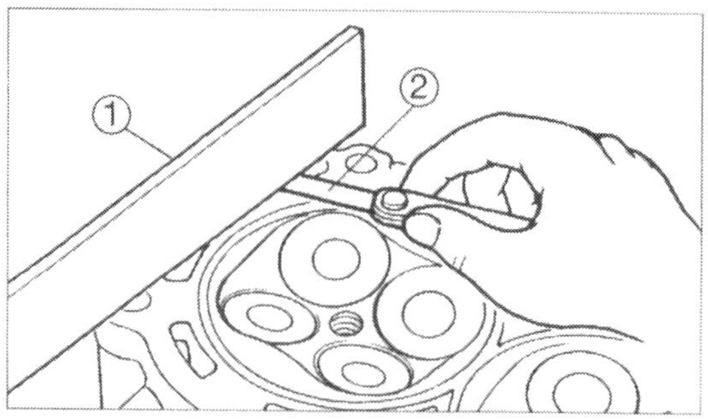

Bild 2 ganz rechts: Dichtfläche des Zylinderkopfs in mehreren Ebenen mit Haarlineal (1) auf Verzug prüfen. Falls ein Lichtspalt sichtbar wird, mit einer Fühlerlehre (2) messen. Der Verzug darf maximal 0,1 mm betragen.

Bild 3: Abgebauter Zylinderkopf von oben. Gut zu sehen sind die acht innen liegenden Sackbohrungen und die beiden außenliegenden Bohrungen der Zylinderkopfschrauben (Kreise).

und des Zylinderkopfs verklebt ist und der Zylinderkopf deswegen nicht leicht abgenommen werden kann, mit einem Plastikhammer leichte, nach oben gerichtete Schlägen auf die Außenseiten des Zylinderkopfs geben. NICHT auf die Kanten der Dichtflächen oder die Nockenwellen-Lagerböcke schlagen!

4. Passstifte und Kopfdichtung abnehmen. Werden die Ventiltassen entnommen, so müssen sie vorher markiert werden, um sie später wieder in dieselbe Einbauposition zu bringen.

5. Dichtflächen von Zylinder und Zylinderkopf gründlichst von alten Dichtungsresten befreien. Dazu einen nicht fusselnden Lappen und Lösungsmittel (Bremsenreiniger) verwenden. Hartnäckige Reste kann man auch per vorne abgerundetem Dichtungsschaber entfernen. Vorsicht! Die Dichtflächen dürfen keine Riefen bekommen.

Zylinderkopf prüfen

- Brennraum von Rußablagerungen befreien und im Bereich der Zündkerzenbohrungen und Ventilsitze auf Risse kontrollieren.
- Dichtfläche des Zylinderkopfes mit Haarlineal auf Verzug prüfen, Verschleißgrenze 0,1 mm. Wenn die Dichtfläche in irgendeine Richtung um mehr als 0,1 mm verzogen ist, den Zylinderkopf in einem Spezialbetrieb planen lassen.
- Steuerkettenspanner und -führung auf Verschleiß und Beschädigungen untersuchen, bei Bedarf ersetzen.
- Bei eingebautem Ventil lässt sich die Dichtheit des Ventilsitzes überprüfen, indem der Zylinderkopf etwas gekippt wird, dass der Ventilteller unten waagerecht steht und dann etwas Kraftstoff in Ein- oder Auslasskanal gegossen wird. Am Ventilsitz darf nichts auslaufen. Schließt ein Ventilsitz nicht einwandfrei ab, muss er nachgearbeitet (»geläppt«) werden.

Zylinderkopf aufbauen

1. Neue Zylinderkopfdichtung trocken auflegen, beide Passhülsen in ihre Bohrungen setzen.

2. Zylinderkopf aufsetzen, Steuerkette durch den Steuerkettenschacht fädeln und oben festbinden.

3. Neue Zylinderkopfschrauben samt neuer Beilagscheiben mit Motoröl bestreichen, eindrehen und handfest anziehen.

4. Steuerkette straff ziehen und durch einen Blick in den Kettenschacht prüfen, ob die Kette auf dem Kurbelwellenritzel richtig sitzt.

5. Steuerkette gestrafft halten, vordere Steuerkettenführung in ihre Nuten setzen. Nun kann die Kette nicht mehr vom Kurbelwellenritzel fallen.

6. Alle M10-Zylinderkopfschrauben in der abgebildeten Reihenfolge (siehe Bild 4) mit 25 Nm festziehen, damit sich die neue Dichtung »setzt«.

7. Alle M10-Zylinderkopfschrauben entgegengesetzt der Anzugsreihenfolge wieder lockern.

8. Alle M10-Zylinderkopfschrauben in der exakten Anzugsreihenfolge mit 25 Nm festziehen.

9. Alle M10-Zylinderkopfschrauben in der abgebildeten Reihenfolge um 180 Grad weiter anziehen. Dafür ein Drehwinkel-Messgerät verwenden. Falls eine der Zylinderkopfschrauben überdreht wurde, eine neue verwenden.

10. Beide M6-Schrauben außen am Steuerkettenschacht eindrehen und mit 10 Nm festziehen.

Zylinderkopf prüfen und aufbauen

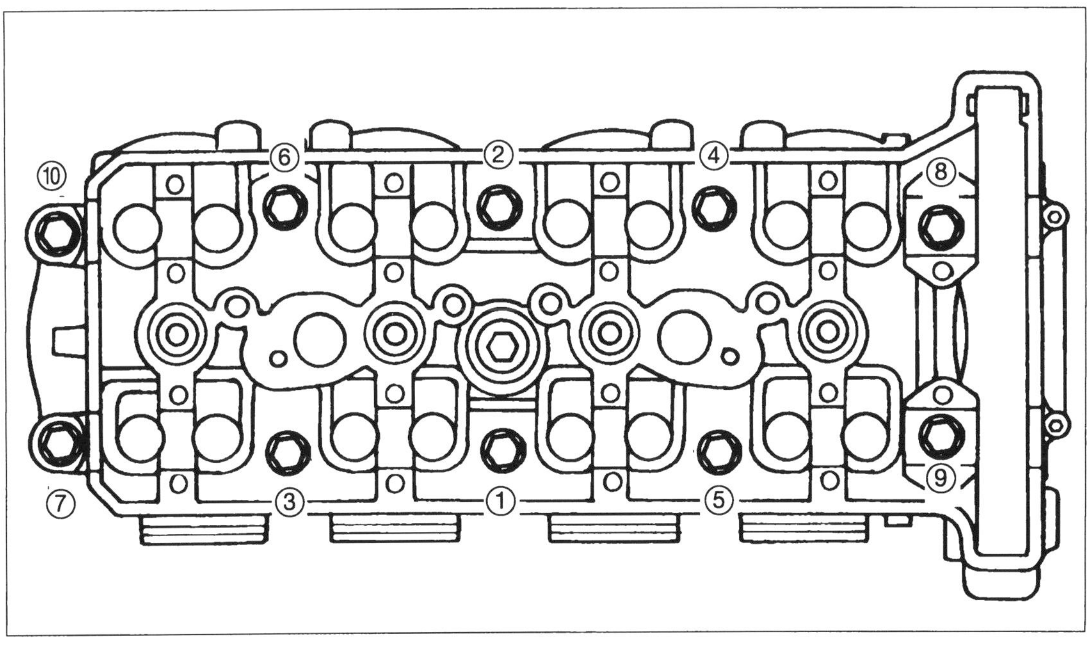

Bild 4: Die Anzugsreihenfolge der Zylinderkopfschrauben M10 beim Anziehen von 1 bis 10 genau befolgen. Beim Lösen in der umgekehrten Reihenfolge vorgehen, also zuerst die Schraube 10 öffnen, zuletzt Schraube 1.

A verstellbare Windschutzscheibe
B Federeinsteller
C Zugstufen-Einsteller
D Lichtmaschinendeckel
E Kraftstoffzufuhrrohr
F Drosselklappengehäuse
G Luftfiltergehäuse
H Kupplungsnehmerzylinder
I Schaltwelle
J Luftfilterdeckel mit Ansaugschnorchel
K Kofferhalterung
L Ablagefach
M ABS-Sensor
N Druckstufen-Einsteller
O Hupe
P Ölkühler
Q Ölstandschauglas
R Ölfilter
S Öleinfüllöffnung
T Schaltgestänge
U Federbeinverstellung
V Sitzbankentriegelung
W Hinterradschwinge mit Kardanwelle
X Kardanöl-Ablassschraube
Y Kardanöl-Einfüllöffnung

Störungssuche

Eigentlich ist die YAMAHA FJR 1300 als äußerst zuverlässiges Bike bekannt. Sollte ein Fehler auftreten, kann der folgende Text helfen, ihn zu lokalisieren. Sorgfältig Punkt für Punkt durchgelesen kann er eine gute Hilfe bei der Störungssuche sein. Wir empfehlen Ihnen, diese Liste ab und zu mal durchzulesen, auch ohne dass Sie ein Defekt am Motorrad dazu zwingt. Sie lernen da-zu und sensibilisieren sich damit für den Fall der Fälle, können bei einem auftretenden Fehler schneller zur »Möglichen Ursache« kommen und dieser dann rasch auf den Grund gehen.

Wenn Sie in den Text einsteigen, werden Sie feststellen, dass sich einige Textpassagen unter »Mögliche Gründe« bei ganz verschiedenen Fehlerursachen wiederholen. Dies hat seinen Grund darin, dass sich mögliche Fehlerquellen verzahnen können und dann eine Negativkette bilden. Beispiel: Wenn ein Motor nach dem Aus- bzw. Wiedereinbau nicht anspringt, kann es durchaus sein, dass folgende Dinge zusammenkommen: Spritleitungen nicht richtig angeschlossen, kein Benzin im Tank und Zündkerzen geben keinen Funken ab, weil die Zündkerzenstecker nicht richtig aufgesteckt sind.

Oder bei einem Fehler in der Motorelektronik kann irgendwo ein Kabel durchgescheuert oder gebrochen sein, das man nicht auf Anhieb sieht. Dann ist der Elektrospezialist gefragt, der alle Kabel und Steckplätze mit seinen Spezialgeräten durchmisst.

Die YAMAHA FJR 1300 verfügt über ein elektronisches Diagnosesystem, das für eine Vielzahl von Defekten entsprechende Signale für den Werkstattservice ausgibt. Die Yamaha-Motorradmechaniker sind speziell geschult und können unter Zuhilfenahme von Spezialwerkzeugen, Prüf- und Diagnosegeräten einen möglichen Fehler finden.

Sollte an Ihrem Motorrad ein Elektro-»Fips« auftauchen, konsultieren Sie bitte zuerst den Yamaha-Händler, bevor Sie zu Elektrozange und Lötkolben greifen und den Kabelbaum bearbeiten. In diesem Sinne: Frohes Fehlersuchen!

Motor

Fehler: Motor wird vom Elektrostarter durchgedreht, springt aber nicht an
Mögliche Ursachen:
falsche Gasdrehgriff-Stellung
kein Kraftstoff im Tank
Kraftstoff verunreinigt/schlechte Qualität
Kraftstoff gelangt nicht zur Einspritzdüse
Einspritzdüse/-filter verstopft
Einspritzdüsennadel hängt
Kraftstoff gelangt nicht in den Ansaugtrakt
Motor mit Kraftstoff überflutet (»ersoffen«)
Kraftstoffpumpe, -druckregler oder -pumpenrelais arbeitet nicht richtig
Kraftstoffschlauch verstopft
kein Funke an den Zündkerzen
Luftfilter zugesetzt
Luftansaugschnorchel verstopft (Lappen beim Putzen darin vergessen?)
Motorelektronik defekt
Kompression zu niedrig: Ventile blasen durch, Zylinderkopfdichtung defekt

Fehler: Motor springt schlecht an, geht sofort wieder aus
Mögliche Ursachen:
Zündanlage arbeitet nicht richtig (Unterspannung)
Zündkerze(n) defekt: falscher Elektrodenabstand, Kerze hat Massenschluss
Einspritzanlage defekt: Motorsteuergerät oder einer der Signal gebenden Sensoren
Kraftstoff verschmutzt, Dreck im Tank, in den Benzinleitungen, im Einspritzsystem
Leerlaufdrehzahl falsch eingestellt
Tankentlüftung verstopft
Falschluft wird angesaugt (z. B. Ansaugstutzen lose)

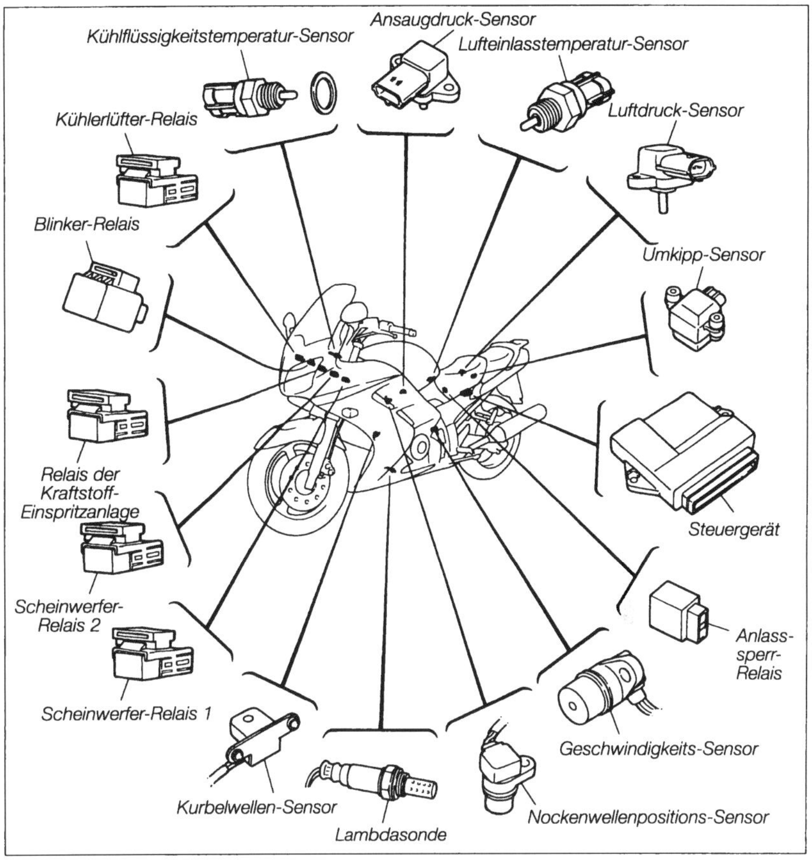

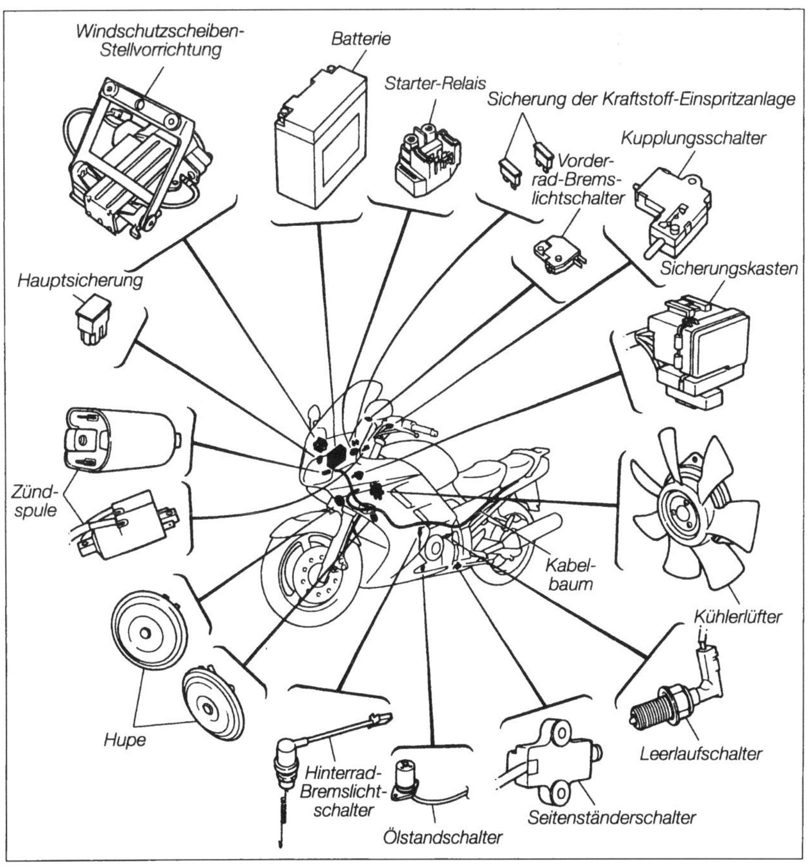

Sichtprüfung Messen

Kühl- und Schmiersystem
- *Motortemperatur zu hoch*
- *Motortemperatur zu niedrig*
- *Kühlsystem leckt*
- *Ölstand zu niedrig, hoher Ölverbrauch*
- *Öl stark verschmutzt oder emulgiert*
- *Öldruck zu niedrig*
- *Öldruck zu hoch*
- *Kein Öldruck*

Fehler: Unrunder Leerlauf
Mögliche Ursachen:
Ventilspiel zu weit oder zu eng
Zündsystem defekt
Zündkerzen defekt: zu geringer oder zu großer Elektrodenabstand, Kerze hat Massenschluss
Motorsteuergerät defekt
Drosselklappen nicht synchron
Leerlauf falsch eingestellt
Kraftstoffpumpe defekt
Kraftstoff verschmutzt, Dreck im Tank, in den Benzinleitungen, im Einspritzsystem

Fehler: Zündaussetzer beim Beschleunigen
Mögliche Ursachen:
falscher Elektrodenabstand der Zündkerzen
Kerzenstecker nicht richtig angebracht
Zündkerzenkabel oder Zündkerzenstecker schlagen durch
Sicherung defekt (Sicherung sieht zwar »ganz« aus, könnte aber Wackelkontakt haben!)
Feuchtigkeit bzw. Kontaktproblem in exponiert liegenden Motorelektrik-Steckverbindungen
Drosselklappen falsch eingestellt

Fehler: Motor patscht, produziert Fehlzündungen
Mögliche Ursachen:
Zündsystem defekt
falscher Elektrodenabstand der Zündkerzen
Sicherung defekt (Sicherung sieht zwar »ganz« aus, könnte aber Wackelkontakt haben)
Drosselklappeneinheit defekt
Luftfilterkastenanschlüsse bzw. Drosselklappengehäuse ziehen Nebenluft (Falschluft)
Ansaugstutzen rissig, gebrochen, lose bzw. nicht richtig befestigt (Falschluft)

Fehler: Geringe Leistung und hoher Verbrauch
Mögliche Ursachen:
Kraftstoffsystem verstopft
Druckregler defekt
Luftfilter verschmutzt
Zündsystem defekt
Motorsteuergerät oder Sensor defekt

Fehler: Motor zieht nicht richtig, wird zu heiß
Mögliche Ursachen:
zu mageres Gemisch: Einspritzdüsen verstopft
Kraftstoffleitung gequetscht, eingeklemmt
Druckverlust im Benzinversorgungssystem
Tankbelüftung verstopft, Belüftungsschlauch eingeklemmt
Druck der Benzinpumpe zu niedrig

Fehler: Motor zieht nicht, raucht aus dem Auspuff
Mögliche Ursachen:
zu fettes Gemisch
Druckregler defekt
Luftfilter verschmutzt

KÜHLSYSTEM

Fehler: Motortemperatur zu hoch
Mögliche Ursachen:
Luft-Kraftstoff-Gemisch zu mager
Falschluftansaugung durch fehlerhafte Ansaugrohrverbindung
Kühlerverschlussdeckel defekt
zu wenig Kühlmittel im System
Leitungen im Kühlsystem verstopft
Luft im System
Wasserpumpe defekt
Thermostat hängt in geschlossener Stellung
Kühlmitteltemperatur-Sensor oder Temperaturanzeige defekt
Kühlerlüftermotor defekt
Lüfterrelais defekt
zu wenig Öl im Motor
Ölpumpe defekt oder Ölkreislauf verstopft
übermäßige Ölkohleablagerung im Brennraum

Fehler: Motortemperatur zu niedrig
Mögliche Ursachen:
Temperaturanzeige oder Kühlmitteltemperatur-Sensor defekt
Lüfterrelais defekt
Thermostat hängt in geöffnetem Zustand

Fehler: Kühlsystem leckt
Mögliche Ursachen:
Wasserpumpe oder Gleitringdichtung defekt
O-Ringe oder Dichtung schadhaft
Schlauchverbinder oder Schlauchklemme gelockert
Kühlerschlauch schadhaft
Kühlerverschlussdeckel defekt
Zylinderkopfdichtung defekt

SCHMIERSYSTEM

Fehler: Ölstand zu niedrig, hoher Ölverbrauch
Mögliche Ursachen:
zu wenig Öl im Motor
Öl läuft aus, Dichtungen lassen durch
Zylinder, Kolbenringe oder Ölabstreifringe verschlissen, gebrochen oder falsch eingebaut
Öl wird durch Überdruck im Motorgehäuse aus Entlüftung herausgedrückt: verschlissene Kolbenringe oder Ventilführungen

Fehler: Öl stark verschmutzt oder emulgiert
Mögliche Ursachen:
Öl oder Ölfilter nicht rechtzeitig gewechselt
Zylinderkopfdichtung schadhaft
Kolbenringe verschlissen
Ventilführungen oder Ventilschaftdichtungen verschlissen
Kühlwasser im Öl: Leck im Kühlsystem

Fehler: Öldruck zu niedrig
Mögliche Ursachen:
Ölstand zu niedrig
zu wenig oder falsches Öl im Motor
Ölleitung/Ölsieb verstopft
internes Ölleck
Ölpumpe beschädigt

Fehler: Öldruck zu hoch
Mögliche Ursachen:
Ölfilter verstopft
Ölkreislauf verstopft
Öldruckregler geschlossen oder festgeklemmt
falsche Ölviskosität (zu dickes Öl)

Fehler: Kein Öldruck
Mögliche Ursachen:
Ölstand zu niedrig
Ölpumpe defekt
motorinternes Ölleck
Überdruckventil in geöffnetem Zustand festgeklemmt
Ölpumpen-Antriebskette gerissen
Ölpumpen-Antriebs- oder Abtriebsrad defekt

ZYLINDER, KOLBEN, ZYLINDERKOPF UND VENTILE

Fehler: Zu niedrige oder ungleichmäßige Kompression, schlechtes Anspringen oder geringe Leistung bei niedrigen Drehzahlen
Mögliche Ursachen:
Ventile falsch eingestellt (zu wenig Spiel)
Ventilsitze verbrannt, Ventil verbogen oder sitzt fest
falsche Ventilsteuerzeiten (meistens ein Montagefehler)
Ventilfeder(n) gebrochen
Zylinderkopfdichtung undicht oder beschädigt
Zylinderkopf verzogen oder gerissen
Ventilsitz(e) undicht oder Ventilführung(en) ausgeschlagen
Zylinder oder Kolben verschlissen
Kolbenringe verklebt, verschlissen, gebrochen
Nockenwelle defekt oder abgenutzt
Steuerkette zu locker oder verschlissen
Steuerkettenspanner verschlissen oder defekt
Nockenwellen-Zahnräder verschlissen

Fehler: Zu hohe Kompression, Überhitzen oder Klopfen
Mögliche Ursachen:
übermäßige Ölkohleablagerung an der Kolbenoberseite oder im Brennraum

Fehler: Starke Geräuschentwicklung
Mögliche Ursachen:
Ventile falsch eingestellt (meist zu viel Spiel)
klemmende(s) Ventil(e), gebrochene Ventilfeder(n)
Nockenwellen oder Tassenstößel beschädigt
Zähne an einem Nockenwellenrad verschlissen
Steuerkette zu locker oder verschlissen
Steuerkettenspanner beschädigt oder verschlissen
Zylinder oder Kolben verschlissen
Kolben gebrochen
Kolbenbolzen oder Kolbenbolzenbohrung verschlissen
Pleuelkopf- oder -fuß verschlissen, Pleuel verbogen
Kurbelwellenhaupt- oder Getriebelager verschlissen

Fehler: Starke Rauchentwicklung
Mögliche Ursachen:
Zylinder oder Kolben verschlissen
Kolbenring(e) verschlissen, gebrochen oder falsch montiert
Ölabstreifring(e) gebrochen, keine Spannung mehr, falsch montiert
Kolben oder Zylinderwand mit Riefen oder Schrammen
Ventilführungen oder Ventilschäfte abgenutzt
Ventilschaftdichtung(en) defekt

Fehler: Motor überhitzt
Mögliche Ursachen:
übermäßige Ölkohleablagerung im Brennraum
zu wenig Öl im Motor
zu wenig Kühlflüssigkeit, Kühler verdreckt

Kraftübertragung

KUPPLUNG

Fehler: Kupplung rutscht beim Beschleunigen
Mögliche Ursachen:
Graphit- oder Molybdänzusatz im Getriebeöl
Kupplungsbeläge verschlissen, abgenutzt, ausgebrochen

Zylinder, Kolben, Zylinderkopf und Ventile
- *Zu niedrige oder ungleichmäßige Kompression, schlechtes Anspringen oder geringe Leistung bei niedrigen Drehzahlen*
- *Zu hohe Kompression, Überhitzen oder Klopfen*
- *Starke Geräuschentwicklung*
- *Starke Rauchentwicklung*
- *Motor überhitzt*

Kraftübertragung
Kupplung
- *Kupplung rutscht beim Beschleunigen*
- *Kupplung rückt nicht aus*
- *Kupplung rupft*
- *Kupplung verlangt übermäßig starke Handkraft*

Kupplungsfeder ermüdet
Kupplungs-Stahlscheibe(n) verzogen oder verschlissen

Fehler: Kupplung rückt nicht aus
Mögliche Ursachen:
Luft in der Kupplungsleitung
Kupplungshebel verbogen, falsch eingestellt (zu geringer Hebelweg)
Kupplungsscheibe(n) verzogen
Kupplungsnabenmutter locker
Ausrückmechanismus defekt
Kupplungsausrücker falsch eingesetzt
zu hoher Ölstand
falsche Ölviskosität (zu dickes Öl)

Fehler: Kupplung rupft
Mögliche Ursachen:
Verzahnung der Kupplungsscheiben auf der Kupplungsnabe oder im Kupplungskorb eingeschlagen

Fehler: Kupplung verlangt übermäßig starke Handkraft
Mögliche Ursachen:
Kupplungsleitung geknickt oder abgequetscht
Kupplungshebellager am Handgriff gefressen, verdreckt, beschädigt
Kupplungshebel oder Aufnahme verbogen (Sturz- oder Umfall-Folgeschaden)
Kupplungsdruckstange verbogen, defekt
Kupplungsdrucklager defekt

Getriebe und Schaltung
■ *Getriebe schwer schaltbar*
■ *Schalthebel hängt*
■ *Gänge springen heraus*

GETRIEBE UND SCHALTUNG

Fehler: Getriebe schwer schaltbar
Mögliche Ursachen:
Luft in der Kupplungsleitung
zu wenig Öl im Motor
falsche Ölviskosität
Schaltgabeln, Schaltgabel oder Schaltwelle verbogen
Schaltwelle beschädigt/klemmt
Schaltwalze beschädigt
Halteplattenschraube locker
Halteplatte oder Schaltkrone beschädigt

Fehler: Schalthebel hängt
Mögliche Ursachen:
Rückholfeder an Schaltwelle gebrochen
Schaltwelle schwergängig, gefressen, geklemmt

Fehler: Gänge springen heraus
Mögliche Ursachen:
Schaltgabeln verschlissen oder verbogen
Schaltanschlagfeder ermüdet oder gebrochen
Klauen an den Zahnrädern abgenutzt
Lager der Getriebeabtriebs- oder Getriebeeingangswelle defekt
Schaltwelle klemmt im Lagersitz
Schaltwalzen-Arretierhebel abgenutzt/verbogen
Halteplattenschraube locker
Schaltstange verbogen
Profil des Schaltwalzenkranzes beschädigt

Hinterradantrieb
■ *Motorrad ruckelt bei langsamer Fahrt, unregelmäßiges Geräusch des Hinterradantriebs*
■ *Motorrad schiebt sich schwer, dabei knackendes Geräusch*

HINTERRAD-ANTRIEB

Fehler: Motorrad ruckelt bei langsamer Fahrt, unregelmäßiges Geräusch des Hinterradantriebs
Mögliche Ursachen:
Zu großes Spiel im Antriebsstrang
Getriebeausgangslager ausgeschlagen
Ruckdämpfer im Endantrieb verschlissen
Hinterachsantrieb defekt: Verzahnung gebrochen, Lager defekt
Kardanagelenke defekt

Fehler: Motorrad schiebt sich schwer, dabei knackendes Geräusch
Mögliche Ursachen:
Getriebeabtriebs-Lager defekt
Radlager defekt, Räder lose
Achse vorne falsch angezogen, Achsdistanzen falsch eingebaut oder vergessen
Bremsen defekt: Bremskolben festgefressen, Bremsbeläge in den Bremszangen nicht freigängig

Fahrwerk
Lenkung und Frontpartie
■ *Lenkung schwergängig*
■ *Motorrad zieht nach einer Seite*
■ *Vorderrad flattert*

Fahrwerk

LENKUNG UND FRONTPARTIE

Fehler: Lenkung schwergängig
Mögliche Ursachen:
Bowdenzüge oder Kabel falsch verlegt
starke Verschmutzung der unteren Gabelbrücke; im Bereich des Lenkkopflagers
Fremdteile im Bereich Gabel, Gabelbrücken, Verkleidung
Lenkkopfmutter(n) zu fest angezogen
Lenkkopflager schadhaft, z. B. Lagerrollen in Sitz eingeschlagen oder gebrochen
Reifenluftdruck zu niedrig
Zubehörteil Lenkungsdämpfer klemmt

Fremdteile im Bereich Gabel, Gabelbrücken, Verkleidung und Verkleidungshalter (z. B. Lappen beim Putzen hier vergessen!)

Fehler: Motorrad zieht nach einer Seite
Mögliche Ursachen:
Gabelbeine verzogen/ungleich eingestellt
Standrohr(e) oder Tauchrohr(e) verbogen
Vorderachse verbogen
Rad falsch eingebaut
Lenkkopflager defekt
Rahmen verzogen
Radlager ausgeschlagen
Schwingenlagerbauteile verschlissen
Hinterrad läuft aus der Spur

Fehler: Vorderrad flattert
Mögliche Ursachen:
Rad verzogen, hat zu viel Seitenschlag (»eiert«)
Vorderradlager ausgeschlagen, defekt (Kugeln gebrochen)
Reifen falsch montiert, sitzt nicht richtig in der Felge (»eiert«)
Reifen defekt oder unwuchtig
Tauchrohre der Gabel verklemmt, Gabel kann nicht federn
Achse und/oder Klemmschrauben lose

TELEGABEL UND FEDERUNG

Fehler: Federung zu weich
Mögliche Ursachen:
Gabelfedern ermüdet
zu wenig Gabelöl/falsche Viskosität (zu dünnes Öl)
zu geringer Reifendruck

Fehler: Federung zu hart
Mögliche Ursachen:
Gabelbeine verbogen/verzogen (deutet auf Unfall/Sturz hin)
zu viel Gabelöl/falsche Viskosität (zu dickes Öl)
Gabelölkanal verstopft
zu hoher Reifendruck

Fehler: Geräusche beim Einfedern
Mögliche Ursachen:
Bowdenzug knarzt an einer Kante (falsch verlegt)
Gleitrohre oder Führungsbuchsen abgenutzt
zu wenig Gabelöl
Vorderradgabel-Anbauteile lose: Gabelbrücken, Kotflügel, Vorderachse
Gabelinnereien lose, gebrochen
Stoßdämpferbefestigung lose/ausgeschlagen

RÄDER

Fehler: Trommeln oder seitliches Flattern des Rades
Mögliche Ursachen:
Felge verzogen, starker Seitenschlag (»eiert«)
Reifen defekt oder unwuchtig
zu geringer Reifendruck
Reifen sitzt nicht richtig in der Felge
Radschrauben und Muttern lose
Radlager lose, Lager gebrochen, Lagersitz ausgeschlagen
Schwingenlagerung lose, zu viel Axial- oder Radialspiel, Lager defekt

Fehler: Hinterrad läuft aus der Spur
Mögliche Ursachen:
Hinterachse verbogen

Fehler: Rad schwergängig
Mögliche Ursachen:
Radlager defekt
Achse verbogen
Bremse schleift

VORDERRADBREMSE

Fehler: Schlechte Bremsleistung
Mögliche Ursachen:
ABS-System defekt
Luft im Hydrauliksystem
Hydrauliksystem undicht
Kolben in den Bremszangen schwergängig
Bremskolben-Dichtringe in den Bremszangen gebrochen, gequollen, verschlissen
Bremsklötze abgenutzt, verschmutzt, verglast
Bremsscheiben verschmutzt oder riefig
Bremsscheiben »geschirmt« (durch Überhitzung tellerförmig aufgeworfen)
Bremsscheiben wegen undichtem Radlager-Simmerring verölt

Fehler: Bremshebel wippt, pumpt, pulsiert (»Bremse rubbelt«)
Mögliche Ursachen:
Bremsscheibe hat zu viel Seitenschlag (»eiert«)
Bremsscheibe unterschiedlich dick (ab 2/100 mm sind Probleme zu erwarten)
Bremsscheibe gerissen
Bremsscheiben-Befestigungsschrauben lose
Verbindung von Bremsscheibe zur Radaufnahme lose, gebrochen oder festgefressen

Fehler: Nachlassende Bremswirkung unter starker Belastung (z. B. bei Passabfahrten),

Räder
■ *Trommeln oder seitliches Flattern des Rades*
■ *Hinterrad läuft aus der Spur*
■ *Rad schwergängig*

Vorderradbremse
■ *Schlechte Bremsleistung*
■ *Bremshebel wippt, pumpt, pulsiert (»Bremse rubbelt«)*
■ *Nachlassende Bremswirkung unter starker Belastung (z. B. bei Passabfahrten), Hebelweg wird länger, Bremse wird »teigig«*
■ *Bremse schleift*

Telegabel und Federung
■ *Federung zu weich*
■ *Federung zu hart*
■ *Geräusche beim Einfedern*

Hinterradaufhängung und Federung
- *Federung zu weich*
- *Federung zu hart*
- *Geräusche beim Einfedern (Knacken)*

Hinterradbremse
- *Bremshebel wippt, pumpt, pulsiert (»Bremse rubbelt«)*
- *Bremse quietscht, hat zu wenig Bremsleistung*
- *Bremse schleift*

Elektrik
Batterie und Ladesystem
- *Kein Strom trotz eingeschalteter Zündung*
- *Schwacher Strom bei eingeschalteter Zündung, Anlasser dreht nur langsam durch, Motor springt nicht an*
- *Schwacher Strom bei laufendem Motor*
- *Zeitweilig aussetzender Strom*
- *Störung im Ladekreis*

Hebelweg wird länger, Bremse wird »teigig«
Mögliche Ursachen:
Bremsflüssigkeit überaltert, sie »kocht sich auf«
Bremsbeläge schräg/total abgenutzt
Bremsbeläge ausgebrochen, von der Trägerplatte gerissen

Fehler: Bremse schleift
Mögliche Ursachen:
Bremsbelag/Bremsscheibe verschmutzt
Bremsschlauchanschluss/Hydrauliksystem verstopft
Bremsscheibe verzogen/verformt
Bremsbelag nicht freigängig
Kolben abgenutzt/hängt im Bremssattel

HINTERRADBREMSE

Fehler: Bremshebel wippt, pumpt, pulsiert (»Bremse rubbelt«)
Mögliche Ursachen:
Bremsscheibe verzogen
Bremsscheibe gebrochen, gerissen
Bremsscheibe überhitzt: Oberfläche punktuell blau, blanke Flecken mit zerrissenen Rändern
Bremsscheibe lose
Bremsbelag gebrochen, ausgebrochen
Bremsbelag verglast (Überhitzung)
Bremsbelag falsch, Trägerplatte zu klein, zu viel Spiel im Bremssattel

Fehler: Bremse quietscht, zu wenig Bremsleistung
Mögliche Ursachen:
Bremsbeläge verölt, verglast oder abgenutzt
Bremsbeläge im Bremssattel fest: verschmutzt, falsche Beläge mit zu großer Trägerplatte
Bremsbelagplatte zu groß, zu wenig Seitenspiel
Bremskolben im Bremssattel festgefressen
Bremskolben-Dichtringe in den Bremszangen gebrochen, gequollen, verschlissen

Fehler: Bremse schleift
Mögliche Ursachen:
Rad nicht korrekt ausgerichtet
Bremssattel gleitet nicht richtig
weitere Punkte siehe Vorderradbremse

HINTERRADAUFHÄNGUNG UND FEDERUNG

Fehler: Federung zu weich
Mögliche Ursachen:
Feder ermüdet
Federvorspannung falsch eingestellt (Einstellmuttern zu weit herausgedreht)
Dämpferzugstufe zu weich eingestellt
Dämpfereinheit undicht (Ölleck)
Reifendruck zu niedrig

Fehler: Federung zu hart
Mögliche Ursachen:
Federvorspannung falsch eingestellt
(Einstellmuttern zu weit hineingedreht)
Dämpferzugstufe zu hart eingestellt
Stoßdämpferlager defekt
Stoßdämpferstange verbogen
Schwingenlager defekt, Lager festgefressen
Schwingenanlenkung verbogen
Umlenkhebellagerung korrodiert, Lager defekt
Reifendruck zu hoch

Fehler: Geräusche beim Einfedern (Knacken)
Mögliche Ursachen:
Schwingenlager defekt oder falsch angezogen
Bolzen der Federbeinaufhängung lose
Schmutz, Korrosion in den Lagerstellen der Hinterradfederung und unterer Umlenkung
Teile der Hinterradfederung lose
Feder gebrochen, Windungen zueinander verschoben, reibt am Dämpfergehäuse

Elektrik

BATTERIE UND LADESYSTEM

Fehler: Kein Strom trotz eingeschalteter Zündung
Mögliche Ursachen:
Batterie leer oder altersbedingt funktionsunfähig (ab zwei Jahre Nutzungsdauer droht Totalzusammenbruch)
spezifische Säuredichte zu gering
Plus- oder Minuskabel lose/nicht an die Batteriepole angeschlossen
Massekabel gebrochen/hat keine zuverlässige Masseverbindung (»schlechter Kontakt«)
Kontakte der Steckverbindungen korrodiert
Hauptsicherung durchgebrannt, gebrochen, Kontaktflächen korrodiert
Störung im Ladekreis
Zündschalter (Zündschloss) defekt

Fehler: Schwacher Strom bei eingeschalteter Zündung, Anlasser dreht nur langsam durch, Motor springt nicht an
Mögliche Ursachen:
Batterie leer, zu niedrige Spannung (nicht aufgeladen)
spezifische Säuredichte zu gering
Störung im Ladesystem
Batterieanschlüsse lose

Fehler: Schwacher Strom bei laufendem Motor
Mögliche Ursachen:
Batterie unzureichend geladen
Batterie hat eine oder mehrere »tote« Zellen
Störung im Ladekreis

Fehler: Zeitweilig aussetzender Strom
Mögliche Ursachen:
lose Kabelanschlüsse (»Wackelkontakte«)
Sicherung(en) defekt
Kurzschluss in der Anlage: Kabelbaum
Stecker um Stecker trennen, bis entsprechender Kabelbaumabschnitt lokalisiert ist (diese Arbeit muss ein Elektrofachmann durchführen!)

Fehler: Störung im Ladekreis
Mögliche Ursachen:
Kabel oder Anschlüsse lose, gerissen oder kurzgeschlossen (Isolation durchgescheuert)
Regler oder Generator defekt

ZÜNDSYSTEM

Fehler: Motor wird durchgedreht und springt nicht an
Mögliche Ursachen:
kein Funke an den Zündkerzen
Zündspule defekt
Motorsteuergerät defekt

Fehler: Kein Funke an den Zündkerzen
Mögliche Ursachen:
Motorabstellschalter auf »Off«/defekt
Stromkreisunterbrechung bzw. Kontaktmangel durch schlecht angeschlossene(s) oder gerissene(s) Kabel
Spitzenspannungsadapter/Anschluss defekt
Zündimpulsgenerator defekt
Zündschloss defekt
Seitenständerschalter defekt
Zündspule defekt
Batterie nicht ausreichend geladen

Fehler: Motor springt zwar an, läuft aber stotternd oder dreht nicht hoch
Mögliche Ursachen:
Zündkerzen-Elektrodenabstand zu groß
Zündkerzen verrußt oder verölt (»nass«)
Zündkerzenstecker lose, Zündkerze nicht richtig festgezogen
Zündspule oder Zündkerze(n) defekt
Stromkreisunterbrechung oder Kurzschluss
loses oder blankes Kabel im Kabelbaum
Wackelkontakt, loses Kabel in einem Schalter
Zündkabel defekt
falscher Zündzeitpunkt
Motorsteuergerät oder einer der signalgebenden Sensoren defekt
Defekt im Kraftstoffsystem (siehe oben)

STARTER

Fehler: Startermotor dreht sich nicht
Mögliche Ursachen:
Batterie entladen (»schwach«) oder defekt
Zündschalter (»Starterknopf«) defekt, Kontaktschwäche im Gehäuse oder im Kabelbaum
Motorabstellschalter auf »Off«
Sicherung durchgebrannt
Starterrelais defekt
Stromkreisunterbrechung/Kontaktschwäche durch loses oder abgetrenntes Kabel
Fehler in der Kraftstoffeinspritzung/Zündung, der das Steuergerät veranlasst, den Motor abzuschalten

Fehler: Startermotor dreht den Motor nur langsam durch
Mögliche Ursachen:
zu schwache Batterie
Batterie-/Starterkabel schlecht angeschlossen
Startermotor klemmt, defekt

Fehler: Startermotor läuft, ohne den Motor durchzudrehen
Mögliche Ursachen:
Starterkupplung defekt
Zahnräder des Startermotors/Einrückritzels defekt
Startermotor läuft rückwärts: Gehäuse falsch zusammengebaut oder Klemmen falsch angeschlosssen

Fehler: Starterrelais »klickt«, Anlasser dreht aber den Motor nicht durch
Mögliche Ursachen:
zu schwache Batterie
Anlasser schlecht angeschlossen/defekt
Starterrelais defekt
Kurbelwelle dreht sich nicht wg. Motorproblemen

Starter
- *Startermotor dreht sich nicht*
- *Startermotor dreht den Motor nur langsam durch*
- *Startermotor läuft, ohne den Motor durchzudrehen*
- *Starterrelaisschalter »klickt«, Starter dreht den Motor aber nicht durch*

Zündsystem
- *Motor wird durchgedreht und springt nicht an*
- *Kein Funke an den Zündkerzen*
- *Motor springt zwar an, läuft aber stotternd oder dreht nicht hoch*

Technische Daten YAMAHA FJR 1300, FJR 1300 A

Bild 1: Das erste Modell der FJR 1300 ohne ABS aus dem Modelljahr 2001.

Bild 2: Die FJR 1300 A mit ABS kam zum Modelljahr 2003 auf den Markt. Sie ist erkennbar an der geschlossenen ABS-Sensorträgerplatte in der Vorderradnabe (Pfeil).

MOTOR

Leistung .... 145 PS (106 kW) bei 8500/min
maximales Drehmoment .... 134 Nm bei 7000/min
Bauart: Vierzylinder-Viertakt-Reihenmotor, flüssigkeitsgekühlt, quer zur Fahrtrichtung eingebaut. Einteilige, geschmiedete Kurbelwelle. Elektrostarter. Zylindernummerierung in Fahrtrichtung von links nach rechts
Bohrung x Hub .... 79,0 x 66,2 mm
Hubraum .... 1298 cm^3
Verdichtung 10,8:1
Gemischaufbereitung: elektronische Einspritzanlage, Saugrohrdurchmesser 42 mm, Trockenfilter
Gassteuerung: 4 Ventile pro Zylinder, über zwei oben liegende, kettengetriebene Nockenwellen und Tassenstößel mit innen liegenden Einstellplättchen (Shims) betätigt.
Steuerzeiten:
Einlass öffnet .... 30 Grad vor OT
Einlass schließt .... 50 Grad nach UT
Auslass öffnet .... 55 Grad vor UT
Auslass schließt .... 25 Grad nach OT
Auspuffanlage .... 4-in-2-Auspuff mit Dreiwege-Katalysator
Leerlaufdrehzahl .... 1000 bis 1100/min

KUPPLUNG, GETRIEBE, ENDANTRIEB

Primärantrieb: gerade verzahnte Zahnräder mit verspanntem Hilfszahnrad, Z 75/48, i_{prim} = 1: 563
Kupplung: Mehrscheibenkupplung im Ölbad, hydraulisch betätigt
Getriebe: klauengeschaltetes 5-Gang-Getriebe
Gangabstufungen:
1. Gang .... Z 43/17 (i = 2,529)
2. Gang .... Z 39/22 (i = 1,773)
3. Gang .... Z 31/23 (i = 1,348)
4. Gang .... Z 28/26 (i = 1,077)
5. Gang .... Z 26/28 (i = 0,929)

Endantrieb: Kardanantrieb mit Winkeltrieb am Getriebeausgang, Zahnräder Z 35/36 x Z 21/27 x Z 33/9, i_{prim} = 2,773

FAHRWERK

Rahmen: gegossener Alurahmen, unten offen, Heckrahmen aus Alu-Vierkantrohren angeschraubt
Vorderradaufhängung: hydraulisch gedämpfte Teleskopgabel, Standrohrdurchmesser 48 mm. Federvorspannung, Zug- und Druckstufendämpfung einstellbar.
Radfederweg vorn .... 135 mm
Hinterradaufhängung: gegossene Zweiarmschwinge, ein über Umlenkhebel betätigtes Gasdruckfederbein mit zwei Federn, Federvorspannung über außenliegenden Hebel einstellbar, Zugstufendämpfung über Einstellrad auf der Kolbendruckstange 20-fach einstellbar
Radfederweg hinten .... 125 mm

RÄDER, REIFEN, BREMSEN

Räder: hohl gegossene Leichtmetallräder mit drei Speichen
vorne .... 17M/C x MT3,50
hinten .... 17M/C x MT5,50
Reifengrößen
vorne .... 120/70ZR17M/C (58 W)
hinten .... 180/55ZR17M/C (73 W)
Serienmäßig montierte Reifen (schlauchlos)
vorne .... Metzeler MEZ4B Front
hinten .... Metzeler MEZ4J
oder:
vorne .... Bridgestone BT020F N
hinten .... Bridgestone BT020R N
Luftdruck bis 90 kg Zuladung
vorne und hinten .... 2,5 bar
Luftdruck bei mehr als 90 kg bis maximale Zuladung oder bei Solo-Hochgeschwindigkeitsfahrt
vorne .... 2,5 bar
hinten .... 2,9 bar
(Luftdruckangaben gelten für kalte Reifen)
Bremsen
vorne: Doppelscheibenbremse gelocht, Ø 298 mm, zwei Vierkolben-Bremssättel
hinten: Scheibenbremse, gelocht, Ø 282 mm, Einkolben-Bremssattel, schwimmend gelagert

■ **Modell FJR 1300 A:** vorne Ø 320 mm, Antiblockiersystem

ABMESSUNGEN UND GEWICHTE

Länge/Breite/Höhe über alles .... 2195/760/1420 mm

Modell FJR 1300 A:
Höhe über alles .... 1435 mm

Radstand .... 1515 mm
Lenkkopfwinkel .... 64 Grad
Nachlauf .... 109 mm
Sitzhöhe .... 805 mm
Bodenfreiheit .... 135 mm
Wendekreis .... 3100 mm
Leergewicht .... 237 kg
fahrfertig voll getankt .... 268 kg
maximale Zuladung .... 208 kg
zulässiges Gesamtgewicht .... 476 kg

Modell FJR 1300 A:
Leergewicht .... 251 kg
fahrfertig voll getankt .... 282 kg
maximale Zuladung .... 194 kg

ELEKTRISCHE ANLAGE

Anlasser: Permanenteingriff, Leistung 800 W
Zündung: digitale Transistor-Kennfeldzündung
Zündzeitpunkt: 5 Grad vor OT bei 1050/min
Zündkerzen: NGK CR8E oder Denso U24ESR-N
Batterie: 12 V, 12 Ah
Lichtmaschine: Drehstromgenerator mit Permanentmagnet, Leistung 490 Watt bei 5000/min

FÜLLMENGEN

Motoröl (SAE 20W40SE, SAE 10W40SE)
bei Ölwechsel ohne Filterwechsel .... 3,8 Liter
bei Ölwechsel mit Filterwechsel .... 4,0 Liter
bei Neubefüllung nach Zerlegung des Motors .... 4,9 Liter
Achsantriebsöl .... 0,2 Liter
Kühlmittel
Kühler .... 3,2 Liter
Ausgleichsbehälter .... 0,485 Liter
Volumen zwischen Minimal- und Maximalpegel .... 0,15 Liter

Modell FJR 1300 A:
Kühler .... 3,3 Liter
Ausgleichsbehälter .... 0,25 Liter

Kraftstoff (Normalbenzin bleifrei)
Kraftstofftank 25 Liter, davon 5 Liter Reserve

Wartungsdaten und Verschleißmaße

TELEGABEL

Federlänge entspannt .... 270 mm
Verschleißgrenze .... 264,6 mm
Einbaulänge .... 258,0 mm
Länge der Federvorspannhülse .... 143,5 mm
Federhärte .... 7,35 N/mm
Federweg .... 135 mm
Gabelöl-Typ .... Yamaha »Typ 01« oder gleichwertig
Gabelöl-Füllmenge .... 700 cm³
Gabelöl-Füllhöhe (Maß ab Oberkante Standrohr, Gabelrohre ganz zusammengeschoben, ohne Feder) .... 79 mm
Einstellungen Federvorspannung
(ausgehend von der ganz eingedrehten Position)
weich .... 6 Ringe sichtbar
normal .... 3 Ringe sichtbar
hart .... 1 Ring sichtbar
Einstellungen Zugstufendämpfung
(ausgehend von der ganz eingedrehten Position)
weich .... 17 Klicks aufgedreht
normal .... 12 Klicks aufgedreht
hart .... 1 Klick aufgedreht
Einstellungen Druckstufendämpfung
(ausgehend von der ganz eingedrehten Position)
weich .... 21 Klicks aufgedreht
normal .... 12 Klicks aufgedreht
hart .... 1 Klick aufgedreht

Modell FJR 1300 *(Modelljahr 2002)*:
Federlänge entspannt .... 261,0 mm
Verschleißgrenze .... 256,0 mm
Einbaulänge .... 246 mm
Länge der Federvorspannhülse .... 149,5 mm
Gabelöl-Füllmenge .... 670 cm³
Gabelöl-Füllhöhe (Maß ab Oberkante Standrohr, Gabel ganz zusammengeschoben, ohne Feder) .... 100,0 mm

Modell FJR 1300 A *(Modelljahr 2003)*:
Federlänge entspannt .... 264,0 mm
Verschleißgrenze .... 259,0 mm
Einbaulänge .... 249,0 mm
Länge der Federvorspannhülse .... 149,5 mm
Gabelöl-Füllmenge .... 665 cm³
Gabelöl-Füllhöhe (Maß ab Oberkante Standrohr, Gabel ganz zusammengeschoben, ohne Feder) .... 104,0 mm
Gabelrohr Schlag .... maximal 0,2 mm

HINTERRADSCHWINGE

Federlänge: untere Feder entspannt .... 159,0 mm
Verschleißgrenze .... 155,8 mm
Einbaulänge .... 138,1 mm
obere Feder entspannt .... 74,0 mm
Verschleißgrenze .... 72,5 mm

Einbaulänge ... 65,4 mm
Federweg obere Feder ... 0 bis 31,3 mm
Federweg untere Feder ... 31,3 bis 60,0 mm
Federhärte obere Feder ... 71,6 N//mm
Federhärte untere Feder ... 102,0 N//mm
Standard-Gas-/Luftdruck mit
vorgespannter Feder ... 12 bar
Achsabtriebs-Zahnflankenspiel ... 0,1 bis 0,2 mm

Modell FJR 1300 A *(Modelljahr 2003):*
Federlänge obere Feder entspannt ... 72,5 mm
Verschleißgrenze ... 71,1 mm
Einbaulänge obere Feder ... 65,4 mm
Federlänge untere Feder entspannt ... 156,0 mm
Verschleißgrenze ... 152,9 mm
Einbaulänge untere Feder ... 138,1 mm
Federweg obere Feder ... 0 bis 32 mm
Federweg untere Feder ... 32 bis 60 mm
Federhärte obere Feder ... 83,3 N/mm
Federhärte untere Feder ... 117,6 N/mm

Basiseinstellungen der Zugstufendämpfung
für alle Modelljahre (aus der ganz eingedrehten Position)
minimal ... 20 Klicks aufgedreht
Standard ... 10 Klicks aufgedreht
maximal ... 3 Klicks aufgedreht
Schwingenachsenschlag: ... kein Schlag zulässig

RÄDER UND REIFEN

Radfelgenschlag vorne und hinten
Höhenschlag ... maximal 1,0 mm
Seitenschlag ... maximal 0,5 mm
Verschleißgrenze Reifenprofiltiefe
vorne und hinten ... mindestens 1,6 mm

BREMSEN

empfohlene Bremsflüssigkeit ... DOT 4
Vorderradbremse:
Bremsscheibendurchmesser ... 298 mm
Bremsscheibendicke ... 5,0 mm
Verschleißgrenze ... 4,5 mm
Bremsscheibenschlag ... maximal 0,1 mm
Bremsbelagdicke ... 5,5 mm
Verschleißgrenze ... 0,5 mm
Kolbenbohrung im Hauptbremszylinder ... 14 mm

Modell FJR 1300 *(Modelljahr 2002):*
Kolbenbohrung im Hauptbremszylinder ... 15 mm

Kolbenbohrungen im Bremssattelzylinder ... 30,2 und 27,0 mm
Bremshebelspiel am Hebelende ... 2,2 bis 11,2 mm

Hinterradbremse
Bremsscheibendurchmesser ... 282 mm
Bremsscheibendicke ... 6,0 mm
Verschleißgrenze ... 5,5 mm
Bremsscheibenschlag ... maximal 0,15 mm
Bremsbelagdicke ... 5,8 mm
Verschleißgrenze ... 0,8 mm
Kolbenbohrung im Hauptbremszylinder ... 14 mm
Kolbenbohrung im Bremssattelzylinder ... 41,3 mm
Bremshebelspiel (gemessen an Fußtrittplatte) ... 4,7 bis 9,9 mm

Modell FJR 1300 A *(Modelljahr 2003):*
Vorderradbremse:
Bremsscheibendurchmesser ... 320 mm
Bremsscheibendicke ... 4,5 mm
Verschleißgrenze ... 4,0 mm
Bremsscheiben-Schlag ... maximal 0,1 mm
Bremsbelagstärke ... 5,0 mm
Verschleißgrenze ... 0,5 mm
Bremshebelspiel am Hebelende ... 7,5 bis 16,5 mm
Kolbenbohrung im Hauptbremszylinder ... 16 mm

KUPPLUNG

empfohlene Kupplungsflüssigkeit ... DOT 4
Kolbenbohrung im Kupplungsgeber-
zylinder (oben am Lenker) ... 14,0 mm
Kolbenbohrung im Kupplungsnehmer-
zylinder (unten am Motor ... 33,6 mm
Kupplungshebelspiel am Hebelende ... 1,9 bis 20,7 mm
Reibscheiben (9 Stück)
Dicke ... 2,9 bis 3,1 mm
Verschleißgrenze ... 2,8 mm
Stahlscheiben (8 Stück)
Dicke ... 1,9 bis 2,1 mm
Verzug ... maximal 0,1 mm
Kupplungsfeder (eine Tellerfeder)
Federhöhe entspannt ... 6,78 mm
Verschleißgrenze ... 6,44 mm
Druckstange: ... Verzug (Schlag) maximal 0,2 mm

VENTILE

Ventilspiel bei kaltem Motor
Einlass ... 0,15 bis 0,22 mm
Auslass ... 0,18 bis 0,25 mm
Ventilteller-Durchmesser (Maß A in Bild 1)
Einlass ... 29,9 bis 30,1 mm
Auslass ... 25,9 bis 26,1 mm
Ventilsitz-Breite (Maß B in Bild 1)
Ein- und Auslass ... 1,2 bis 2,0 mm
Ventilsitz-Breite (Maß C in Bild 2)
Ein- und Auslass ... 0,9 bis 1,1 mm
Verschleißgrenze ... 1,6 mm
Ventilteller-Stärke (Maß D in Bild 2)
Einlass ... 0,8 bis 1,2 mm
Auslass ... 0,5 bis 0,9 mm

Ventilschaft-Durchmesser

Einlass .... 4,975 bis 4,990 mm
  Verschleißgrenze .... 4,945 mm
Auslass .... 4,960 bis 4,975 mm
  Verschleißgrenze .... 4,930 mm

Ventilführungs-Innendurchmesser

Ein- und Auslass .... 5,000 bis 5,012 mm
  Verschleißgrenze .... 5,050 mm

Ventilschaft-Spiel

Einlass .... 0,010 bis 0,037 mm
  Verschleißgrenze .... 0,08 mm
Auslass .... 0,025 bis 0,052 mm
  Verschleißgrenze .... 0,1 mm
Ventilschaft-Schlag (Bild 3) .... maximal 0,01 mm

Ventilfedern

Federlänge ungespannt Ein- und Auslass .... 39,7 mm
  Verschleißgrenze .... 37,7 mm

Feder-Einbaulänge bei geschlossenem Ventil

Ein- und Auslass .... 33 mm

Federdruck bei Einbaulänge

Ein- und Auslass .... 136 bis 158 N

Ventilfederneigung (Bild 4)

Ein- und Auslass .... maximal 2,5 Grad / 1,7 mm

Wicklungsrichtung (Ansicht von oben)

Ein- und Auslass .... im Uhrzeigersinn

NOCKENWELLE UND ZYLINDERKOPF

Nockenwellen

Nockenwellenlagersitz
(Innendurchmesser) .... 24,500 bis 24,521 mm
Nockenwellenlagerzapfen
(Außendurchmesser) .... 24,472 bis 24,459 mm
Nockenwellen-Lagerspiel .... 0,028 bis 0,062 mm

Einlassnocken

Nockenhöhe (Maß A in Bild 5) .... 33,050 bis 33,150 mm
  Verschleißgrenze .... 32,950 mm
Grundkreis (Maß B in Bild 5) .... 24,997 bis 25,097 mm
  Verschleißgrenze .... 23,997 mm

Auslassnocken

Nockenhöhe (Maß A in Bild 5) .... 33,050 bis 33,150 mm
  Verschleißgrenze .... 32,950 mm
Grundkreis (Maß B in Bild 5) .... 24,997 bis 25,097 mm
  Verschleißgrenze .... 24,897 mm
Nockenwellenschlag .... maximal 0,03 mm

Steuerkette

Typ .... RH2015, 136 Glieder
Kettenspannung .... automatisch

ZYLINDER, KOLBEN UND KOLBENRINGE

Zylinderkopf

Brennraumvolumen .... 22,74 bis 23,34 cm^3
Verzug .... maximal 0,1 mm
Zylinderbohrung .... 79,00 bis 79,01 mm
Konizität, Unrundheit .... jeweils maximal 0,05 mm

Kolben

Kolbenlaufspiel .... 0,020 bis 0,045 mm
  Verschleißgrenze .... 0,12 mm
Kolbendurchmesser (Maß D in Bild 10): 5mm oberhalb
der Kolben-Unterkante gemessen). .... 78,965 bis 78,980 mm

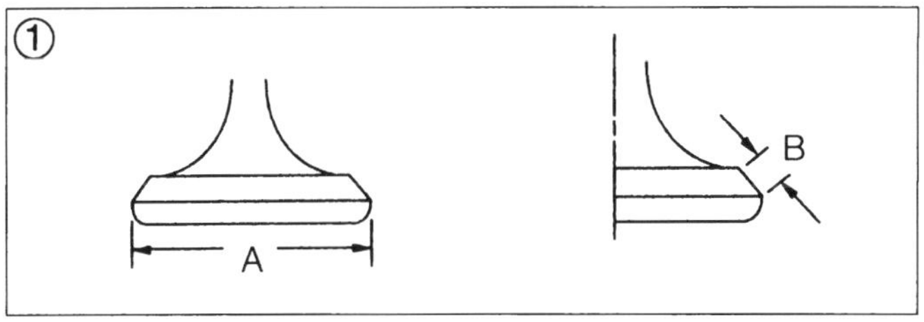

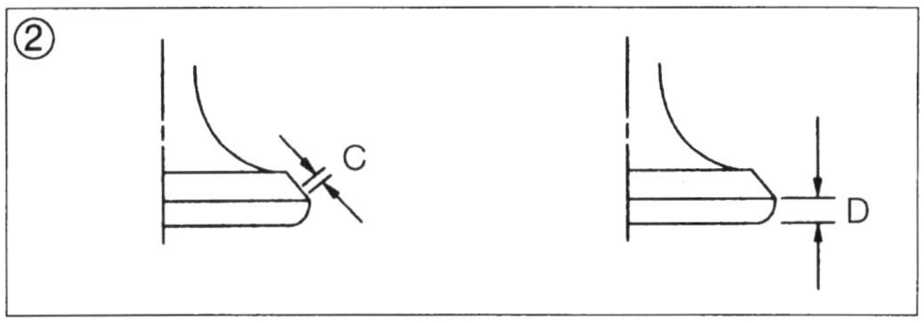

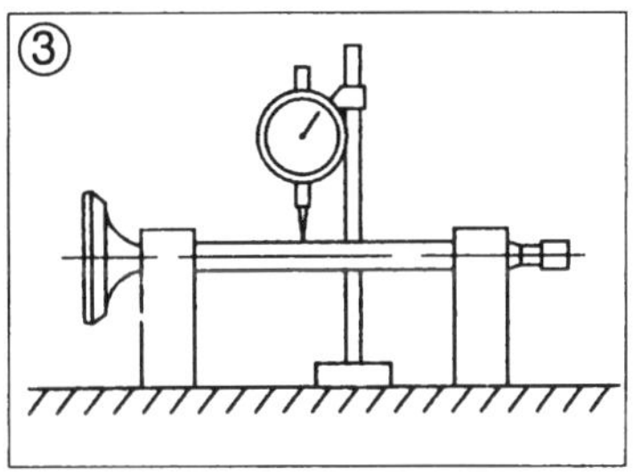

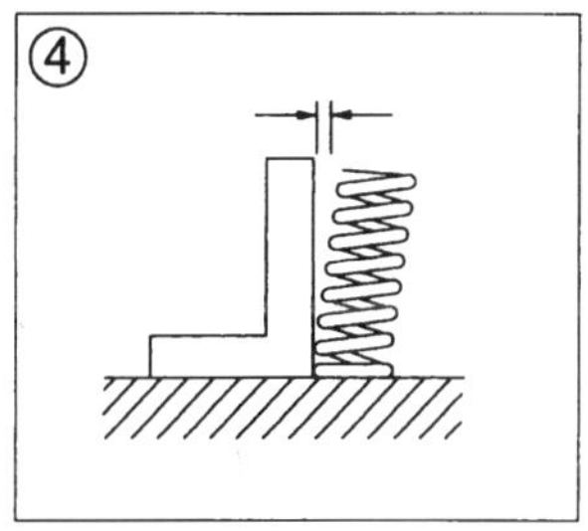

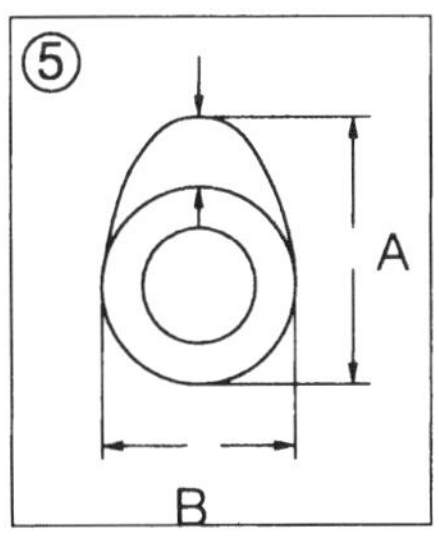

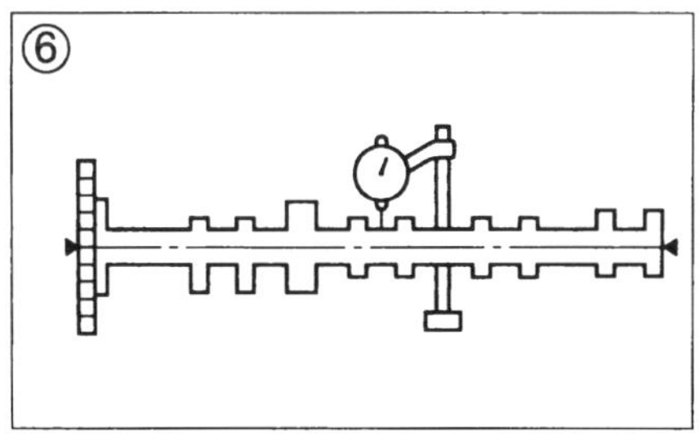

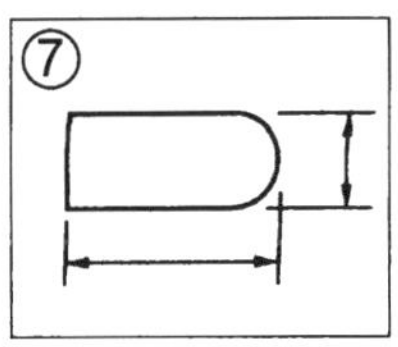

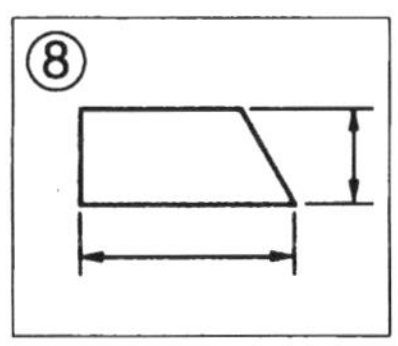

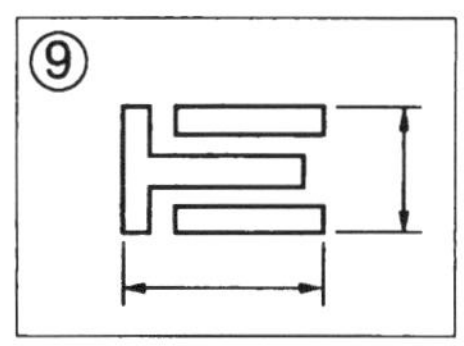

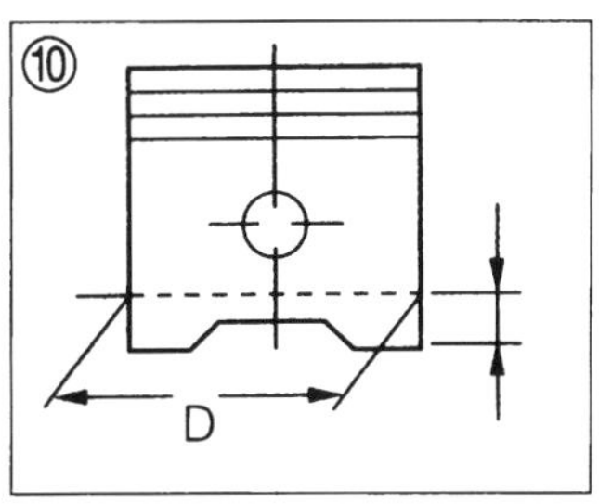

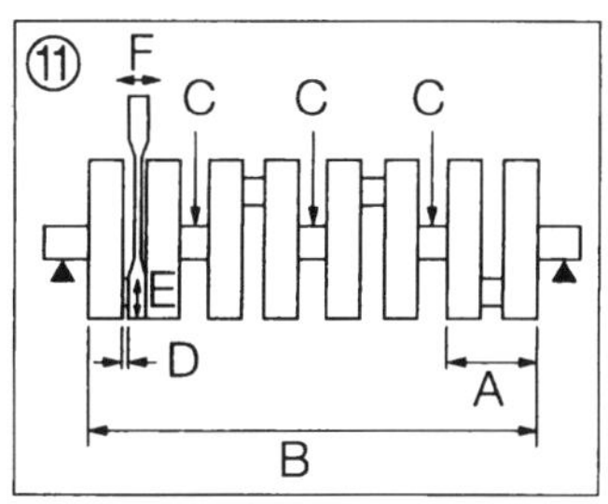

Kolbenbolzenbohrung im Kolben
Durchmesser .... 19,004 bis 19,015 mm
Verschleißgrenze .... 19,045 mm
Mittenversatz zur Einlassseite hin .... 0,5 mm
Kolbenbolzen
Außendurchmesser .... 18,991 bis 19,000 mm
Verschleißgrenze .... 18,971 mm
Kolbenbolzenspiel in der Kolbenbohrung .. 0,004 bis 0,024 mm
Verschleißgrenze .... 0,074 mm
Kolbenringe
1. Kompressionsring (abgerundet, siehe Bild 7)
Abmessungen (Dicke/Höhe x Breite) .... 1,0 x 2,8 mm
Stoßspiel (zum Messen in die zugehörige Zylinderbohrung einsetzen) .... 0,35 bis 0,45 mm
Verschleißgrenze .... 0,7 mm
Ringnutspiel (Dicke des Kolbenrings zur Breite der Ringnut im Kolben) .... 0,03 bis 0,07 mm
Verschleißgrenze .... 0,12 mm
2. Kompressionsring (konisch, siehe Bild 8)
Abmessungen (Dicke/Höhe x Breite) .... 1,0 x 2,9 mm
Stoßspiel (zum Messen in die zugehörige Zylinderbohrung einsetzen) .... 0,75 bis 0,85 mm
Verschleißgrenze .... 1,2 mm
Ringnutspiel (Dicke des Kolbenrings zur Breite der Ringnut im Kolben) .... 0,02 bis 0,06 mm
Verschleißgrenze .... 0,12 mm
Ölabstreifring (siehe Bild 9)
Abmessungen (Dicke/Höhe x Breite) .... 2,0 x 2,5 mm
Stoßspiel (zum Messen in die zugehörige Zylinderbohrung einsetzen) .... 0,20 bis 0,60 mm
Ringnutspiel (Dicke des Ölabstreifrings zur Breite der Ringnut im Kolben) .... 0,06 bis 0,15 mm

KURBELWELLE UND PLEUEL

Pleuel
Pleuellagerspiel .... 0,031 bis 0,048 mm
Farbkodierung der Pleuellager:
1 = blau; 2 = schwarz; 3 = braun; 4 = grün; 5 = gelb; 6 = rosa
Pleuelkopf-Innendurchmesser (Kolbenbolzenbohrung) .... 19,005 bis 19,018 mm
Kurbelwelle (siehe Bild 11)
Kröpfungsbreite (Maß A) .... 61,6 bis 63,2 mm
Kurbelwellenbreite (Maß B) .... 325,1 bis 326,3 mm
Kurbelwellenschlag (Maß C) .... maximal 0,03 mm
Pleuelfuß-Axialspiel (Maß D) .... 0,160 bis 0,262 mm
Pleuelfuß-Radialspiel .... 0,031 bis 0,048 mm
Kurbelwellenzapfen-Lagerspiel .... 0,027 bis 0,045 mm
Farbkodierung der Kurbelwellenlager
2 = schwarz; 3 = braun; 4 = grün; 5 = gelb; 6 = rosa; 7 = rot; 8 = weiß
Position des Drucklagers: Zapfen Nr. 3

GETRIEBE UND SCHALTUNG

Schlag der Getriebeeingangswelle .... maximal 0,08 mm
Schlag der Getriebeausgangswelle .... maximal 0,08 mm
Schaltung
Verzug der Führungsstange .... maximal 0,1 mm
Einbaulänge Schaltgestänge .... 209 mm

ANLASSER

Kohlebürsten: Länge.. 10,8 mm, Verschleißgrenze....3,65 mm
Federkraft .... 5,28 bis 7,92 N
Kollektorwiderstand .... 0,024 bis 0,030 Ω
Kollektordurchmesser.... 24,5 mm, Verschleißgrenze...23,5 mm
Unterschneidung der Kollektorisolierung .... 1,5 mm
Starterrelais: Jideco 2768079-A
Stromstärke .... 180 A
Wicklungswiderstand .... 4,18 bis 4,62 Ω

■ **Modell FJR 1300 A:**
Anlasssperrrelais Wicklungswiderstand .... 180 Ω

SCHMIERSYSTEM

Öldruck (bei Betriebstemperatur)... 30 bis 65 kPa bei 1000/min
Überdruckventil-Öffnungsdruck .... 4,9 bis 5,7 bar
Ölfilter: Überdruckventil-Öffnungsdruck........ 0,78 bis 1,18 bar
Ölpumpe:
Kuppenspiel: Radialspiel zwischen Innen- und Außenrotor ....0,09 bis 0,15 mm, Verschleißgrenze..........0,23 mm
Radialspiel zwischen Außenrotor und Pumpengehäuse.........0,03 bis 0,08 mm, Verschleißgrenze......... 0,15 mm

KÜHLSYSTEM

Kühlersystem-Verschlussdeckel-Öffnungsdruck .... 0,93 bis 1,23 bar
Ansprechdruck des Rücklaufventils .... 0,05 bar
Kühlermaße: Breite 360 mm, Höhe 295,8 mm, Tiefe 27 mm
Wasserpumpe: kettengetriebene Flügelradpumpe**,**
Übersetzung .... Z 75/48 x Z 25/28 (i=1,395)
Schlag der Flügelwelle .... maximal 0,15 mm
Gehäusetiefe 24,997-25,097 mm, Verschleißgrenze.23,997mm
Kühlflüssigkeitstemperatur-Sensor:
Widerstand bei 0 °C .... 5,210 bis 6,370 kΩ
bei 80 °C .... 0,290 bis 0,354 kΩ
Kühlflüssigkeit:
Menge in Motor und Kühler 3,2 Liter, im Ausgleichsbehälter 0,485 Liter. Spezifisches Gewicht (Dichte) des Kühlmittels bei 50:50 Mischung von Frostschutzmittel auf Ethylenglykolbasis (mit Korrosionshemmern) und destilliertem Wasser.
Prüfung mit Hydrometer:
bei kaltem Motor und 20 °C Kühlmittel-(Umgebungs-)Temperatur .... 0,077 g/cm^3
bei kaltem Motor und 30 °C Kühlmittel-(Umgebungs-)Temperatur .... 1,071 g/cm^3
Thermostat:
beginnt zu öffnen bei ca. 71 °C, voll geöffnet bei 85 °C, Thermostatventilhub mindestens 8 mm

ZÜNDANLAGE

Zündkerzen: .... NGK CR8E oder Denso U24ESR-N
Elektrodenabstand .... 0,7 bis 0,8 mm
Zündkerzenstecker: Widerstand .... 10 kΩ
Zündbox: Mitsubishi F8T911
Impulsgeber: Widerstand.......................... 420,8 bis 569,3 Ω
Zündzeitpunkt............................. 5 Grad vor OT bei 1050/min
Zündkerzen: .... NGK CR8E oder Denso U24ESR-N
Elektrodenabstand .... 0,7 bis 0,8 mm
Zündfolge: 1-2-4-3
(Zylindernummerierung in Fahrtrichtung von links nach rechts)
Zündspulen: Denso J0313
Zündfunkenstrecke .... mindestens 6 mm
Widerstand der Primärwicklung .... 1,87 bis 2,53 Ω
Widerstand der Sekundärwicklung .... 12 bis 18 Ω

■ Modell FJR 1300 A:
Widerstand der Primärwicklung .... 1,53 bis 2,07 Ω

EINSPRITZANLAGE

Lufteinlasstemperatur-Sensor
Widerstand bei 80 °C .... 5,40 bis 6,6 kΩ
Luftdruck-Sensor
Ventilöffnungstemperatur.................................... 69 bis 73 °C
vollständig geöffnet bei .... 85 °C
Ventilhub (vollständig geöffnet).. 8 mm
Ansaugdruck
bei Leerlaufdrehzahl .... 0,33 bar
Kraftstoffpumpe
Förderdruck.. 2,94 bar
Nennstromstärke .... 5,5 Ampere

ELEKTRIK

Bordnetzspannung.. 12 Volt
Ladesystem: Denso TLNZ79
Drehstromgenerator mit Permanentmagnet
Nennleistung............................ 14 Volt/490 Watt bei 5000/min
Widerstand der Statorspule .... 0,15 bis 0,23 Ω
Spannungsregler: Shindengen FH001
Halbleiter, kurzgeschlossen
Ruhespannung .... 14,1 bis 14,9 Volt
Gleichrichter: Shindengen FH001
Nennstromstärke .... 35 Ampere
Stoßspannung.. 200 Volt
Blinkerrelais: Denso FE246BH
Leistung .... 2 x 21 W, 3,4 W
Kraftstoffstandgeber: Denso 5JW
Widerstand bei 25 °C .... 20 bis 140 Ω
Seitenständerrelais: Omron G8R-30Y-N
Widerstand .... 180 Ω
Wegfahrsperren-Relais
Wicklungswiderstand .... 180 Ω

Batterie
Spannung, Kapazität .... 12 Volt, 12 Ah
Säuredichte .... 1,32 kg/l

Warn-/Kontrollleuchten
Leerlauf-Kontrolllampe (1 Stück) .... 14 V/1,12 W
Blinker-Kontrolllampe (2 Stück) .... 14 V/1,4 W
Ölstand-Warnlampe (1 Stück) .... 14 V/1,12 W
Fernlicht-Kontrolllampe (1 Stück) .... 14 V/1,12 W
Motorstörungs-Warnlampe (1 Stück) .... 14 V/1,12 W

Sicherungen
Hauptsicherung .... 50 Ampere
Kraftstoff-Einspritzanlage .... 15 Ampere
Scheinwerfer... 25 Ampere
Signalanlage .... 15 Ampere
Zündung .... 10 Ampere
Kühlerlüfter .... 15 Ampere
Warnblinkanlage .... 7,5 Ampere
Standlicht .... 10 Ampere
Tachometer und Uhr .... 10 Ampere
Windschutzscheibenmotor .... 2 Ampere

■ Modell FJR 1300 A:
ABS-Steuereinheit .... 7,5 Ampere
ABS-Motor .... 30 Ampere

Im Sicherungskasten vorhandene Reservesicherungen:
je ein Stück mit 25, 15, 10, 7,5 und 2 Ampere

■ Modell FJR 1300 A:
zusätzliche Reservesicherung................................ 30 Ampere

BELEUCHTUNG

Scheinwerferlampe (2 Stück) .... 12 V / 55/60 W
Standlichtlampe vorn (2 Stück) .... 12 V / 5 W
Rücklicht-Bremslichtlampe (2 Stück) .... 12 V / 21/5 W
Blinkerlampe (4 Stück).. 12 V / 21 W
Instrumentenbeleuchtungs-Lampe (9 Stück)........ 14 V / 1,12 W

Anzugsdrehmomente

Allgemeine Hinweise

In diesem Kapitel werden die von Yamaha vorgeschriebenen Anzugs-Drehmomentwerte für die meisten Schraubverbindungen der FJR 1300 aufgelistet. Eine wichtige Voraussetzung zum korrekten Anziehen aller Schrauben und Muttern ist, dass die Gewinde und Anlageflächen unbeschädigt und frei von Schmutz sind.

Sollten Schraubgewinde verschmutzt sein, reinigen Sie diese NICHT mit einer Stahlbürste, denn diese kann das Gewinde beschädigen, sondern verwenden Sie eine Zündkerzenbürste mit Messingborsten. Schrauben mit verrostetem oder beschädigtem Gewinde gehören in den Müll.

An einigen Schraubverbindungen ist die Verwendung von Schraubensicherung vorgeschrieben. Überall in Werkstätten zuhause ist »Loctite« in den drei verschiedenen Klebequalitäten »leicht«, »mittelfest« und »endfest«. Die am meisten benötigte Qualität ist »mittelfest«, die verwendet wird, wenn hohe Festigkeit verlangt wird und die damit gesicherten Schrauben ohne Zerstörung des Gewindes wieder gelöst werden müssen. Ausgedrehte Schrauben, an denen Reste von Schraubensicherung hängen, werden vor der Wiederverwendung mit einer Zündkerzen- bzw. Messingbürste gereinigt.

Schrauben, Muttern und Unterlagscheiben vor dem Einbau etwas einölen. Normales Motorenöl genügt dazu. Wenn an Schraubstellen spezielles Öl vorgeschrieben ist, wie z.B. Molybdänsulfidöl, haben wir dies angemerkt.

Zum Anziehen mit exakten Drehmomentwerten ist Qualitätswerkzeug notwendig. Was man darunter zu verstehen hat, können Sie im Kapitel »Werkzeug« nachlesen.

Schrauben und Muttern allgemein

Schraube/Mutter M6 mit Schlüsselweite (SW) 10 .... 10 Nm
Schraube/Mutter M8 mit SW 12 .... 20 Nm
Schraube/Mutter M10 mit SW 14 .... 30 Nm
Schraube/Mutter M12 mit SW 17 .... 55 Nm
Schraube Mutter M14 mit SW 19 .... 85 Nm
Schraube/Mutter M16 mit SW 22 .... 130 Nm

Fahrwerk

Räder

Vorderachse M18 .... 72 Nm
Vorderachs-Klemmschraube M8 .... 23 Nm
Achsmutter M18 hinten .... 125 Nm
Klemmschraube M8 Hinterachse .... 16 Nm

Bremsen

Befestigungsschraube M6 Bremsscheibe an Rad .... 18 Nm
■ *Gewinde mit Loctite »mittelfest« bestreichen*
Befestigungsschraube M10 Bremssattel vorn .... 40 Nm
Entlüftungsventilschraube M8 im Bremssattel vorn .... 6 Nm
Befestigungsschraube M6 der Bremsschlauch-Halterung vorn an Teleskopgabel .... 7 Nm
Befestigungsschraube M6 Hauptbremszylinder vorn an Lenker .... 10 Nm
Befestigungsschraube M10 Bremssattel hinten .... 26 Nm
Hohlschraube M10 der Bremshydraulikleitung .... 30 Nm
Befestigungsschraube M6 Bremsschlauch-Halterung hinten an Bremsankerstrebe .... 10 Nm
Befestigungsschraube M8 Hauptbremszylinder hinten an Fußrastenhalterung rechts .... 18 Nm
Bremsankerstrebe .... 16 Nm

Telegabel und Lenklagerung

Schraube Vorderradabdeckung M6 .... 6 Nm
Klemmschraube M8 obere Gabelbrücke .... 30 Nm
Klemmschraube M8 untere Gabelbrücke .... 23 Nm
Gabeldeckelschraube M45 in Standrohr .... 25 Nm
Gabeldeckelschraube M10 an Mutter .... 25 Nm
Dämpferrohrschraube M10 Teleskopgabel unten .... 35 Nm
■ *mit Loctite »mittelfest« bestreichen*
Lenker an obere Gabelbrücke M8 .... 23 Nm
Lenkergewicht M6 .... 4 Nm
Lenkkopfmutter M28 .... 115 Nm
untere Lagereinstell-Nutmutter M30 (Lenkkopf) .... 18 Nm
■ *Erstanzug der Lagereinstell-Nutmutter mit einem Drehmomentschlüssel auf ca. 52 Nm anziehen, danach vollständig lösen, dann Endanzug auf 18 Nm.*

Hinterradschwinge

Zugstreben M10 an Schwinge .... 48 Nm
Zugstreben M10 an Umlenkhebel .... 48 Nm
Umlenkhebel M10 an Rahmen .... 40 Nm
Federbein M10 an Umlenkhebel .... 40 Nm
Federbein M12 an Rahmen .... 64 Nm
Schwingenachse M18 in Rahmen .... 7 Nm
Sicherungsmutter M28 auf Schwingenachse .... 115 Nm
Schwingenachse M18 an Mutter .... 125 Nm
Anschlag-Sicherungsmutter M6 .... 10 Nm

Rahmen

Rahmenheck M8 an Hauptrahmen oben .... 28 Nm
Rahmenheck M10 an Hauptrahmen unten .... 48 Nm
T-Stück M10 in Rahmen hinter Lenkkopf .... 78 Nm
Fußrastenhalterung M8 links an Rahmen .... 28 Nm
Fußrastenhalterung M10 links an Motor .... 49 Nm
Fußrastenhalterung links M10, Seitenständer-Halterung an Rahmen 63Nm
Fußrastenhalterung M8 rechts an Rahmen .... 28 Nm

Halterung M10 Hauptständer an Rahmen .... 55 Nm
Hauptständerhalterung M10 an Hauptständer.............. 56 Nm
Seitenständer M10 an Seitenständerhalterung .... 58 Nm

Motor

Ansaugtrakt und Kraftstoffsystem

Luftfiltergehäuse Schraube M6 .... 7 Nm
Schlauchschellen Luftfilteranschluss M4 .... 4 Nm
Ansauglufttemperatur-Sensor M6 .... 18 Nm
Luftfiltergehäuse Schraube M6 .... 7 Nm
Schlauchschellen Drosselklappengehäuseanschluss M4 3 Nm
Ansaugluftdruck-Sensor Schraube M5 .... 5 Nm
Sekundärluftsystem-Abschaltventil-
Baugruppe Schraube M6 .... 10 Nm
Zungenventilabdeckung Schraube M6 .... 14 Nm
Kraftstoffpumpe am Tank Schraube M5 .... 4 Nm

Zylinderkopf und Ventiltrieb

Schraube M6 Steuerkettenspanner.............................. 10 Nm
Steuerkettenspanner-Verschlussschraube M6.............. 10 Nm
Schraube M10 Zylinderkopf......25 Nm + 180 Grad Drehwinkel
■ *neue Schrauben verwenden*
■ *Anzugsvorschrift der Zylinderkopfschrauben (Bild 1): Erstanzug in der vorgeschriebenen Reihenfolge auf 25 Nm, dann umgekehrt zur Anzugsreihenfolge lockern, dann wieder in der vorgeschriebenen Anzugsreihenfolge auf 25 Nm festziehen. Endanzug in der vorgeschriebenen Anzugsreihenfolge mit Drehwinkel-Messgerät um weitere 180 Grad.*
■ *Schrauben und Anlageflächen vor Einbau mit Motoröl schmieren*
Schraube M6 Zylinderkopf .... 12 Nm
Stiftschraube M8 Zylinderkopf..................................... 15 Nm
Öldruck-Kontrollschraube M8 .... 20 Nm
Schraube M6 Nockenwellen-Sensor .... 10 Nm
■ *mit Loctite »mittelfest« bestreichen*
Schraube M6 Nockenwellen-Lagerdeckel .... 10 Nm
■ *Schrauben und Anlageflächen vor Einbau mit Motoröl schmieren*
Schraube M7 Nockenwellenrad .... 24 Nm

Motorgehäuse

Schraube M10 Motorhalterung hinten unten .... 45 Nm
Distanzschraube (Gewindebuchse) M16 .... 18 Nm
Schraube M10 an Mutter hinten oben .... 45 Nm
Schraube M12 vorn .... 55 Nm
Klemmschraube M8... 24 Nm
Schraube M10 Motorhalterung 1 an Rahmen................ 32 Nm
Schraube M8 Motorhalterung 1 an Motor..................... 16 Nm
Schraube M8 Motorhalterung 2 an Rahmen.................. 16 Nm
Schraube M10 Motorhalterung 2 an Motor................... 36 Nm
Schraube M6 Zylinderkopfdeckel .... 8 Nm

Schaltung und Getriebe

Umlenkgetriebe-Abdeckung links Schraube M6............ 12 Nm
Umlenkgetriebe-Abdeckung rechts Schraube M6 .... 12 Nm
Umlenkgetriebe-Abtriebswelle Schraube M8................. 25 Nm
■ *Gewinde mit Loctite »mittelfest« bestreichen*
Umlenkgetriebe-Abtriebskegelrad Mutter M28 .... 110 Nm
■ *verstemmen und Gewinde mit Loctite »mittelfest« bestreichen*
Lagergehäuse der Umlenkgetriebe-
Abtriebswelle Schraube M22 .... 110 Nm
■ *verstemmen und Sicherungsscheibe verwenden*
Umlenkgetriebe-Antriebskegelrad Mutter M22 .... 110 Nm
■ *verstemmen und Schrauben und Anlageflächen vor dem Einbau mit Motoröl schmieren*
Lagergehäuse Umlenkgetriebe-Antriebswelle M88...... 110 Nm
■ *verstemmen*
Leerlaufschalter M10.. 20 Nm
Geschwindigkeits-Sensor Schraube M6 .... 10 Nm
Kurbelgehäuse Schraube M9 ...20 Nm + 120 Grad Drehwinkel
■ *Die Kurbelgehäuseschrauben in der vorgeschriebenen Reihenfolge (Bild 2) auf 20 Nm festziehen, dann lockern und wieder in der vorgeschriebenen Reihenfolge auf 20 Nm festziehen; anschließend in der vorgeschriebenen Reihenfolge mit Drehwinkel-Messgerät um weitere 120 Grad festziehen.*
Kurbelgehäuse Schraube M8 .... 24 Nm
Kurbelgehäuse Schraube M6 .... 12 Nm
Kurbelgehäuse Schraube M6 .... 10 Nm
Abdeckung hintere Ausgleichswelle Schraube M6..........10 Nm
Ausgleichswellen-Hebel Schraube M8 .... 14 Nm
Ausgleichswellen-Klemmschraube M6 .... 10 Nm
Platte Torx-Schraube M6 .... 12 Nm

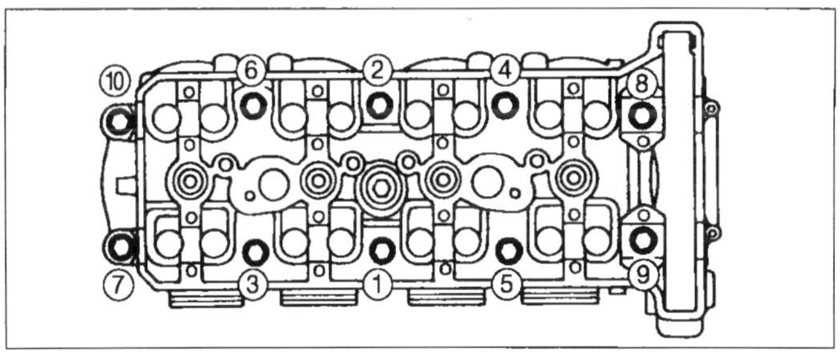

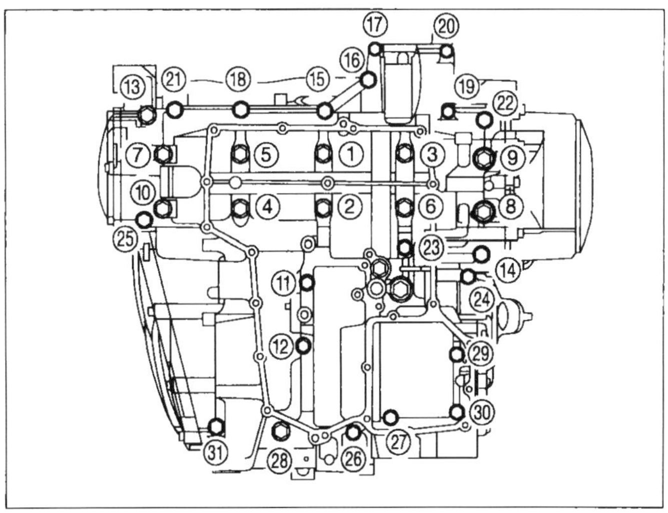

Bilder 1 und 2: Anzugsreihenfolge der Schrauben in Zylinderkopf und Motorgehäuse

Pleuel Mutter M8 .... 20 Nm + 120 Grad Drehwinkel
■ *Erstanzug der Pleuelmuttern auf 20 Nm und dann mit Drehwinkel-Meßgerät um weitere 120 Grad festziehen.*
Schaltwalzen-Halterung Schraube M6 .... 10 Nm
Eingangswelle Torx-Schraube M6 .... 12 Nm
Klemmschraube M6 Schaltarm .... 10 Nm
Mutter M6 Schaltgestänge .... 7 Nm
■ *Linksgewinde*
Schraube M6 Schaltgestänge-Verbindung .... 10 Nm
■ *Gewinde mit Loctite »mittelfest« bestreichen*
Schraube M8 Fußschalthebel .... 30 Nm
Schraube M8 Federanschlag Schaltwelle .... 22 Nm

Kupplung

Schraube M6 Kupplungsdeckel .... 10 Nm
Schraube M6 Dämpferabdeckung .... 12 Nm
■ *Gewinde mit Loctite »mittelfest« bestreichen*
Schraube M6 Ölleitblech .... 10 Nm
Schraube M6 Scheibenfeder-Sicherungsscheibe .... 8 Nm
Mutter M20 Kupplungsnabe .... 90 Nm
■ *Sicherungsscheibe verwenden*
Schraube M6 Kupplungsgeberzylinder an Lenker .... 10 Nm
Hohlschraube M10 der Kupplungshydraulikleitung .... 30 Nm
Schraube M6 Befestigung Kupplungsnehmerzylinder .... 10 Nm
Entlüftungsschraube M8 am Kupplungsnehmerzylinder .. 6 Nm

Kardan

Öleinfüllschraube M14 I .... 23 Nm
Ablassschraube M14 I .... 23 Nm
Schraube M10 Achsantrieb an Schwinge .... 42 Nm
Schraube M10 Tellerrad-Lagergehäuse an Achsantriebsgehäuse .... 40 Nm
Schraube M8 Tellerrad-Lagergehäuse an Achsantriebsgehäuse .... 23 Nm
Anschlagschraube M10 .... 9 Nm
Schraube M16 Zahnkupplung an Achsantriebskegelrad .... 110 Nm
Schraube M65 Achsantriebskegelrad in Kardanlagergehäuse .... 110 Nm

Kühlsystem

Schraube M6 Kühler .... 10 Nm
Schraube M6 Sammelrohr .... 10 Nm
Schraube M6 Kühlmantelstutzen .... 10 Nm
■ *mit Loctite »mittelfest« bestreichen*
Schraube M6 Ölkühler .... 12 Nm
■ *mit Loctite »mittelfest« bestreichen*
Schraube M6 Thermostat-Zufuhr .... 10 Nm
Temperaturfühler M12 für Kühlflüssigkeit .... 18 Nm
Torx-Schraube M6 Thermostat .... 10 Nm
Schraube M6 Thermostat-Gehäusedeckel .... 10 Nm
Ablassschraube M6 Kühlflüssigkeit .... 10 Nm
Schraube M6 Wasserpumpen-Gehäusedeckel .... 10 Nm
Schraube M6 Wasserpumpe .... 12 Nm

Schmiersystem

Schraube M6 Ölprallblech .... 10 Nm
■ *mit Loctite »mittelfest« bestreichen*
Ölablassschraube M14 .... 43 Nm
Schraube M6 Ölwanne .... 20 Nm
Ölfilterpatrone M20 .... 17 Nm
Ölfilterschraube M20 .... 70 Nm
Schraube M6 Ölzufuhrleitung .... 10 Nm
■ *mit Loctite »mittelfest« bestreichen*
Schraube M6 Ölsieb .... 10 Nm
■ *mit Loctite »mittelfest« bestreichen*
Schraube M6 Gehäusedeckel Ölpumpe .... 12 Nm
Schraube M6 Ölpumpe .... 12 Nm
■ *mit Loctite »mittelfest« bestreichen*
Schraube M6 Ölstandschalter .... 10 Nm
Antriebskettenführung Ölpumpe Schraube M6 .... 10 Nm

Auspuffanlage

Schraube M8 Schalldämpfer-Anschluss .... 20 Nm
Schraube M10 Schalldämpfer .... 25 Nm
Mutter M8 an Krümmer an Zylinderkopf .... 20 Nm
Schraube M8 an Krümmer .... 17 Nm
Kontrollschraubstopfen M6 Abgasrohr .... 10 Nm
Lambdasonde M18 .... 45 Nm

Elektrik

Batterie

Schraube M6 Batteriehalterung an Rahmen .... 10 Nm
Schraube M6 Batteriehalterung an Befestigung .... 10 Nm

Zündung

Zündkerze M10 .... 13 Nm
Zündspule M6 .... 10 Nm

Lichtmaschine

Schraube M6 Lichtmaschinendeckel .... 12 Nm
Schraube M12 Lichtmaschinenrotor .... 130 Nm
■ *Schrauben und Anlageflächen vor dem Einbau mit Motoröl schmieren*
Schraube M8 Starterkupplung .... 32 Nm
■ *Gewinde mit Loctite »mittelfest« bestreichen*
Schraube M6 Stator .... 10 Nm
■ *Gewinde mit Loctite »mittelfest« bestreichen*
Schraube Stator-Kabelhalterung .... 6 Nm
Schraube M6 Abdeckung Impulsgeberrotor .... 12 Nm
Zündzeitpunkt-Kontrollschraube M8 .... 15 Nm
Schraube M5 Kurbelwellensensor .... 4 Nm
Schraube M10 Impulsgeberrotor .... 45 Nm

Elektrostarter

Schraube M6 Startermotor .... 10 Nm

Wichtige Adressen

In diesem Kapitel nennen wir alle Yamaha-Händler in Deutschland, Österreich und der Schweiz (Stand der Adressrecherche ist Spätjahr 2003), sowie weitere wichtige Adressen für Yamaha-Fahrer. Die hier gelisteten Adressen stellen eine begrenzte Auswahl dar. Wenn Sie spezielles Zubehör, Bekleidung oder ein anderes Produkt suchen, lesen Sie sich in Motorrad-Fachzeitschriften und -Kataloge ein und beachten de ren Anzeigenteile.

Auf Telefon- und Faxnummern haben wir verzichtet, weil sich diese im Laufe der Zeit häufig ändern. Diese Nummern finden Sie entweder im Telefonbuch oder Sie rufen die Internetseiten der Landesimporteure auf und klicken dort den Button »Händlersuche« an. Damit erhalten Sie nicht nur Adressen und Telefonnummern, sondern auch die Internet-Auftritte der einzelnen Händler.

HERSTELLER

Yamaha Motor Co., LTD.
2500 Shingai, Iwata,
Shizuoka 438-8501
Japan
www.yamaha-motor.co.jp

Auf dieser Website finden Sie auch Zugang zum »Yamaha Communication Plaza« und damit zum Yamaha-Museum und zur Historie dieser Marke.

Yamaha-Europazentrale:
Yamaha Motor Europe N.V.
Koolhovenlaan 101
NL-1119 Schiphol-Rijk
www.yamaha-motor-europe.com

IMPORTEURE

Importeur für Deutschland:
Yamaha Motor Deutschland GmbH
Hansemannstraße 12
D-41468 Neuss
www.yamaha-motor.de

Importeur für Österreich:
Yamaha Motor Austria GmbH
Ketzergasse 118
A-1230 Wien
www.yamaha-motor.at

Importeur für Schweiz:
Hostettler AG
Haldenmattstrasse 3
CH-6210 Sursee
www.hostettler.com

YAMAHA-HÄNDLER IN DEUTSCHLAND

AK Zweiradcenter Dresden GmbH & Co. KG
Glacisstraße 5
D-01099 Dresden

Motorrad Pietzsch GmbH
Meißner Straße 331
D-01445 Radebeul

Zweirad Czech
Stolpener Straße 8
D-01477 Wallroda

Zweiradhaus Zschoche
Wessnitzer Straße 4
D-01558 Großenhain

Gärtner's Motorrad-Shop GmbH & Co. KG
Karl-Marx-Straße 24
D-01809 Dohna

Zweiradhaus Mierisch
Stadtring 16a
D-01920 Elstra

Vyhnalek
Zweiradtechnik
August-Bebel-Straße 3
D-02692 Großpostwitz

Yamaha Neumann
Siedlung 14
D-02747 Strahwalde

Kölling's Motorrad-Shop
Madlower Hauptstraße 67
D-03050 Cottbus

Motorrad-Center Kreuzholz
Hoyerswerdaer Straße 33
D-03130 Spremberg

Jörg's Zweirad-Center
Damaschkestraße 31
D-03172 Guben

Frank Steuernagel
Leipziger Straße 66/68
D-03238 Finsterwalde

Motorrad Steuernagel
Göteborger Straße 15
D-04349 Leipzig

X-Bike Lehn & Kunert GbR
Bornaische Straße 105
D-04416 Markkleeberg

Motorrad Geyer
Zwickauer Straße 13
D-04603 Lehndorf

Zweirad-Center Torgau GmbH
Fischerdörfchen 5
D-04860 Torgau

Leo's Motor Shop
Wilhelmstraße 2
D-06116 Halle

Zweiradhaus Mielke GmbH
Roßplatz 1
D-06268 Querfurt

Zweirad-Center Hoffmann
Hauptstraße 1b
D-06548 Uftrungen

Naumburger Biker Shop GmbH
Franz-Julius-Hoeltz-Straße 40
D-06618 Naumburg

Zweiradhaus Schenk GbR
Dessauer Straße 5
D-06749 Bitterfeld

Motorrad Franke GmbH
Kleutscher Straße 58
D-06842 Dessau-Mildensee

Motorrad Knobloch
Leizpiger Straße 49
D-06901 Kemberg

Motorrad-Center Koch
Kulmbacher Straße 18
D-07318 Saalfeld/Saale

Motorradtke
Hermann-Drechsler-Straße 1
D-07548 Gera

Zweirad Seifert
An der Ziegelei 11
D-07768 Kahla

motoplus GmbH
Triebeser Straße 15
D-07937 Zeulenroda

Zweirad-Mildner
Ziegelstraße 4a
D-08056 Zwickau

Motorrad-Merkel
Schwarzenberger Straße 5
D-08340 Schwarzenberg-Grünstädtel

Motorradhaus RIDE IN
Leipziger Platz 7
D-08371 Glauchau

Moto-Meinig
Leipziger Straße 136
D-09114 Chemnitz

Moto-Meinig
Limbacher Straße 16
D-09232 Hartmannsdorf

Thomas Oertel
Chemnitzer Straße 48
D-09366 Niederdorf

Zweirad Hunger
Freiberger Straße 11
D-09509 Pockau

Dieter Schneider
Berthelsdorfer Straße 16
D-09599 Freiberg

Motorradfachgeschäft Benno Brandtstädter
Badstraße 22
D-09669 Frankenberg

Yamaha-Fuhrmann
Weserstraße 111–117
D-12059 Berlin

Bernard's Motorrad Service
Schildhornstraße 6
D-12163 Berlin

Peter Mücke
Besenbinderstraße 21
D-12524 Berlin

Manfred Ziemann
Dorfstraße 14a
D-14476 Seeburg b. Berlin

René Schulz
Brücker Straße 130
D-14547 Beelitz

Yamaha-Naujokat
Thiemannstraße 34
D-14662 Friesack

Peter Noack
Alte Potsdamer Straße 40
D-14776 Brandenburg

Baumann u. Walbrach GbR
Potsdamer Straße 57a
D-14943 Luckenwalde

Motorrad-Center Nestler
Hauptstraße 86
D-15366 Neuenhagen

Motorrad Krause
August-Bebel-Straße 95
D-15517 Fürstenwalde

Motorradhaus Vogel u. Frohn GbR
Mühlbergweg 5
D-15907 Lübben-Neuendorf

Motorradhaus Haase
Mühlenstraße 1
D-16259 Neuenhagen

Motorrad Center Dirk Sattelberg
Lange Straße 68
D-16303 Schwedt

Zweiradshop Schulz
Berliner Straße 137
D-16515 Oranienburg

Müllers Radhaus
Wulkower Chaussee 3c
D-16827 Alt Ruppin

Assmann GmbH
Am Gartenbaum 8c
D-17033 Neubrandenburg

Zweirad Hassemer
Stavenhagener Straße 19
D-17139 Malchin

Peter Hinrichsen
Röbeler Straße 16
D-17207 Bollewick

Lutz Jentho
Fontane Straße 4
D-17279 Lychen

Zweirad Brämer
Stettiner Straße 54
D-17291 Prenzlau

Motorrad-Center Schulz
Mittelstraße 5
D-17489 Greifswald

Pratschko & Lorenz GmbH
Mecklenburger Straße 13
D-18184 Rostock/Neuendorf

Frank Pratschko
Hauptstraße 21
D-18239 Satow

Motorradshop Garbe
Inhaber Reyk Garbe
Am Nettelrade 1b
D-18311 Ribnitz-Damgarten

Motorrad-Shop Hebel
Gustower Weg 11
D-18439 Stralsund

Motorrad Burmeister
Goethstraße 11
D-19053 Schwerin

Motorrad Rückheim
Käthe-Kollwitz-Straße 2a
D-19288 Ludwigslust

Motorrad Jansen
Pritzwalker Straße 79a
D-19348 Perleberg

Zweirad Heuser
Süderstraße 83
D-20097 Hamburg

Weltermann-Motorräder
Inhaber Paul Weltermann
Allerbeekskehre 1
D-21266 Jesteburg

timm Motorrad GmbH
Luhdorfer Straße 27
D-21423 Winsen/Luhe

FEMA Motor + Sport GmbH
Lieth 8–10
D-21684 Agathenburg

Motorrad Centrum Wagner
Hamburger Straße 131
D-22083 Hamburg

Yamaha Grage
Lübecker Straße 115
D-22087 Hamburg

Zweirad-Center Wilhelm Melahn GmbH
Langenhorner Chaussee 391
D-22419 Hamburg

Zweirad Martens
Ziegelstraße 1
D-23556 Lübeck

Motorrad Technik Eutin
Plöner Straße 43
D-23701 Eutin

PSR Motorräder und Zubehör
Inhaber Ralf Uhde
Holsteinstraße 2
D-23812 Wahlstedt

Motorrad-Service Tretow GmbH
Kanalstraße 22
D-23970 Wismar

SH Motorradcenter
Rendsburger Landstraße 465
D-24111 Kiel

HR ProTec GmbH
Preetzer Chaussee 57
D-24147 Klausdorf

Uhlig GmbH
Brachenfelder Straße 37
D-24534 Neumünster

Zweirad-Center Harm
Landweg 17–19
D-24576 Bad Bramstedt

Thiemt & Braker GmbH
Heinrich-Hertz-Straße 20
D-24837 Schleswig

Bruno's Moto Company
Lilienthalstraße 27
D-24941 Flensburg

Motorrad Ruser
Kamperrege 80
D-25489 Haseldorf

Motorrad Westphalen
Hauptstraße 2
D-25524 Heiligenstedten

Ferdi's Zweiradladen
Inhaber F. Jonen
Lüttenheid 23
D-25746 Heide/Holstein

Johannes Dohrn
Dorfstraße 166
D-25842 Langenhorn

Stelter GmbH
Wilhelmshavener Heerstraße 275
D-26125 Oldenburg

Harms & Herrmann oHG
Kanalweg 14
D-26389 Wilhelmshaven

Autohaus Hielscher KG
Heringstraße 36–38
D-26506 Norden

Fips-Motorgarage
Inhaber Alwin Willms
Am Emsdeich 28a
D-26789 Leer

Scholly's GbR
Bahnhofstraße 6
D-27308 Kirchlinteln

Yamaha Schröder GmbH
Zevener Straße 7
D-27404 Rhade

Autohaus S. Maske
Papenstraße 127
D-27472 Cuxhaven

Reimers
Inhaber L. Klingbeil
Schiffdorfer Chaussee 28
D-27574 Bremerhaven

Natuschke & Lange GbR
Hasporter Damm 150
D-27755 Delmenhorst

Detlev Schulze
Neuenlander Straße 5
D-28119 Bremen

Hülseberg GmbH
Damm 30
D-28790 Schwanewede

Detlev Schulze
Hilligenwarf 2
D-28865 Lilienthal

Motorradhaus Ziegenfuss GmbH
Waller Straße 24
D-29308 Winsen/A.

Bike-Service
Schulz Ziegenfuß GmbH
Alte Jeetze 12–14
D-29410 Salzwedel

Fischer & Friedenberger Motorradtechnik oHG
Hauptstraße 4
D-29593 Melzingen

Shimada Motorcycle Service
Heberer Straße 30–32
D-29640 Schneverdingen

YAMOTO – YAMAHA-Motorrad-zentrum Hannover GmbH
Küchengartenstraße 2
D-30449 Hannover

ITALMOTO GmbH
Heinkelstraße 29
D-30827 Garbsen-Berenbostel

Motorrad-Matthies GmbH
Junkersstraße 11
D-31137 Hildesheim

Zweirad Voiges
Dammstraße 35
D-31311 Uetze

Scholly's GbR
Verdener Landstraße 6
D-31623 Drakenburg

Straubel Motorsport
Kreuzstraße 5
D-31785 Hameln

Motorrad Weihe
Koblenzer Straße 243
D-32584 Löhne

Wolfgang Wernekenschnieder
Hamelner Straße 50
D-32657 Lemgo

2-Rad Schwede GmbH & Co.
Frankfurter Weg 32a
D-33106 Paderborn

Zweirad Beinert
Herzebrocker Straße 138
D-33334 Gütersloh

Laaks Motorrad GmbH
Schulstraße 5
D-34281 Gudensberg/Deute

TEC-Motors Fahrzeughandel & Service GmbH
Hauptstraße 20
D-35096 Weimar-Wolfshausen

Axel Hebeler Zweiradsport
Hauptstraße 93
Ortsteil Rennertehausen
D-35108 Allendorf/Eder

ZZF GmbH
Robert-Bosch-Ring 1
D-35463 Fernwald-Steinbach

Motorradhaus Kolisch
Altenberger Straße 10
D-35576 Wetzlar

Ludwig Stunz
Inhaber K. Späth
Wilhelmsplatz 12
D-35683 Dillenburg

Zweiradcenter Zöller
Bahnhofstraße 34
D-36110 Schlitz

MOTOKRAM GmbH
Industriepark Rhön
Bürgermeister-Ebert-Straße 14
D-36124 Eichenzell/Fulda

Zweirad-Center Hansel GmbH
Hannoversche Straße 88
D-37077 Göttingen

Zweiradhandel F. & M. GmbH
Ruhmestraße 2
D-37154 Northeim

IKS GmbH
Am Lohwasser 3–7
D-37235 Hessisch-Lichtenau

Eduard Dittrich
Siemensstraße 8
D-37412 Herzberg

Motorrad Müller
Kasseler Straße 11
D-37688 Beverungen

Motshop Heinze
Gifhorner Straße 142
D-38112 Braunschweig

Motorradhaus Badenberg
Konrad-Adenauer-Straße 79
D-38226 Salzgitter

Gabrysiak Motorradhaus
Engeroder Straße 22
D-38259 Salzgitter

Yamaha Kötz GmbH
Goslarsche Straße 53
D-38304 Wolfenbüttel

Georg Nöbel
Stolzengasse 4
D-38350 Helmstedt

Yamaha-Hasselbring
Zeppelinstraße 8a
D-38446 Wolfsburg

Zweirad Körner
Harzstraße 21
D-38685 Langelsheim

Motorradcenter Busse GmbH
Im Sulzeteiche 6
D-38820 Halberstadt

Motorradzentrum Süd GmbH
Otto-Lilienthal-Straße 4a
D-39120 Magdeburg

Motorradhaus Burg GmbH
Magdeburger Chaussee 77b
D-39288 Burg

Motorshop Boockmann
Dammühlenweg 62a
D-39340 Haldensleben

Motorrad Theiner Güsten
Walter-Munke-Straße 2
D-39439 Güsten

Motorrad-Center Weingart
Bergstraße 10
D-39606 Osterburg

Klaus Porten
Düsseldorfer Straße 39a
D-40667 Meerbusch

Motorrad Wegner
Am Wald 5
D-40789 Monheim

McMo GmbH
Aachener Straße 415
D-41069 Mönchengladbach

MSL ZWEIRAD
Wevelinghover Straße 161
D-41334 Nettetal

Zweirad-Technik Schüller
Hackhausen 16
D-41363 Jüchen

Zweirad Croonenberg
Hauptstraße 19
D-41366 Schwalmtal

MHG Motorradhandelsgesellschaft GmbH
Römerstraße 134
D-41462 Neuss

Bürsgens Motorräder
Auf dem Taubenkamp 12
D-41849 Wassenberg

Motorrad Center Wölk
Friedrich-Ebert-Straße 476
D-42117 Wuppertal

Moto-K
Detlef Krumreihn
Winklerstraße 42
D-42275 Wuppertal

Zweirad Leber
Friedrichstraße 328
D-42551 Velbert

Motorrad Meyer
Beethovenstraße 285
D-42655 Solingen

Winfried Urbinger
Königstraße 161
D-42853 Remscheid

Gudrun Löffler
Albert-Einstein-Straße 18
D-42929 Wermelskirchen

Motorradhaus Winckler GmbH & Co. KG
Heiliger Weg 50
D-44135 Dortmund

Motorrad Schlüter
Eisenstraße 46
D-44145 Dortmund

Zweirad Krause
Huckarder Straße 291
D-44369 Dortmund

Zweirad Schmitz GmbH
Marsstraße 25/B235
D-44579 Castrop-Rauxel

Motorrad Czupor
Frenkingstraße 29
D-44894 Bochum

Motorrad Wehres GmbH
Ruhrau 29
D-45279 Essen
Bottroper Straße 286–288
D-45356 Essen

Roller u. Motorrad Center Spree
Inhaber T. Kluczka
Heinrich-Lemberg-Straße 81
D-45472 Mülheim/Ruhr

Briel Motorsport GmbH
Hansastraße 48
D-45478 Mülheim/Ruhr

Hochkirchen GmbH
Bruchstraße 65
D-45525 Hattingen

Engel Motorräder GmbH
Recklinghäuser Straße 81a
D-45721 Haltern

Motorrad-Zentrale H. Basdorf
Weberstraße 38–42
D-45879 Gelsenkirchen

Motorrad Kröber
Fahnhorststraße 42–44
D-46117 Oberhausen

Motorrad Zentara GmbH
Horster Straße 280
D-46238 Bottrop

Peter Essing
Am Busskolk 15
D-46395 Bocholt

Rolf-Werner Neubarth
Reitzensteinstraße 14
D-46485 Wesel

Heiner Gangfuss
Arnold-Dehnen-Straße 2
D-47138 Duisburg

Zweirad Rott
Jägerstraße 134
D-47228 Duisburg

2-Rad Führmann GmbH
Orsoyer Straße 21
D-47495 Rheinberg

Walraven GmbH & Co. KG
Opschlag 6–9
D-47533 Kleve

Zweirad Schatten
Zeppelinstraße 25
D-47608 Geldern

Moto Parts
Blumentalstraße 134
D-47798 Krefeld

Homberg Motorradtechnik
Am Nordkanal 2–6
D-47877 Willich

Hilbk Motorradsport
Rudolf-Diesel-Straße 2
D-48157 Münster

Zweirad-Center Lutz Dahlhues
Andreasstraße 39
D-48231 Warendorf

Motorrad Kazior
Kuhlmannstraße 1
D-48282 Emsdetten

Averes – Hanselle
Nordhorner Straße 24
D-48465 Schüttorf

Naabi-Center Nattler
Darfelder Straße 38
D-48727 Billerbeck

Richter Motorräder GmbH
Versmolder Straße 2
D-49196 Bad Laer

S.W.M. Bikes and more GmbH
Dinklager Straße 94
D-49393 Lohne

Motorradhaus Günther Brackland
Erikaweg 6
D-49424 Goldenstedt

Zweirad Feldkämper GmbH
Maybachstraße 30
D-49479 Ibbenbüren

Motor-Center Harenburg
Uhlenbrock 8
D-49586 Neuenkirchen

Zweirad Ebben
Ruhrbachstraße 6
D-49688 Lastrup

Motorradhaus Niemann & Söhne
Dwergter Straße 4
D-49696 Molbergen

A + B Motorrad-Freizeit GmbH & Co. KG
Meppener Straße 22
D-49716 Meppen-Versen

Lenferink Motorcycles
Reitgaarstraße 2
D-49828 Neuenhaus

Zweirad Kremer
Heisenbergstraße 16
D-50126 Bergheim

Zweirad Willi Henninger e.K.
Frenzenstraße 5
D-50374 Erftstadt-Lechenich

Manfred Richter GmbH
Hansaring 123
D-50670 Köln

Motorrad Emonts GmbH
Melatengürtel 18
D-50933 Köln

Motorrad Siedler KG
Friedrich-Hirsch-Straße 1–7
D-51145 Köln

DK Motorrad GmbH
Julius-Doms-Straße 12
D-51373 Leverkusen

Motorradhaus Kölsch
Kürtener Straße 11c
D-51465 Bergisch-Gladbach

W.+K. Motorradtechnik KG
Kölnerstraße 139
D-51645 Gummersbach-Rebbelroth

Motorrad Meyer
Inhaber M. Porps
Grüner Weg 123
D-52070 Aachen

Zweirad Hilger GmbH
Kaiserplatz 26
D-52349 Düren

Motorradzentrale Baesweiler oHG
Aachener Straße 205
D-52499 Baesweiler

Zweirad Schmitz GmbH
Spessartstr. 2/Ecke Bornheimer Str.
D-53119 Bonn

Zweirad Schmitz GmbH
Hauptstraße 162
D-53518 Adenau

AS Motorradtechnik
Andreas Salterberg
Industriepark Nord 51
D-53567 Buchholz/Mendt

Motorgeräte Höller
Alefeld 38
D-53804 Much

Zweirad Guido Spitzl
Kölner Straße 99
D-53937 Schleiden/Gemünd

HENN – Zweiräder
Viehmarktplatz 17
D-54290 Trier

Autohaus Raiffeisen
Rudolf-Diesel-Straße 5
D-54516 Wittlich

Zweirad-Technik F. März GmbH
St.-Vither Straße 43
D-54595 Prüm

AZ-Zweirad-Center Faber e.K.
Albiger Straße 6
D-55232 Alzey

Zweiradtechnik Wolf
Rheinstraße 30
D-55435 Gau-Algesheim

Motoshop Ralf Jungfer
Am Fischlerbach 35
D-55494 Rheinböllen

Motorradsport Rathgeber
Kreuznacher Straße 44
D-55595 Weinsheim

TEAM EBERT GmbH
Im Feldchen 5
D-56335 Neuhäusel

JFW Bikes e.K.
Am Wolfsgestell
D-56477 Rennerod

Zweirad-Sport Steger GmbH
Engersgaustraße 88
D-56566 Neuwied

A. Mohr GmbH
Hausener Straße
D-56727 Mayen

Auto Klaus KG
Notenau 11
D-56856 Zell

Zweirad-Center FUHR
Olper Straße 19
D-57223 Kreuztal

Zweirad Center Schütz
Untere Liebach 4
D-57290 Neunkirchen

Zweirad-Center Georg Lubeley
Bamenohler Straße 192
D-57413 Finnentrop

Romero GmbH
Zum Stellwerk 1
D-57518Betzdorf

Motopark Göllner e.K.
Hochofenstraße 1
D-58135 Hagen

Motorrad-Service Klaus Pfalz
Friedrich-Ebert-Straße 84
D-58454 Witten

Zweirad Navel
Hohler Weg 13–15
D-58636 Iserlohn

Aster Motorräder
Fröndenberger Straße 165
D-58706 Menden

van der Hurk + Dorr
Motorradtechnik
Breddestraße 2a
D-58840 Plettenberg

Motorradsport Hilbk
Inhaber Volker Ringelmann
Hüchtstraße 2
D-59192 Bergkamen

Gerd Wilshaus
Bundesstraße 15
D-59505 Bad Sassendorf

Motorrad Glahn
Josefstraße 3
D-59557 Lippstadt

Motorentechnik Lappe
Ernst-von-Bayern-Straße 9
D-59590 Geseke

Motorrad-Engel
Zum Rohland 3
D-59872 Meschede-Enste

A. Burger & Co. oHG
Bornheimer Landstraße 16
D-60316 Frankfurt

Zweirad Luckey
Inhaber G. Luckey
Usavorstadt 22
D-61169 Friedberg

Egon Vögler
Ahlweg 2a
D-61352 Bad Homburg

Motorrad B & S GmbH
Oderstraße 10
D-63452 Hanau

Motorrad Fischer
Am Sandborn 1
D-63500 Seligenstadt-Froschhausen

Zweirad Harald Zeissler
Spessartstraße 77
D-63599 Biebergemünd

Helmut Staab GmbH
Elisenstraße 21
D-63739 Aschaffenburg

Hugo Seubert GmbH
Würzburger Straße 83–85
D-63808 Haibach

Albrecht Heptner
Mühlweg 21
D-63927 Bürgstadt/Miltenberg

Zweirad-Sport Rainer Nagel
Heidelberger Straße 185
D-64285 Darmstadt

Peter Hartenstein
Göthsbachstraße 36
D-64291 Darmstadt

YAMAHA-Motorrad-Center GmbH
Darmstädter Straße 124a
D-64331 Weiterstadt

Motorradhaus Stocksiefen GmbH
Adam-Opel-Straße 8
D-64569 Nauheim

W + W Zweirad GmbH
Frankfurter Straße 29
D-64720 Michelstadt

Motorrad Ullmann GmbH
Altheimer Straße 12
D-64807 Dieburg

Zweirad Klose GmbH
Karlstraße 40–44
D-65185 Wiesbaden

Zweirad-Center Meuer GmbH
Limburgerstraße 167
D-65582 Diez

Matheis & Klose GmbH
Königsteiner Straße 65a
D-65929 Frankfurt

Zweirad Hees
Lebacher Straße 190
D-66113 Saarbrücken

Moto-Shop GmbH
Landauer Straße 34
D-66482 Zweibrücken

Seeliger Vertriebs GmbH
Zum Schotterwerk 2
D-66538 Neunkirchen

K.W. Schmit
Missionshausstraße 26
D-66606 St. Wendel

Armin Collet
Weidenweg 7–9
D-66687 Wadern

Motorrad A. Klein GmbH
Pachtener Straße 32
D-66763 Dillingen/Saar

Motorrad Wieser
Wartbachstraße 32
D-66999 Hinterweidenthal

Zweiradtechnik Lambert
Jahnstraße 28a
D-67245 Lambsheim

Motorrad Hook
Inhaber Stefan Füger e.K.
Gewerbegebiet Kohlplatte 1
D-67376 Harthausen

Motorrad Hofmann
Mainzerstraße 7–9
D-67547 Worms

Motorradhaus Lothar Lehner
Merkurstraße 14a
D-67663 Kaiserslautern

FischerMen's Bike GmbH
Heinzenthal 16
D-67680 Neuhemsbach

MOTORLAND
Christ.-Friedr.-Schwan-Straße 3
D-68167 Mannheim

Motorrad Hester GmbH
Olpenitzerstraße 6
D-69181 Leimen

Motorradsport Albrecht
Gottlieb-Daimler-Straße 5
D-69514 Laudenbach

Zweirad Walz
Steinbrunnenstraße 30
D-70567 Stuttgart

Walz Motor Sport GmbH
Max-Eyth-Straße 1
D-71083 Herrenberg

Motorrad-Center RUDOLF
Industriestraße 46
D-71272 Renningen-Industriegebiet

MCW-Motorrad-Center Waiblingen GmbH
Anton-Schmidt-Straße 7
D-71332 Waiblingen

Autowelt Winkler + Schreiber GmbH & Co. KG
Uhlandstraße 8–10
D-71638 Ludwigsburg

Motorrad Noller
Markgröninger Straße 28
D-71701 Schwieberdingen

Motorrad Beck
Hirschkopfstraße 34
D-72250 Freudenstadt

Andreas Flieg GmbH
Bisinger Straße 13
D-72415 Grosselfingen

SF-Zweiradtechnik GbR
Truchtelfinger Straße 110
D-72458 Albstadt

Zweirad Bernsee
Daimlerstraße 3
D-72636 Frickenhausen

Wörner & Hirsch GmbH & Co. KG
Ferdinand-Lassalle-Straße 26
D-72770 Reutlingen

motorcorner GmbH
Daimlerstraße 1
D-73117 Wangen

Bike-Factory Hörhammer & Mayer
Fabrikstraße 32
D-73207 Plochingen

Zweirad Nägele GmbH
Stuttgarter Straße 119
D-73312 Geislingen

Fahrzeug Schauffele
Wilhelm-Merz-Straße 18
D-73431 Aalen

Kurz Zweiradsport Handels GmbH
Geiselroter Heidle 1
D-73494 Rosenberg

Motopoint
Inhaber U. Burkhardt
Gottlieb-Daimler-Straße 18
D-73550 Waldstetten

Motorrad Mayer GmbH
Baumwasenstraße 22
D-73614 Schorndorf

H. u. W. Sautter GmbH & Co. KG
Lämlinstraße 8
D-74080 Heilbronn

Zweiräder Horch
Hauptstraße 50
D-74229 Oedheim

Mototechnik Rautenberg
Johann-Wolff-Straße 3
D-74395 Mundelsheim

Willy Strecker
Seestraße 27
D-74405 Gaildorf

Zweirad Scheiterlein
Hengstfelder Straße 2
D-74589 Satteldorf-Bronnholzheim

Klaus Eckert
Untere Au 11
D-74670 Forchtenberg

Veit GmbH
Melanchthonstraße 89
D-75015 Bretten

Hartmut Skora
Gottlob-Bauknecht-Straße 30
D-75365 Calw

Auto- und Motorradhaus Vogel
Goethestraße 14–16
D-75417 Mühlacker

Moto Shop Umbeer
Neureuter Straße 53
D-76185 Karlsruhe

Klaus Schieck GmbH
Fürstenberg Allee 50
D-76532 Baden-Baden

Motorrad-Haus Hahn
Hauptstraße 81
D-76857 Münchweiler a. Klingbach

Zweirad Halpaus GmbH
Muhrhag 12
D-77871 Renchen

Zweirad Knoderer Kollmer GmbH
Breisgaustraße 23
D-77933 Lahr

Deibel Zweirad GmbH
Neudorf 10
D-77978 Schuttertal-Dörlinbach

Motorrad Grüneberg
Heinrich-Hertz-Straße 19
D-78052 VS-Villingen

Zweirad Zirlewagen
Gumppstraße 20
D-78199 Bräunlingen

Mico-Motorrad-Shop Otto Wagner
Forststraße 7
D-78224 Singen

Zweirad Harder
Radolfzeller Straße 30
D-78467 Konstanz

MTT Motorrad Technik
Lilienthalweg 4
D-78532 Tuttlingen

Zweirad Gäckle
Laibgasse 2
D-78727 Oberndorf

Zweirad-Garage L. Schwär
Gündlingerstraße 1
D-79111 Freiburg

Motorrad Center Dreispitz
Am Dreispitz 9
D-79589 Binzen

Motorradland Rheinfelden
Ochsenmattstraße 10
D-79618 Rheinfelden

Wolfgang Bartl
Hauptstraße 19
D-79730 Murg

Motorradshop Waser
Industriestraße 4
D-79761 Waldshut-Tiengen

Motorradwelt GmbH
Olschewskibogen 8
D-80935 München

Motec GmbH
Senftlstraße 3
D-81541 München

Motorrad Fuchs
Gottlieb-Daimler-Straße 4
D-82140 Olching

Motorradtreff Horst Szamerka
Hans-Urmiller-Ring 34
D-82515 Wolfratshausen

Eduard Franz
Kampenwandstraße 4
D-83135 Schechen-Hochstätt

SÜDBIKE AG
Gewerbestraße 6
D-83236 Übersee

Armin Hungerhuber
Schwarzauerstraße 64–66
D-83308 Trostberg

SÜDBIKE AG
Pommernstraße 17
D-83395 Freilassing

Völkl GmbH
Münchener Straße 12
D-83620 Feldkirchen

Motorrad-Hanke
Alte Miesbacher Straße 11
D-83734 Hausham

Motorrad-Team Maier
Renatastraße 8
D-84034 Landshut

Zweirad-Center Dingolfing GmbH
Brumather Straße 68
D-84130 Dingolfing

Zweirad Geier
Gangkofener Straße 1
D-84155 Binabiburg

SÜDBIKE AG
Benzstraße 1
D-84478 Waldkraiburg

Motorradsport Holzleitner
Gewerbestraße 3
D-84543 Winhöring-Eisenfelden

Matthias Poschner
Carl-Benz-Straße 9
D-85053 Ingolstadt

Roadrunner GbR Motorrad- und Rollercenter
Schottenau 21
D-85072 Eichstätt

MSP Motorrad-Shop-Pfaffenhofen
Inhaber Albrecht Bause
Raiffeisenstraße 30
D-85276 Pfaffenhofen

Motorrad Hintermaier
Franz-Brombach-Straße 14
D-85435 Erding

MOTOPOINT
Inhaber F. Mittermüller
Innstraße 6b
D-85640 Putzbrunn

Motorrad Finkl GmbH
Werner-Heisenberg-Straße 6
D-86156 Augsburg

Boxenstop Motorrad GmbH
Auf dem Nol 16
D-86179 Augsburg

Motorrad Finkl
Landsberger Straße 39
D-86343 Königsbrunn

Motorradzentrale Aichach
Rudolf-Diesel-Straße 10a
D-86551 Aichach

Zweirad Hösl
Donauwörther Straße 11
D-86647 Buttenwiesen

Ottmar Königsdorfer
Eschenweg 2a
D-86653 Monheim/Schwaben

Zweirad Müller
Gewerbestraße 16
D-86720 Nördlingen

Motorrad Völk
Lindenweg 26
D-86871 Rammingen

Motorrad Hintermeyer
Flurweg 16
D-86975 Bernbeuren

Motorradhaus Altstetter
Blöcktacher Straße 13
D-87654 Friesenried

Ressler GmbH
Hawanger Straße 21
D-87766 Memmingerberg

Motorradhaus Toni Gruber
Alois-von-Brinz-Straße 3
D-88171 Weiler im Allgäu

Motorrad-Center MOTOYAMA GmbH
Riedstraße 1
D-88250 Weingarten

Robert Knaus
Kastellstraße 20
D-88512 Mengen-Ennetach

Zweiradtechnik Nesensohn
Salemerstraße 51
D-88697 Bermatingen

Motorrad Bayer GmbH
Haydnstraße 7
D-89250 Senden

Motorrad Schubert
Hockergasse 12–16
D-89312 Günzburg

Motorrad Burr
Im Saun 20
D-89542 Herbrechtingen

Hirschle KFZ-Technik
Carl-Benz-Straße 2
D-89597 Munderkingen

Motorrad Schneider
Sigmundstraße 88
D-90431 Nürnberg

Motorrad Pedack
Inhaber R. Schrödel
Nürnberger Straße 107
D-90762 Fürth

Motorrad Lippmann
Bayernstraße 51a–53
D-91052 Erlangen

Ring GmbH
Gildestraße 14
D-91154 Roth

Zweirad Maussner
Weigmannstraße 26
D-91207 Lauf

Hörl GmbH
Norisstraße 14
D-91257 Pegnitz

Zweirad Distler
Bayreuther Straße 108
D-91301 Forchheim

Klör Zweiräder und mehr GmbH
Karl-Eibl-Straße 52
D-91413 Neustadt

Zweirad-Center Deutschmann
Am Fürstenweg 2
D-91522 Ansbach

Kfz.-Kolb GmbH
Hauptstraße 6
D-91619 Obernzenn

MOTOLAND Zweirad GmbH
Regensburger Straße 84a
D-92318 Neumarkt

Bruckner Zweirad GmbH
Otto-Hahn-Straße 6
D-92421 Schwandorf

Zweirad Weitensteiner GmbH
Dr.-Joh.-Stark-Straße 11
D-92637 Weiden

Zweirad Schefthaler
Großprüfening 3
D-93049 Regensburg

Zweirad-Center Stadler
Kirchmeierstraße 20
D-93051 Regensburg

Motorradhaus Schweiger GmbH
Grasiger Weg 20
D-93333 Neustadt-Schwaig

Motorrad Meier
Hauptstraße 37
D-93342 Saal/Donau

Motorrad Dirnberger
Mittelweg 9
D-93413 Cham

Motorradzentrale Leebmann
Traminer Straße 1
D-94036 Passau

Niggl GmbH
Maresberg 17
D-94157 Perlesreut

Zweirad-Center Stadler
Chamer Straße 47
D-94315 Straubing

Motorrad-Zentrum ZIMO
Haselbeckstraße 6
D-94469 Deggendorf

Motorrad Grässel
Mühldamm 18
D-95028 Hof/Saale

Zweirad DREWE GmbH
Hohenzollernring 44
D-95444 Bayreuth

Karl + Georg Reichel oHG
Egerstraße 9
D-95482 Gefrees

Popp Service
Waldershofer Straße 22
D-95615 Marktredwitz

Motorradcenter Johann Bauer
Geisfelder Straße 40
D-96050 Bamberg

Team Haderlein Preußner & Rödel GmbH
Im Gries 5
D-96364 Marktrodach

Andreas Heilmann
Am Pollergarten 2
D-96487 Dörfles-Esbach

hmf-Motorräder GmbH
Göbelslehenstraße 3
D-97074 Würzburg

Freitag GmbH
Panzerstraße 1
D-97318 Kitzingen

Zweirad Steigmeier
Benzstraße 1
D-97437 Haßfurt

Motorrad Witzel GmbH
Gutenbergstraße 6
D-97526 Schweinfurt-Sennfeld

Schönstein & Schottdorf GbR
Mangelsfeld 12
D-97708 Großenbrach

Moto Officina
Inhaber Thomas Frankenberger
Weinbergstraße 15
D-97753 Karlstadt-Stetten

Zweirad Service Klebes
Bottigheimerstraße 2
D-97956 Werbach

Lothar Hummer GmbH
Propsteistraße 12
D-97980 Bad Mergentheim

Motorrad-Henkel
Linde 3
D-98529 Suhl

Zweirad-Handel Bauerschmidt
Blechhammer 11
D-98574 Schmalkalden

Motorrad Herzer
Erfurter Straße 67
D-98693 Ilmenau

Bernhard Synold
Salinenstraße 59
D-99085 Erfurt

Zweiradshop Thieme
Kellnersbergstraße 8
D-99438 Bad Berka

Zweirad-Center Hylla
Moritz-Wandt-Straße 5
D-99610 Sömmerda

Motorradwelt Sondershausen
Erfurter Straße 34
D-99706 Sondershausen

Zweirad Center Jürgen Herbach
An der Stedte 1a
D-99837 Berka/Werra

Zweiradhaus Beyerhaus
Kilianistraße 16
D-99974 Mühlhausen

YAMAHA-HÄNDLER IN ÖSTERREICH

Allmocar
Heiligenstädter Straße 60
A-1190 Wien

BICX – Bike Connexion
Altmannsdorfer Straße 323
A-1230 Wien

Bike City – Holzer
Mariahilferstraße 206
A-1153 Wien

Motorrad-Center
Kagranerplatz 32
A-1220 Wien
Brünner Straße 49
A-1210 Wien

Rainer KFZ AG
Wiedner Gürtel 3a
A-1040 Wien
Donaustadtstraße 37
A-1220 Wien
Simmeringer Hauptstraße 279
A-1110 Wien
Siemensstraße 68
A-1210 Wien

Yamaha Hebart
Dresdnerstraße 132
A-1200 Wien

Bike House H. Haberl
Autoallee 7, Top 1
A-2334 Vösendorf

Ginzinger GesmbH & CoKG
Linzer Straße 49
A-3100 St. Pölten

Greger Zweirad
Wörther Straße 104
A-2640 Gloggnitz

Lietz GmbH
Schlüsselstraße 3
A-3363 Hausmening

Motorrad Pesek GmbH
Wiener Straße 28–30
A-2000 Stockerau

Ringhofer & Co.
Wiener Straße 26
A-2100 Korneuburg

RS-Schalko GmbH
Niederschremser Straße 4b
A-3943 Schrems

Zweiradcenter Eckl GmbH
Bahnhofstraße 15
A-3370 Ybbs

Zweiradtechnik Binder
Nikolaus Otto August Straße 9
A-2700 Wr. Neustadt

2-Rad Unterberger
Salzburger Straße 54
A-4820 Bad Ischl

Auracher Walter
Salzburger Straße 38
A-4713 Gallspach

Berger Motorradhandel
Gewerbepark 2
A-4052 Ansfelden

BIKE STOP 127 – Zach KG
Apfelsbach 40
A-4115 Kleinzell

Ginzinger GesmbH & CoKG
Frankenburger Straße 19
A-4910 Ried/Innkreis

Schuller GmbH
Freistädter Straße 336
A-4040 Linz

Zweirad-Center Steyr
Ennser Straße 41
A-4407 Steyr

Ginzinger GesmbH & CoKG
Bayerhammerstraße 26
A-5020 Salzburg

Mototech Holzmeister
Almerstraße 36
A-5760 Saalfelden

Zweirad Breinlinger
Salzachtal
Bundesstraße Süd 50
A-5400 Hallein

Ginzinger GesmbH & CoKG
Bachlechnerstraße 31a
A-6020 Innsbruck

Motorrad Schnaller
Bundesstraße 5a
A-6114 Kolsass

Zweirad Zentrum Zams
Buntweg 1
A-6511 Zams

Autohaus Seiwald
Winkl 21a
A-6380 St. Johann

Zweirad Loitz
Bundesstraße 94
A-6923 Lauterach

Krug GesmbH & Co. KG
Hauptstraße 54
A-7434 Bernstein

Leiner Zweirad
Kalvarienbergstraße 91
A-7100 Neusiedl/See

Moto-Profi-Unger
Eisenstädter Straße 8a
A-7350 Oberpullendorf

Rainer KFZ AG
Eisbachstraße 4
A-7000 Eisenstadt

Erro Moto GmbH & Co. KG
Josef Teubl Straße 1
A-8295 St.Johann/Haide

Geßlbauer KFZ
Waisenegg 121
A-8190 Birkfeld

Gödl Motorcycle GmbH
Liebenauer Hauptstraße 257
A-8041 Graz

Motorrad Klein GmbH
Frauengasse 6
A-8430 Leibnitz-Kaindorf

Motorrad-Corner Klug
Harter Straße 94
A-8053 Graz

Yamaha Plattner
Kärntnerstraße 20
A-8720 Knittelfeld

Auto Dohr KG
Allgäu Nr. 32
A-9400 Wolfsberg

Ginzinger GesmbH & CoKG
Heidenfeldstraße 5
A-9500 Villach

Kropfitsch GesmbH
Rosentaler Straße 147
A-9020 Klagenfurt

Rödlbach & Sohn
Kummererstraße 2
A-9800 Spittal/Drau

Karlheinz Wulz
Neumarkter Straße 5
A-9360 Friesach

Ginzinger GesmbH & CoKG
Dr. Karl Renner Straße 6
A-9900 Lienz

YAMAHA-HÄNDLER IN DER SCHWEIZ

Daytona Shop SA
Route de Renens 2
CH-1008 Lausanne/VD

Baudin-Fattebert
Rue de la Borde 12
CH-1018 Lausanne/VD

Cugy Motos Cie
Agence Yamaha
CH-1053 Cugy/VD

Moto-Bolle SARL
Rt. de Geneve/CP 27
CH-1131 Tolochenaz/VD

Jean-Pierre Kehrli
Rte d'Allaman 106
CH-1170 Aubonne/VD

Quiblier
Rte. de Divonne 54
CH-1260 Nyon/VD

Jacques-Alain Gonet
Vurarrengel
CH-1418 Vuarrens/VD

Chevalier Motos
Z.I. en Chamard
CH-1442 Montagny-Yverdon/VD

Garage Poux
Le Village 162
CH-1532 Fetigny/FR

Trueb Motos SARL
Zone Industrielle
CH-1541 Sevaz/FR

Lucky Motos SA
Rte. du Verdel 22
CH-1630 Bulle/FR

Vuichard SA
Rte. des Arsenaux 10
CH-1700 Fribourg/FR

Roland Gaillet
Joressens
CH-1789 Lugnorre/FR

Chevalley SARL
Rte. des 2 Villages
CH-1806 St. Legier/VD

Alain Brunisholz
Rue du Lac 40
CH-1815 Clarens/VD

Bernard Burnier
R. du College 11
CH-1860 Aigle/VD

Pierre-Yves Marletaz
Place deL'Orme
CH-1880 Bex/VD

Cordey SA
Ecluse 47–49
CH-2000 Neuchatel/NE

Patrick Aeby
Mon Loisir 3
CH-2208 Les Hauts-Geneveys/NE

Pierre Singele
Rue du Progres 1
CH-2300 La Chaux de Fonds/NE

Burkhalter Motos
Bettlachstrasse 158
CH-2540 Grenchen/SO

Joseph Bucher
Nerbenstrasse 11
CH-2543 Lengnau/BE

Fleury Motos SA
Rue Centrale 54
CH-2740 Moutier/JU

Daniel Schor
Falkenplatz 5
CH-3012 Bern/BE

Moto Wuethrich
Güterstrasse 3
CH-3072 Ostermundingen/BE

Beat Siebert
Koenzistrasse 234
CH-3097 Liebefeld/BE

Stefan Mast
Hängertstrasse 5
CH-3114 Oberwichtrach/BE

Pulfer Moto GmbH
Gurnigelstrasse 28
CH-3132 Riggisberg/BE

Moeri Sport AG
Alte Lyss-Strasse 12
CH-3270 Aarberg/BE

ZWM
Pra Pury 19
CH-3280 Murten/FR

Alfred Joos
Brunnenthalstrasse 31
CH-3306 Etzelkofen/BE

Michel Frauchiger
Farnsbergstrasse 1
CH-3360 Herzogenbuchsee/BE

Beat Kaderli
Utzenstorfstrasse 5
CH-3425 Koppigen/BE

R. + M. Pfister
Dorfstrasse 35
CH-3457 Wasen/BE

H. R. Lehmann
Eymattstrasse 2
CH-3475 Riedtwil/BE

Heinz Gurtner
Bädligässli 2
CH-3550 Langnau im Emmental

Moto-Star Thun
Gemmistrasse 3
CH-3607 Thun

Walter Küng
Rothenberg
CH-3623 Teuffenthal

Robert Baumann
Bahnhofstrasse 11
CH-3672 Oberdiessbach

Hubler Motos
Reinacherstrasse 80
CH-4053 Basel

Cenci AG
Clarastrasse 51
CH-4058 Basel

Fritsche u. Righetti
Kannenfeldstrasse 55
CH-4056 Basel

Sieber + Matter
Talstrasse 38
CH-4112 Flueh/SO

Felix Zurfluh
Hauptstrasse 28
CH-4127 Birsfelden

Moto Hell
Fabrikmattenweg 9
CH-4144 Arlesheim

Lindi Zweirad-Sport AG
Hauptstrasse 219
CH-4234 Zullwil/SO

Richard Mathys
Eichenweg 6
CH-4410 Liestal

Franz A. Blaser
Brückenweg 12
CH-4528 Zuchwil/SO

Robert Grogg
Schachenstrasse 16
CH-4543 Deitingen/SO

Gebr. Widmer
Brückenstrasse 12
CH-4632 Trimbach/SO

Gabi Rudolf
Dorfstrasse 36
CH-4704 Niederbipp

Rolf Wullschleger
Luzernerstrasse 22
CH-4800 Zofingen

Strahm Motoracing AG
Unterdorfstrasse 16
CH-4934 Maidswil

Maurer Motos AG
Gartenstrasse 21
CH-5032 Rohr

Mader Moto AG
Ausserfeldstrasse 20
CH-5036 Oberentfelden

Brutschi Motos
Stettenerstrasse 45
CH-5074 Eiken

Max Urech
Zürichstrasse 38
CH-5200 Windisch

Werner Keller
Kreuzbodenstrrasse 1
CH-5301 Siggenthal-Station

N & O Bike
Im Halt 1
CH-5412 Gebenstorf

Aliverti AG
Schartenstrasse 68
CH-5430 Wettingen

Jordi Moto
Postfach 154
CH-5432 Neuenhof

Niederberger Motos AG
Anglikerstrasse 83
CH-5612 Villmergen

Pius Kreusch
Oberdorfstrasse 23
CH-5623 Boswil

Karl Pfister
Gewerbestrasse 2
CH-5702 Niederlenz

Fritz Graf
Weierweg 33
CH-5722 Gränichen

Brands-Hatch-Motos
Sandgasse 37
CH-5734 Reinach

Yamaha Center Kriens
Arsenalstrasse 42
CH-6010 Kriens

Peter Schwegler
Guglern 4
CH-6018 Buttisholz

Schurtenberger
Luzernerstrasse 2
CH-6030 Ebikon

Werner Gloggner
Meierhofweg 2
CH-6032 Emmen

Anton Burch
Waagstrasse 3a
CH-6060 Sarnen/NW/OW

Markus Bossert
Vorstadt 4
CH-6130 Willisau

Urs Knüsel
Lindenmatt
CH-6163 Ebnet-Entlebuch

Hostettler AG
Bahnhofstrasse 25
CH-6210 Sursee

Josef Waller
Knutwilerstrasse
CH-6233 Büron

Paul Fries
Luzernerstrasse 6
CH-6247 Schötz

Walter Sidler
Hauptstrasse 56
CH-6280 Hochdorf

Franz Merz
Postfach/Gewerbestraße 17
CH-6314 Unterägeri/ZG

Franz Truttmann
Steinhauserstrasse 44
CH-6330 Cham/ZG

Furrer O. + Sohn
Sinserstrasse 8
CH-6330 Cham/ZG

E. Voser
Neugasse 48 A
CH-6340 Baar/ZG

Ernst Gabriel
Herdern 8
CH-6373 Ennetbürgen/NW/OW

Clemens Camenzind
Chli-Ebnet
CH-6403 Küssnacht am Rigi

Auto-Moto-Fischlin
Gutwindeweg 24
CH-6414 Oberarth

Horat Motos
Bahnhofstrasse 26
CH-6422 Steinen

Beat Gisler
Umfahrungsstrasse 2
CH-6467 Schattdorf

Imholz Fritz AG
Rossbodenstrasse 20
CH-7000 Chur

Marcel Berther
Celli Motos
CH-7162 Tavanasa

Lucky Star Partners
Falknisstrasse 115
CH-7320 Sargans

Hasler Sport AG
Stauffacherquai 58
CH-8004 Zürich

Lucchinetti Motos AG
Stauffacherstrasse 159
CH-8004 Zürich

Yellow Point Zürich AG
Badenerstrasse 296
CH-8004 Zürich

Peter Rüegg
Forchstrasse 220
CH-8032 Zürich

Jost's Töff-Lade AG
Herzogenmühlestrasse 14
CH-8051 Zürich

Karl Kunz
Bucheggstrasse 172
CH-8057 Zürich

Heinz Göldi
Schaffhauserstrasse 62
CH-8152 Glattbrugg

Zollinger Motos
Regensdorferstrasse 14
CH-8155 Mettmenhasli

Robert Hedinger
Laubbergstrasse 6
CH-8192 Glattfelden

Greutert Motos
Klotenerstrasse 101
CH-8303 Bassersdorf

Peter Jäggi
Rietmühlestrasse 19
CH-8306 Brütisellen

Louis Zecchini
Rankstrasse
CH-8413 Neftenbach

Zweirad Sporthaus Hans Küng AG
Gewerbestrasse 1
CH-8606 Nänikon-Greifensee

Ernst Büsser
St. Gallerstrasse 53
CH-8645 Jona/GG

Werner Lüscher
Hauptstrasse 29a
CH-8867 Niederurnen/GL

Hofer
Bergstrasse 21
CH-8706 Meilen

Team Tanner AG
Churerstrasse 74
CH-8808 Pfäffikon

Birchler Motos
Züricher Strasse 68
CH-8840 Einsiedeln

Stefan Hofer
Untere Bahnhofstrasse 15
CH-8910 Affoltern/Albis

Motoport Valten AG
Merkurstrasse 1
CH-8953 Dietikon

Störi Rene AG
St. Gallerstr. 197 · CH-9202 Gossau

BEKLEIDUNG UND VERSANDHANDEL

AXO Deutschland
Im Strässle
D-71706 Markgröningen
www.axosport.de

Heino Büse Motorradzubehör und Bekleidung
Vennstraße 14 · D-52159 Roetgen
www.buese.com

Hein Gericke GmbH & Co. KG
Reisholzer Werftstraße 19
D-40589 Düsseldorf
www.hein-gericke.de

Götz GmbH
Hinter Stöck 38 · D-72406 Bisingen
www.goetz-motorsport.de
www.on2wheels.de

IXS Motorcycle Fashion Hostettler GmbH
Neuenburger Straße 33
D-79379 Mülheim/Baden
www.hostettler.de

JF Motorsport GmbH
Dieselstr. 10 · D-61239 Ober-Mörlen
www.jfmotorsport.de

Krawehl Zubehör & Bekleidung GmbH
Grossmannstraße 70
D-20539 Hamburg
www.krawehl.de

Louis Fun Company Detlev Louis Motorrad Vertriebs GmbH
Rungedamm 35 · D-21035 Hamburg
www.louis.de

Polo Expressversand
Reiseholzer Werftstraße 76
D-40589 Düsseldorf
www.polo-motorrad.de

ALLGEMEINE ADRESSEN

Aral AG Schmierstoffe
Wittener Straße 45
D-44789 Bochum
www.aral.de

Baldes Auspuffanlagen
Bernd Baldes
Leopoldstraße 10 · D-92224 Amberg
www.baldes-auspuff.de

Baur Motorrad-Anhänger
Dieselstraße 16 · D-71546 Aspach
www.mb-aspach.de

Bikehome Faltgaragen Lang GmbH
Limburgstraße 14
D-67098 Bad Dürkheim
www.bikehome.com

BMC Motorsport GmbH
Luftfiltersysteme
Hauptstraße 7 · D-79379 Müllheim
www.bmcairfilter.de
und:
Berger Motorsport Handels GmbH
Hauptstraße 147 A, Top A1
A-3031 Pressbaum
www.berger-motorsport.com

Boehm Synchrotester
Peter-Kreuder-Straße 21
D-81245 München

Bos Auspuff GmbH
Reitgaarstr. 2 · D-49828 Neuenhaus
www.bos-exhausts.com
und:
Karl Reiberger GmbH
XAJO-Trading Company
Haupstraße 105 · A-2384 Breitenfurt
www.xajo.com

Brune Motorradsport GmbH Brembo-Generalvertretung für Deutschland und Österreich
Wöste 6 · D-48291 Telgte
www.brunegmbh.de

BSM Auspuffanlagen
Hohlstraße 1 · D-65510 Hünstetten
www.bsm-auspuff.de

Caramba Chemie
Rostlöser, Pflegemittel
Wanheimer Straße 334–336
D-47055 Duisburg
www.caramba.de

Castrol Schmiermittel
Max-Born-Str. 2 · D-20761 Hamburg
www.castrol.de

Devil Auspuffanlagen
98 Rue des Champs Plans
F-74800 St. Pierre en Faucigny
www.devil.fr

Devil Deutschland
Auspuffanlagen
Wagnerstraße 27
D-76448 Durmersheim
www.bikeside.de

Dynojet Leistungsprüfstände: Micron-Systems GmbH
Boxdorfer Straße 13
D-90765 Fürth-Sack
www.powercommander.de
und:
Moto Parts
Neustraße 4 · D-47809 Krefeld
www.motoparts.de

Dynotec GmbH
Leistungsprüfstand und Tuning
Alzeyer Straße 33–37
D-67592 Flörsheim-Dalsheim
www.dynotec.de

Emil Schwarz Präzisionsteile
Präzisions-Lenkkopf- und Schwingenlager, Leichtlauf-Radlager
Daimlerstraße 8 · D-73660 Urbach

Fuchs Europe Schmierstoffe GmbH
Silkolene Zweiradschmierstoffe
Friesenheimer Straße 17
68169 Mannheim
www.fuchs-oil.de

GL Motorradtechnik
Montageständer, Messwerkzeuge, Motorrad-Zubehör
Konrad-Adenauer-Straße 106
D-72461 Albstadt-Trochtelfingen
www.gl-motorradtechnik.de

Held GmbH
Textilkleidung, Leder, Handschuhe, ARAI-Helme
An der Ostrach 7
D-87545 Burgberg
www.held-biker-fashion.de

Helicoil Gewindeeinsätze
Archimedesstraße 1–4
D-33649 Bielefeld
www.boellhoff.de

Kern Montagetechnik
Montageständer, Hebebühnen
Gewerbestraße 13–15
D-79364 Malterdingen
www.kern-stabi.de

Köster GmbH
Rahmen-Vermessungen und -Reparaturen
Jettinger Str. 10 · D-89358 Goldbach
www.motorrad-koester.de

Krontec Bremsleitungen Maschinenbau GmbH
Berliner Str. 31 · D-93073 Neutraubling
www.krontec.de

Laser Auspuffanlagen JAMA Engineering B.V.
Boonsweg 15 · NL-3274 LH Heinenoord
www.laser-jama.nl

Lucas-Bremsanlagen
Rudolf-Diesel-Straße 7
D-56566 Neuwied
www.lucas-bikersworld.com

Rukka Textilbekleidung
Handweg 50
D-21077 Hamburg
www.rukka.de0

Micron Systeme GmbH
Micron Auspuffanlagen
Boxdorfer Str. 13 · D-90765 Fürth-Sack
www.powercommander.de

Spiegler Bremstechnik GmbH
Bremsen u. Beläge, Stahlflexleitungen
Kunzenweg 16 · D-79117 Freiburg
www.spiegler.de

Total-Fina-Elf GmbH
Schmiermittel
Kirchfeldstr. 61 · D-40217 Düsseldorf
www.totalfinaelf.de
www.elfmoto.de

Schweiz:
Wet Motos
Micron Auspuffanlagen
Route de Neuchatel 1
CH-2520 La Neuveville

Wilbers Products
Alfred-Mozer-Straße 84
D-48527 Nordhorn
www.wilbers.de

Zupin Moto-Sport
Öhlins-Federelemente
Trostberger Str. 26 · D-83301 Traunreut
www.zupin.de

WERKZEUGE, WERKSTATT-AUSRÜSTUNG, HILFSMITTEL

Produkte der nachstehend genannten Firmen wurden in dieser Reparaturanleitung erwähnt und für viele der beschriebenen Arbeiten verwendet.

Hazet-Werk
Spezialwerkzeug für Kraftfahrzeuge
Postfach 100461
D-42804 Remscheid
www.hazet.de

Kern Montagetechnik
Montageständer, Hebebühnen
Gewerbestraße 13–15
D-79364 Malterdingen
www.kern-stabi.de

Loctite Deutschland GmbH
Schraubenkleber
Arabellastr. 17 · D-81925 München
www.henkel.com · *www.loctite.com*

Mobil-Tech oHG
Montageständer, Messgeräte, Abgastester, Tuning, Anti-Hopping-Kupplungen, Werkzeug von Beta, Usag
Hindenburgstraße 65
D-78549 Spaichingen
www.mobil-tech.de

NGK Zündkerzen
Harkortstraße 41 · D-40880 Ratingen
www.ngk.de

Shell Motorradvertrieb und Shell Racing
Spezial-Motorradöle, Pflegemittel
Im MOTOPARK Oschersleben
Motopark Allee 20–22
D-39387 Oschersleben
www.shell-advance.de

27 Stichwortverzeichnis

Yamaha FJR 1300

1 Zündschloss
2 Gleichrichter/Regler
3 Lichtmaschine
4 Tachometer-/Uhr-/Windschutzscheibenmotor-Sicherung
5 Hauptsicherung
6 Batterie
7 Einspritzanlagen-Sicherung
8 Anlasserrelais
9 Anlasser
10 Diode
11 Anlasssperrrelais
12 Leerlaufschalter
13 Seitenständerschalter
14 Kraftstoffpumpe
15 Lambdasonde
16 Nockenwellenpositions-Sensor
17 Drosselklappen-Sensor
18 Ansaugdruck-Sensor
19 Luftdruck-Sensor
20 Umkipp-Sensor
21 Lufteinlasstemperatur-Sensor
22 Kühlflüssigkeitstemperatur-Sensor
23 Kurbelwellenpositions-Sensor
24 Motorsteuergerät
25 Einspritzventil (Zylinder Nr. 1)
26 Einspritzventil (Zylinder Nr. 2)
27 Einspritzventil (Zylinder Nr. 3)
28 Einspritzventil (Zylinder Nr. 4)
29 SL-System-Elektromagnet
30 Zündspule (Zylinder Nr. 1, Nr. 4)
31 Zündspule (Zylinder Nr. 2, Nr. 3)
32 Zündkerze
33 Geschwindigkeits-Sensor
34 Instrumentenkonsole
35 Ölstand-Warnleuchte
36 Leerlauf-Kontrollleuchte
37 Multifunktionsanzeige
38 Motorstörungs-Warnleuchte
39 Fernlicht-Kontrollleuchte
40 Blinker-Kontrollleuchte links
41 Blinker-Kontrollleuchte rechts
42 Instrumentenbeleuchtung
43 Ölstandschalter
44 Lenkerarmatur links
45 Kupplungsschalter
46 Lichthupenschalter
47 Abblendschalter
48 Windschutzscheiben-Schalter
49 Blinkerschalter
50 Hupenschalter
51 Hupe
52 Blinker vorne links
53 Blinker vorne rechts
54 Warnblinkschalter
55 Scheinwerfer-Relais 1
56 Scheinwerfer-Relais 2
57 Scheinwerfereinheit
58 Standlicht vorn
59 Scheinwerfer
60 Rücklicht
61 Rücklicht/Bremslicht
62 Blinker hinten links
63 Blinker hinten rechts
64 Hinterrad-Bremslichtschalter
65 Blinkerrelais
66 Windschutzscheibenmotor
67 Kühlerlüfter
68 Kühlerlüfterrelais
69 Standlicht-Sicherung
70 Warnblinkanlagen-Sicherung
71 Zündungs-Sicherung
72 Scheinwerfer-Sicherung
73 Signalanlagen-Sicherung
74 Kühlerlüfter-Sicherung
75 Windschutzscheiben-motor-Sicherung
76 Wegfahrsperre
77 Lenkerarmatur rechts
78 Vorderrad-Bremslichtschalter
79 Lichtschalter
80 Motorstoppschalter
81 Anlasserschalter
82 Einspritzanlagen-Relais

Farbbezeichnungen

B	schwarz
Br	braun
Ch	dunkelbraun
Dg	dunkelgrün
G	grün
Gy	grau
L	blau
Lg	hellgrün
O	orange
P	rosa
R	rot
Sb	hellblau
W	weiß
Y	gelb
B/L	schwarz-blau
B/R	schwarz-rot
B/W	schwarz-weiß
B/Y	schwarz-gelb
Br/B	braun-schwarz
Br/G	braun-grün
Br/L	braun-blau
Br/R	braun-rot
Br/W	braun-weiß
Br/Y	braun-gelb
G/B	grün-schwarz
G/L	grün-blau
G/W	grün-weiß
G/Y	grün-gelb
Gy/G	grau-grün
Gy/R	grau-rot
L/B	blau-schwarz
L/G	blau-grün
L/R	blau-rot
L/W	blau-weiß
L/Y	blau-gelb
O/B	orange-schwarz
P/W	rosa-weiß
R/B	rot-schwarz
R/G	rot-grün
R/L	rot-blau
R/B	rot-schwarz
R/Y	rot-gelb

Farbbezeichnungen (Fortsetzung)

W/B	weiß-schwarz
W/Y	weiß-gelb
Y/B	gelb-schwarz
Y/G	gelb-grün
Y/L	gelb-blau

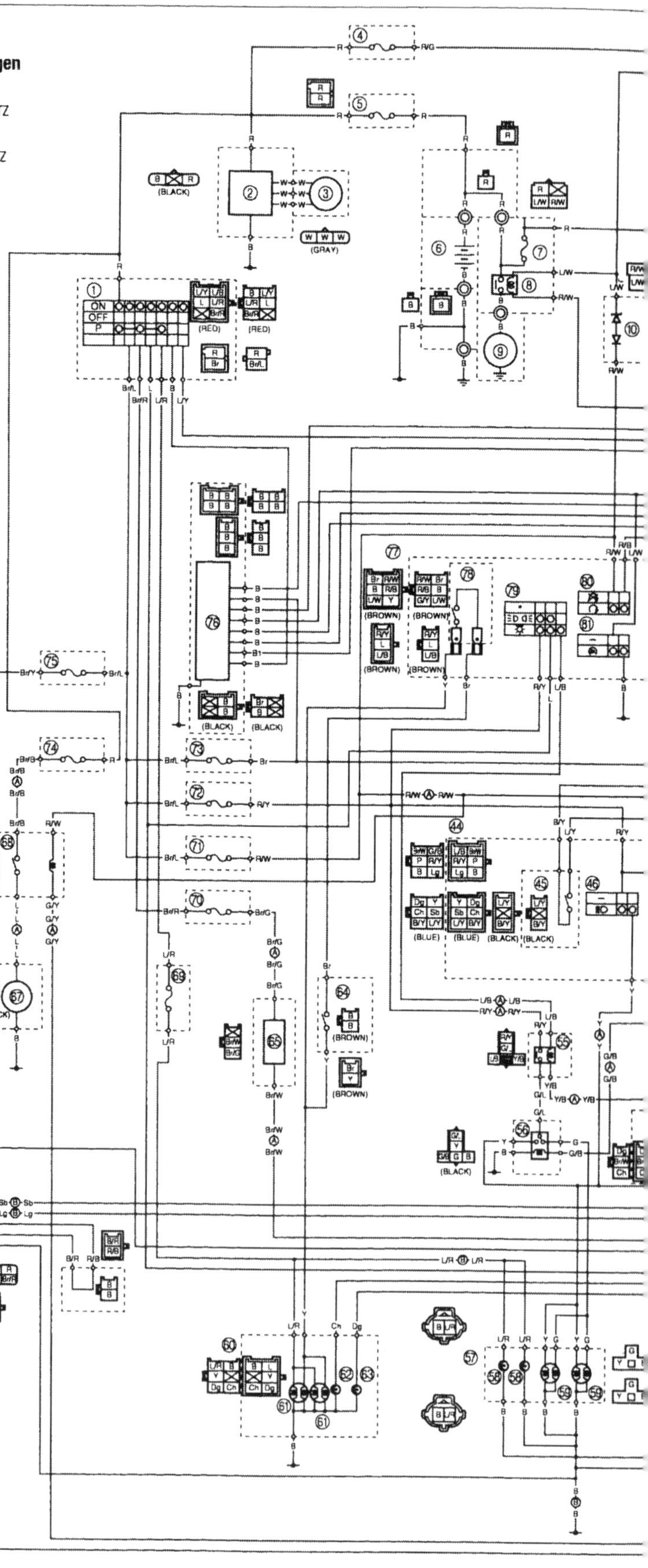

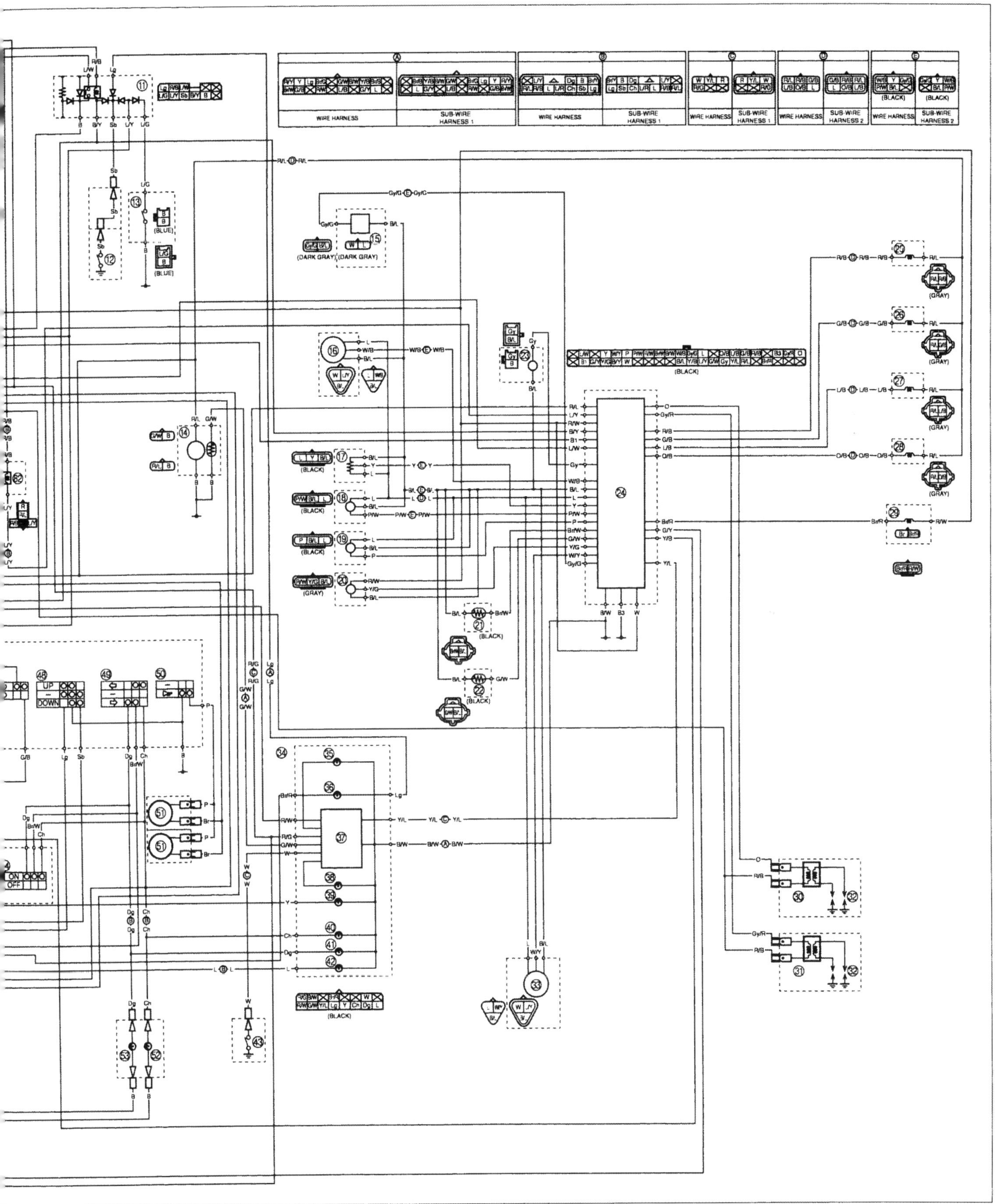

Yamaha FJR 1300 A

1 Wegfahrsperreneinheit
2 Zündschloss
3 Gleichrichter/Regler
4 Lichtmaschine
5 ABS-Sicherung
6 Zusatzsicherung (Tachometer, Uhr, Windschutzscheibe)
7 Hauptsicherung
8 Sicherung ABS-Motor
9 Batterie
10 Sicherung Einspritzanlage
11 Anlasserrelais
12 Anlasser
13 Relaiseinheit
14 Anlasssperrrelais
15 Einspritzsystem-Relais
16 Leerlaufschalter
17 Seitenständerschalter
18 Ablagefach-Verriegelung
19 Verriegelungs-Relais
20 Kraftstoffpumpe
21 Lambdasonde
22 Nockenwellenpositions-Sensor
23 Drosselklappen-Sensor
24 Ansaugdruck-Sensor
25 Luftdruck-Sensor
26 Umkipp-Sensor
27 Lufteinlasstemperatur-Sensor
28 Kühlflüssigkeitstemperatur-Sensor
29 Kurbelwellenpositions-Sensor
30 Motorsteuergerät
31 Einspritzventil (Zylinder Nr. 1)
32 Einspritzventil (Zylinder Nr. 2)
33 Einspritzventil (Zylinder Nr. 3)
34 Einspritzventil (Zylinder Nr. 4)
35 Magnetventil Sekundärluft-system
36 Geschwindigkeits-Sensor
37 ABS-Nebenkabelbaum
38 ABS-Steuergerät
39 hinterer ABS-Impulsgeber
40 Sicherheitsrelais
41 ABS-Hydroaggregat
42 ABS-Prüfstecker
43 vorderer ABS-Impulsgeber
44 Zündspule (Zylinder Nr. 1, Nr. 4)
45 Zündspule (Zylinder Nr. 2, Nr. 3)
46 Zündkerze
47 Instrumentenkonsole
48 Wegfahrsperren-Kontrollleuchte
49 Ölstand-Warnleuchte
50 Leerlauf-Kontrollleuchte
51 ABS-Warnleuchte
52 Multifunktionsanzeige
53 Motorstörungs-Warnleuchte
54 Fernlicht-Kontrollleuchte
55 Blinker-Kontrollleuchte links
56 Blinker-Kontrollleuchte rechts
57 Instrumentenbeleuchtung
58 Ölstandschalter
59 Lenkerarmatur links
60 Kupplungsschalter
61 Lichthupenschalter
62 Abblendschalter
63 Windschutzscheiben-Schalter
64 Blinkerschalter
65 Hupenschalter
66 Hupe
67 Blinker vorne links
68 Blinker vorne rechts
69 Warnblinkschalter
70 Scheinwerfer-Relais 1
71 Scheinwerfer-Relais 2
72 Scheinwerfereinheit
73 Standlicht vorn
74 Scheinwerfer
75 Rücklichteinheit
76 Rücklicht/Bremslicht
77 Blinker hinten links
78 Blinker hinten rechts
79 Hinterrad-Bremslichtschalter
80 Blinkerrelais
81 Windschutzscheibenmotor
82 Kühlerlüfter
83 Kühlerlüfterrelais
84 Standlicht-Sicherung
85 Warnblinkanlagen-Sicherung
86 Zündungs-Sicherung
87 Scheinwerfer-Sicherung
88 Signalanlagen-Sicherung
89 Kühlerlüfter-Sicherung
90 Windschutzscheiben-motor-Sicherung
91 Wegfahrsperre
92 Lenkerarmatur rechts
93 Vorderrad-Bremslichtschalter
94 Motorstoppschalter
95 Anlasserschalter

Farbbezeichnungen

B schwarz
Br braun
Ch dunkelbraun
Dg dunkelgrün
G grün
Gy grau
L blau
Lg hellgrün
O orange
P rosa
R rot
Sb hellblau
W weiß
Y gelb
B/L schwarz-blau
B/R schwarz-rot
B/W schwarz-weiß
B/Y schwarz-gelb
Br/B braun-schwarz
Br/G braun-grün
Br/L braun-blau
Br/R braun-rot
Br/W braun-weiß
Br/Y braun-gelb
G/B grün-schwarz
G/L grün-blau
G/W grün-weiß
G/Y grün-gelb
Gy/G grau-grün

Farbbezeichnungen (Fortsetzung)

Gy/R grau-rot
L/B blau-schwarz
L/G blau-grün
L/R blau-rot
L/W blau-weiß
L/Y blau-gelb
O/B orange-schwarz
P/W rosa-weiß
R/B rot-schwarz
R/G rot-grün
R/L rot-blau
R/B rot-schwarz
R/Y rot-gelb
W/B weiß-schwarz
W/Y weiß-gelb
Y/B gelb-schwarz
Y/G gelb-grün
Y/L gelb-blau

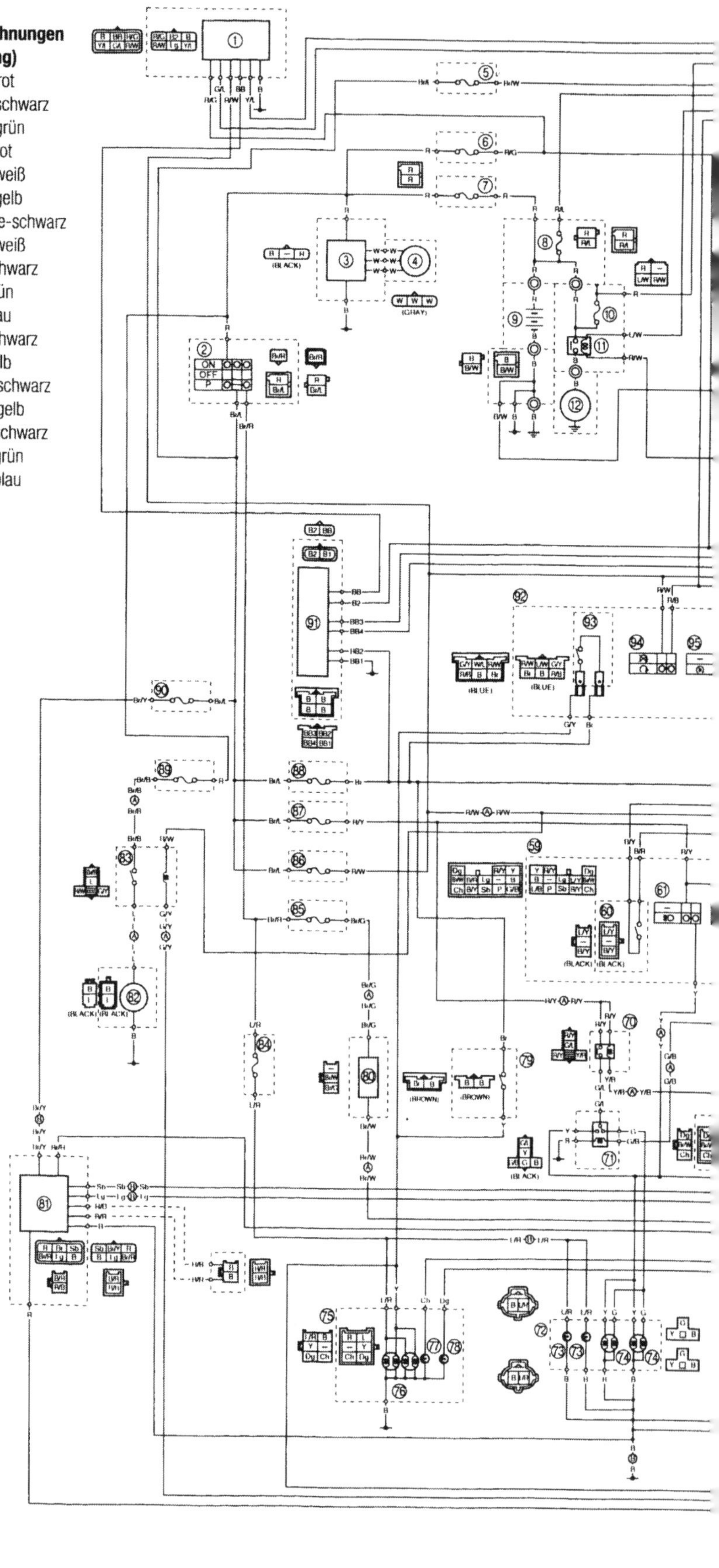

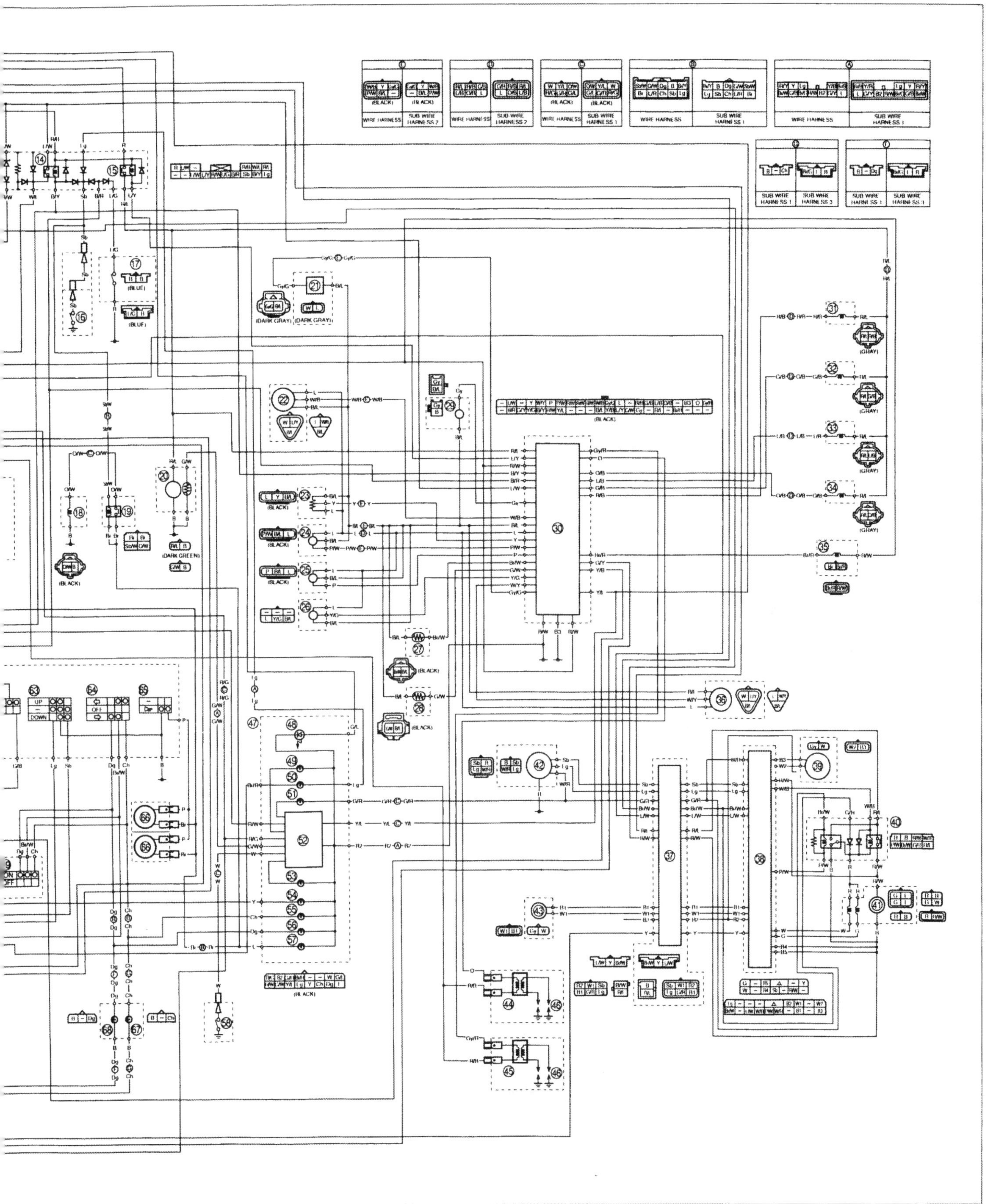

Kolibri 360 GmbH
Ferdinand-Jühlke-Straße 7
99095 Erfurt, Deutschland
produktsicherheit@kolibri360.de